Entwicklung innovativer Lebensmittel

Tuba Esatbeyoglu · Alessandra D. S. Legler

Entwicklung innovativer Lebensmittel

Ein Praxisleitfaden für Startups und Lebensmittelhersteller

Tuba Esatbeyoglu
Institute of Food and One Health
Leibniz Universität Hannover
Hannover, Niedersachsen, Deutschland

Alessandra D. S. Legler
Prinsen Berning, R&D
Georgsmarienhütte, Niedersachsen,
Deutschland

ISBN 978-3-662-71557-4   ISBN 978-3-662-71558-1   (eBook)
https://doi.org/10.1007/978-3-662-71558-1

Die Deutsche Nationalbibliothek verzeichnet diese Publikation in der Deutschen Nationalbibliografie; detaillierte bibliografische Daten sind im Internet über https://portal.dnb.de abrufbar.

© Der/die Herausgeber bzw. der/die Autor(en), exklusiv lizenziert an Springer-Verlag GmbH, DE, ein Teil von Springer Nature 2025

Das Werk einschließlich aller seiner Teile ist urheberrechtlich geschützt. Jede Verwertung, die nicht ausdrücklich vom Urheberrechtsgesetz zugelassen ist, bedarf der vorherigen Zustimmung des Verlags. Das gilt insbesondere für Vervielfältigungen, Bearbeitungen, Übersetzungen, Mikroverfilmungen und die Einspeicherung und Verarbeitung in elektronischen Systemen.
Die Wiedergabe von allgemein beschreibenden Bezeichnungen, Marken, Unternehmensnamen etc. in diesem Werk bedeutet nicht, dass diese frei durch jede Person benutzt werden dürfen. Die Berechtigung zur Benutzung unterliegt, auch ohne gesonderten Hinweis hierzu, den Regeln des Markenrechts. Die Rechte des/der jeweiligen Zeicheninhaber*in sind zu beachten.
Der Verlag, die Autor*innen und die Herausgeber*innen gehen davon aus, dass die Angaben und Informationen in diesem Werk zum Zeitpunkt der Veröffentlichung vollständig und korrekt sind. Weder der Verlag noch die Autor*innen oder die Herausgeber*innen übernehmen, ausdrücklich oder implizit, Gewähr für den Inhalt des Werkes, etwaige Fehler oder Äußerungen. Der Verlag bleibt im Hinblick auf geografische Zuordnungen und Gebietsbezeichnungen in veröffentlichten Karten und Institutionsadressen neutral.

Einbandabbildung: © Yulia Romashko / istockphoto.com

Planung/Lektorat: Ken Kissinger
Springer Spektrum ist ein Imprint der eingetragenen Gesellschaft Springer-Verlag GmbH, DE und ist ein Teil von Springer Nature.
Die Anschrift der Gesellschaft ist: Heidelberger Platz 3, 14197 Berlin, Germany

Wenn Sie dieses Produkt entsorgen, geben Sie das Papier bitte zum Recycling.

Vorwort

Liebe Leserinnen und Leser,

in einer Zeit, in der sich die Märkte rasch verändern und die Anforderungen der Konsumenten stetig wachsen, ist es uns eine große Freude und Ehre, Ihnen dieses Lehrbuch über die Produktentwicklung von Lebensmitteln zu präsentieren. Die Inhalte des Buchs und der vorgestellte Modelprozess richten sich an Menschen, die „neu" in die Lebensmittelbranche einsteigen wollen, z. B. mit der Gründung eines Startups. Ziel ist es praxisnahes Wissen mit theoretischen Grundlagen zu vereinen, um Ihnen ein tiefes Verständnis der Prozesse zur Produktentwicklung zu vermitteln, um diese erfolgreich anzugehen. Ein besonderer Fokus liegt auf der Entwicklung innovativer Produkt-Prototypen, die am Ende des Prozesses marktfähig sind. Dieser Prozess ist vor allem als ein Vorschlag zu verstehen, wie bei der Entwicklung vorgegangen werden könnte – denn eines ist bei der Recherche deutlich geworden, es existiert kein idealtypischer Verlauf, sondern so viele Wege, wie es kreative und innovative Ideen gibt.

In den ersten drei Kapiteln werden Grundlagen, wie Aspekte zum Lebensmittelrecht und einige Begrifflichkeiten erklärt und definiert. Immer wieder stehen Startups durch die Kapitel hinweg im Fokus, denn sie sind oft die Pioniere, die mit neuen riskanten Ideen und agilen Strukturen neue Impulse in den Markt bringen. Dieses Buch beleuchtet die Herausforderungen, welche die speziellen Produktlebenszyklen sowie Trends wie Nachhaltigkeit, Gesundheit und Digitalisierung mit sich bringen.

Das zweite Kapitel setzt sich mit dem Begriff „Innovation" auseinander. Was ist eigentlich „innovativ"? Was bedeutet „neu"? Die Diskussion darüber, wie neu etwas sein muss und für wen, ist entscheidend für den erfolgreichen Einsatz von Innovationsmaßnahmen. In ähnlicher Weise gehen wir auf spezifische Eigenschaften von Lebensmitteln als Produkte ein und erörtern, wie Unternehmen eine überzeugende USP (engl. *Unique Selling Proposition*) erarbeiten können. Dieses ist entscheidend um überhaupt auf dem Markt sich zu etablieren.

Ein unverzichtbares Element in jedem Entwicklungsprozess ist das Verständnis der Lebensmittelgesetze und Vorschriften, die im dritten Kapitel kurz erläutert werden. Auch das innovativste Produkt kann nicht auf den Markt gebracht werden, wenn es dessen gesetzliche Anforderungen nicht erfüllt. Das Buch führt Sie durch die Ziele des Lebensmittelrechts, die EU-Vorschriften und die spezifischen

Anforderungen an die Kennzeichnung und die Zulassung neuer Lebensmittelinnovationen.

Im vierten Kapitel erfolgt eine Einführung in die Lebensmittelsensorik. Diese ist ein wichtiges Werkzeug, um die Verbraucherakzeptanz und Qualität von Lebensmitteln zu bewerten. Sensorische Tests ermöglichen es Entwicklern, die Produkteigenschaften objektiv zu messen und die Präferenzen der Verbraucher zu verstehen. Das Kapitel bietet fundierte Kenntnisse über verschiedene sensorische Prüfmethoden und ihre praktische Anwendung, einschließlich analytischer und hedonischer Methoden, um die Produktqualität zu gewährleisten.

Im fünften Kapitel und den nachfolgenden Phasen wird der modellhafte Entwicklungsprozess für innovative und marktfähige Lebensmittel im Detail beschrieben. Der Leser wird systematisch durch die einzelnen Schritte von der Ideenfindung bis zur Marktreife geführt. Hier werden u. a. die Ereignisorientierte Prozesskette (EPK), die Stage-Gate-Methode und Design Thinking beschrieben. Diese bieten eine solide Grundlage für die Entwicklung marktfähiger Prototypen. Die Integration von Elementen zur Förderung radikaler Innovationen, Preisbestimmung und die Beurteilung von Marktfähigkeit werden hierbei von zentraler Bedeutung behandelt.

Die drei Phasen der Produktentwicklung sind detailliert in den Kapiteln 6-8 gegliedert und bieten pragmatische Ansätze, um Ideen zu konzipieren, zu bewerten und in Prototypen bis zur Marktreife umzusetzen. Beginnend bei der Ideengenerierung über das Prototyping bis hin zu Verbrauchertests bietet dieses Buch Methoden und Techniken, um innovative, bedarfsorientierte und nachhaltige Produkte zu entwickeln. Insbesondere wird auf Tests zur Verbraucherakzeptanz eingegangen, die entscheidend für die erfolgreiche Markteinführung sind.

Zum Abschluss dieses Vorworts möchten wir betonen, dass die in diesem Buch vermittelten Konzepte und Methoden nicht nur theoretisches Wissen bieten, sondern auch praktische Anleitungen, die es Produktentwicklern ermöglichen, ihre kreativen Ideen erfolgreich in marktfähige Produkte umzusetzen. Möge dieses Buch Ihnen sowohl als inspirierender Leitfaden als auch praktischer Begleiter dienen, um Ihre kreativen Ideen in erfolgreiche Produkte zu verwandeln. Gerade in dieser Zeit werden Lebensmittel(systeme) neu gedacht, so hoffen wir sehr, dass dieser Leitfaden Sie auf Ihrem Weg unterstützt, inspiriert und ermutigt neue Weg zu gehen.

Mit besten Wünschen für Ihre erfolgreichen und spannenden Produktentwicklungen,

Alessandra D. S. Legler
Produktentwicklerin in der Lebensmittelbranche und gelernte Köchin

Es gab keine Zeit in meinem Leben, in der ich mich nicht mit Lebensmitteln und deren Zubereitung (am liebsten für andere) befasst habe. Ich durfte für meine Großeltern kochen, für die Gäste von Hotels, Schiffen und Restaurants. Nach dem Studium der Lebensmittelwissenschaft bin ich heute stolz, dass Produkte, die unter meiner Mitwirkung entwickelt worden sind, von Menschen in vielen verschiedenen Ländern probiert werden können.

Tuba Esatbeyoglu
Professorin an der Leibniz Universität Hannover für das Lehrgebiet Molekulare Lebensmittelchemie und Lebensmittelentwicklung

    Als ich vor knapp 6 Jahren angefangen habe Produktentwicklung zu lehren, hat mir genau ein solches Buch gefehlt. Darüber hinaus konnte ich mit diesem Buch meinen Kindheitstraum erfüllen. Zitat der damaligen Tuba in der 1. Klasse „Eines Tages möchte ich ein Lehrbuch schreiben und so berühmt werden wie Marie Curie." Ich bedanke mich herzlich beim Springer Verlag für die Anfrage und diese tolle Möglichkeit.

März 2025   Alessandra D. S. Legler
                                                                                                           Tuba Esatbeyoglu

Inhaltsverzeichnis

Teil I   Einleitung und Definitionen

1   Bedingungen auf dem Lebensmittelmarkt 3
   1.1   Innovationstreiber 4
   1.2   Startups.. 5
   1.3   Markt und Marktformen.................................. 5
       1.3.1   Akteure am Markt 5
       1.3.2   Merkmale, die einen Markt auszeichnen 7
       1.3.3   Gatekeeper 8
       1.3.4   Abgrenzung des Zielmarktes 9
   1.4   Trends.. 10
   1.5   Produktlebenszyklen 13
   Literatur.. 14

2   Kernbegriffe... 19
   2.1   Innovation 19
       2.1.1   Was ist neu?..................................... 20
       2.1.2   Wie neu?.. 24
       2.1.3   Neu für wen? 25
       2.1.4   Wo beginnt, wo endet die Neuerung? 26
       2.1.5   Neu gleich erfolgreich? 27
   2.2   Produkt... 27
       2.2.1   Lebensmittel als Produkte 28
       2.2.2   Unique Selling Proposition 30
   2.3   Marktfähigkeit 30
       2.3.1   Verbraucherakzeptanz und Marktfähigkeit 32
       2.3.2   Ermitteln der Marktfähigkeit 33
               2.3.2.1   Konzepttests 34
               2.3.2.2   Partial- und Volltests...................... 35
               2.3.2.3   Weitere Indikatoren zur Beurteilung der Marktfähigkeit 35
               2.3.2.4   Preisbestimmung......................... 38
   Literatur.. 39

3 Lebensmittelrecht ... 43
3.1 Ziele des Lebensmittelrechts ... 45
    3.1.1 Schutz des Verbrauchers vor Gesundheitsschäden ... 46
    3.1.2 Schutz vor Täuschung ... 47
3.2 Übersicht über den Aufbau des EU-Lebensmittelrechts ... 48
3.3 Rechtliche Definition von Lebensmitteln ... 50
3.4 Nahrungsergänzungsmittel und Functional Foods ... 50
3.5 Novel Foods ... 52
    3.5.1 „Novel Food" oder nicht? ... 53
    3.5.2 Zulassung eines neuartigen Lebensmittels ... 54
3.6 Kennzeichnung der Verpackung ... 56
    3.6.1 Pflichtangaben ... 57
        3.6.1.1 Bezeichnung des Lebensmittels ... 58
        3.6.1.2 Zutatenverzeichnis und Allergenkennzeichnung ... 60
        3.6.1.3 Nettofüllmenge ... 63
        3.6.1.4 Mindesthaltbarkeitsdatum ... 63
        3.6.1.5 Ursprungsland/Herkunftsort ... 65
        3.6.1.6 Gebrauchsanweisung ... 65
        3.6.1.7 Nährwertkennzeichnung ... 66
        3.6.1.8 Alkoholgehalt ... 67
    3.6.2 Erweiterte Nährwertkennzeichnung ... 67
    3.6.3 Claims und Slogan ... 68
3.7 Normen ... 72
    3.7.1 ISO-Normen ... 73
    3.7.2 ISO-Normen in der Lebensmittelsensorik ... 74
3.8 Leitsätze ... 75
Literatur ... 76

4 Lebensmittelsensorik ... 81
4.1 Ziele und Anwendungsmöglichkeiten ... 81
4.2 Grundlagen zur Organisation eines sensorischen Tests ... 84
    4.2.1 Prüfpersonen ... 85
        4.2.1.1 Sensorische Panel ... 85
        4.2.1.2 Verbraucherpanel ... 87
    4.2.2 Ort/Räumlichkeiten der Durchführung ... 89
    4.2.3 Proben ... 90
4.3 Einteilung sensorischer Prüfverfahren ... 91
4.4 Beispiel für eine analytische Testmethoden: Beschreibende (deskriptive) Innerhalb/Außerhalb-Prüfung ... 92
    4.4.1 Sensorische Spezifikation ... 96
    4.4.2 Ort der Durchführung ... 96
    4.4.3 Proben ... 98
    4.4.4 Prüfpersonen ... 99
    4.4.5 Auswertung ... 99

	4.4.6	Beispiel Beschreibende, skalierte Innerhalb/Außerhalb-Prüfung zur Überprüfung des MHD am Beispiel „Schokoladen-Erdnuss-Protein-Riegel".	99
		4.4.6.1 Festzulegende Kriterien	99
		4.4.6.2 Durchführung der Prüfung der skalierten Innerhalb/Außerhalb-Prüfung	101
		4.4.6.3 Prüfbericht	102
4.5	Beispiel für eine hedonische Testmethode: Rangordnungsprüfung		102
	4.5.1	Planung des Verbrauchertests	105
		4.5.1.1 Ziel der Studie/des Verbrauchertests	105
		4.5.1.2 Prüfverfahren/Hypothese/Statistische Auswertung	106
		4.5.1.3 Probenauswahl	108
		4.5.1.4 Zielgruppe/Verbraucherstichprobe	108
		4.5.1.5 Produktvorlageplan/Anzahl der Proben/Sitzungen	109
		4.5.1.6 Vor- und Zubereitungsbereitungsbedingungen für die Proben	109
		4.5.1.7 Prüfbericht	110
	4.5.2	Hinweise zur Durchführung	110
4.6	Sensorische Schnellmethoden		111
	4.6.1	CATA	112
	4.6.2	Ähnlichkeitsmessungen	115
		4.6.2.1 Sorting	115
		4.6.2.2 Projective Mapping und Napping®	116
Literatur			117

Teil II   Modell zur Entwicklung innovativer, marktfähiger Lebensmittelprototypen

5	**Hintergründe und Theorie zum Modellprozess zur Herstellung eines innovativen, marktfähigen Lebensmittelprototypen**	**123**
5.1	Ereignisorientierte Prozesskette (EPK)	126
5.2	Stage-Gate®-Methode	127
5.3	Produktentwicklungsprozess in etablierten Unternehmen	128
5.4	Design Thinking	131
	5.4.1 Experteninterviews	131
	5.4.1.1 Experten und Expertenwissen	131
	5.4.1.2 Stichprobe	132
	5.4.1.3 Auswertung	134
	5.4.1.4 Ergebnisse	134
	5.4.2 Interpretation der Ergebnisse: *Design Thinking*	134
	5.4.2.1 Vorgehensmodell und Techniken im *Design Thinking* Modell	137

	5.4.2.2	Überschneidungen zwischen studentischem Vorgehen und *Design Thinking*	138
	5.4.2.3	Einfügen des *Design Thinking* in den Modellprozess	139
5.5	Förderliche Faktoren für radikale Innovationen		141
	5.5.1	Integration der frühen Phasen des radikalen Innovationsprozesses in den Modellprozess	142
	5.5.2	Förderliche Faktoren im Zusammenhang mit dem Modellprozess	143
5.6	Marktfähigkeit der entwickelten Prototypen		144
	5.6.1	Preisbestimmung anhand des Modelprozesses	144
	5.6.2	Indikatoren zur Beurteilung der Marktfähigkeit im Modelprozess	145
	5.6.3	Möglichkeiten zur Feststellung der Verbraucher-/Konsumentenakzeptanz im Modelprozess	145
Literatur.			146

6 Phase I: Von der Ideenfindung bis zur Markteinschätzung 149

- 6.1 Prinzip, Methoden, Richtung 150
- 6.2 Ideenfindung: Marktanalyse, Trendanalyse und identifizieren von Bedürfnissen 152
  - 6.2.1 Bedürfnisanalyse 152
  - 6.2.2 Analytische Methoden zur Ideengenerierung 156
    - 6.2.2.1 Szenario-Analyse 156
    - 6.2.2.2 Delphi-Methode 158
    - 6.2.2.3 Marktanalyse 159
  - 6.2.3 Kreativitätsmethoden 162
    - 6.2.3.1 Probleme analysieren 163
    - 6.2.3.2 Intuitiv-kreative Methoden – Brainstorming und Reizwortanalyse 165
    - 6.2.3.3 Systematisch-analytische Methoden – Osborn-Checkliste 167
- 6.3 Vorversuche 169
- 6.4 Bewertung der Ideen und Checkpunkt 1 170
- 6.5 Markteinschätzung und Checkpunkt 2 173
  - 6.5.1 Makro-Umwelt 175
  - 6.5.2 Mikro-Umwelt 175
- 6.6 SWOT-Analyse 176
- Literatur. 179

7 Phase II: Vom vorläufigen bis zum vollständigen Produktkonzept ... 183

- 7.1 Erstellen des Produktkonzeptes 185
  - 7.1.1 KANO-Methode – Was ist dem potenziellen Käufer wirklich wichtig? 186

		7.1.2	Beispiel für ein Produktkonzept.	187

- 7.2 Konzepttests ... 194
  - 7.2.1 Gruppendiskussionen: Fokus-Gruppen ... 195
  - 7.2.2 Tiefen-Interview ... 197
  - 7.2.3 Fokus-Interview ... 200
- 7.3 Auswertung von Gruppendiskussionen und Interviews ... 201
- Literatur ... 202

8 Phase III: Vom Prototypen bis zum innovativen, marktfähigen Produkt ... 205

- 8.1 Der Mikrozyklus des Protoyping ... 206
  - 8.1.1 Zwei Klassen von Problemen ... 206
  - 8.1.2 Vorbereitungsphase ... 208
- 8.2 Definition des Problems ... 211
  - 8.2.1 Why-How-Laddering ... 213
  - 8.2.2 Journey Mapping ... 214
  - 8.2.3 Mind Mapping ... 215
- 8.3 Re-Definition des Problems ... 216
- 8.4 Lösungsansätze generieren ... 217
- 8.5 Prototyping ... 219
  - 8.5.1 Exploratorisches und konfirmatorisches Vorgehen ... 220
  - 8.5.2 Validität, Reliabilität und Objektivität ... 221
  - 8.5.3 Prototyping als Laborexperiment ... 222
  - 8.5.4 Protokollieren und Dokumentieren ... 223
  - 8.5.5 Positivkontrollen und Negativkontrollen ... 226
  - 8.5.6 Arbeitshypothesen und Bias ... 227
- 8.6 Testen und Lernen ... 229
  - 8.6.1 Tests zur Ermittlung der Mindesthaltbarkeit für einen Lebensmittelprototypen ... 231
    - 8.6.1.1 Chemische, physikalische, sensorische und mikrobiologische Stabilität ... 232
    - 8.6.1.2 Faktoren, die sich auf die Haltbarkeit eines Lebensmittels auswirken ... 233
    - 8.6.1.3 Ausgewählte intrinsische Faktoren für die Haltbarkeit ... 235
    - 8.6.1.4 Ausgewählte extrinsische Faktoren für die Haltbarkeit ... 237
    - 8.6.1.5 Sensorische Tests zur Ermittlung des MHDs ... 239
  - 8.6.2 Checkpunkt 4: Abgleich mit dem Produktkonzept ... 244
- 8.7 Tests zur Verbraucherakzeptanz ... 244
- 8.8 Checkpunkt 5 und Ausblick ... 247
  - 8.8.1 Ausblick: Markttests ... 247

8.8.2	Ausblick: Rechtliche Anforderungen an die hygienische Herstellung von Lebensmitteln		248
	8.8.2.1	Gute Hygienepraxis/Basishygienemaßnahmen . . .	250
	8.8.2.2	Gute Herstellungspraxis	252
	8.8.2.3	HACCP-Konzept	252
Literatur.			256

Abbildungsverzeichnis

Abb. 1.1	Akteure auf dem Lebensmittelmarkt. (Bildquelle: Eigene Darstellung, Quellen: einzelne Piktogramme von Pixabay)......	7
Abb. 1.2	Dubai-Schokolade (links) und als Dessert-Kreation aufgegriffene Idee (rechts). (Bildquelle: Eigene Darstellung)....	12
Abb. 1.3	Absatz- und Gewinnverlauf im Lebenszyklusmodell. (Bildquelle: Eigene Darstellung, Quelle: Homburg 2000, S. 83, Wegmann 2020, S. 18)............................	13
Abb. 2.1	Verschiedene Typen von Innovationen. (Bildquelle: Eigene Darstellung, Quellen: Hauschildt 2005, S. 26–28; Burr 2017, S. 23–24; Brockhoff 2000, S. 28–29; Meffert et al. 2019, S. 457–459; Wegmann 2020, S. 21–23).....	21
Abb. 2.2	Innovationsprozess. (Bildquelle: Eigene Darstellung, Quellen: Hauschildt 2005, S. 25, 34; Burr 2017, S. 24–26.)	26
Abb. 2.3	Nutzenebenen von Lebensmitteln an Beispiel „Fermentierte Limonade aus Direktsaft". (Bildquelle: Eigene Darstellung, Quellen: Wegmann 2020, S. 5; Biermann und Erne 2020, S. 57, Vektor von Pixabay)............................	29
Abb. 2.4	Kostenverlauf im Produktentwicklungsprozess. (Bildquelle: Eigene Darstellung, Quelle: Kotler et al. 2007, S. 441).........	31
Abb. 2.5	Mögliche Tests im Verlauf der Produktentwicklung zur Sicherstellung der Verbraucherakzeptanz. (Bildquelle: Eigene Darstellung, Quellen: Homburg 2020, S. 622–625; Wegmann 2020, S. 53–54, 78–80; 86–87; Meffert et al. 2013, S. 436–347, 439–440; Herrmann und Huber 2013, S. 208–209, 2017–2019.)	34
Abb. 2.6	Indikatoren für Beurteilung der Marktfähigkeit von Produkten. (Bildquelle: Eigene Darstellung, Quelle: Biermann und Erne 2020, S. 76.).........................	36
Abb. 3.1	Übersicht über den Aufbau des EU-Lebensmittelrechts. (Bildquelle: Eigene Darstellung, Quellen: Artikel 288 des Vertrags über die Arbeitsweise der Europäischen Union; Frede 2010, S. 3–5; EUR-Lex o. D.)	49
Abb. 3.2	Nahrungsergänzungsmittel und funktionelle Lebensmittel. (Bildquelle: Eigene Darstellung)	52

Abb. 3.3	Entscheidungsbaum zur Feststellung, ob es sich bei einem Rohstoff/Lebensmittel um ein „Novel Food" handelt. (Bildquelle: Eigene Darstellung und Übersetzung nach Human Consumption to a Significant Degree – Information and Guidance Document o. D.)	55
Abb. 3.4	Beispiel für eine Lebensmittelverpackung mit den gesetzlichen Pflichtangaben. (Bildquelle: Eigene Darstellung unter Verwendung von Vektoren von Vecteezy.de und Freepik.de)	58
Abb. 3.5	Beispiel für eine rechtlich vorgeschriebene und eine beschreibende Verkehrsbezeichnung. (Bildquelle: Eigene Darstellung unter Verwendung von Vektoren von freepik.com und Vecteezy.de)	60
Abb. 3.6	Zusätzliche Angabe zur Füllmenge bei bestimmten Produkten. (Bildquelle: Eigene Darstellung unter Verwendung von Vektoren von Vecteezy.de)	64
Abb. 3.7	Nutri-Score auf einer Produktverpackung. (Bildquelle: Eigene Darstellung)	68
Abb. 3.8	Gesundheitsbezogene Aussage über ein Calcium-haltiges Nahrungsergänzungsmittel. (Bildquelle: Eigene Darstellung unter Verwendung von Vektoren von pixabay)	70
Abb. 3.9	Nährwertbezogene Aussage Claim über Pudding. (Bildquelle: Eigene Darstellung unter Verwendung von Vektoren von pixabay)	71
Abb. 4.1	Prozess von der Kandidatenauswahl bis zur Zusammenstellung des sensorischen Panels. (Bildquelle: Eigene Darstellung, Quelle: DIN EN ISO. 8586:2023-09)	86
Abb. 4.2	Sensorische Spezifikation eines Schokoladen-Erdnuss-Riegels. (Bildquelle: Eigene Darstellung, Quellen: DIN 10973:2013-06; DIN 10964:2014-11; DIN 10969:2018-04)	97
Abb. 4.3	Beispiel für einen Prüfbogen (Schokoladen-Erdnuss-Protein-Riegel). (Bildquelle: Eigenen Darstellung, angelehnt an DIN 10973:2013-06)	103
Abb. 4.4	Beispiel für einen Prüfbericht zur Dokumentation des Vorgehens und der Ergebnisse eines sensorischen Tests. (Bildquelle: Eigene Darstellung)	104
Abb. 4.5	Beispielfragebogen zur Rekrutierung einer Verbraucherstichgruppe aus einer festgelegten Zielgruppe. (Bildquelle: Eigenen Darstellung, Quellen: DIN EN ISO 11136:2020-11, Derndorfer 2023, S. 160–161)	106
Abb. 4.6	Beispiel für ein Prüfformular für eine Rangordnungsprüfung als Verbrauchertest. (Bildquelle: Eigenen Darstellung angelehnt an DIN ISO 8587:2010-08)	107
Abb. 4.7	Beispiel für einen Prüfbogen für die Methode CATA (Pflanzendrink). (Bildquelle: Eigene Darstellung, Quellen: Derndorfer 2023, S. 146, DIN 10969)	113

Abb. 4.8	Darstellung eines Sorted Napping®-Tests am Beispiel *weihnachtlicher Tee*. (Bildquelle: Eigene Darstellung, Quelle: Schneider-Händer und Derndorfer 2016, Vektor von pixabay)	117
Abb. 5.1	Modellprozess zur Herstellung eines innovativen, marktfähigen Lebensmittelprototypen. (Bildquelle: Eigene Darstellung, Quellen: Cooper 2010; Wegmann 2020; Devin 2019; Uebernickel und Brenner 2016; Savoiz et al. 2002; Meffert et al. 2019, Homburg 2020; Jetter 2005; Bruhn 2019)	124
Abb. 5.2	Beispiel für eine Ereignisgesteuerte Prozesskette. (Bildquelle: Eigene Darstellung, Quelle: Rosemann und Schwegmann 2002, S. 65–69)	126
Abb. 5.3	Stage-Gate®-Prozess. (Bildquelle: Eigene Darstellung, Quelle: Cooper 2010, S. 146)	129
Abb. 5.4	Iterationsschleifen im Prozess des *Design Thinking*. (Bildquelle: Eigene Darstellung, Quelle: Grots und Pratschke 2009)	135
Abb. 5.5	Mikrozyklus im Design Thinking. (Bildquelle: Eigene Darstellung, Quelle: Uebernickel und Brenner 2016, S. 244–249)	137
Abb. 5.6	Frühe Phase des radikalen Innovationsprozesses. (Bildquelle: Eigene Darstellung, Quelle: Savioz et al. 2002, S. 393–408)	141
Abb. 6.1	Phase I: Von der Ideenfindung bis zur Markteinschätzung. (Bildquelle: Eigene Darstellung, Quellen: Cooper 2010, Wegmann 2020, Devin 2019, Savoiz et al. 2002, Meffert et al. 2019, Homburg 2020, Jetter 2005)	150
Abb. 6.2	Quellen für innovative Produktideen. (Bildquelle: Eigene Darstellung, Quellen: Wegmann 2020, S. 30; Day 1994, S. 39; Herhausen und Schögel 2016, S. 216–217; Hennig-Thurau 2004, S. 699–722; Herrmann und Huber 2013, S. 51–53; Schröder 2022, S. 188–193, 247–250)	153
Abb. 6.3	Bedürfnispyramide nach Maslow in Bezug auf das Themenfeld „Essen, Nahrung". (Bildquelle: Eigene Darstellung, modifiziert, nach BZfE 2022, S. 28)	154
Abb. 6.4	Beispiel für eine Sortimentspyramide. (Bildquelle: Eigene Darstellung, Quelle: Henning und Schneider 2018)	161
Abb. 6.5	Problemlösungsprozess. (Bildquelle: Eigene Darstellung, Quelle; Pretz et al. 2003, S. 3, unter Verwendung eines Vektors von freepik.com)	163
Abb. 6.6	Beispiel für die Anwendung einer Osborne-Checkliste. (Bildquelle: Eigene Darstellung, Quelle: Schröder 2022, S. 247–249)	168

Abb. 6.7	Beispiel für die Bewertung einer Idee durch ein Scoring-Modell. (Bildquelle: Eigene Darstellung, Quellen: Hauschildt 2005, S. 26; Hauschildt et al. 2016, S. 3–5; Homburg 2020, S. 624)	174
Abb. 7.1	Phase II: Vom vorläufigen bis zum vollständigen Produktkonzept. (Bildquelle: Eigene Darstellung, Quellen: Quellen: Cooper 2010; Wegmann 2020; Devin 2019; Savioz et al. 2002; Meffert et al. 2019, Homburg 2020; Jetter 2005; Bruhn 2019)	184
Abb. 7.2	Erster Entwurf des Beispiel-Produktes „veganer Protein-Brotaufstrich". (Bildquelle: Eigene Darstellung)	188
Abb. 7.3	Beispiel für eine Positionierungsanalyse für Brotaufstriche. (Bildquelle: Eigene Darstellung)	192
Abb. 7.4	Fünf Phasen der Fokusgruppen-Diskussion. (Bildquelle: Eigene Darstellung, Quellen: Kühn und Koschel 2018, S. 93–116; Flick 2014)	196
Abb. 8.1	Phase II: Vom Prototypen bis zum innovativen, marktfähigen Produkt. (Bildquelle: Eigene Darstellung, Quellen: Cooper 2010; Wegmann 2020; Devin 2019; Uebernickel und Brenner 2016; Savioz et al. 2002; Meffert et al. 2019, Homburg 2020; Jetter 2005; Bruhn 2019)	207
Abb. 8.2	Vorbereitungsphase vor dem Einstieg in den Mikrozyklus des Prototyping. (Bildquelle: Eigene Darstellung, Quelle: Freiling und Harima 2024, S. 111–112)	210
Abb. 8.3	Beispiel für eine *Mind-Map*. (Bildquelle: Eigene Darstellung, ähnlich bei Schröder 2022, S. 125)	216
Abb. 8.4	Intrinsische und extrinsische Faktoren welche die Haltbarkeit beeinflussen. (Bildquelle: Eigene Darstellung, Quellen: Krämer 2021, S. 2–14; Dendorfer et al. 2021, S. 3–11; Figura 2021, S. 26–27; Heiss 2004; Heiss und Eichner 1995)	234
Abb. 8.5	Symbolische Darstellung der Wasseraktivität eines Produktes. (Bildquelle: Eigene Abbildung mit Vektoren von freepik.com)	235
Abb. 8.6	Beispielhafter Verlauf eines RSLT und ASLT für ein Produkt. (Bildquelle: Eigene Darstellung)	240
Abb. 8.7	Idealtypische Wachstumskurve von Bakterien. (Bildquelle: Eigene Darstellung, Quelle: Brandis-Heep, S. 58; Steinbüchel et al. 2013, S. 33–34)	241
Abb. 8.8	Verlauf der Fettoxidation unter verschiedenen Einflüssen. (Bildquelle: Eigene Darstellung, Quellen: Heiss und Eichner 1995, S. 24–25; Matissek 2019, S. 177–178, 181)	243
Abb. 8.9	Beispiel für Hygienebereiche in Lebensmittelbetrieben und ihre Berührungspunkte. (Quelle: Eigene Darstellung unter Verwendung von Vektoren von freepik.com)	251

Tabellenverzeichnis

Tab. 2.1	Ausgewählte Indikatoren und Messgrößen zur Einschätzung der Marktfähigkeit eines Bio-Pilseners.....................	38
Tab. 3.1	Stoffe und Erzeugnisse, die nicht zu den Lebensmitteln zählen nach VERORDNUNG (EG) 178/2002...............	51
Tab. 4.1	Zusammenhang zwischen Sinnesorganen, Sinneseindrücken und daraus resultierenden Attributen eines Lebensmittels.......	83
Tab. 4.2	Überblick über sensorische Methoden und ihre Merkmale.......	93
Tab. 4.3	Entscheidungsregeln zur Beurteilung, ob ein Produkt innerhalb der außerhalb seiner sensorischen Spezifikation liegt......................................	98
Tab. 4.4	Zu ergreifende Maßnahmen nach Auswertung der Innerhalb/Außerhalb-Prüfung in Abhängigkeit von der Prüferanzahl.......	100
Tab. 4.5	Probenplan für die Überprüfung eines geschätzten MHDs von 12 Monaten für einen Schokoladen-Erdnuss-Proteinriegel.......................................	101
Tab. 4.6	Beispielergebnis von 120 Prüfpersonen bei einem vollständigen Blockplan	108
Tab. 4.7	Häufigkeitstabelle – Beispiel Ergebnis eines CATA...........	114
Tab. 4.8	Beispiel für die Zuordnung der Probencodes im Q-Sorting	116
Tab. 5.1	Herangehensweise der Studierenden an die Prototypentwicklung......................................	135
Tab. 5.2	Phasen im *Design-Thinking*-Prozess nach verschiedenen Autoren	137
Tab. 6.1	Quellen für Produktideen	152
Tab. 6.2	Beispiel GAP-Analyse für Angebotsformen von Direktsaft......	161
Tab. 6.3	Checkliste Produktidee	171
Tab. 6.4	SWOT-Analyse für das fiktive Beispiel eines veganen High-Protein-Brotaufstrichs	178
Tab. 7.1	Kano-Matrix	190
Tab. 7.2	Beispielhafte Analyse der Wettbewerbs- und Substitutionsprodukte für Brotaufstriche	191
Tab. 7.3	Beispiel zur Kategorie-bildung zur Auswertung von Textdaten, welche bei Fokus-Interviews zur Überprüfung des Produktkonzeptes erhoben worden sind	202

Tab. 8.1	Erstellen des Morphologischen Kastens am Beispiel des Protein-Brotaufstrichs	218
Tab. 8.2	Durchschnittliche a_w-Werte ausgewählter Lebensmittel	236
Tab. 8.3	Minimale a_w- und pH-Werte für das Wachstum von ausgewählten Mikroorganismen	236
Tab. 8.4	Unterscheidung von PRPs und CCPs	255

Teil I
Einleitung und Definitionen

Bedingungen auf dem Lebensmittelmarkt

▶ Auf dem (deutschen) Lebensmittelmarkt sind spezifische Bedingungen zu beachten. Der Markt wird geprägt durch Oligopole, kleine und mittelständische Unternehmen, immer kürzer werdenden Produktlebenszyklen, Lebensmitteltrends und der Lebensmittelindustrie, die grundsätzlich den Anspruch hat, innovativ zu sein. Diese Bedingungen werden im Folgenden beleuchtet und herausgearbeitet, aus welchem Bereich die innovativsten Produktneuheiten stammen.

Die deutsche Lebensmittelindustrie führt jedes Jahr eine hohe Zahl an Produktneuheiten ein. Ende der 1990er Jahre waren es über 1000 neue Produkte im Jahr. Lebensmittelunternehmen haben meist grundsätzlich den Anspruch innovativ zu sein, wie der Deutsche Innovationsreport Food von 2023 zeigt. Von den dort befragten Unternehmen gaben 86,7 % an, in den Jahren 2020 bis 2022 neue oder merklich verbesserte Produkte bzw. Dienstleistungen eingeführt zu haben. Der überwiegende Teil dieser Produktneuheiten (70 %) beruht auf Veränderungen der Rezeptur, also Produkte mit einem inkrementellen (geringen, aber kontinuierlichen) Innovationsgrad (Heinz und Schroedter 2023) (siehe Abschn. 2.1 und 2.2). Weniger als 5 % aller neu eingeführten Lebensmittel können als innovativ eingestuft werden (Menrad und Menrad 2006).

Ein Grund für die vorrangige Einführung von Produkten mit nur einem geringen Innovationsgrad ist die geringere Flopprate dieser Produkte am Markt (Meffert et al. 2019, S. 409). Im Schnitt wird in der Nahrungsmittelindustrie mit einer Misserfolgswahrscheinlichkeit von 65 % gerechnet (Halaszovich 2011, S. 5). Bei neu eingeführten Produkten ist die Scheiterate also relativ hoch, nach 2 bis 3 Jahren sind 75 % bis 90 % der Neueinführungen wieder aus dem Handel verschwunden, und die Produktlebenszyklen (Abschn. 1.5) entsprechend kurz (Menrad und Menrad 2006; Menrad 2001; Homburg 2020, S. 607). Hinzukommen für die Unternehmen die hohen Kosten bzw. der hohe Ressourcenaufwand bei der Entwicklung, die durch Forschung, Entwicklung, Marktforschung, produktbegleitende Prozessinnovationen und die Markteinführung entstehen (Wegmann 2020, S. 27–28.; Meffert et al. 2019, S. 409).

1.1 Innovationstreiber

Wenn Kosten und die Flopprate bei Produktneueinführungen so hoch sind, stellt sich die Frage, weshalb die Unternehmen so viele Produkte jedes Jahr neu am Markt einführen. Im Deutschen Innovationsreport Food 2023 gaben 49,5 % der Unternehmen auf diese Frage an, dass der Wettbewerb mit anderen Lebensmittelproduzenten und die Erwartungen von Verbrauchern und Gesellschaft Gründe für Innovationen sein (Heinz und Schroedter 2023).

Diese vielseitigen Ansprüche und Erwartungen an moderne Lebensmittel (siehe auch Abschn. 2.2) können – als einer von vielen Aspekten – die hohe Innovationsrate der Lebensmittelhersteller erklären. Weitere Aspekte sind eine weit vorangeschrittene Sättigung auf dem Lebensmittelmarkt, welche dazu führt, dass jedes neu eingeführte Produkt als Substitut für ein bereits vorhandenes auftritt, was zu einer lebhaften Wettbewerbssituation führt (Strecker et al. 1996, S. 27). Es handelt sich dabei um einen Verdrängungswettbewerb, dem Unternehmen entkommen können, indem sie Produktinnovationen einführen. Innovation, der Prozess, neue Produkte und Dienstleistungen zu schaffen und erfolgreich zu vermarkten, ist für ein Unternehmen demnach wesentlich zur Erlangung und dem Halten von Wettbewerbsvorteilen (Bruhn 2019, S. 1–2; Hauser et al. 2006, S. 687; Szymanski et al. 2007, S. 48).

Ein weiterer Innovationstreiber ist der Staat an sich bzw. das Anpassen des gesetzlichen Rahmens. Ökonomische Analysen zeigen, dass dem Staat für den technologischen Wandel eine maßgebliche Rolle zukommt als Impulsgeber, Nachfrager und Beschleuniger. Als Beispiel kann die staatliche Förderung von Grundlagenforschung an den Hochschulen genommen werden oder die Schaffung eines rechtlichen Rahmens (unter Berücksichtigung der gesellschaftlichen Akzeptanz), um Innovationen überhaupt erst zu ermöglichen (Horn 2022, S. 3; Mazzucato 2011; Rehfeld und Dankbaar 2015, S. 495–499; Meffert et al. 2019, S. 51–52). Im Lebensmittelbereich wurde die Novel-Food-Verordnung auf europäischer Ebene eingeführt (VO (EG) 2015/2283), welche die Zulassung neuartiger Lebensmittel für den Europäischen Binnenmarkt regelt (siehe Abschn. 3.5).

> **Mögliche Innovationstreiber**
> - Vielseitige Ansprüche und Erwartungen der Verbraucher
> - Weitgehend gesättigter Lebensmittelmarkt (Verdrängungswettbewerb)
> - Verändern des gesetzlichen Rahmens durch den Staat
> - Staatliche Förderung von Forschung

1.2 Startups

Die interessantesten Innovationen aus der Sicht des Lebensmittelhandels stammen nicht aus den kleinen und mittelständischen Betrieben, die das produzierende Lebensmittelgewerbe in Deutschland stark prägen, sondern von neuen Startups (Menrad 2001, S. 329; LZ 2020). Dabei handelt es sich um Unternehmen, die jünger als 10 Jahre sind, ein Mitarbeiter- oder Umsatzwachstum planen und die (hoch) innovativ in ihren Produkten bzw. Dienstleistungen, Geschäftsmodellen oder Technologien sind (Kollmann et al. 2022, S. 6).

Die Idee für die Gründung eines Startups und das Sondieren, ob sich eine Gründung überhaupt lohnt, finden jedoch bereits vor der Anmeldung beim Gewerbeamt statt. Die potenziellen Gründer finanzieren sich zu diesem Zeitpunkt meist noch aus eigner Tasche oder durch die Hilfe von Freunden und Familie. Diese Phase wird auch als Early Stage bezeichnet (Bogott et al. 2017, S. 112; Achleitner 2001, S. 515). Die Early Stage Phase kann noch weiter in die Pre-Seed-, Seed- und Startup-Phase unterteilt werden. In der Pre-Seed- und Seed-Phase ist noch kein Unternehmen gegründet worden, es findet aber eben die Ideensuche und die Planung der Umsetzung des Geschäftsmodells statt (Kollmann 2022, S. 141).

1.3 Markt und Marktformen

Märkte zählen zu der Mikroumwelt eines Unternehmens. Hier treffen Anbieter und Nachfrager zusammen und gestalten ihre Austauschprozesse. Eine Definition des Markts ist unter anderem über die Menge der beteiligten Akteure möglich. Über unterschiedliche Mengenausprägungen werden verschiedene Marktformen wie das Monopol, das Oligopol und das Polypol unterschieden (Meffert et al. 2019, S. 48–49).

▶ Definition Markt „Ein Markt besteht aus einer Menge aktueller und potenzieller Nachfrager bestimmter Leistungen sowie der aktuellen und potenziellen Anbieter dieser Leistungen und den Beziehungen zwischen Nachfragern und Anbietern."
(Meffert et al. 2019, S. 49.)

1.3.1 Akteure am Markt

Die beteiligten Akteure an den Austauschprozessen sind die aktuellen und die potenziellen Nachfrager (Käufer/Kunden/Konsumenten/Verbraucher), aktuelle und potenzielle Anbieter, Absatzmittler, Absatzhelfer und Beeinflusser (Steffenhagen 2008, S. 25–29).

Übersicht

- **Aktuelle Nachfrager:** Fragen eine Leistung bei einem Anbieter nach und haben diese ggf. schon erworben (dann häufig als Kunden bezeichnet). Käufer und Konsumenten werden häufig synonym verwendet, können sich jedoch unterscheiden. Beispielsweise, wenn ein Geschenk für jemanden erworben wird, sind Kunde und Nutzer nicht dieselbe Person. Selbiges gilt auch für den Wocheneinkauf einer Familie, dieser wird eventuell nur von einer Person getätigt, die Einkäufe aber von allen Familienmitgliedern verbraucht.
- **Potenzielle Nachfrager:** Haben ein Bedürfnis, welches sie aus verschiedenen Gründen noch nicht befriedigen konnten. Gründe könnten eine geringe Kaufkraft oder ein unzureichender Informationsstand sein. Kennen potenzielle Kunden die Anwendungsmöglichkeiten von neu eingeführten Produkten nicht (z. B. vegane Hackfleischalternativen), könnte diese eine Hürde beim Kauf darstellen – auch wenn generell ein Interesse an dem Produkt besteht (sieh auch Abschn. 2.1.5).
- **Aktuelle Anbieter:** Bieten bestimmte Leistungen für die Nachfrager am Markt an. Aus Sicht des Anbieters können andere Anbieter einer ähnlichen Leistung dabei Wettbewerber oder Konkurrenten sein. Wie diese einzustufen sind, hängt von Abgrenzung des spezifischen Marktes ab. Wird ein Produkt (ein Joghurt-Drink) von einem anderen Anbieter z. B. mit einem Bio-Siegel verifiziert angeboten (ein Bio-Joghurt-Drink), entscheidet das Unternehmen, ob dieses Produkt als Konkurrenz-Produkt auf dem angestrebten Markt einzustufen ist.
- **Potenzielle Anbieter:** Könnten ein Substitutionsprodukt zur Bedürfnisbefriedigung der Nachfrager anbieten, tut es jedoch (noch) nicht.
- **Absatzmittler:** Anbieter, wie z. B. Handelsunternehmen, die den Anbietern ermöglichen ihre Leistungen indirekt dem Nachfrager zu vermitteln. In der Lebensmittelindustrie, wird diese Aufgabe beispielsweise von Einzelhändlern (z. B. Rewe oder Edeka (siehe auch Abschn. 1.3.3) übernommen. Als Einzelhandel bezeichnet man Unternehmen, die Waren verschiedener Hersteller zu einem Sortiment zusammenfügen und an nicht-gewerbliche Kunden, also Verbraucher, verkaufen. Diese Unternehmen stellen eine Zwischenstufe zwischen Hersteller und Verbraucher dar (Duden Wirtschaft 2016).
- **Absatzhelfer:** Unterstützen die Austauschprozesse (Logistikunternehmen, Banken, Marketing-Agenturen usw.).
- **Beeinflusser:** Tragen zur öffentlichen Meinungsbildung bei, indem sie Markttransparenz schaffen und Verbraucheraufklärung beitragen (z. B. Verbraucherberatung (Verbraucherzentrale), Vergleichsportale (Check 24, Idealo), Test-Institute (Stiftung Warentest) (Steffenhagen 2008, S. 25–29).

Wie Akteure am Markt zueinander stehen, ist in Abb. 1.1 dargestellt.

1.3 Markt und Marktformen

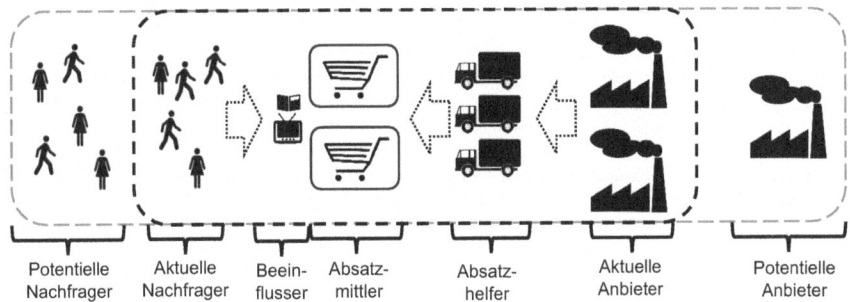

Abb. 1.1 Akteure auf dem Lebensmittelmarkt. (Bildquelle: Eigene Darstellung, Quellen: einzelne Piktogramme von Pixabay)

1.3.2 Merkmale, die einen Markt auszeichnen

Die Marktformenlehre nennt verschiedene Kriterien um Märkte anhand charakteristischer Merkmale zu kennzeichnen. Dazu zählen unter anderem:

- Anzahl und Größe der Marktteilnehmer
  - Monopol (ein Anbieter) bzw. Nachfrager-Monopol (ein Nachfrager)
  - Oligopol (wenige große Anbieter)
  - Polypol (viele Anbieter und viele Nachfrager)
- Leistungsart
  - Konsumgüter (Nachfrager sind Privatpersonen)
  - Investitionsgüter (Nachfrager sind Unternehmen/Institutionen)
  - Dienstleistungen (immaterielle Güter)
- Transaktionsrichtung
  - Beschaffungsmarkt (aus Sicht des Nachfragers)
  - Absatzmärkte (aus Sicht des Anbieters)
- Spielregeln des Marktes
  - Gesetze und Verordnungen (z. B. LMIV, siehe Kap. 3 – Lebensmittelrecht)
  - Staatlich regulierte Märkte (Beschränkungen hinsichtlich der zu vereinbarenden Transaktionsbedingungen durch den Staat, z. B. Preisregulierung auf Teilen des Energie- und Telekommunikationsmarktes)
- Vollkommenheitsgrad des Marktes
  - vollkommener Markt (bei sachlicher Gleichartigkeit der Güter bestehen keine persönlichen, räumlichen und zeitlichen Präferenzen auf Seite der Nachfrager und es ist vollständige Markttransparenz vorhanden)
  - unvollkommener Markt (Bedingung des vollkommenen Marktes nicht erfüllt) (Meffert et al. 2019, S. 52–53).

Diese Kriterien sind nicht dazu geeignet einen Markt für eine spezifische Leistung abzugrenzen, vielmehr handelt es sich um grundsätzliche Merkmale, die einen Markt auszeichnen (Meffert et al. 2019, S. 54). Der Markt für Lebensmittel in Deutschland zeigt in vielen Segmenten die Ausprägung eines Oligopols – wenige große Anbieter stellen das Angebot (Homburg 2020, S. 806–807). Der Lebensmitteleinzelhandel in Deutschland wird beispielsweise von vier großen Anbietern (Edeka-, Rewe-, Schwarz- (Lidl, Kaufland) und Aldi-Gruppe) beherrscht. Diese erzielten im Jahr 2022 76 % aller Umsätze (entspricht ca. 191,5 Mrd. von 252 Mrd. € insgesamt) (Mihr 2023, S. 30; Statista 2024).

1.3.3 Gatekeeper

In Deutschland werden Lebensmittel mehrmals pro Woche eingekauft. Eine Befragung von 603 Proband*innen (bzw. Verbraucher*innen) aus dem Jahr 2020 ergab, dass vor der Corona Pandemie 58,6 % der Befragten häufig bei Diskountern einkauften und 55,6 % im Supermarkt. Andere Orte bzw. Formen des Einkaufens wurden hingegen deutlich weniger genutzt. Nur 6,3 % gingen auf dem Wochenmarkt einkaufen, 4,5 % gingen sehr oft/häufig im Naturkostladen/Biosupermarkt oder beim Bauern/Direktvermarkter einkaufen und 2,8 % gaben an, Lieferservices von Lebensmitteln (z. B. Gemüsekisten) zu nutzen (Busch et al. 2021). Die Corona-Pandemie hat bisher anhaltend das Einkaufsverhalten verändert. Seit den 2010er Jahren wächst der Markt für den Lebensmittel-Online-Handel jährlich. In den Jahren 2019 bis 2021 gab es einen Sprung von 1595 auf 3923 Mrd. €. Im deutschen Online-Handel wurde 2024 ein Umsatz von rund 3,9 Mrd. € mit Lebensmitteln erzielt. Dies entspricht aber nur einem geringen Marktanteil, 2023 belief dieser sich auf ca. 2,9 %. Trotz des Bedeutungsgewinns werden Lebensmittel nach wie vor in erster Linie über den stationären Einzelhandel gekauft (Ahrens 2025).

Diskounter und Supermärkte sind wegen ihrer regelmäßigen Frequentierung einer großen Bevölkerungsschicht daher sehr interessant, wenn neue Lebensmittel angeboten werden sollen. Nur kann nicht jedes Unternehmen seine Produkte ohne Hürden in einem Supermarkt/Diskounter platzieren. Welche Produkte der Kundschaft angeboten werden, entscheiden sogenannte „Gatekeeper". Gatekeeper oder Torwächter sind die Einkäufer der Unternehmen, welche die Supermärkte betreiben (Fuller 2011, S. 12; Meffert et al. 2019, S. 51). Die Gatekeeper geben den Produzenten zusätzlich zu den lebensmittelrechtlichen Vorgaben (siehe Kap. 3) eigene Produktionsstandards vor. Dabei kann es sich um verschiedene Standards/Zertifizierungen handeln (Wegmann 2020, S. 60). Standards wie der IFS – Food, ein weltweit anerkannter Standard für die Lebensmittelindustrie, bezieht sich auf das Unternehmen und dessen Produktionsprozesse generell.

IFS-Zertifizierung

„Das Ziel der IFS Zertifizierung ist es, zu beurteilen, ob ein Hersteller mittels seiner Verarbeitungsaktivitäten und Prozesse in der Lage ist, Produkte herzustellen, die sicher, legal und in Übereinstimmung mit den Kundenspezifikationen sind. Aus diesem Grund sind sowohl die Produktsicherheit als auch die -quali-

tät wesentliche Bestandteile aller IFS Standards. IFS Audits sind produkt- und prozessorientiert. Dadurch wird die Entwicklung und Herstellung hochwertiger Produkte durch entsprechend funktionierender Prozesse gewährleistet."
Quelle: IFS Management GmbH 2023, S. 10. ◄

Andere Zertifizierungen beziehen sich auf die Produkte. Es gibt beispielsweise eine große Anzahl an privaten Tierwohlkennzeichnungen wie das „Pro Weideland"-Label, das „DLG-Tierwohlprogramm" oder die „Initiative Tierwohl", die Anforderungen an die Produktion von Fleisch- und Milchprodukten (meist) über die gesetzlichen Standards hinaus festlegen. Auch im Bereich der Bio-Lebensmittel lassen sich eine Vielzahl an *private Labels* (z. B. „Demeter", „Bioland", „Naturland") finden, die, wenn die von ihnen getätigten Vorgaben denselben Standards entsprechen oder strenger sind, anstelle des EU-Bio-Siegels verwendet werden können (Grotsch et al. 2022).

Supermärkte und Diskounter haben aus der Perspektive des Lebensmittelherstellers/-produzenten daher zwei verschiedene Funktionen. Sie sind zum einen Absatzmittler und bieten die Produkte des Herstellers dem Nachfrager an und sind zum anderen Gatekeeper (siehe Abschn. 1.3.1 und 1.3.3), die entscheiden, welche Produkte überhaupt angeboten werden (Steffenhagen 2008, S. 25–29; Fuller 2011, S. 12).

1.3.4 Abgrenzung des Zielmarktes

Die Marktabgrenzung beantwortet die Frage, für welchen Markt ein Produkt vermarktet bzw. entwickelt werden soll. Die Marktabgrenzung ist die Strukturierung eines Marktes und die Grenzziehung um relevante Marktbereiche. Als relevanter Markt eines Anbieters wird derjenige Markt bezeichnet, auf dem der Anbieter tätig sein möchte (Zielmarkt) (Homburg 2020, S. 4). Als Abgrenzungskriterien können mehrere Objektkategorien wie z. B.

- Anbieter,
- Produkte,
- Nachfrager,
- Bedürfnisse

kombiniert und herangezogen werden. Es sollte keine ausschließliche Marktabgrenzung über das Produkt stattfinden (Homburg 2020, S. 4).

Als eine weitere Möglichkeit den Markt abzugrenzen, können die Kriterien „Sachlich", „Zeitlich" und „Räumlich" herangezogen werden. Das Merkmal „Zeitlich" orientiert sich an der Frage, ob der Markt zeitlich begrenzt ist (z. B. Saison-Artikel wie weihnachts- und Osterschokoladen-Figuren). Das Merkmal „Räumlich" bezieht sich darauf, ob der Markt lokal, regional, national oder international ausgelegt ist. Das Merkmal „Sachlich" legt fest, welche Art von Leistung an dem anzugrenzenden Zielmarkt angeboten werden (Meffert et al. 2019, S. 54–55).

Wie auch bei der Abgrenzung des Marktes durch Objektkategorien wird nicht empfohlen, die Abgrenzung ausschließlich über das Produkt/die Produktkategorie vorzunehmen, sondern viel mehr über die Möglichkeiten zur Befriedigung des Kundenbedürfnisses (siehe auch Abschn. 2.2). Auf diese Weise werden auch Substitutionstechnologien berücksichtigt (Meffert et al. 2019, S. 54–55; Homburg 2020, S. 4–5). Nur die Betrachtung des Produkts oder der Produktkategorie verleitet dazu, den Markt zu eng zu fassen. Dies führte beispielsweise zum Zusammenbruch der amerikanischen Eisenbahngesellschaft. Diese beobachtete nur den „Markt für Eisenbahndienstleistungen" (die Produktkategorie), nicht aber das Bedürfnis der Kunden nach Mobilität. Dieses Bedürfnis konnten neue Wettbewerber (Busunternehmen und Airlines) schließlich besser befriedigen (Levitt 2004, S. 138–149).

Abgrenzung des Marktes für eine fermentierte Limonade

Ein Getränkehersteller plant das Herausbringen einer fermentierten Limonade. Grenzt der Getränkehersteller den Markt nur nach der Produktkategorie ab, fokussiert er sich auf wenige Konkurrenten wie z. B. „Bionade" oder „Fassbrause". Berücksichtigt er zusätzlich die Bedürfnisse des Verbrauchers, beispielsweise:

- erfrischendes, karbonisiertes Kaltgetränk
- oder weniger süße Alternative zu klassischen Limonaden,

erweitert sich die wahrgenommene Konkurrenz auch auf Kombucha, zuckerfreie konventionelle Limonaden (Cola- oder Orangengeschmack), Saftschorlen, alkoholfreies Radler usw. Alternative Technologien sind dann berücksichtigt, wie Geräte zum Karbonisieren („Sodastream") zu Hause beim Konsumenten und damit verbunden angebotenen Produkte (Sirup zum Aromatisieren des karbonisierten Wassers). ◄

1.4 Trends

Ein typischer Ausgangspunkt für neue Produktideen sind „Trends" bzw. die Trendforschung (siehe Abschn. 6.2.2). Die Bezeichnung „Trend" wird häufig undifferenziert eingesetzt, da zwischen verschiedenen Typen nicht unterschieden wird.

▶ **Definition** „Trends beschreiben in der Regel Entwicklungen im „Außen". Sie beschreiben mithilfe von Worten und Daten wahrnehmbare Veränderungstendenzen, die Organisationen und Individuen beeinflussen. Im Zukunftsinstitut definieren wir Trends spezifisch als beobachtbare, ge-

sättigte Entwicklungstendenzen, die aufzeigen, in welche Richtung sich bestimmte Phänomene entwickeln."
Quelle: Zukunftsinstitut (o. D.)

Meta-Trends prägen die Gesellschaft langfristig und übergreifend. Sie weisen einen Ewigkeitscharakter auf und führen zu gesellschaftlicher und wirtschaftlicher Umstrukturierung (Schnitzler 2009, S. 5). Konkreter sind die Mega-Trends. Sie werden von den Meta-Trends vorangetrieben und treten meist in Verbindung mit einem Gegen-Trend auf. Mega-Trends beschreiben einen langfristigen gesellschaftlichen und technologischen Wandel. Der Begriff wurde 1982 von John Naisbitt geprägt (Horx 2015; Naisbitt und Naisbitt 2018, S. 1). Mega-Trends durchdringen alle gesellschaftlichen Bereiche (Politik, Lebenswelt und Wertesysteme) und formen diese um. Sie vereinen zudem zahlreiche einzelne Trends. Mega-Trends weisen eine Halbwertszeit von 25 bis 30 Jahre auf (Zukunftsinstitut 2022; Trend Report o. D.). Branchentrends hingegen prägen nur einzelne oder wenige Branchen – dazu zählen z. B. die Food-Trends. Sie sind für ca. 5 Jahre relevant und können daher durchaus als Ideengeber für die Lebensmittelindustrie dienen (Horx 2010, S. 3). Mode hingegen hat nur eine saisonale Gültigkeit und beziehen sich nur auf einzelne Produkte. Es handelt sich um kurzfristige Wandlungsprozesse, die nicht von Dauer sind und keine Beständigkeit aufweisen (Bausinger 1968).

> Handelt es sich um einen Meta-, Mega-, Branchen-Trend oder doch nur um eine Mode?

Pflanzliche Proteine/Lebensmittel
Pflanzliche Lebensmittel und Proteine sind ein neuer, wachsender Trend (Aschemann-Witzel et al. 2020). Pflanzliche Lebensmittel können zunächst der Lebensmittelbranche zugeordnet werden. Es stellt sich die Frage, ob es sich trotzdem ausschließlich um einen Branchen-Trend handelt. Eine vegane Ernährung wird gesellschaftlich mit einem gesunden Lebensstil assoziiert (Pilař et al. 2021) und trägt außerdem zu einem nachhaltigen Lebensstil bei (Springmann et al. 2016, S. 4146–4151). Der zunehmende Verzehr von pflanzlichen Lebensmitteln hat zudem zu einem Gegentrend geführt, dem „Carneficionados". Dieser (Gegen-)Trend beschreibt das Aufkommen neuer Fleischqualitäten und deren bewusster Auswahl und Genuss (Rützler 2023, S. 6). Nachhaltigkeit ist ein Trend, der sich nicht nur in der Lebensmittelbranche findet, sondern z. B. auch in der Mode-Branche (Schützeneder und Bracker 2018, S. 47–58). Nachhaltigkeit bzw. Umweltbewusstsein beeinflusst nicht nur verschiedene Branchen, sondern auch die Politik:

- ökologisch orientierte Parteien erzielten in der Europawahl 2019 Rekordergebnisse.
- Politik mit nachhaltigen Zielen wird weltweit umgesetzt, z. B. in der bolivianischen Verfassung wurde als Priorität der nachhaltige Umgang mit Ressourcen in der Landwirtschaft, dem Tourismus und anderen Bereichen

Abb. 1.2 Dubai-Schokolade (links) und als Dessert-Kreation aufgegriffene Idee (rechts). (Bildquelle: Eigene Darstellung)

festgelegt und Costa Rica deckt seinen Energiebedarf fast zu 100 % mit erneuerbaren Energien.

An diesem Beispiel zeigt sich, wie ein vorrangiger Branchen-Trend (pflanzliche Proteine/Lebensmittel) sich mit weiteren Trends (gesunder, nachhaltiger Lebensstil) zu einem Mega-Trend (Nachhaltigkeit) vereint, welcher alle gesellschaftlichen Bereiche berührt und verändert. Denn Nachhaltigkeit bzw. nachhaltiges Handeln, beeinflusst Werte, Märkte und Wirtschaft und kann daher als Mega-Trend verstanden werden (Zukunftsinstitut 2019).

Dubai-Schokolade

Seit 2021 bietet die Firma Fix Dessert Chocolatier aus Dubai eine Schokoladenkreation mit einer Füllung aus Pistaziencreme, geröstetem Kadayif und Tahini an (Abb. 1.2). Dieses Produkt löst einen Hype aus (Kraft 2024). Lebensmittelhersteller wie Dr. Oetker veröffentlichen Rezepte zum Nachmachen (Dr. August Oetker Nahrungsmittel KG o. D.), während andere Hersteller Me-too-Produkte (siehe Abschn. 2.1) auf den Markt bringen (Kaffee und Schokolade GmbH o. D.). In der Berichterstattung über die Schokoladenkreation und die darauf basierenden Me-too-Produkte wird auch die Bezeichnung „Trend" verwendet (Kraft 2024). Nach der hier verwendeten Definition könnte es sich bei der Dubai-Schokolade um einen Branchentrend handeln. Das Produkt wird seit 2021 verkauft und wird 2024 noch immer thematisiert – was in einen typischen Branchen-Trend Zeitraum von 3 bis 5 Jahren passt. Wie häufig die Idee von der Branche aufgegriffen wird und über welchen Zeitraum hinweg, trägt zur Einordnung – ob Branchen-Trend oder Mode – bei. Diese Einordnung kann jedoch erst rückblickend erfolgen, weshalb die Trendforschung als Methode zur Abschätzung der zukünftigen Entwicklung in der Kritik steht (Rust 2008, S. 13–25). ◄

1.5 Produktlebenszyklen

Am Markt eingeführte Produkte weisen eine begrenzte Lebensdauer auf, woraus sich die Notwendigkeit für die permanente Neugestaltung des Produktportfolios eines Unternehmens ergibt (Homburg 2020, S. 489). Die Lebensdauer eines Produktes kann über das Lebenszyklusmodell idealtypisch dargestellt werden, wobei es sich um eine extreme Vereinfachung der Realität handelt. Das Modell unterscheidet die vier Phasen:

- Einführung (steigendes Marktwachstum, Schwankungen der Marktanteile, teilweise Befriedigung der Nachfrage, die nicht überschaubar ist, wenige weitere Wettbewerber und wenig Loyalität der Nachfrager dem Anbieter gegenüber),
- Wachstum (stark steigende Marktwachstumsrate, Unsicherheit über das Marktpotenzial durch Preissenkungen, hohe Wettbewerberzahl),
- Reife (stagnierendes Marktwachstum, Überschaubarkeit des Marktpotenzials, Ausscheiden von Wettbewerbern ohne Wettbewerbsvorteil, relativ hohe Kundenloyalität) und
- Sättigung (negative Wachstumsrate, begrenztes Marktpotenzial, verstärkte Konzentration der Wettbewerber durch Ausscheiden schwacher Konkurrenz, relativ hohe Kundenloyalität) (Homburg 2020, S. 485–487) (siehe Abb. 1.3).

In der Lebensmittelindustrie ist zu beobachten, dass die Produktlebenszyklen immer kürzer werden. Der Verdrängungswettbewerb wird durch die sogenannten „Handelsmarken" des Einzelhandels verschärft. Diese bedienen nicht mehr nur das Preis-Einstiegs-Segment (z. B. die Handelsmarke von der Rewe-Gruppen „ja!"), sondern konkurrieren auch mit qualitätsorientierten Marken in mittleren

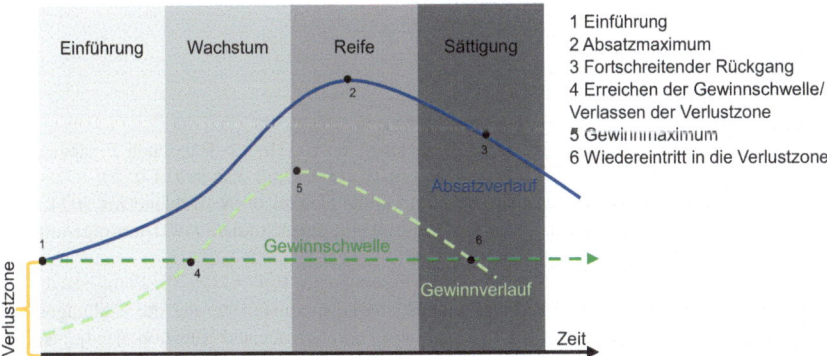

Abb. 1.3 Absatz- und Gewinnverlauf im Lebenszyklusmodell. (Bildquelle: Eigene Darstellung, Quelle: Homburg 2000, S. 83, Wegmann 2020, S. 18)

und höheren Preissegmenten (sogenannte Mehrwert-Marken, z. B. die Handelsmarken der Rewe-Gruppe „REWE Feine Welt" oder „REWE Bio"). Durch die wegfallenden Qualitätsunterschiede zwischen den (Handels-)Marken sind die Produkte sehr leicht austauschbar und eine Differenzierung zu anderen Marken immer schwerer geworden (Esch 2008, S. 34–35; GfK 2017, S. 1–10; Rewe.de o. D.).

> **Zusammengefasst: Bedingungen am (deutschen) Lebensmittelmarkt**
> - Geprägt durch Oligopole (Homburg 2020, S. 806–807)
> - Verdrängungswettbewerb (Strecker et al. 1996, S. 27)
> - Hohe jährliche Anzahl an Produktneueinführungen (Heinz und Schroedter 2023)
> - Verschiedene Innovationstreiber (Verbrauchererwartungen, neue gesetzliche Rahmenbedingungen, Wettbewerb (Heinz und Schroedter 2023; Meffert et al.2019, S. 51–52; Horn 2022, S. 3; Mazzucato 2011; Rehfeld und Dankbaar 2015, S. 495–499)
> - Gatekeeper (Fuller 2011, S. 12; Meffert et al. 2019, S. 51)
> - Kürzer werdende Produktlebenszyklen (Esch 2008, S. 34–35)

> **Fragen**
> 1. Welche Bedingungen herrschen am (deutschen) Lebensmittelmarkt?
> 2. Welche Akteure findet man auf dem Lebensmittelmarkt und in welchen Beziehungen stehen diese zueinander? Stop Question
> 3. Was ist die Gatekeeping-Funktion?
> 4. Wie kann ein Zielmarkt abgegrenzt werden?
> 5. In welche Kategorien können Trends eingeteilt werden und wie unterscheiden sich diese?

Literatur

Achleitner, A. K. (2001): Venture Capital. In: Breuer, R. E. (Hrsg.): Handbuch Finanzierung. Wiesbaden: Gabler Verlag, S. 515. https://doi.org/10.1007/978-3-322-89933-0_20.

Ahrens, S. (2025): Umsatz mit Lebensmitteln im Online-Handel in Deutschland bis 2024. [Zugriff am 28.02.2025; https://de.statista.com/statistik/daten/studie/894997/umfrage/umsatz-mit-lebensmitteln-im-deutschen-online-handel/].

Aschemann-Witzel, J.; Gantriis, R. F.; Fraga, P.; Perez-Cueto, F. J. A. (2020): Plant-based food and protein trend from a business perspective: markets, consumers, and the challenges and opportunities in the future. In: Critical Reviews in Food Science and Nutrition, 61. Jg., Nr. 18, S. 3119–3128. https://doi.org/10.1080/10408398.2020.1793730.

Bausinger, H. (1968): Zu den Funktionen der Mode. [Zugriff am 11.11.2024, http://nbn-resolving.de/urn:nbn:de:bsz:21-opus-40357].

Bogott, N.; Rippler, S.; Woischwill, B. (2017): Phasen von Startups. In: Im Startup die Welt gestalten. Wiesbaden: Springer Gabler, S. 112. https://doi.org/10.1007/978-3-658-14505-7_3.

Literatur

Busch, G.; Schütz, A.; Bayer, E.; Spiller, A. (2021): Veränderungen des Einkaufsverhaltens bei Lebensmitteln während der Corona-Pandemie. 41. GIL-Jahrestagung, Informations- und Kommunikationstechnologie in kritischen Zeiten. Bonn: Gesellschaft für Informatik e. V. PISSN: 1617-5468. ISBN: 978-3-88579-703-6. pp. 55–60. GIL-Jahrestagung – Fokus: Informations- und Kommunikationstechnologien in kritischen Zeiten. Potsdam, Online. 08.-09. März 2021.

Bruhn, M. (2019): Verbraucherakzeptanz und Technologieentwicklung (Band 1). In: Handbuch Produktentwicklung Lebensmittel Innovationen (62. Aktualisierungs-Lieferung 2019, Grundwerk Aufl. 2000). Hamburg: Behr's Verlag, S. 1–2.

Duden Wirtschaft von A bis Z (2016): Grundlagenwissen für Schule und Studium, Beruf und Alltag (6. Aufl.). Mannheim: Bibliographisches Institut 2016. Lizenzausgabe Bonn: Bundeszentrale für politische Bildung 2016.

Dr. August Oetker Nahrungsmittel KG (o. D.): Dubai Chocolate. [Zugriff am 11.11.2024, https://www.oetker.de/rezepte/r/dubai-chocolate].

Fallmann, K.; Widhalm, K. (2022): Pflanzenbetonte Ernährung und Nachhaltigkeit. In: Paediatr. Paedolog. Jg. 57, S. 222–224. https://doi.org/10.1007/s00608-022-01010-y.

Esch, F.-R. (2008): Strategie und Technik der Markenführung. 5., vollst. überarb. und erw. Aufl. München: Vahlen, S. 34–35.

Fuller, G. E. (2011): New food product development, 3. Aufl. Boca Raton: CRC Press, S. 12.

GfK (2017): Consumer Index. Konsum 2017: Nicht mehr, aber besser. In: Consumer Index, Nr. 12, S. 1–10. [Zugriff am 17.11.2024, https://cdn2.hubspot.net/hubfs/2405078/cms-pdfs/fileadmin/user_upload/dyna_content/de/documents/gfk_consumer_index_12_2017.pdf].

Grotsch, H.; Schulze, H.; Thiele, S.; Thiele, H. (2022): Tierwohlkennzeichnung bei Milch im Jahr 2022: Eine begleitende Analyse der staatlichen und privatwirtschaftlichen Aktivitäten. Fachhochschule Kiel. [Zugriff am 11.11.2024, https://www.researchgate.net/profile/Henrike-Grotsch-2/publication/372235774_Tierwohlkennzeichnung_bei_Milch_im_Jahr_2022_Eine_begleitende_Analyse_der_staatlichen_und_privatwirtschaftlichen_Aktivitaten/links/64abb-6018de7ed28ba886102/Tierwohlkennzeichnung-bei-Milch-im-Jahr-2022-Eine-begleitende-Analyse-der-staatlichen-und-privatwirtschaftlichen-Aktivitaeten.pdf].

Halaszovich, T. (2011): Neuprodukteinführungsstrategien schnelldrehender Konsumgüter – Eine empirische Wirkungsanalyse des Marketing Mix. Wiesbaden: Gabler, S. 5.

Hauser, J.; Tellis, G. J.; Griffin, A. (2006): Research on Innovation: A Review and Agenda for Marketing Science. In: Marketing Science, 25. Jg., Nr. 6, S. 687–717. [Zugriff am 10. August 2023, https://pubsonline.informs.org/doi/10.1287/mksc.1050.0144].

Heinz, V.; Schroedter, F. (2023): 3. DEUTSCHER INNOVATIONSREPORT FOOD 2023. Stand Juni 2023. DIL Deutsches Institut für Lebensmitteltechnik e. V.; Engel & Zimmermann (Hrsg.).

Horx, M. (2010): Trend-Definitionen. S. 3. [Zugriff am 11.11.2024, http://www.horx.eu/Zukunftsforschung/Docs/02-M-03-Trend-Definitionen.pdf].

Horx, M. (2015): Metatrends: Wie Komplexität entsteht. [Zugriff am 11.11.2024, https://www.zukunftsinstitut.de/artikel/future-forecast/metatrends-wie-komplexitaet-entsteht/].

Homburg, C. (2020): Marketingmanagement. Strategie – Instrumente – Umsetzung – Unternehmensführung. Wiesbaden: Springer Gabler, S. 4–5, 489, 607, 806–807. https://doi.org/10.1007/978-3-658-29636-0_11.

Homburg, C. (2000): Quantitative Betriebswirtschaftslehre: Entscheidungsunterstützung durch Modelle (3. Aufl.). Wiesbaden, S. 83.

Horn, G. (2022): Innovationspolitik in Zeiten des Wandels. Das neue Verhältnis von Staat und Markt. In: Friedrich-Ebert-Stiftung (Hrsg.): FES impuls, S. 3.

IFS Management GmbH (2023): IFS Food. Standard zur Auditierung der Produkt- und Prozesskonformität in Bezug auf Lebensmittelsicherheit und -qualität. Berlin, S. 10. [Zugriff am 11.11.2024, https://www.ifs-certification.com/images/ifs_documents/IFS_Food_v8_standard_DE.pdf].

Kollmann, T. (2022): Grundlagen. In: Digital Entrepreneurship. Wiesbaden: Springer Gabler, S. 6, 141. https://doi.org/10.1007/978-3-658-37260-6_1.

Kraft, N. (2024): „Des wolle mer net habbe": Hype um Dubai-Schokolade sorgt in Frankfurt für besondere Entdeckung. In: Frankfurter neue Presse. [Zugriff am 11.11.2024, https://www.fnp.de/frankfurt/hype-um-dubai-schokolade-in-frankfurt-reddit-tiktok-diskussion-ueber-93396165.html].

Mazzucato, M. (2011): The Entrepreneurial State. In: Soundings, 49. Jg., Nr. 11, S. 131–142. https://doi.org/10.3898/136266211798411183.

Meffert, H.; Burmann, C.; Kirchgeorg, M.; Eisenbeiß, M. (2019): Marketing-Mix: Produkt- und programmpolitische Entscheidungen. In: Marketing. Wiesbaden: Springer Gabler, S. 48–49, 51–55, 409. https://doi.org/10.1007/978-3-658-21196-7_5.

Menrad, M.; Menrad, K. (2006): Regulierung und Innovationen bei Lebensmitteln. [Zugriff am 16. August 2023, https://www.researchgate.net/publication/358313905_Regulierung_und_Innovationen_bei_Lebensmitteln].

Menrad, K. (2001): Strategien zur Verbesserung der Innovationsfähigkeit kleiner und mittelständischer Unternehmen des produzierenden Ernährungsgewerbe. In: Brockmeier, M.; Isermeyer, F.; von Cramon-Taubadel, S. (Hrsg.): Liberalisierung des Weltagrarhandels – Strategien und Konsequenzen. Schriften der Gesellschaft für Wirtschafts- und Sozialwissenschaften des Landbaues e. V., 37. Jg., S. 329–339.

Mihr, R. (2023): Edeka wächst. Rewe holt auf. In: Lebensmittelpraxis, Nr. 05, S. 28–31.

Kaffee und Schokolade GmbH (o. D.): Dubai Schokolade (100 g). [Zugriff a. 11.11.2024, https://madamecheri.com/products/dubai-schokolade-100-g].

Kollmann, T.; Strauß, C.; Pröpper, A.; Faasen, C.; Hirschfeld, A.; Gilde, J.; Walk, V. (2022): Deutscher Startup Monitor 2022. Innovation – gerade jetzt. Bundesverband Deutscher Startups e. V. (Hrsg.), S. 6.

Lebensmittel Zeitung (LZ) (2020): Herkunft der interessantesten Innovationen aus Sicht des Lebensmittelhandels in Deutschland im Jahr 2020. In: Statista. [Zugriff am 22. August 2023, https://de.statista.com/statistik/daten/studie/1114342/umfrage/herkunft-der-interessantesten-innovationen-im-leh/].

Pilař, L.; Stanislavská, L. K.; Kvasnička, R.; Hartman, R.; Tichá, I. (2021): Healthy Food on Instagram Social Network: Vegan, Homemade and Clean Eating. In: Nutrients, Jg. 13, Nr. 6. https://doi.org/10.3390/nu13061991.

Rewe.de (o. D.): Die REWE Markenwelt – nur das Beste für dich! Unsere REWE Eigenmarken. [Zugriff am 17.11.2024, https://www.rewe.de/marken/?ecid=sea_google_vs_brands_eigenmarken-%5Bnt%5D_%7Bb%7D+rewe+eigenmarke_text-ad_nn_nn].

Rust, H. (2008): Zukunftsillusionen: Kritik der Trendforschung. VS Verlag für Sozialwissenschaften, S. 13–25. https://doi.org/10.1007/978-3-531-91778-8_1

Rützler, H. (2023): Food Report 2024. Die wichtigsten Food-Trends. Zukunftsinstitut.

Schnitzler, F. (2009): Was ist ein Trend und wie werden Trends ermittelt? Deutschland: GRIN Verlag, S. 5.

Springmann, M.; Godfray; H. C. J., Rayner; M.; Scarborough, P. (2016): Analysis and valuation of the health and climate change cobenefits of dietary change. In: Proceedings of the National Academy of Sciences, Jg. 113, Nr. 15, S. 4146–4151. https://doi.org/10.1073/pnas.1523119113.

Steffenhagen, H. (2008): Marketing, 6. Aufl. Stuttgart: Kohlhammer, S. 25–29.

Statista (2024): Nettoumsatz in Lebensmitteleinzelhandel in Deutschland in den Jahren 2002 bis 2022. [Zugriff am 12.11.2014, https://de.statista.com/statistik/daten/studie/310089/umfrage/umsatz-im-einzelhandel-mit-fmcg-in-deutschland/].

Trend Report (o. D.): Megatrends.[Zugriff am 11.11.2024, https://trendreport.de/megatrends/].

Levitt, T. (2004): Marketing Myopia. In: Harvard Business Review, 82. Jg., Nr 7/8, S.138–149.

Naisbitt, D.; Naisbitt, J. (2018): Mastering megatrends: understanding and leveraging the evolving new world. New Jersey: World Scientific, S. 1.

Rehfeld, D.; Dankbaar, B. (2015): Industriepolitik: Theoretische Grundlagen, Varianten und Herausforderungen. In: WSI-Mitteilungen, 68. Jg., Nr. 7, S. 491–499.

Literatur

Schützeneder, J.; Bracker, I. (2018): Nachhaltigkeit und Mode. Wie relevant ist das Thema für die Medien? In: CSR und Fashion: Nachhaltiges Management in der Bekleidungs- und Textilbranche. Berlin, Heidelberg: Springer Berlin Heidelberg, S. 47–58.

Strecker, O.; Reichert, J.; Pottebaum, P. (1996): Marketing in der Agrar- und Ernährungswirtschaft: Grundlagen, Strategien, Maßnahmen. Frankfurt am Main, S. 27.

Szymanski, D. M.; Kroff, M. W.; Troy, L. C. (2007): Innovativeness and New Product Success: Insights from the Cumulative Evidence. In: Journal of the Academy of Marketing Science, 35. Jg., Nr. 1, S. 35–52. https://doi.org/10.1007/s11747-006-0014-0.

Wegmann, C. (2020): Lebensmittelmarketing. Wiesbaden: Springer Gabler, S. 27–28, 60. https://doi.org/10.1007/978-3-658-26038-5_1.

Zukunftsinstitut (o. D.): Das Trendradar des Zukunftsinstituts. [Zugriff am 11.11.2023, https://www.zukunftsinstitut.de/trendradar].

Zukunftsinstitut (2019): Der wichtigste Megatrend unserer Zeit. [Zugriff am 11.11.2023, https://www.zukunftsinstitut.de/zukunftsthemen/der-wichtigste-megatrend-unserer-zeit].

Zukunftsinstitut (2022): Metatrends: Wie Komplexität entsteht. [Zugriff am 11.11.2024, https://www.zukunftsinstitut.de/zukunftsthemen/artikel/future-forecast/metatrends-wie-komplexitaet-entsteht].

Kernbegriffe

2

▶ Das Kapitel befasst sich mit der Definition der Kernbegriffe *Innovation*, *Produkt* und *Marktfähigkeit*. All diese Begriffe sind mehrdimensional und können aus den verschiedensten Perspektiven betrachtet werden. Entsprechend anspruchsvoll ist es, Innovation und Marktfähigkeit mit messbaren Parametern zu verknüpfen.

2.1 Innovation

Das Entwickeln und Umsetzen von Innovationen sind maßgeblich für die Wettbewerbsfähigkeit von Unternehmen (Witt und Schönbucher 2011, S. 121–151). Bei Innovationen handelt es sich immer um etwas Neuartiges. Innovationen sind als qualitativ neuartige Produkte oder Verfahren, die sich gegenüber einem Vergleichszustand *merklich* unterscheiden zu charakterisieren. Die Neuartigkeit liegt dabei in Form einer neuartigen Zweck-Mittel-Kombination vor und muss, z. B. von einem Verbraucher oder Anwender, wahrgenommen werden können (Hauschildt et al. 2016, S. 3–5). Zweck und Mittel müssen dabei für die Menschheit nicht neu sein. Innovation kann aus einer noch nicht dagewesenen Kombination aus einem bekannten Zweck und einem bekannten Mittel entstehen (siehe Beispiel I und II).

Beispiel I: Handelt es sich um eine Innovation?

Ein Unternehmen reagiert auf Kritik und ersetzt das bisher im Frucht-Joghurt eingesetzte künstliche Erdbeeraroma durch ein natürliches Erdbeeraroma.

In diesem Fall wurden ein Zweck (Erdbeergeschmack) und ein Mittel (natürliches Aroma anstatt eines konventionellen Aromas) neu kombiniert. Allerdings gibt es keinen merklichen Unterschied zwischen dem alten und dem neuen Vergleichszustand – der Fruchtjoghurt schmeckt nach Erdbeere. Verbraucher nehmen die Änderung beim Konsum nicht bewusst wahr.

Somit handelt es sich nicht um eine Innovation. ◄

> **Beispiel II: Handelt es sich um eine Innovation?**
>
> Ein Unternehmen bringt Burgerpatties auf Insektenproteinbasis auf den deutschen Markt.
>
> Das Menschen Insekten verzehren (Antropho-Entomophagie) ist global gesehen kein neues oder seltenes Phänomen. In vielen Ländern, vor allem in Teilen Asiens, Afrika und Lateinamerika wird dies seit Jahrhunderten praktiziert. Im westlichen Kulturkreis hingegen wird der Verzehr von Insekten erst seit einem relativ kurzen Zeitraum diskutiert (Meixner und Mörl von Pfalzen 2018, S. 5; FAO 2013, S. 1).
>
> In Deutschland war der erste Insektenburger 2018 im Supermarkt erhältlich (Insektenwirtschaft 2018). Weder, dass ein Patty in ein Burgerbrötchen gelegt wird (Zweck) ist neu, noch der Verzehr von Insekten (Mittel), zumindest weltweit betrachtet. Aber die Kombination hatte es zuvor innerhalb des deutschen Marktes noch nicht gegeben. Auch der Vergleichszustand kann insofern als verändert betrachtet werden, dass die Hauptkomponente eines traditionellen Burger-Pattys (Rindfleisch) gegen gemahlene Buffalowürmer ausgetauscht worden ist. Einem Verbraucher, der kein Rindfleisch konsumieren möchte, wird diese Veränderung daher wahrscheinlich auffallen.
>
> In diesem Fall kann man von einer Innovation sprechen. ◄

Nachdem festgestellt worden ist, dass es sich bei einer (Ver-)Änderung um eine Innovation handelt, kann diese durch fünf verschiedene Dimensionen beschrieben und so genauer klassifiziert werden:

> **Übersicht**
> 1. die inhaltliche Dimension (Was ist neu?),
> 2. die Intensitätsdimension (Wie neu?),
> 3. die subjektive Dimension (Neu für wen?),
> 4. die prozessuale Dimension (Wo beginnt, wo endet die Neuerung?)
> 5. und die normative Dimension (Ist neu gleich erfolgreich?) (Hauschildt 2005, S. 26).

2.1.1 Was ist neu?

Die inhaltliche Dimension beschreibt, was an der Innovation als neu bezeichnet werden kann. Die Neuerung kann sich beispielsweise auf das Produkt selber (Produktinnovation) und/oder den zur Herstellung verwendeten Prozess (Prozessinnovation)

2.1 Innovation

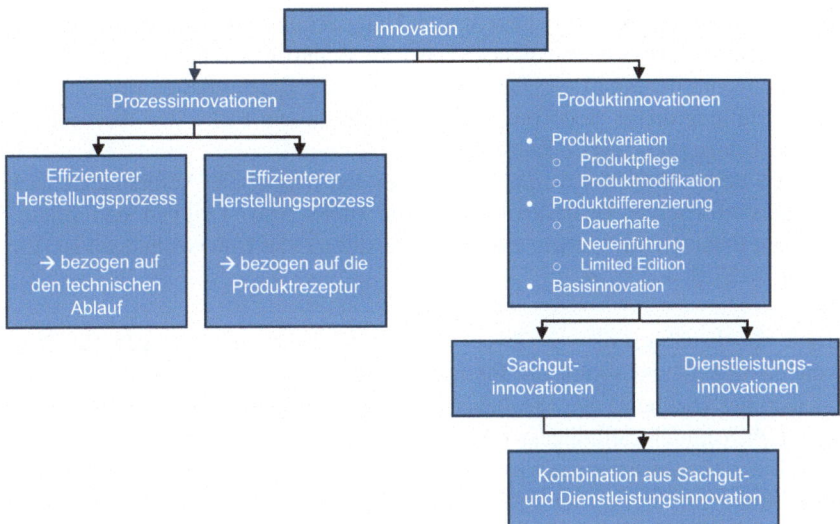

Abb. 2.1 Verschiedene Typen von Innovationen. (Bildquelle: Eigene Darstellung, Quellen: Hauschildt 2005, S. 26–28; Burr 2017, S. 23–24; Brockhoff 2000, S. 28–29; Meffert et al. 2019, S. 457–459; Wegmann 2020, S. 21–23)

beziehen (Hauschildt 2005, S. 26–28). Die Abb. 2.1 zeigt einen Überblick über die verschiedenen möglichen Typen von Innovationen, die im Folgenden näher beschrieben sind.

Produktinnovationen

Eine Produktinnovation kann definiert werden als ein Bündel von Eigenschaften, welches wahrnehmbar von einem zuvor existenten Eigenschaftenbündel abweicht, die aber die gleichen Bedürfnisse erfüllen (Brockhoff 2000, S. 28) (siehe Beispiel III). Bei der Produktinnovation steht der Verwertungsprozess am Markt im Fokus. Die Produktinnovation erlaube dem Besitzer, neue Zwecke zu erfüllen oder vorhandene Zwecke in einer völlig neuartigen Weise bzw. neuartigen Mitteln zu erfüllen. Bei der erstmaligen Einführung von Smoothies handelt es sich z. B. um eine Produktinnovation (Hauschildt 2005, S. 26; Wegmann 2020, S. 22). Zusätzlich sind Produktinnovationen noch in Sachgut- und Dienstleistungsinnovationen zu unterscheiden.

> **Beispiel III: Fleischersatzprodukte als Produktinnovation**
>
> Typische, ursprünglich auf Basis tierischer Rohstoffe hergestellte Lebensmittel (z. B. ein Schnitzel auf Schweinefleisch-Basis) werden mit pflanzlichen Rohstoffen in ihren sensorischen Eigenschaften (z. B. Aussehen, Textur, Mundgefühl) imitiert (BMEL und DLMBK 2024, S. 4–5).

Die Notwendigkeit für diese Entwicklung scheint darin zu bestehen, dass der Verbraucher zwar immer noch dasselbe Bedürfnis (z. B. ein Schnitzel als Komponente der Mahlzeit) hat, aber sich andere Eigenschaften der Produkte zur Erfüllung dieses Bedürfnisses wünscht. In diesem Fall – den Wechsel von tierischen zu pflanzlichen Rohstoffen.

Als Beleg für diesen Ansatz könnte man den Wunsch des Verbrauchers nach einer sensorischen Übereinstimmung von (tierischem) Original und pflanzlichem Ersatzprodukt sehen, die häufig Gegensatz von Untersuchungen ist (Lin et al. 2025, S. 1–17). ◄

Gerade die Kombination von Zweck und Mittel kann zu neuartigen Problemlösungen führen und somit zur Innovation. Supermärkte bieten z. B. nicht nur Lebensmittel (Sachgut) an, sie haben ihre Leistungspakete auch teilweise um einen Lebensmittel-Lieferdienst (Dienstleistung) erweitert (Rock 2022, S. 241). Diese Unter-Dimensionen sind jedoch nicht trennscharf, da es für die Einführung von Produktinnovationen häufig Prozessinnovationen bedarf (z. B. das Einführen neuer Produktionsstraßen). Bei Dienstleistungsinnovationen sind Prozess- und Produktinnovation sogar als identisch zu betrachten, da Dienstleistungen untrennbar von ihrem Prozess der Erbringung sind und theoretisch zu demselben Zeitpunkt konsumiert werden, zu dem sie auch kreiert wurden (Burr 2017, S. 23–24; Burr und Stephan 2019, S. 103–111; Hauschildt et al. 2016, S. 7–8).

Produktvariation und Produktdifferenzierung
Aus produktpolitischer Perspektive können Produktinnovationen z. B. als Verbesserungsinnovationen gelten, wenn sie einen höheren Grad der Bedürfnisbefriedigung erfüllen als ihr Vorgänger- oder Konkurrenzprodukt. Verbesserungsinnovationen können noch weiter unterteilt werden in die Produktvariation und die Produktdifferenzierung (Brockhoff 2000, S. 28).

Eine Produktvariation ist eine Veränderung eines bereits am Markt eingeführten Produktes. Die Veränderung hat beispielsweise das Ziel, dass das Produkt den sich wandelnden Nachfragebedürfnissen angepasst wird oder sich gegenüber neu aufgetretenen Konkurrenzprodukten wieder positiv hervorhebt. In diesem Fall bleibt die Anzahl der Produkte, die das Unternehmen im Programm hat, dieselbe – das Vorgängerprodukt wird vom Markt genommen. Es gibt zwei verschiedene Arten der Produktvariation, die Produktpflege und die Produktmodifikation. Die Produktpflege dient der Erhaltung, Aktualisierung oder Verbesserung der Wettbewerbsfähigkeit z. B. durch Mängelbehebung oder effizientere Produktionsprozesse. Beispielsweise wurde in mehreren Ländern, unter anderem Deutschland, der Schokoladenriegel „Raider" 1991 in „Twix" umbenannt. Dies wurde rein aus Marketinggründen vorgenommen, die Rezeptur wurde nicht verändert (Osterloh 2009). Es handelte sich dabei um eine Form der Produktpflege und eine Variation des Schokoriegels – das Vorgängerprodukt wurde vom Markt genommen. Beides hat nur kleine Produktänderungen zur Folge, weshalb dieser Typ Innovation als inkrementell (siehe Abschn. 2.1.2) eingestuft werden kann. Eine Produktmodifikation bezeichnet hingegen die umfassende Veränderung mehrerer Produkteigenschaften. Damit wird meistens die Wiederbelebung eines stagnierenden oder rückläufigen Absatzes bezweckt, weshalb diese Maßnahme auch als Produkt-Relaunch bezeichnet wird. Auch hier sind eindeutige Abgrenzungen nicht immer möglich. Eine Produktdifferenzierung dient hingegen der Erweiterung des Programmes des Unternehmens. In diesem Fall werden parallel mehrere Produktvarianten angeboten, um gezielt auf die Bedürfnisse unterschiedlicher Zielgruppen einzugehen (Meffert et al. 2019, S. 457–459). Bei Smartphones können z. B. sehr ähnliche Varianten eines Modells, die sich vielleicht nur in der Speichergröße unterscheiden, zu unterschiedlichen Preisen erworben werden. Produktdifferenzierungen kann man zusätzlich noch unterteilen in dauerhafte Neueinführungen und *Limited Editions,* wie z. B. Saisonprodukte, welche sich durch ihre zeitlich begrenzte Verfügbarkeit auszeichnen (Wegmann 2020, S. 21–23). Dr. Oetker bringt beispielsweise Dessertcremevariationen auf den Markt, die nur für einen begrenzten Zeitraum erhältlich sind. Im Jahr 2023 war dies „die Paradies Creme des Jahres Amarena Kirsch" (Dr. Oetker 2023).

Basisinnovationen
Die bisher aufgezeigten möglichen Varianten von Produktinnovationen setzen alle voraus, dass ein bereits bestehendes Produkt verändert wird, um es z. B. sich verändernden Bedürfnissen anzupassen. Werden Bedürfnisse hingegen zum ersten Mal befriedigt, kann man von einer Basis- oder Radikalinnovation sprechen. Im Bereich der Lebensmittel wird anstatt des Begriffs Basisinnovation auch die Bezeichnung „originäres Produkt" verwendet (Wegmann 2020, S. 22).

Hier wird ein neuer Markt geschaffen, da ein bereits existierendes Produkt als Vergleichsmaßstab fehlt. Trotzdem ist auch hier eine scharfe Abgrenzung zu Verbesserungsinnovationen manchmal schwierig. Ein Beispiel dafür ist die Einführung des Farbdruckers. Vor dessen Einführung konnte nur in schwarz-weiß gedruckt werden, aber das Drucken an sich war eben bereits möglich. Ist die Einführung des farbigen Drucks – und damit die Distanz zwischen den Eigenschaften der Produkte – groß genug, damit man von einer radikalen Neuerung sprechen kann (Brockhoff 2000, S. 28)? Im Lebensmittelbereich ist eine Vielzahl an Beispielen für diese Art von Grenzfällen zu finden: Bei Aufbackbrötchen und Tiefkühltorten handelt es sich um Lebensmittel, die auch schon vor der Etablierung der Tiefkühlkost in der breiten Bevölkerung und dem Lebensmittelhandel (ca. ab den 1950er Jahren), zu Hause konsumiert, aber nicht unbedingt dort zubereitet worden sind. Verändert hat sich hauptsächlich die Möglichkeit zur Vorratshaltung (Teuteberg 1991).

Scheininnovationen und Produktimitationen
Abgrenzen muss man die zuvor beschriebenen Arten von Innovationen von sogenannten Scheininnovationen. Diese werden ausschließlich durch eine veränderte Kommunikation über das in seinen Eigenschaften unveränderte Produkt erzeugt (Brockhoff 2000, S. 29). Dies kann z. B. der Fall sein, wenn die „Neuerung" bei der Produktvariation sich nur auf die Veränderung der Verpackung oder des Marketings beschränkt.

Eine weitere Variante der Produktinnovationen, die es abzugrenzen gilt, sind die Produktimitationen. Wie bereits in der Einführung in das Thema beschrieben wurde, gibt es eine hohe Rate an Misserfolgen am Markt bei Innovationen. Die innovativen Produkte, die schließlich Erfolg haben, genießen die Vorteile ihrer Monopolsituation jedoch häufig nicht für eine lange Zeit, da häufig Produktimitatoren versuchen, am Erfolg mit teilzuhaben (Schewe 2000, S. 57–58). Eine Produktimitation muss dabei nicht zwangsweise darauf reduziert werden, dass z. B. Urheberrechte oder Patentrechte verletzt wurden. Auch wenn es zu keiner Rechtsverletzung kam, weil die Produktinnovation nicht patentrechtlich geschützt gewesen oder der Patentschutz auf internationalen Märkten erschwert durchzusetzen ist, kann ein Produkt trotzdem von einem Konkurrenzunternehmen imitiert werden (Wirsam 2008, S. 233–237). Produktimitationen lassen sich – außer durch Rechtsverletzungen – anhand von drei Kriterien von Produktinnovationen abgrenzen: dem Zeitpunkt des Markteintritts, der Anwendungs- bzw. Verwendungsmöglichkeit des Produkts und der im Produkt verwendeten Technologie. Eine Produktimitation lässt sich darauf basierend als ein Produkt definieren, „welches in einen bereits existenten Markt eingeführt wird und das im Hinblick auf die Anwendungs- bzw. Verwendungsmöglichkeiten sowie der verwandten Produkttechnologie als weitgehend ähnlich zu(m) bereits am Markt existenten Produkt(en) zu klassifizieren ist" (Schewe 2000, S. 58). Im Bereich der Lebensmittel wird anstatt von Produktimitationen auch von Me-too-Produkten gesprochen (Wegmann 2020, S. 22).

Prozessinnovationen
Während eine Produktinnovation, z. B. die Markteinführung einer neuen veganen Lebensmittelalternative, vorrangig den Verbraucher betrifft, richtet sich eine Prozessinnovation an die Industrie. Prozessinnovationen werden nicht einmal unbedingt vom Verbraucher bemerkt, wenn sie z. B. dazu dienen den Preis oder die Qualität des Produktes konstant zu halten und nicht merklich zu verändern. Bei der Prozessinnovation ist das Ziel die Steigerung der Effizienz. Neuartige Faktorkombinationen sollen dazu führen, dass die Produktion kostengünstiger, qualitativ hochwertiger, sicherer oder schneller erfolgen kann. Eine Prozessinnovation ist beispielsweise die Verbesserung des Dampfinjektionsverfahrens (schnellere Erhitzung) zur Haltbarmachung von Milch, um einen verbesserten Frischegeschmack zu erzielen (Muschiolik 2013).

2.1.2 Wie neu?

Mit der Intensitätsdimension kann beschrieben werden, wie hoch der Grad der Neuartigkeit ist. Dies ist jedoch nicht unproblematisch, da es keinen Konsens darüber gibt, was unter einem Innovationsgrad zu verstehen ist und entsprechend gibt es keine Konzepte zu seiner Erfassung und Messung (Schlaak 1999, S. 9). Hinzu kommt, dass die Verbraucher den Innovationsgrad eines Produktes sehr unterschiedlich beurteilen können. Innovation ist dadurch ein sehr subjektiv gefärbter Begriff, der nur sehr schwer objektiv messbar ist (Burr 2017, S. 22).

Worüber ein weitgehender Konsens herrscht, sind zumindest die Extreme hinsichtlich des Grades der Neuheit. Da wäre zum einen die radikale Innovation bzw. Basis- oder Durchbruchsinnovation, die sich dadurch auszeichnet, dass sie einen ganz neuartigen Zweck ermöglicht und diese Zweckerfüllung durch ganz neue Technologiekombinationen erreicht wird. Dem gegenüber stehen die inkrementellen Innovationen, die den einen schrittweisen bzw. allmählichen Fortschritt aufweisen (Chandy und Tellis 2000, S. 1–17; Zhou et al. 2005, S. 43). Bei Lebensmitteln spricht man bei einem hohen Neuigkeitsgrad anstatt von einer radikalen Innovation auch von einem originären Produkt, z. B. die erstmalige Einführung von Smoothies. Eine inkrementelle Innovation im Lebensmittelbereich entspricht einem modifizierten Produkt – etwa eine neue Geschmacksvariante eines Smoothies, der an sich ja bereits auf dem Markt eingeführt worden ist – oder einem Verbesserungsprodukt, wenn eine verbesserte Variante den Vorgänger ablöst (Wegmann 2020, S. 22).

2.1.3 Neu für wen?

Die subjektive Dimension erfasst, für wen es sich um eine Innovation handelt. Sie kann auf verschiedenen Ebenen betrachtet werden. Auf der Ebene eines beliebigen Individuums oder Verbrauchers kann dieser für sich feststellen, was er als neu empfindet. Auf betriebswirtschaftlicher Ebene ist innovativ, was die Führungsinstanz für innovativ hält. Auf industrieökonomischer Ebene ist neu, was es zuvor in der Branche oder bei den wichtigsten Wettbewerbern nicht gab. Auf national-ökonomischer Ebene definieren beispielsweise Patente, was neu ist. Als letzte Steigerung kann nur das als innovativ bezeichnet werden, was in der Geschichte der Menschheit erstmalig erfunden wurde (Hauschildt 2005, S. 32–33). Operationalisierbar z. B. für den Lebensmittelmarkt wird die subjektive Dimension, wenn man sie auf der Ebene der Branche bzw. des Marktes, des Unternehmens und der des Verbrauchers betrachtet. Denn ein Lebensmittel kann für einen Markt, ein Unternehmen und/oder den Verbraucher neuartig sein (Danneels und Kleinschmidt 2001, S. 357–373; Garcia und Calantone 2002, S. 124; Wegmann 2020, S. 22). Die Sojabohne zählt beispielsweise zu den ältesten Kulturpflanzen der Erde und wurde schon 2800 v. Chr. in China kultiviert. In den Asiatischen Ländern wird daraus Tofu hergestellt, die älteste schriftliche Quelle darüber stammt aus dem Jahr 950. In den 80ziger Jahren kam Tofu dann in Deutschland als Neuheit für die hiesigen Verbraucher auf den Markt (Schuster et al. 1998; Shurtleff und Aoyagi 2016).

2.1.4 Wo beginnt, wo endet die Neuerung?

Eine Innovation umfasst mehr als nur die Umsetzung einer Idee in einen Prototyp (Hauschildt 2005, S. 25). Zur Innovation führt der Innovationsprozess. Dieser zielt gesamtwirtschaftlich oder betriebswirtschaftlich auf die Generierung und Durchsetzung von Innovationen am Markt ab. Der Innovationsprozess, wie in Abb. 2.2 dargestellt, kann in drei Phasen unterteilt werden: Inventionsphase (1), Innovationsphase (2) und Diffusionsphase (3) (Burr 2017, S. 24–26).

Inventionsphase (1): Eine Invention ist etwas Neuartiges oder eine Idee, wie z. B. eine technische Erfindung, dem ein Forschungsprozess, z. B. im Unternehmen, vorausgegangen ist. Sie kann aber auch das Resultat eines zufälligen Ereignisses oder unvorhergesehenen Ergebnisses sein (also eine zufällige Erfindung), wie z. B. die zufällige Entdeckung der Röntgenstrahlen. Diese Phase kann nochmals unterteilt werden in die (1a) Initiative, die (1b) Forschung und in die (1c) Entwicklung. (1a) In der Initiativ-Phase wird z. B. eine Auffälligkeit oder eine Abhängigkeit, eine Beziehung oder die Existenz eines unbekannten Stoffes oder Ablaufes entdeckt. Darauf folgt der Beschluss, sich mit diesem bisher nicht näher bekannten Gegenstand zu beschäftigen, mit der Option, dass eine erfolgreiche Neuerung damit zusammenhängend möglich ist. (1b) Es folgt die Forschungs-Phase, in der die theoretische Fundierung, empirische Überprüfung und Bestimmung der Variablen durchgeführt wird. (1c) In der Entwicklungs-Phase werden schließlich die Beobachtungen und Forschungsergebnisse in Prototypen umgesetzt, die zum Ziel haben, die theoretisch bestimmten oder empirisch festgestellten Beziehungen zu einem bestimmten Zweck nutzbar zu machen (Hauschildt 2005, S. 34).

Innovationsphase (2): Die Innovation ist der ökonomische Nutzen dieser Invention, also die Umsetzung dieser technischen Erfindung oder Idee in ein marktgängiges Produkt. Auch hier ist die Abgrenzung der beiden Begriffe nicht unbedingt trennscharf, da die Innovation immer eine Invention voraussetzt und im Innovationsprozess nur schwer auseinandergehalten werden kann, wo die Invention aufhört und die Innovation beginnt.

Diffusionsphase (3): Mit der Diffusion wird die Ausbreitung der Neuerung im Markt (meist Produkt- und Dienstleistungsinnovationen) bzw. im Unternehmen (Prozessinnovationen) bezeichnet. Gekennzeichnet wird diese Phase durch die erstmalige Übernahme der Innovation durch Konkurrenten (Burr 2017, S. 24–26; Hauschildt 2005, S. 25, 34).

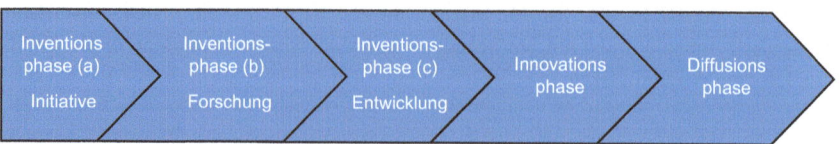

Abb. 2.2 Innovationsprozess. (Bildquelle: Eigene Darstellung, Quellen: Hauschildt 2005, S. 25, 34; Burr 2017, S. 24–26.)

2.1.5 Neu gleich erfolgreich?

Als Ansatz zur Bestimmung der normativen Dimension kann man einen betriebswirtschaftlichen Ansatz heranziehen. Bei diesem wird danach gefragt, ob das vermeidlich innovative Produkt auf dem Markt oder innerbetrieblich erfolgreich ist. Der Maßstab wären dann realisierte Gewinne oder z. B. Kostensenkungen. Dies ist jedoch eine rückblickende Perspektive, die erst nach Abschluss des Innovationsprozesses eingenommen wird und entsprechend bei der Abschätzung auf Erfolg zukünftiger Innovationen irrelevant ist (Hauschildt 2005, S. 35–36).

> **Innovationen**
> - Neue Zweck-Mittel-Kombinationen
> - Vom Verbraucher/Anwender merkliche/wahrnehmbare Unterscheidung zum Vergleichszustand
> - Kann in 5 Dimensionen beschrieben werden:
>   - Was ist neu?
>   - Wie neu?
>   - Neu für wen?
>   - Wo beginnt, wo endet die Neuerung?
>   - Ist neu gleich erfolgreich?

2.2 Produkt

Als ein Produkt wird im weitesten Sinne alles verstanden „was einer Person angeboten werden kann, um ein Bedürfnis oder einen Wunsch zu befriedigen" (Kotler et al. 2015, S. 408). Hierbei handelt es sich um einen nutzenorientierten Produktbegriff. Aus dieser nutzenorientierten Perspektive weist ein Produkt einen Basis- oder Grundnutzen durch seine Eigenschaften und eventuell einen Zusatznutzen auf. Unter einem Grundnutzen ist die Leistungen, die von jedermann erwartet wird, zu verstehen. Ein Zusatznutzen differenziert das Produkt von den Angeboten der Konkurrenz, z. B. durch Zusatzfunktionen oder ästhetische Eigenschaften (Meffert et al. 2019, S. 396). Der Nutzen beantwortet die Frage, was das Produkt eigentlich leistet, nämlich die Befriedigung eines Bedürfnisses. Darüber hinaus besitzt ein Produkt auch nicht-funktionale Qualitätseigenschaften, wie die Lebensdauer oder den Geschmack, die beschreiben, wie das Produkt seine Funktion erfüllt (Biermann und Erne 2020, S. 50–52). Diese nutzenorientierte Perspektive kann noch durch eine wirtschaftlich orientierte Perspektive ergänzt werden. Diese berücksichtigt, dass ein Unternehmen ein Produkt auf dem Markt bringt, um einen Gewinn zu erzielen. Ein Produkt ist demnach eine gebündelte Menge an Eigenschaften (auf diesen basiert der Grund- und Zusatznutzen), die im Hinblick auf eine erwartete Bedürfnisbefriedigung, vom bekannten oder unbekannten Verwender, von diesem gegen Geld von einem Anbieter getauscht wird. Dies entspricht dem Ziel des Anbieters (Brockhoff 1999, S. 13; Biermann und Erne 2020, S. 61).

> **Produkt**
> - Weist gewisse Eigenschaften auf
> - Eigenschaften bestimmen den Grund- und Zusatznutzen
> - Grund- und Zusatznutzen befriedigen bestimmte Bedürfnisse des Käufers
> - Ziel des Anbieters: Tausch des Produktes gegen Geld
> - Ziel des Käufers: Bedürfnisbefriedigung

2.2.1 Lebensmittel als Produkte

Lebensmittel weisen grundsätzlich vier verschiedene Funktionen auf: Erstens die Basisfunktion: Ernährung zählt zu den physiologischen Grundbedürfnissen des Menschen, weshalb lange das Vermeiden von Mangelerscheinungen im Fokus stand. Dies kann auch als die wesentliche oder primäre Funktion von Lebensmitteln bezeichnet werden. Ziel war – und ist noch in vielen Regionen der Welt – das Bereitstellen von quantitativ und qualitativ benötigten Lebensmitteln um Mangelerscheinungen in der Bevölkerung zu verhindern. Die Lebensmittel müssen dazu auch hohen hygienischen Ansprüchen genügen. Zweitens die sekundäre oder sensorische Funktion: Sie beschreibt den Genusswert von Lebensmitteln, welcher ebenfalls eine zentrale Rolle spielt. Drittens die tertiäre oder präventiv-medizinische Funktion: Diese hat sich spätestens mit der Entdeckung der Funktion der Ballaststoffe in den 1970er Jahren herausgebildet. Lebensmittel sollten im günstigsten Fall einen über die Basisfunktion hinaus gesundheitlichen Nutzen liefern. Man kann hier auch vom Gesundheitswert der Lebensmittel sprechen, der zu einer langfristigen Förderung und den Erhalt der Gesundheit der Verbraucher beitragen soll (Hahn 2019, S. 26–27; Dürrschmid 2005, S. 125). Viertens die immaterielle Funktion: Sie bezieht sich auf die semantische Qualität von Lebensmitteln. Darunter versteht man die Eignung eines Lebensmittelprodukts, seine Botschaften schlüssig in das kommunikative Geschehen des gesamten Konsum- und Essvorgangs einer bestimmten Zielgruppe integrieren zu können. Beispiele dafür sind das Demonstrieren der Zugehörigkeit zu einer bestimmten (religiösen-) Gruppe durch eine spezifische Ernährung wie Halal oder Koscher. Lebensmittel werden daher auch als Teil der Kommunikation diskutiert, da die kulinarische Kultur einer Gesellschaft ein Teil ihrer Kommunikationskultur ist. Bestimmte Lebensmittel zu mögen hängt auch mit dem Heranwachsen in einem bestimmten kulturellen Umfeld zusammen (Dürrschmid 2005, S. 125–127).

> **Funktionen von Lebensmitteln**
> - Physiologisches Grundbedürfnis, verhindern von Mangelerscheinungen (Basisfunktion)
> - Genusswert (sekundäre Funktion)

2.2 Produkt

- Gesundheitlicher Nutzen über die Basis-Funktion hinaus (präventivmedizinische Funktion/Tertiärfunktion)
- Semantische Qualität (immaterielle Funktion)

Die Basisfunktion von Lebensmitteln ist vergleichbar mit dem Basis- oder Grundnutzen eines Produktes. Sie steht eng mit den physischen Eigenschaften des Produktes in Verbindung, wie z. B. den Nährwerten. Selbiges gilt für die sekundäre Funktion (Genusswert) und die Tertiärfunktion (präventivmedizinische Funktion). Kategorien, wie die der sozialen Werte, sind eher dem Zusatznutzen zuzuordnen und ergeben sich aus kulturellen Bedingungen, wie z. B. der Konsum von Wein oder Bier in einer geselligen Runde. Welcher Nutzen für welchen Verbraucher im Vordergrund steht, ist dabei individuell bedingt (Wegmann 2020, S. 4–5). Die Abb. 2.3 zeigt mögliche Nutzenkategorien für Lebensmittel und ein Anwendungsbeispiel anhand einer fermentierten Limonade. Der Basisnutzen bei dem Beispiel besteht darin, dass die Limonade aus frischem Direktsaft hergestellt wurde, woraus der Verbraucher sich einen positiven Nährwert – besonders im Vergleich mit Konkurrenzprodukten, die aus Saftkonzentrat, Zucker und Aromen bestehen – herleiten kann. Als Zusatznutzen kann die Regionalität des Produktes gelten. Verbraucher können durch den Konsum ihre Unterstützung für regionale Produkte demonstrieren und ihre Zugehörigkeit zu einer aufgeklärten, bewusst konsumierenden Verbrauchergruppe.

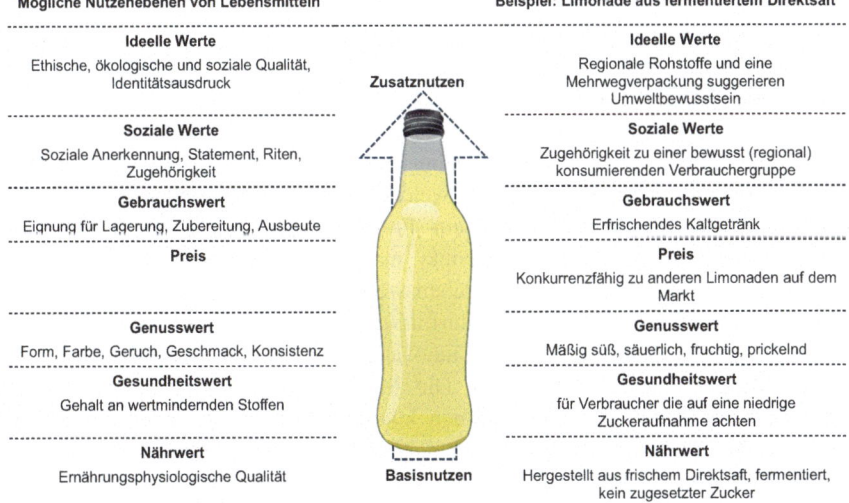

Abb. 2.3 Nutzenebenen von Lebensmitteln an Beispiel „Fermentierte Limonade aus Direktsaft". (Bildquelle: Eigene Darstellung, Quellen: Wegmann 2020, S. 5; Biermann und Erne 2020, S. 57, Vektor von Pixabay)

2.2.2 Unique Selling Proposition

Grund- oder Basis- und Zusatznutzen können im Begriff „Kundennutzen" zusammengefasst werden. Wenn sich dieser sich von der bestehenden Konkurrenz unterscheidet bzw. abhebt wird von der USP, der *Unique Selling Proposition*, gesprochen. Es handelt sich dann um das Alleinstellungsmerkmal des Produktes, welches sich durch dessen konkrete Eigenschaften ergibt. Der Begriff geht auf Rosser Reeves zurück. Dieser führte die USP 1940 als ein besonderes Verkaufsversprechen in die Marketingtheorie ein (Dietrich und Meitinger 2021, S. 10–11).

Die USP eines Produktes – auch wenn der Begriff *Unique* enthalten ist – kann, aber muss kein Hinweis darauf sein, dass es sich um ein innovatives Produkt handelt. Wenn sich das Alleinstellungsmerkmal nur auf das ästhetische Erscheinungsbild des Produkts oder dessen Preisführerschaft bezieht, kann es sich auch um eine Scheininnovation oder ein Me-too-Produkt handeln (siehe Abschn. 2.1.1) (Dietrich und Meitinger 2021, S. 10–11; Brockhoff 2000, S. 29; Wegmann 2020, S. 22).

> **Unique Selling Proposition (USP)**
> - Sollte auf dem Zielmarkt für das Produkt bzw. die Produktidee einzigartig sein
> - Umfasst den Basis- und Zusatznutzen des Produktes, sowie das Bedürfnis, welches mit dem Produkt befriedigt werden soll
> - Ist kein Garant dafür, dass die Produktidee eine Innovation ist, da die USP sich auch z. B. ausschließlich auf den Preis beziehen kann

2.3 Marktfähigkeit

Die Marktfähigkeit eines Produktes kann definiert werden als die Erkennbarkeit des Nutzens durch den Kunden, welcher auch der Anwender ist, und die Attraktivität des Produktes durch sein Preis-Leistungsverhältnis. Zusammengefasst bedeutet dies, dass ein Produkt marktfähig ist, wenn die anvisierte Kundengruppe ein Produkt als erstrebenswert und erschwinglich wahrnimmt. Wird das Produkt an den Kundenbedürfnissen vorbei entwickelt oder der Preis zu hoch angesetzt, kann sich auch ein innovatives Produkt am Markt nicht durchsetzen (Meffert et al. 2019, S. 409). Die Marktfähigkeit wird im Produktentwicklungsprozess von den Unternehmen kontinuierlich überprüft. In der Folge werden bereits 92 % aller Neuproduktprojekte noch vor der Marktreife verworfen. Dies ist nötig, da die Kosten für den Produktentwicklungsprozess im Verlauf bis zur Markteinführung überproportional steigen.

Ein überproportional erhöhter Kosten- bzw. Ressourcenaufwand entsteht ungefähr ab der Entwicklungsphase (siehe Abb. 2.2) und ist bedingt durch die Forschung, Entwicklung, Marktforschung, produktbegleitende Prozessinnovationen

2.3 Marktfähigkeit

und die Markteinführung (Halaszovich 2011, S. 5; Meffert et al. 2019, S. 409; Herrmann und Huber 2013, S. 205). Die Abb. 2.4 zeigt beispielhaft den Anstieg für die Kosten im Verlauf des Produktentwicklungsprozesses.

Für das Unternehmen bedeutet Marktfähigkeit zum einen, dass ein Produkt zunächst mindestens finanzierbar sein sollte und sich mittelfristig aus wirtschaftlicher Sicht selber tragen muss. Das Unternehmen muss dazu in einem Geschäftsmodell definieren, welcher Nutzen (Value Proposition) welcher Kundengruppe angeboten wird. Dabei sollten auch die Vertriebskanäle, Kommunikationsbeziehungen und Preisgestaltung mit einbezogen werden (Hermann und Huber 2013, S. 205; Biermann und Erne 2020, S. 62–65).

Marktfähigkeit von Produkten ist dementsprechend eine bedeutende Determinante für die Wettbewerbsfähigkeit von Unternehmen. Zum anderen bedeutet Marktfähigkeit für das Unternehmen, dass alle Entscheidungen, die getroffen werden, auf die Bedürfnisse und Wünsche der Nachfrager bzw. Kunden ausgerichtet sein müssen. Die Unternehmen sollten eine konsequente Markt- oder Marketingorientierung verfolgen, denn das Produkt muss auch auf Akzeptanz bei den Nachfragern stoßen. Die Marktfähigkeit der Produkte ist demnach auch ein Teil bzw. ein Aspekt der Marktorientierung des Unternehmens bzw. der Kundenorientierung/Bedürfnisorientierung (Bruhn 2019, S. 1; Hermann und Huber 2013, S. 205).

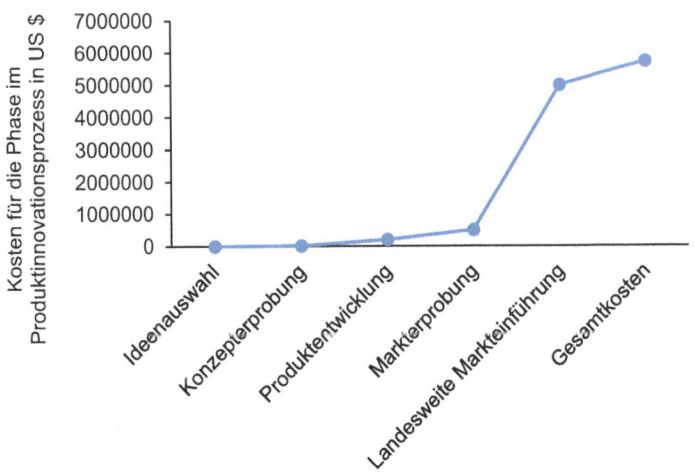

Abb. 2.4 Kostenverlauf im Produktentwicklungsprozess. (Bildquelle: Eigene Darstellung, Quelle: Kotler et al. 2007, S. 441)

> **Marktfähigkeit**
> - Sicht des Kunden
>   – Kunde erkennt den Nutzen des Produktes und findet den Preis im Verhältnis attraktiv
> - Sicht des Unternehmens
>   – Produkt ist zunächst finanzierbar und trägt sich mittelfristig selber
>   – Entscheidungen werden immer im Hinblick auf die Wünsche und Bedürfnisse des Kunden getroffen

2.3.1 Verbraucherakzeptanz und Marktfähigkeit

Ob ein Kunde ein innovatives Produkt als für ihn nützlich, um ein bestimmtes Bedürfnis zu befriedigen, erkennt, hängt eng mit seiner Akzeptanz des Produktes zusammen. Die Verbraucherakzeptanz ist daher ebenfalls Teil der Marktfähigkeit eines Produktes. Sie umfasst zwei Aspekte, die Akzeptanz und die Adaption.

Die Akzeptanz gibt darüber Auskunft, ob der durch die Innovation aufgezeigte Lösungsansatz als passend angenommen wird. Sie macht keine Aussage über die tatsächliche Nutzung der Innovation. Dies wird im Rahmen der Adaption beschrieben. Die Adaption findet auf der verhaltensbezogenen Ebene statt und zeichnet sich durch die fortlaufende Nutzung der Innovation aus (Ginner 2018, S. 139, 151–152).

Ein Adaptionsprozess wird z. B. durchlaufen, wenn Verbraucher mit neuen oder veränderten Produkten konfrontiert werden. Zunächst erfährt das Individuum (der Verbraucher) von der Innovation und entwickelt ein Verständnis für ihre Funktion (Phase 1: *Knowledge* bzw. Bewusstsein). Daraufhin wird eine Einstellung der Innovation gegenüber entwickelt und die Folgen einer eventuellen nicht-Übernahme abgewogen (Phase 2: *Persuasion* bzw. Meinungsbildung). Es folgt die Entscheidung, ob die Innovation tatsächlich übernommen wird (Phase 3: *Decision* bzw. Entscheidung) und die tatsächliche Verwendung der Innovation vom Verbraucher (Phase 4: *Implementation* bzw. Nutzung). Abschließend wird die Innovation durch die Verwendung des Verbrauchers verändert und somit für mehr Menschen nutzbar (Phase 5: *Re-Invention* bzw. Bestätigung) (Karnowski und Kümpel 2016, S. 98–101; Rogers und Everett 2003, S. 169–175; Ginner 2018, S. 140).

Wie bereits in der Einleitung angesprochen, ist einer der Gründe für Unternehmen, Produktinnovationen auf den (Lebensmittel-)Markt zu bringen, der dort herrschende intensive Verdrängungsmarkt. Diese Produktinnovationen müssen aber entsprechend auch vom Kunden akzeptiert und ihren Bedürfnissen gerecht werden. Das Einbeziehen der Kundenakzeptanz ist folglich für den Erfolg einer Innovation in der Lebensmittelproduktion von großer Bedeutung (Bruhn 2019, S. 1–2).

Wird eine neue, innovative Technik vom Verbraucher nicht akzeptiert, kann diese zu einem Engpassfaktor für die Verbreitung dieser neuen Technologien führen. Der Verbraucher beurteilt die neue Technologie nach unterschiedlichen Aspekten. Zum einen nach dem neuen Produkt, welches möglichst innovative Problemlösungen enthalten sollte und zum anderen nach der kommunikativen Komponente. Diese beeinflusst, wie das Produkt positioniert und schlägt sich in der subjektiven Produktwahrnehmung und -beurteilung nieder. Die Produktbeurteilung kann dadurch negativ ausfallen, wie am Beispiel der Gentechnologie in der Ernährungs- und Landwirtschaft beobachtet werden kann (Bruhn 2019, S. 2).

> **Beispiel: Konsumentenakzeptanz**
>
> Werden neue Lebensmittel-Produkte auf Basis von Insekten und In-vitro-Fleisch vom Konsumenten akzeptiert?
>
> Aus einer Verbraucherumfrage von 2021 geht hervor, dass nur 20 % der befragten Männer den Verzehr von Laborfleisch (In-vitro-Fleisch) in Betracht ziehen, bei Frauen waren es nur 10 % und Insekten würden nur 13 % der Befragten essen (Ahrens 2024).
>
> Die Akzeptanz radikaler Innovationen kann beispielsweise durch die Überwindung von Akzeptanzbarrieren, wie man sie im Konzept der Marktvorbereitung diskutiert, verbessert werden (Steinhoff und Trommsdorff 2009, S. 243–257). ◄

Der Innovationsgrad, also die Frage danach, wie neu eine Innovation ist (siehe auch Abschn. 2.1.2), ist nicht unbedingt ein Garant für Erfolg am Markt. Verschiedene Studien stellen manchmal den positiven Zusammenhang zwischen Innovationsgrad und Innovationserfolg fest, manchmal den negativen und manchmal wird der Zusammenhang gar nicht festgestellt (Sorescu et al. 2003, S. 97; Danneels und Kleinschmidt 2001, S. 369; Hauschildt und Salomo 2005, S. 5).

> **Verbraucherakzeptanz**
> - Erkennen des Nutzens eines Produktes durch den Verbraucher hängt eng mit dessen Akzeptanz zusammen, d. h. Teil der Marktfähigkeit
> - Umfasst Akzeptanz und Adaption
> - Ein Nicht-Akzeptieren einer innovativen Lösung kann deren Scheitern am Markt bedeuten

2.3.2 Ermitteln der Marktfähigkeit

Die Marktfähigkeit eines Produktes kann über das Feststellen der Verbraucherakzeptanz, die Attraktivität des Preis-Leistungsverhältnisses und verschiedene weitere Indikatoren ermittelt werden. Die Verbraucherakzeptanz sowie die Attraktivität des Preis-Leistungsverhältnisses können in verschiedenen Testphasen, die den

Produktentwicklungsprozess begleiten, ermittelt werden. Das Produktkonzept kann beispielsweise noch vor der Fertigstellung eines Prototyps in Konzepttests überprüft werden. Anschließend finden Partialtests unter Einbeziehung des Verbrauchers statt. Es folgen ganzheitliche Produkttests zu der Präferenz und Gefallenswirkung bei den potenziellen Kunden. Abschließend, vor der Markteinführung, erfolgen noch Testmarktverfahren, um quantitative Prognosen zum erwartbaren Marktanteil oder Absatzvolumina zu erhalten. Diese Verfahren können auch simuliert werden (Herrmann und Huber 2013, S. 206–207; Homburg 2020, S. 622–623). Die Abb. 2.5 zeigt, in welcher Reihenfolge die verschiedenen Tests im Verlauf der Produktentwicklung durchgeführt werden sollten, was das angestrebte Ziel ist und welche Methoden angewendet werden können.

2.3.2.1 Konzepttests

Konzepttests haben nicht zwingend das fertige Produkt oder einen Prototyp zum Gegenstand, sondern Produktkonzepte. Bei den Konzepttests kann das Produktkonzept verbal beschrieben oder visualisiert werden und wird auf seine voraussichtliche Akzeptanz am Markt beurteilt. Außerdem können Schwächen identifiziert und das Produktkonzept eventuell verbessert werden. Häufig verwendete Methoden sind Gruppendiskussionen unter der Leitung eines Moderators oder Einzelbefragungen z. B. mithilfe eines Fragebogens.

Gruppendiskussionen bestehen meist aus 8 bis 10 Teilnehmern, die die Stärken und Schwächen des Konzeptes diskutieren. Diese Methoden werden meist qualitativ ausgewertet und können ein breites Spektrum an Informationen liefern, die aber nicht unbedingt etwas aussagen über den möglichen quantitativen Markterfolg. Befragungen können z. B. in Form persönlicher Interviews vorgenommen werden, aber auch mithilfe von Internet-Panels. Diese Methode hat die Vorteile,

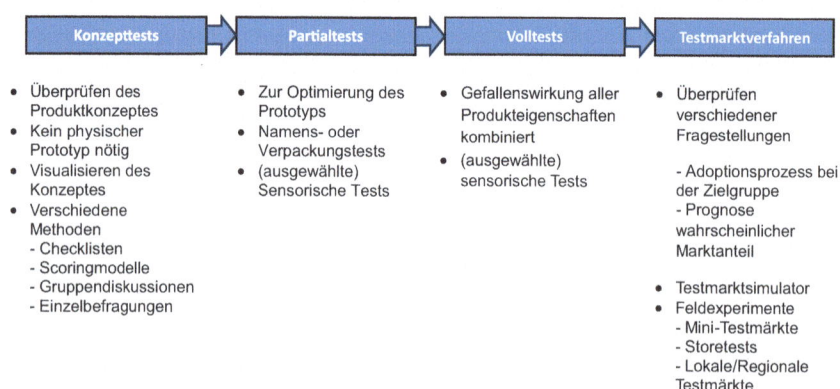

Abb. 2.5 Mögliche Tests im Verlauf der Produktentwicklung zur Sicherstellung der Verbraucherakzeptanz. (Bildquelle: Eigene Darstellung, Quellen: Homburg 2020, S. 622–625; Wegmann 2020, S. 53–54, 78–80; 86–87; Meffert et al. 2013, S. 436–347, 439–440; Herrmann und Huber 2013, S. 208–209, 2017–2019.)

dass eine große Zielgruppe schnell erreicht werden kann und sie kostengünstig ist. Nachteilig ist hingegen, dass eine Kontrolle, wie die Antworten zustande gekommen sind, fehlt und dass neue Konzeptideen so nicht unbedingt geheim gehalten werden können. Bei standardisierten Fragebögen ist zudem eine statistische (quantitative) Auswertung möglich (Homburg 2020, S. 622–623; Wegmann 2020, S. 53–54, 78–80; Meffert et al. 2013, S. 436; Herrmann und Huber 2013, S. 208–209).

2.3.2.2 Partial- und Volltests

Nachdem das Produktkonzept auf seine Akzeptanz am Markt überprüft worden ist, kann ein Prototyp gefertigt werden. Bei der Optimierung von diesem sind meistens umfangreiche Tests, in diesem Fall meist Partialtests, und Feedbackschleifen nötig. Partialtests erlauben Informationen über die Wirkungen einzelner Produktkomponenten auf den Verbraucher zu sammeln. Es können z. B. Namens-, Geschmacks- oder Verpackungstests durchgeführt werden. Diese Partialtests geben nicht unbedingt Aufschluss über einen möglichen Produkterfolg. Typische Eigenschaften bei Lebensmitteln, die auch im Entwicklungsstadium überprüft werden, sind sensorischer Natur, z. B. das Aussehen (Farbe, Form), Geruch, Geschmack, Konsistenz. Die sensorischen Eigenschaften eines Produktes stellen eines seiner wesentlichen Qualitätsmerkmale dar – ein Produkt, welches z. B. unangenehm riecht oder schmeckt wird nicht wieder gekauft. Deshalb zählt die Produktentwicklung zu den klassischen Einsatzgebieten der Sensorik bzw. von sensorischen Tests oder Prüfungen (Pastoors 2018, S. 192–193; Herrmann und Huber 2013, S. 209; Wegmann 2020, 86–87; Derndorfer 2016, S. 15–16; Meffert et al. 2019, S. 437).

Volltests haben die Präferenz und Gefallenswirkung aller Produkteigenschaften kombiniert zum Gegenstand. Dadurch sind Rückschlüsse auf eventuelle Schwächen des neuen Produktes möglich oder Hinweise auf mögliche alternative Produktvarianten. Sensorische Überprüfungen können ebenfalls als Volltests durchgeführt werden. Traditionell werden sensorische Überprüfungen meist als Blindtests durchgeführt (ohne Werbung und Verpackung), um die sensorische Wahrnehmung nicht zu beeinflussen. Inzwischen werden vermehrt Varianten durchgeführt, bei denen Sensoriktests mit und ohne Verpackung einander gegenübergestellt werden, um den Einfluss des Konzeptes auf die Sensorik beurteilen zu können. Die dabei generierten Ergebnisse gelten als realitätsnäher, da ein Kunde später immer das Produkt im Konzept (also mit Verpackung) wahrnimmt (Hermann und Huber 2013, S. 209; Wegmann 2020, 86–87). Welche sensorischen Tests bei der Produktentwicklung angewandt werden können wird in Kap. 4 beschrieben.

2.3.2.3 Weitere Indikatoren zur Beurteilung der Marktfähigkeit

Um die Marktfähigkeit eines Produktes und somit den Produkterfolg beurteilen zu können, können außerdem verschiedene Indikatoren herangezogen werden. Diese Indikatoren können in drei Kategorien eingeteilt werden: (1) Output-Indikatoren, (2) Prozess-Indikatoren und (3) Input-Indikatoren (Abb. 2.6). Output-Indikatoren operationalisieren die Ergebnisse von Produkten am Markt, während Prozess-In-

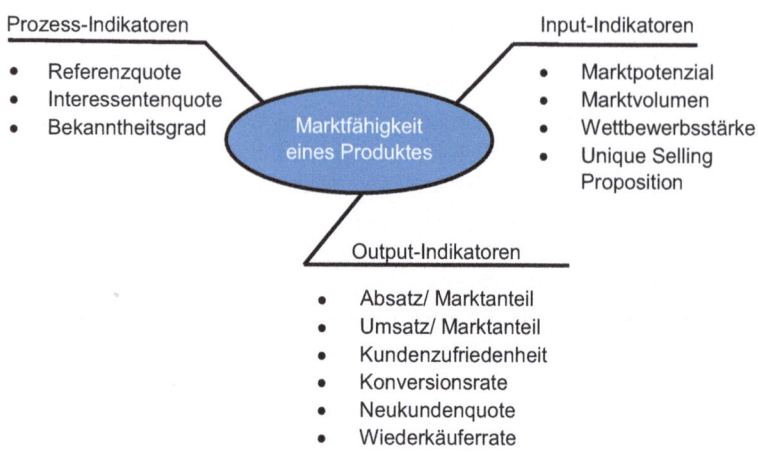

Abb. 2.6 Indikatoren für Beurteilung der Marktfähigkeit von Produkten. (Bildquelle: Eigene Darstellung, Quelle: Biermann und Erne 2020, S. 76.)

dikatoren Warnsignale für die Erzielung dieser Ergebnisse sind und Input-Indikatoren Möglichkeitsbedingungen darstellen (Biermann und Erne 2020, S. 76).

Indikatoren für die Marktfähigkeit kann man über verschiedene Messgrößen ermitteln. Es sollten möglichst wenige, produktspezifische Messgrößen ausgewählt werden, die dafür aber valide in ihrer Aussagekraft, wirtschaftlich erhebbar und analysierbar, sowie über den Zeitverlauf vergleichbar sind (Biermann und Erne 2020, S. 76–78; Kühnapfel 2021, S. 5–9).

> **Messgrößen für ausgewählte Output-Indikatoren**
>
> I) Absatz (verkaufte Stückzahl)/Marktanteil:
>
> $$\text{Marktanteil(Menge)} = \frac{\text{verkaufte Stückzahl des eigenen Produktes}}{\text{verkaufte Stückzahl des stärksten Konkurrenzproduktes}} \times 100$$
>
> II) Umsatz (verkaufte Stückzahl × Preis)/Marktanteil
>
> $$\text{Marktanteil(Umsatz)} = \frac{\text{Umsatz des eigenen Unternehmens}}{\text{Umsatz des stärksten Wettbewerbers}} \times 100$$
>
> III) Kundenzufriedenheit:
> – CSAT: Soll-Ist-Vergleich eines individuell definierten Customer Satisfaction Scores (z. B. 4 von 5 Sternen).
> – CES: Der Customer Effort Score misst, wie einfach es für Kunden ist, mit Ihrem Unternehmen ein Anliegen zu klären oder ein Produkt zu nutzen.
> – Churn-Rate-Analyse: Ermittlung der Kundenabwanderung und deren Gründe.
>
> IV) Neukundenquote

2.3 Marktfähigkeit

$$\text{Neukundenquote} = \frac{\text{Anzahl neuer Kunden des Produktes}}{\text{Anzahl aller Kunden des Produktes}} \times 100$$

V) Wiederkäuferrate

$$\text{Wiederkäuferrate} = \frac{\text{Anzahl der Wiederholungskäufer des Produktes}}{\text{Anzahl der Erstkäufer des Produktes}} \times 100$$

(Biermann und Erne 2020, S. 77; Dixon et al. 2010; Gremler und Brown 1999; Broda 2005, S. 39). ◄

Messgrößen für ausgewählte Prozess-Indikatoren

I) Referenzquote:

$$\text{Referenzquote} = \frac{\text{Anzahl an Kunden, die Bereitschaft zu einer Produktreferenz zeigen}}{\text{Anzahl aller befragten Kunden}} \times 100$$

II) Interessensquote

$$\text{Interessensquote} = \frac{\text{Anzahl an interessierten potenziellen Kunden}}{\text{Anzahl an kontaktierten potenziellen Kunden}} \times 100$$

III) Bekanntheitsgrad:
- Brand Awareness Surveys (verschiedene Methoden)
- Social Media Monitoring
- Online Tracking

(Biermann und Erne 2020, S. 77; Kahn und Rahman 2015; Kreutzner und Hinz 2010). ◄

Messgrößen für ausgewählte Prozess-Indikatoren

I) Marktpotenzial:
- Maximale mögliche Absatzmenge (in Stückzahlen) oder Umsatzvolumen (in Geldwerten) für eine bestimmte Produktkategorie in einem definierten Markt.
- Mögliche Methode: TAM *(Total Addressable Market)*: Der gesamte Markt für ein Produkt, wenn es keine Wettbewerbsbarrieren gäbe und jeder potenzielle Kunde erreicht werden könnte.

II) Marktvolumen:
- Möglicher Absatz (in Stückzahlen) oder Umsatz (in Geldwerten) einer bestimmten Produktkategorie in einem definierten Markt
- Top-Down-Methode: Marktvolumen wird durch eine Schätzung des gesamten Marktes (z. B. Branche, geografische Region) und anschließender Bestimmung des Anteils des Produkts am Gesamtmarkt berechnet.

$$\text{Marktvolumen} = \text{Anzahl Nachfrager} \times \text{Menge pro Nachfrager} \times \text{Nettoverkaufspreis}$$

III) Wettbewerbsstärke:
- Kundennutzenwert des Produktes im Vergleich zu den wesentlichen Wettbewerbern

IV) Unique Selling Proposition
- Alleinstellungsmerkmal des Produktes

(Biermann und Erne 2020, S. 77; Cahn und Hasan 2020; Dietrich und Meitinger 2021; Meffert et al. 2019, S. 56–57). ◄

Ein Beispiel dafür zeigt die Tab. 2.1 Hier wurden Indikatoren und dazugehörige Messgrößen für ein Bio-Pilsener ausgewählt, um die Marktfähigkeit abzubilden.

2.3.2.4 Preisbestimmung

Bevor die Attraktivität des Preis-Leistungsverhältnis eines Produktes bestimmt werden kann, muss zunächst ein möglicher Preis festgelegt werden. Die Preisbestimmung kann auf verschiedene Arten vorgenommen werden, z. B. die kostenorientierte, wettbewerbsorientierte oder die nutzenorientierte Preisbestimmung. Unternehmen nutzen meist alle Ansätze simultan (Homburg 2020, S. 777).

Eine kostenorientierte Preisbestimmung stützt sich auf die Informationen aus der Kostenrechnung und kann zur Bestimmung verschiedener Preisuntergrenzen (dem niedrigsten Preis) zu dem ein Produkt angeboten werden kann, herangezogen werden. Die Kostenrechnung bezieht Einzelkosten (können dem Produkt zugeordnet werden, z. B. Materialkosten, Lohnkosten bei der Produktion) und Gemeinkosten (produktübergreifende Tätigkeiten, z. B. Marketing und Vertrieb) ein (Homburg 2020, S. 804–805).

Die nutzenorientierte Preisbestimmung orientiert sich an dem von den Kunden wahrgenommenen Wert (Nutzen) eines Produktes und somit an dessen maximaler Preisbereitschaft. Diese bestimmt den Preis, den ein Unternehmen für sein Produkt verlangen kann. Preise oberhalb dieser Preisbereitschaft werden nicht vom Kun-

Tab. 2.1 Ausgewählte Indikatoren und Messgrößen zur Einschätzung der Marktfähigkeit eines Bio-Pilseners

Input-Indikatoren und Messgrößen	Prozess-Indikatoren und Messgrößen	Output-Indikatoren und Messgrößen
Zielwert Marktpotenzial: Marktpotenzial ≥ 1000 T € Umsatz für das neue Bio-Pilsener zu Beginn des Jahres	Zielwert Bekanntheitsgrad: 30 % der befragten Personen kennen das neue Bio-Pilsener, festgestellt durch eine gestützte Befragung in der Jahresmitte Zielwert Referenzquote: Empfehlungsquoten für das neue Bio-Pilsener ≥ 70 % der befragten Personen, die das Bier getestet haben	Zielwert Umsatz: Umsatz ≥ 100 T € mit dem neuen Bio-Pilsener am Jahresende Zielwert Wiederkäuferrate: Anteil von Wiederholungskäufern des Bio-Pilseners (Händler und Gastronomen) ≥ 50 % am Ende des Jahres

den akzeptiert. Die persönliche Preisbereitschaft kann direkt über die Befragung des Konsumenten stattfinden. Dabei kann nur die Obergrenze ermittelt werden (z. B. mit der Frage, wieviel sie für ein genau beschriebenes Produkt zahlen würden) oder die Ober- und die Untergrenzen. Die Untergrenze gibt an, ab welchem Preis ein Produkt nicht gekauft werden würde, weil aufgrund des niedrigen Preises Qualitätszweifel aufkommen. Die Methode der direkten Abfrage zur Bestimmung der oberen und unteren Preisbereitschaft ist sowohl für Produktkonzepte als auch Prototypen geeignet und relativ einfach durchführbar (Homburg 2020, S. 776–777, 798, 1318; Balderjahn 2003, S. 389, 391–392).

Des Weiteren kann ein möglicher Preis an den Preisen und dem preisbezogenen Verhalten der Wettbewerber (wirtschaftliches Verhalten, Koalitionsverhalten, Kampfverhalten) angelehnt werden. Bei dieser wettbewerbsorientierten Preisbestimmung werden, wenn der Markt einem Oligopol entspricht (was bei Lebensmitteln häufig der Fall ist), die Preise von zwei weiteren Anbietern (Dyopol) analysiert und bei der eigenen Preisgestaltung berücksichtigt (Homburg 2020, S. 806–807).

Ermitteln der Marktfähigkeit
- Partial- und Volltests, z. B. Ermitteln der Verbraucherakzeptanz
- Input-, Prozess- und Output-Indikatoren
- Kosten-, Nutzen- und Wettbewerbsorientierte Preisbestimmung

Fragen

1) In welchen 5 Dimensionen können Innovationen beschrieben werden und wie werden diese definiert?
2) In welche Phasen kann der Innovationsprozess unterteilt werden und wodurch zeichnen sich diese aus?
3) Welche 4 Funktionen haben Lebensmittel?
4) Was versteht man unter der USP eines Produktes?
5) Wie kann die Marktfähigkeit eines Produktes ermittelt werden?

Literatur

Ahrens, S. (2024): Können Sie sich vorstellen, Laborfleisch oder Insekten zu essen? In: Statista. [Zugriff am 12.03.2025; https://de.statista.com/statistik/daten/studie/1244081/umfrage/umfrage-zur-konsumbereitschaft-von-laborfleisch-insekten/].

Balderjahn, I. (2003): Erfassung der Preisbereitschaft. In: Diller, H.; Herrmann, A. (Hrsg.): Handbuch Preispolitik. Wiesbaden: Gabler Verlag, S. 389, 391–392.

Biermann, B.; Erne, R. (2020): Nachhaltiges Produktmanagement. Wie Sie Nachhaltigkeitsaspekte ins Produktmanagement integrieren können. Wiesbaden: Springer Fachmedien, S. 50–52, 57, 61–65, 76–78, 81.

BMEL und DLMBK (2024). Leitsätze für vegane und vegetarische Lebensmittel mit Ähnlichkeit zu Lebensmitteln tierischen Ursprungs. Neufassung vom 10. September 2024 (BAnz AT

09.10.2024 B2, GMBl 39/2024, S. 844 bis 848). [Zugriff am 12.03.2024; https://www.bmel. de/SharedDocs/Downloads/DE/_Ernaehrung/Lebensmittel-Kennzeichnung/Leitsaetzevegetarischevegane Lebensmittel.pdf?__blob=publicationFile&v=10].

Brockhoff, K. (1999): Produktpolitik (4. Aufl.). Stuttgart: UTB Verlag, S. 13.

Brockhoff, K. (2000): Produktinnovation. In: Albers, S., Herrmann, A. (Hrsg.): Handbuch Produktmanagement, Wiesbaden: Gabler Verlag, S. 28–29. https://doi.org/10.1007/978-3-663-05717-8_2

Broda, S. (2005): Marketing-Praxis. Wiesbaden Springer Gabler, S. 39.

Bruhn, M. (2019): Verbraucherakzeptanz und Technologieentwicklung (Band 1). In: Handbuch Produktentwicklung Lebensmittel Innovationen (62. Aktualisierungs-Lieferung 2019, Grundwerk Aufl. 2000). Hamburg: Behr`s Verlag, S. 1–2.

Burr, W. (2017): Innovationen in Organisationen (2. Aufl.). Stuttgart: Kohlhammer Verlag, S. 22–26.

Burr, W.; Stephan, M. (2019): Dienstleistungsmanagement: Innovative Wertschöpfungskonzepte im Dienstleistungssektor. Stuttgart: Kohlhammer Verlag, S. 103–111.

Chan, J.; Hasan, M. (2020): Quantification of market potential for blockchain technology service providers. The University of Auckland Business School Research Paper Forthcoming.

Chandy, R. K.; Tellis, G. J. (2000): The Incumbent's Curse? Incumbency, Size, and Radical Product Innovation. In: Journal of Marketing, 64. Jg., Nr. 3, S. 1–17.

Danneels, E.; Kleinschmidt, E. J. (2001): Product Innovativeness from the Firm's Perspective: Its Dimensions and their Relation with Project Selection and Performance. In: Journal of Product Innovation Management, 18. Jg., Nr. 6, S. 357–373. https://doi.org/10.1111/1540-5885.1860357.

Derndorfer, E. (2016): Lebensmittelsensorik (5. Aufl.). Wien: Facultas, S. 15–16.

Dietrich, J.R., Meitinger, T.H. (2021). Unternehmensstrategie. In: Erfinderhandbuch. Berlin, Heidelberg: Springer Vieweg, S. 10–11. https://doi.org/10.1007/978-3-662-62909-3_3.

Dixon, M.; Freeman, K.; Toman, N. (2010): Stop Trying to Delight Your Customers. Harvard business review, Nr. 88.

Dr. Oetker (2023): Für einen fruchtig leckeren Dessert-Klassiker. [Zugriff am 14.02.2025; https://www.oetker.com/de/press/paradies-creme-amarena-kirsch].

Dürrschmid, K. (2005): Lebensmittel als Kommunikationsmittel – Die semiotische Lebensmittelqualität. In: Ernährung, 29. Jg., Nr. 3, S. 125–127.

Food and Agriculture Organization of the United Nations (FAO) (2013): Der Beitrag von Insekten zu Nahrungssicherheit, Lebensunterhalt und Umwelt. [Zugriff am 14.02.2024, https://www.fao.org/3/i3264de/i3264de.pdf].

Garcia, R.; Calantone, R. (2002): A Critical Look at Technological Innovation Typology and Innovativeness Terminology: a Literature Review. In: Journal of Product Innovation Management, 19. Jg., Nr. 2, S. 110–132. https://doi.org/10.1111/1540-5885.1920110.

Ginner, M. (2018): Theoretischer Bezugsrahmen – Technologieakzeptanz. In: Akzeptanz von digitalen Zahlungsdienstleistungen. Wiesbaden: Springer Gabler, S. 139140, 151–152. https://doi.org/10.1007/978-3-658-19706-3_3.

Gremler, D.; Brown, S. (1999): The loyalty ripple effect: Appreciating the full value of customers. In: International Journal of Service Industry Management, Nr. 10, S. 271–293. https://doi.org/10.1108/09564239910276872.

Hahn, A. (2019): Lebensmittel und Ernährung. In: Lebensmittelchemie. Berlin, Heidelberg: Springer Spektrum, Berlin, S. 26–27. https://doi.org/10.1007/978-3-662-59669-2_2.

Halaszovich, T. (2011): Neuprodukteinführungsstrategien schnelldrehender Konsumgüter – Eine empirische Wirkungsanalyse des Marketing Mix. Wiesbaden: Gabler, S. 5.

Hauschildt, J. (2005). Dimensionen der Innovation. In: Albers, S., Gassmann, O. (Hrsg.): Handbuch Technologie- und Innovationsmanagement. Gabler Verlag, Wiesbaden, S. 25–28, 32–36. https://doi.org/10.1007/978-3-322-90786-8.

Hauschildt, J.; S. Salomo; Schultz, C.; Kock, A. (2016): Innovationsmanagement (6. Aufl.). München: Franz Vahlen Verlag, S. 3–5, 7–8.

Literatur

Herrmann, A., Huber, F. (2013): Produktmanagement. Wiesbaden: Springer Gabler, S. 205–209, 217–219. https://doi.org/10.1007/978-3-658-00004-2_1.

Homburg, C. (2020): Marketingmanagement. Strategie – Instrumente – Umsetzung – Unternehmensführung. Wiesbaden: Springer Gabler, S. 622–623, 776–777, 789, 804–807, 1318. https://doi.org/10.1007/978-3-658-29636-0_11.

Insektenwirtschaft (2018): Deutschlands erster Insektenburger ab 20. April im Supermarkt. [Zugriff am 14.02.2024, https://insektenwirtschaft.de/2018/03/29/deutschlands-erster-insektenburger-ab-20-april-im-supermarkt/].

Karnowski, V.; Kümpel, A. (2016): Diffusion of Innovations. In: Potthoff, M. (Hrsg.) Schlüsselwerke der Medienwirkungsforschung. Wiesbaden: Springer VS, S. 98–101. https://doi.org/10.1007/978-3-658-09923-7_9.

Khan, I.; Rahman, Z. (2015): A review and future directions of brand experience research. In: International Strategic Management Review, Volume 3, Issues 1–2, S. 1–14. https://doi.org/10.1016/j.ism.2015.09.003.

Kotler, P.; Keller, K. L.; Opresnik, M. O. (2015): Marketing – Management: Konzepte – Instrumente – Unternehmensfallstudien (14. Aufl.). München: Pearson Studium, S. 408.

Kreutzer, R. T.; Hinz, J. (2010): Möglichkeiten und Grenzen von Social Media Marketing, Working Paper, No. 58, Hochschule für Wirtschaft und Recht Berlin, IMB Institute of Management Berlin, Berlin.

Kühnapfel, J.B. (2021): Wie entsteht eine Kennzahl? In: Vertriebskennzahlen. Essentials. Wiesbaden: Springer Gabler, S. 5–9. https://doi.org/10.1007/978-3-658-32785-9_2.

Lin, J. W. X., Maran, N.; JiaYing Lim, A.; Ng, S. B., Teo, P. S. (2025): Current challenges, and potential solutions to increase acceptance and long-term consumption of cultured meat and edible insects – A review. In: Future Foods, Nr. 11, S. 1–17. https://doi.org/10.1016/j.fufo.2025.100544.

Meffert, H.; Burmann, C.; Kirchgeorg, M.; Eisenbeiß, M. (2019). Marketing-Mix: Produkt- und programmpolitische Entscheidungen. In: Marketing. Wiesbaden: Springer Gabler, S. 396, 408, 436–441, 457–459. https://doi.org/10.1007/978-3-658-21196-7_5.

Meixner, O.; Mörl von Pfalzen, L. (2018): Die Akzeptanz von Insekten in der Ernährung. In: Studien zum Marketing natürlicher Ressourcen. Wiesbaden: Springer, S. 5.

Muschiolik, G. (2013): Lebensmittelhaltbarmachung durch neuere thermische und nichtthermische Verfahren. Vortrag beim GDL Seminar Sicherung der Lebensmittelqualität – Kinetische Aspekte, Potsdam, Juni 2013, 24 Jg.

Osterloh, M. (2009): Darum heißt Twix plötzlich wieder Raider. In: Welt. [Zugriff am 14.02.2025; https://www.welt.de/wirtschaft/article4913295/Darum-heisst-Twix-ploetzlich-wieder-Raider.html].

Pastoors, S. (2018): Phase 6: Prototyping – Ideen testen. In: Praxishandbuch Nachhaltige Produktentwicklung. Berlin, Heidelberg: Springer Gabler, S. 192–193. https://doi.org/10.1007/978-3-662-57320-4_17.

Rock, S. (2022): Herausforderung E-Food – Ein kundennutzenorientiertes Leistungsbündel in der Distribution von Frischeprodukten. In: Knoppe, M.; Rock, S.; Wild, M. (Hrsg.) Der zukunftsfähige Handel. Wiesbaden: Springer Gabler. S. 241. https://doi.org/10.1007/978-3-658-36218-8_12.

Rogers, E. M.; Everett, M. (2003): Diffusion of Innovations (5. Aufl.). New York: Free Press.

Schewe, G. (2000): Produktimitation. In: Albers, S.; Herrmann, A. (Hrsg.): Handbuch Produktmanagement. Wiesbaden: Gabler Verlag, S. 57–58. https://doi.org/10.1007/978-3-663-05717-8_3.

Schlaak, T.M. (1999): Der Innovationsgrad als Schlüsselvariable. Perspektiven für das Management von Produktentwicklungen. In: Betriebswirtschaftslehre für Technologie und Innovation, Band 31. Wiesbaden: Springer Fachmedien, S. 9.

Schuster, H.; Alkämper, J.; Maruard, R.; Stählin, A.; Stählin, L. (1998): Leguminosen zur Kornnutzung. Gießen: Justus-Liebig-Universität. [Zugriff am 14.02.2025; https://d-nb.info/106808703X/34#page=278].

Shurtleff, W.; Aoyagi, A. (2016): HISTORY OF SOYBEANS AN D SOYFOODS IN GERMANY (1712–2016), 2nd ed.: EXTENSIVELY ANNOTATED BIBLIOGRAPHY AND SOURCEBOOK. Soyinfo Center. [Zugriff am 14.02.2025; https://www.soyinfocenter.com/pdf/194/Germ.pdf].

Sorescu, A. B.; Chandy, R. K.; Prabhu, J. C. (2003): Sources and Financial Consequences of Radical Innovation: Insights from Pharmaceuticals. In: Journal of Marketing, 67. Jg., Nr. 4, S. 82–102.

Steinhoff, F.; Trommsdorff, V. (2009): Marktvorbereitung durch Kommunikation. In: Zerfaß, A.; Möslein, K. M. (Hrsg.): Kommunikation als Erfolgsfaktor im Innovationsmanagement. Gabler, S. 243–257. https://doi.org/10.1007/978-3-8349-8242-1_13.

Teuteberg, H. J. (1991): Zur Geschichte der Kühlkost und des Tiefgefrierens. In: Zeitschrift für Unternehmensgeschichte, 36, Jg., Nr. 3, S. 139–155.

Uebernickel, F.; Brenner, W. (2016): Design Thinking. In: Hoffmann, C.; Lennerts, S.; Schmitz, C.; Stölzle, W.; Uebernickel, F. (Hrsg.): Business Innovation: Das St. Galler Modell. Business Innovation Universität St. Gallen. Wiesbaden: Springer Gabler, S. 253–254. https://doi.org/10.1007/978-3-658-07167-7_15.

Wegmann, C. (2020): Lebensmittelmarketing. Wiesbaden: Springer Gabler, S. 4–5, 21–23, 53–54, 86–87. https://doi.org/10.1007/978-3-658-26038-5_1.

Wirsam, J. (2008): Know-how als Schutzobjekt im Rahmen des Innovationsmanagements. In: Himpel, F.: Kaluza, B.; Wittmann, J. (Hrsg.): Spektrum des Produktions- und Innovationsmanagements. Wiesbaden: Gabler Verlag, S. 233–237. https://doi.org/10.1007/978-3-8350-5583-4_18.

Witt, P.; Schönbucher, G. (2011): Unternehmerische Orientierung und Wettbewerbsfähigkeit. In: Zeitschrift für Betriebswirtschaft, 81. Jg., Nr. 4, S. 121–151. https://doi.org/10.1007/s11573-011-0473-8.

Zhou, K. Z.; Yim, C. K. B.; Tse, D. K. (2005): The Effects of Strategic Orientations on Technology- and Market-Based Breakthrough Innovations. In: Journal of Marketing, 69. Jg., Nr. 2, S. 43.

Lebensmittelrecht 3

▶ Ein Lebensmittel-Prototyp muss, um verkehrsfähig zu sein, den geltenden lebensmittelrechtlichen Anforderungen genügen. Der entwickelte Prototyp wäre ansonsten nicht „Marktfähig". Für die Einhaltung der Anforderungen des Lebensmittelrechts ist der Inverkehrbringer verantwortlich, das kann ein Unternehmen oder eine Person sein. Dieses Kapitel betrachtet daher die Möglichkeit zur Auslobung von sogenannten „Claims", den Einsatz von „Novel Foods" und die notwendigen Angaben, mit denen nach der LMIV ein Lebensmittel gekennzeichnet werden muss.

Wird ein Lebensmittel-Prototyp mit dem Ziel entwickelt, diesen später in den Handel zu bringen, ist bereits bei der Entwicklung das für das Land jeweilig geltende Lebensmittelrecht aus verschiedenen Gründen zu berücksichtigen. Zunächst sollte sichergestellt werden, dass die eingesetzten Zutaten (Rohstoffe oder zusammengesetzte Zutaten) in der Produktentwicklung auch als „Lebensmittel" nach dem Lebensmittelrecht gelten. Der auf der Basis der eingesetzten Zutaten entwickelte Prototyp wäre ansonsten weder „Marktfähig" (siehe Abschn. 2.3) noch Verkehrsfähig und dürfte daher nicht in Deutschland oder der EU im Handel angeboten werden. Kekse, in denen Sägemehl als Zutat eingesetzt worden sind, dürften beispielsweise nicht angeboten werden, da Sägemehl als objektiv ungeeignet für den menschlichen Verkehr eingestuft worden ist (siehe Abschn. 3.3) (BVLK 2022a).

Ein Lebensmittel zum Verkauf anzubieten fällt zudem unter den Lebensmittelrechtlichen Begriff „Inverkehrbringen". „Inverkehrbringen" wird definiert als „das Bereithalten von Lebensmitteln […] für Verkaufszwecke einschließlich des Anbietens zum Verkauf oder jeder anderen Form der Weitergabe, gleichgültig, ob unentgeltlich oder nicht" (Art. 3 Abs. 8 VO(EG) 178/2002). Das Lebensmittelrecht betrifft also nicht nur den kommerziellen Handel mit Lebensmitteln, sondern auch die Ausgabe von Lebensmitteln über z. B. gemeinnützig ausgelegte Projekte wie bei Tafeln, Kuchenbasare oder die kostenlosen Abgaben von Probemustern. Werden Produkt-Prototypen in Form von Verbrauchertests oder sensorischen Tests bei der Entwicklung an Testpersonen/Prüfer ausgehändigt, fällt auch dieser Vorgang unter den Begriff „Inverkehrbringen".

Zudem werden als „Lebensmittelunternehmen" alle Unternehmen definiert, die mit Lebensmitteln zusammenhängende Tätigkeiten ausführen, „gleichgültig, ob sie auf Gewinnerzielung ausgerichtet sind oder nicht" (Art. 3 Abs. 2 VO (EG) 178/2002). Für die Einhaltung der Anforderungen des Lebensmittelrechts ist der Inverkehrbringer verantwortlich. Wird also ein Produkt-Prototyp von einer Person oder Gruppe von Personen hergestellt und getestet, sind diese Personen auch verantwortlich für die Einhaltung der Anforderungen des Lebensmittelrechts. Wurde bereits ein Unternehmen gegründet, ist dieses verantwortlich für die Einhaltung des Lebensmittelrechts. Prinzipiell muss jeder Betrieb eines Lebensmittelunternehmers bei der zuständigen Behörde registriert werden. Ausgenommen davon sind unter anderem der private häusliche Bereich und „Lebensmitteltätigkeiten ohne eine gewisse Kontinuität und einen gewissen Organisationsgrad" (Art. 6 Abs. 2 und Art. 1 Abs. 2 VO (EG) Nr. 852/2004). Wer privat für seine Freunde zu bestimmten Anlässen kocht oder zu dem Buffet bei einem Vereinsfest beiträgt, muss sich nicht registrieren lassen. Im Zweifel erfolgt jedoch eine Einzelfallentscheidung ((a) BVL o. D.).

Ein Produkt-Prototyp wird auch meist in Verbindung mit einem Marketing-Konzept entwickelt, welches sich an den aktuellen Trends auf dem Lebensmittelmarkt orientiert. Proteinangereicherte Lebensmittel zählen aktuell zu diesen Trends. Um ein Produkt als „High Protein" bzw. mit „hoher Proteingehalt" bewerben zu können, müssen aber bestimmte lebensmittelrechtliche Voraussetzungen erfüllt sein. Diese sollten bei der Entwicklung bekannt sein und berücksichtigt werden, damit später bei der Markteinführung nicht der „Claim" oder das Vermarktungskonzept angepasst, oder die Entwicklung des Prototypen wieder aufgenommen werden muss. Dadurch würde sich die Entwicklungsphase unnötig verlängern und es würden zusätzliche Kosten entstehen. Das Beispiel VII zeigt einen Fall, in welchem der Marketing Slogan „Bock auf Glühwein" für ein Glühwein-Produkt gewählt wurde. „Bock" ist in diesem Fall eine Anspielung auf die im Glühwein eingesetzte Bockbierwürze. Diese darf aber in Glühwein nicht als Gewürze eingesetzt werden, wie das Urteil vom 17.11.2022 des Landgerichts München feststellt (BVLK 2023).

Beispiel VII: „Glühwein mit Bockbierwürze" darf nicht als Glühwein vertrieben werden

Das Landgericht München entschied, dass das als „Glühwein mit Bockbierwürze" gekennzeichnete Produkte nicht den von der Verordnung (EG) 251/2014 festgelegten Vorgaben über die Zusammensetzung und die zulässigen Bestandteile eines Glühweines entsprechen. Deren Vertrieb einschließlich deren Bewerbung mit dem auf der Verpackung abgedruckten Text „Bock auf

Glühwein" müsse deshalb unterlassen werden (Az.: 17 HK O 8213/18; Urteil vom 17.11.2022).

Bei Glühwein handelt es sich nach der gesetzlichen Regelung um ein „aromatisiertes weinhaltiges Getränk, das ausschließlich aus Rotwein oder Weißwein gewonnen wird, das hauptsächlich mit Zimt und/oder Gewürznelken gewürzt wird und bei dem der vorhandene Alkoholgehalt mindestens 7 %Vol beträgt". Die zulässigen Bestandteile eines Glühweins werden durch Anl. II, B, Ziff. 8 der VO (EG) 251/2015 abschließend geregelt und bei Bockbierwürze handele es sich eben nicht um ein Gewürz (BVLK 2023). ◄

Gründe für die Einhaltung der lebensmittelrechtlichen Vorschriften bei der Prototyp-Entwicklung
- Lebensmittelunternehmer sind für die Unbedenklichkeit der von ihnen in den Verkehr gebrachten Lebensmittel verantwortlich, das gilt auch für sensorische Test-Phasen, in welchen Test-Muster oder Proben-Muster abgegeben werden.
- Marketing-Konzept und Produktentwicklung sind miteinander verknüpft, damit die Entwicklung des Prototypen gezielt vorgenommen werden kann, sollte im Verlauf immer sicher gestellt werden, dass beides den rechtlichen Anforderungen entspricht.

3.1 Ziele des Lebensmittelrechts

Unter das Lebensmittelrecht fallen Rechts- und Verwaltungsvorschriften, die für Lebensmittel und deren Sicherheit gelten (siehe Abschn. 3.1.2). Es werden dabei sämtliche Produktions-, Verarbeitungs- und Vertriebsstufen von Lebensmitteln einbezogen (Art. 3 Nr. 1 VO (EG) 178/2002). Das Lebensmittelrecht ist Europaweit nahezu vollständig harmonisiert. Das bedeutet, dass durch die Gründungsverträge der Europäischen Gemeinschaft (EGV und EU-Vertrag, EGKS, EWG) und Rechtsakte (wie z. B. EU-Richtlinien, EU-Entscheidungen, EU-Verordnungen) das Herstellen und Inverkehrbringen von Lebensmitteln einheitlichen Regelungen unterliegt (siehe Abschn. 3.2). Zusätzlich gibt es noch nationale Vorgaben im jeweiligen Land, in welchem das Lebensmittel auf den Markt gebracht werden soll zu beachten.

Ziel des Lebensmittelrechts ist es

- Verfälschung von Lebensmitteln zu verhindern (Art. 8 (b VO (EG) 178/2002),
- Schutz des Verbrauchers vor Gesundheitsschäden bzw. das Sicherstellen eines hohen Gesundheitsschutzniveaus (Art. 5 Abs. 1 u. Art. 6 Abs. 1 VO (EG) 178/2002),
- Schutz des Verbrauchers vor Täuschung und Irreführung (Art. 8 a, c VO (EG) 178/2002; § 1 Abs. Nr. 2 LFGB),

- Informieren des Verbrauchers und der Wirtschaftsbeteiligten über die Eigenschaften des Lebensmittels (§ 1 Abs. Nr. 3 LFGB),
- Reibungsloses funktionieren des EU-Binnenmarktes (Art. 5 Abs. 1 VO (EG) 178/2002),
- Und das Sicherstellen von Umwelt-, Tier- und Pflanzenschutz (Art. 5 Abs. 1 V VO (EG) 178/2002).

3.1.1 Schutz des Verbrauchers vor Gesundheitsschäden

Der Schutz des Verbrauchers vor Gesundheitsschäden durch Lebensmittel soll unter anderem durch ein Verbot des Herstellens von nicht sicheren Lebensmitteln bzw. deren Inverkehrbringen erreicht werden (Art. 14 Abs. 1 VO (EG) 178/2002; § 5 Abs. 1 LFGB). Nicht sichere Lebensmittel sind gesundheitsschädliche oder solche Lebensmittel, die für den Verzehr durch den Menschen ungeeignet sind (Art. 14 Abs. 2b VO (EG) 178/2002).

Gesundheitsschädliche Lebensmittel sind solche, die Stoffe enthalten, welche die Gesundheit schädigen (§ 5 Abs. 2 Nr. 1 LFGB; Art 14 Abs. 2a VO (EG) 178/2002). Gesundheitsschädliche Lebensmittel, die nicht in den Verkehr gebracht werden dürfen, können z. B. mit Bakterien (Salmonellen, Listerien) kontaminierte Lebensmittel sein. Es kann sich aber auch um Lebensmittel handeln, die einen erhöhten Gehalt an toxischen Stoffen aufweisen oder Fremdkörper (z. B. Metall- oder Glassplitter) enthalten.

Lebensmittel, die zum Verzehr durch den Menschen ungeeignet bzw. inakzeptabel geworden sind, wurden z. B. durch Fremdstoffe kontaminiert oder sind durch Fäulnis, Verderb oder Zersetzung nicht mehr für den angedachten Verwendungszweck und den anschließenden Konsum geeignet (Art 14 Abs. 5 VO (EG) 178/2002). Beispiele dafür sind durch Mäusekot kontaminierte, verschimmelte oder stark geruchsabweisende Lebensmittel (siehe Beispiel VIII). Im Beispiel VIII wird gegen das Lebensmittelrecht, genauer gegen die Lebensmittelhygiene-Verordnung, verstoßen. Bei Verstößen gegen lebensmittelrechtliche Verbote können Bußgelder verhängt werden, wenn es sich um eine Ordnungswidrigkeit handelt und Freiheitsstrafen von einem bis zu drei Jahren, in besonders schweren Fällen auch bis zu fünf Jahren, wenn es sich um eine Straftat handelt. Gewinne aus Straftaten können zudem eingezogen werden. Lebensmittelrechtlich-relevante Verbote ergeben sich unmittelbar aus dem *Lebensmittel- und Futtermittelgesetzbuch* (LFGB) oder aus einer Verkettung von Vorschriften (Abs. 7 und 10 LFGB). Weitere Straf- und Bußgeldtatbestände enthält die Lebensmittelrechtliche Straf- und Bußgeldverordnung und die Lebensmittelhygiene-Verordnung.

Beispiel VIII: Dönerfleischproduzent verstößt gegen das LFGB und Hygieneauflagen

Die Staatsanwaltschaft Paderborn hat einen Dönerfleischproduzenten wegen mehrfachen Verstoßes gegen das Lebensmittel- und Futtermittelgesetzbuch (LFGB) zu einer Geldstrafe verurteilt (Az.: 27 Js 10/20, Urteil vom 30.11.2020).

Die Produktionsräume wiesen einen hochgradigen schimmelähnlichen Befall auf, weshalb davon auszugehen ist, dass sich gesundheitsgefährdende Sporen auf den Dönerspießen abgelagert haben. Die Waschbecken waren mit keinerlei Hygieneartikeln (z. B. Seife) ausgestattet, weshalb nicht davon auszugehen ist, dass das Personal sich die Hände reinigen konnte. Die Spieße wiesen zudem bereits gräuliche Verfärbungen auf, was ein klares Zeichen für deren Verderbnis darstellt (BVLK 2022b). ◄

3.1.2 Schutz vor Täuschung

Der Schutz des Verbrauchers vor Täuschung soll unter anderem durch das Verbot der irreführenden Kennzeichnung, Werbung und Aufmachung von Lebensmitteln in Bezug auf dessen

- Eigenschaften (Art, Identität, Zusammensetzung, Menge, Haltbarkeit, Ursprungsland/Herkunftsort und Herstellungs- oder Erzeugungsmethode),
- Wirkung (die zugeschrieben wird, obwohl das Lebensmittel eine solche nicht besitzt),
- Merkmale (die besonders ausgelobt werden, obwohl vergleichbare Lebensmittel dieselben Merkmale aufweisen, dies wird auch bezeichnet als das irreführende Werben mit Selbstverständlichkeiten),
- sowie das generelle Verbot der krankheitsbezogenen Werbung erreicht werden (Art. 7 LMIV).

Gleichzeitig sollen dem Verbraucher und den Wirtschaftsbeteiligten bestimmte Informationen zur Verfügung gestellt werden, damit dieser sich vor Täuschung schützen kann. Deshalb gelten bestimmte Kennzeichnungsnormen, wie sie in der LMIV festgelegt sind, und spezielle Gesetze für bestimmte Produktgruppen, wie die Kakao- oder die Fruchtsaftverordnung (siehe Beispiele IX und X).

> **Beispiel IX: Schutz vor Täuschung – Eigenschaften (Zusammensetzung)**
>
> Irreführende Bewerbung eines Nektars als Saft
> Ein Kokoslikör zum Preis von 7,99 €, wurde in einem Prospekt mit einem Zusatz: „inkl. 1 Liter Maracujasaft" beworben. Das Produkt enthielt aber keinen Maracujasaft, sondern Maracujanektar. Ob es sich um einen Saft oder einen Nektar handelt, regelt die Fruchtsaft- und Erfrischungsgetränke-Verordnung (FrSaftErfrischGetrV). Diese legt fest, dass wenn der Mindestgehalt an Fruchtsaft oder Fruchtmark in einem Getränk höchstens 25 % beträgt (z. B. bei der Sorte Passionsfrucht oder eben Maracuja), dann darf dieses Getränk nicht unter der Bezeichnung Saft verkauft werden, sondern nur unter der Bezeichnung „Fruchtnektar" (BLVK 2022c).
> (BVLK 2022b) ◄

> **Beispiel X: Schutz vor Täuschung – Wirkung**
>
> Irreführende Werbung bei Kindermilch untersagt
>
> Hipp bewarb die Produkte „Hipp Kindermilch COMBIOTIK ab 1 + Jahr" und „Hipp Kindermilch COMBIOTIK ab 2 + Jahr" sowohl im Internet als auch in Fernsehspots mit dem Hinweis: „7 × mehr brauchst du als ich, wirst groß, gesund – ganz sicherlich". Erst durch ein weiteres anklicken dieses Hinweises im Internet bekam der Verbraucher die Erklärung: „Kleinkinder benötigen bis zu 3 × mehr Calcium und sogar 7 × mehr Vitamin D als Erwachsene pro kg Körpergewicht".
>
> Das Landgericht München untersagt die Weiterverwendung dieser Werbeaussage, da diese suggeriere, dass selbst bei Einhaltung einer ausgewogenen und abwechslungsreichen Ernährung Kindern nicht die erforderliche Menge an Nährstoffen zugeführt werden könne, dass aber die beworbene Kindermilch gerade diese Eigenschaft besäße. Außerdem könne die Aussage so verstanden werden, dass ein Kind in der Gesamtmenge 7 × mehr Vitamin D benötigen würde als ein Erwachsener. Der Bedarf von Erwachsenen und Kindern bezüglich Vitamin D oder Calcium weißt jedoch keinerlei Unterschied auf, weshalb die Aussage nicht stimmt (BVLK 2022d). ◄

3.2 Übersicht über den Aufbau des EU-Lebensmittelrechts

Die Mitgliedsstaaten der EU haben einen Teil ihrer Entscheidungsbefugnisse an die von ihnen geschaffenen Institutionen abgegeben. Gerade im Bereich der Lebensmittel werden daher in der Praxis die meisten weitreichenden Entscheidungen auf europäischer Ebene getroffen. Dies ist möglich aufgrund der Gründungsverträge der EU (z. B. Vertrag zur Gründung der europäischen Gemeinschaft), die als „primäres Recht" gelten. Das Lebensmittelrecht setzt sich aus verschiedenen sogenannten Rechtsakten zusammen. Rechtsakte zählen zum „abgeleiteten" oder „sekundärem Recht" und sind: Verordnungen, Richtlinien, Beschlüsse, Empfehlungen und Stellungnahmen (siehe auch Abb. 3.1). Im Lebensmittelrecht wird zudem zwischen „horizontalen Vorschriften" (gelten für quasi sämtliche Lebensmittel, wie z. B. die Kennzeichnungsvorschriften) und „vertikalen Vorschriften" (gelten für bestimmte Produktgruppen wie z. B. Säfte, Honig oder Kakao-Erzeugnisse) unterschieden (Artikel 288 des Vertrags über die Arbeitsweise der Europäischen Union; Frede 2010, S. 3–5).

EU-Richtlinien sind an die Mitgliedsstaaten der EU gerichtet, legen Ziele fest und werden von innerhalb eines festgelegten Zeitraums in nationales Recht überführt. Den Mitgliedsstaaten ist freigestellt, wie sie die Richtlinie umsetzen. Für die Lebensmittelentwicklung relevante Beispiele sind z. B. die Nahrungsergänzungsmittel-RL 2002/46/EG oder die Kakao-RL 2000/36EG. Diese wurden in Deutschland in nationales Recht in der Nahrungsergänzungsmittel-VO und der Kakao-VO umgesetzt.

3.2 Übersicht über den Aufbau des EU-Lebensmittelrechts

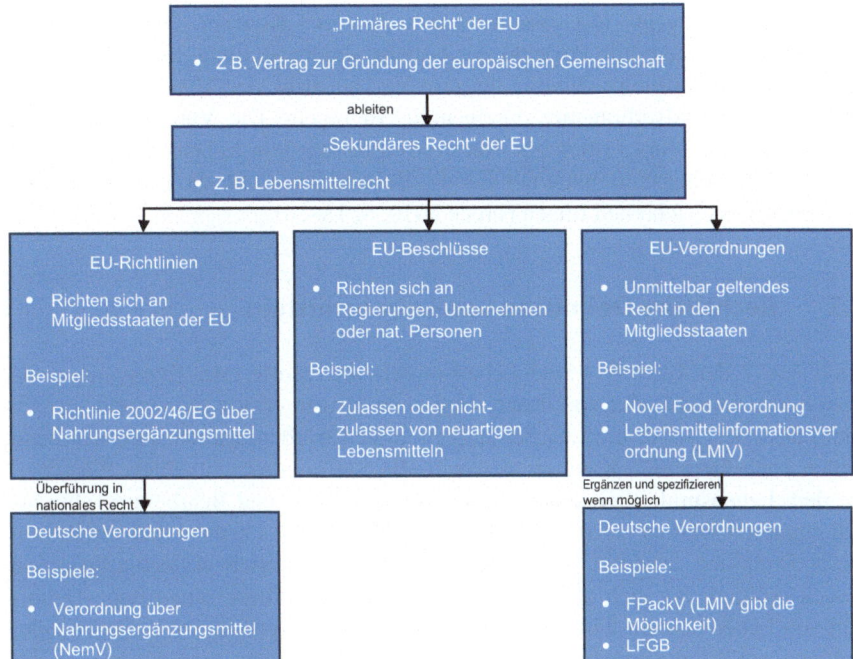

Abb. 3.1 Übersicht über den Aufbau des EU-Lebensmittelrechts. (Bildquelle: Eigene Darstellung, Quellen: Artikel 288 des Vertrags über die Arbeitsweise der Europäischen Union; Frede 2010, S. 3–5; EUR-Lex o. D.)

EU-Beschlüsse sind verbindliche Rechtsnormen der EU, die an Regierungen, Unternehmen oder natürliche Personen gerichtet sein können. Sie sind also nicht allgemein verbindlich. EU-Beschlüsse werden im Amtsblatt der Europäischen Union veröffentlicht. Ein Beispiel dafür ist die Entscheidung über das zulassen oder eben nicht-zulassen von neuartigen Lebensmitteln. Im Amtsblatt der Europäischen Union L5, Jahrgang 66. wurde beispielsweise die Durchführungsverordnung (EU) 2023/58 veröffentlicht, in welcher die Genehmigung des Inverkehrbringens von Larven des Getreideschimmelkäfers *(Alphitobius diaperinus)* in gefrorener, pastenartiger, getrockneter oder pulverisierter Form als neuartiges Lebensmittel beschlossen wurde (Amtsblatt der Europäischen Union 2023).

EU-Verordnungen betreffen einzelne Produktgruppen (dann zählen sie zu den „vertikalen Vorschriften") oder sämtliche Lebensmittel („horizontale Vorschriften") und sind für die Mitgliedstaaten unmittelbar geltendes Recht. Sämtliche Lebensmittel unterliegen beispielsweise der Lebensmittel-Basis-Verordnung (Verordnung (EG) 178/2002) (EUR-Lex o. D.). Die Lebensmittel-Basis-VO regelt unter anderem lebensmittelrechtliche Grundbegriffe wie „Lebensmittel", Lebensmittelunternehmer", „Endverbraucher" und „Inverkehrbringen" (siehe Abschn. 3.1) (Art. 2-3 VO (EG) 178/2002). Sie legt aber auch Grundprinzipien des Lebensmittelrechts fest, wie das „farm to fork" Konzept. Dies schafft die rechtliche Grundlage alle Aspekte der Lebensmittelherstellung, von der Primärproduktion/Futtermittelproduktion bis zum Verkauf bzw. der Abgabe der Lebensmittel an den Endverbraucher durchgängig zu regeln. Die Verordnung enthält auch allgemeine Vorschriften zur Rückverfolgbarkeit von Lebensmittel und legt fest, dass die Lebensmittelunternehmer die Verantwortung für die Gewährleistung der Lebensmittelsicherheit tragen (Frede 2010, S. 18–20).

3.3 Rechtliche Definition von Lebensmitteln

Nach Art. 2 der Basis-VO sind Lebensmittel „alle Stoffe oder Erzeugnisse, die dazu bestimmt sind oder von denen nach vernünftigen ermessen erwartet werden kann, dass sie [...] vom Menschen aufgenommen werden. Zu den Lebensmitteln zählen auch Getränke, Kaugummi sowie alle Stoffe – einschließlich Wasser –, die dem Lebensmittel bei seiner Herstellung oder Ver- und Bearbeitung absichtlich zugesetzt werden" (Art. 2 VO (EG) 178/2002). Ein Lebensmittel muss nach dieser Definition zunächst keinen Nähr- oder Genusswert bzw. technologischen Zweck erfüllen, um sich als solches zu qualifizieren. Diese sehr offene Definition von Lebensmitteln wird durch die gesetzliche Abgrenzung zu Arzneimitteln, Nahrungsergänzungsmitteln, neuartigen Lebensmitteln und Gerichtsurteilen im Einzelfall begrenzt bzw. spezifiziert. Das Verwaltungsgericht in Karlsruhe (Az.: 3 K2148/19, Urteil vom 15.10.2020) hat beispielsweise entschieden, dass Sägemehl kein zulässiger Bestandteil von Keksen bildet (BVLK 2022a). Die Tab. 3.1 bietet eine Übersicht über Stoffe und Erzeugnisse, die nicht zu den Lebensmitteln zählen.

3.4 Nahrungsergänzungsmittel und Functional Foods

Nahrungsergänzungsmittel zählen nach § 1 der Nahrungsergänzungsmittelverordnung (NemV) zu den Lebensmitteln und werden dadurch definiert, dass sie dazu bestimmt sind,

1. die allgemeine Ernährung zu ergänzen,
2. in der Form eines Konzentrats von Nährstoffen (Vitamine, Mineralstoffe, einschließlich Spurenelemente) oder sonstigen Stoffen mit ernährungsspezifischer oder physiologischer Wirkung allein oder in Zusammensetzung vorliegen und
3. in dosierter Darreichungsform (z. B. Kapseln, Pastillen, Tabletten, oder Flaschen mit Tropfeinsätzen) zur Aufnahme in abgemessenen kleinen Mengen, in den Verkehr gebracht werden (§ 1 NemV).

Die Darreichungsform als Tabletten oder Kapseln unterscheidet die Nahrungsergänzungsmittel zu den „funktionellen Lebensmitteln" (siehe Abb. 3.2). Der Begriff „funktionelles Lebensmittel" ist im Gegensatz zu den Nahrungsergänzungsmitteln

Tab. 3.1 Stoffe und Erzeugnisse, die nicht zu den Lebensmitteln zählen nach VERORDNUNG (EG) 178/2002

	Definition
Futtermittel	„Stoffe oder Erzeugnisse, auch Zusatzstoffe, verarbeitet, teilweise verarbeitet oder unverarbeitet, die zur oralen Tierfütterung bestimmt sind" (Art. 2 und Art. 3 Abs. 4. VERORDNUNG (EG) 178/2002)
Pflanzen vor der Ernte	(Art. 2 c) VERORDNUNG (EG) 178/2002)
Arzneimittel im Sinne der Richtlinien 65/65/EWG und 92/73/EWG	„Stoffe oder Zubereitungen aus Stoffen,1. die zur Anwendung im oder am menschlichen Körper bestimmt sind und als Mittel mit Eigenschaften zur Heilung oder Linderung oder zur Verhütung menschlicher Krankheiten oder krankhafter Beschwerden bestimmt sind oder 2. die im oder am menschlichen Körper angewendet oder einem Menschen verabreicht werden können, um entweder a) die physiologischen Funktionen durch eine pharmakologische, immunologische oder metabolische Wirkung wiederherzustellen, zu korrigieren oder zu beeinflussen oder b) eine medizinische Diagnose zu erstellen" (§ 2 Abs. 1 AMG; (Art. 2 d) VERORDNUNG (EG) 178/2002)
Kosmetische Mittel	„Stoffe oder Gemische, die dazu bestimmt sind, äußerlich mit den Teilen des menschlichen Körpers (Haut, Behaarungssystem, Nägel, Lippen und äußere intime Regionen) oder mit den Zähnen und den Schleimhäuten der Mundhöhle in Berührung zu kommen, und zwar zu dem ausschließlichen oder überwiegenden Zweck, diese zu reinigen, zu parfümieren, ihr Aussehen zu verändern, sie zu schützen, sie in gutem Zustand zu halten oder den Körpergeruch zu beeinflussen" (Art. 2 Abs. 1a VO (EG) 1223/2009, Art. 2e VERORDNUNG (EG) 178/2002)
Tabak	„Blätter und andere natürliche verarbeitete oder unverarbeitete Teile der Tabakpflanze, einschließlich expandierten und rekonstituierten" (Art. 2 Abs. 1 und 4 Richtlinie 2014/40/EU; Art. 2 f. VERORDNUNG (EG) 178/2002)
Betäubungsmittel und psychotrope Stoffe	Betäubungsmittel sind Substanzen mit zentraler Wirkung auf das Nervensystem, die ein hohes Sucht- und Missbrauchspotenzial haben. Sie können schmerzlindernd (analgetisch), bewusstseinsverändernd oder sedierend wirken. Psychotrope Stoffe sind Substanzen, die die psychische Wahrnehmung, das Denken, die Stimmung oder das Verhalten beeinflussen. Sie haben ebenfalls ein Missbrauchspotenzial, führen aber nicht zwingend zur körperlichen Abhängigkeit. (Art. 2 g) VERORDNUNG (EG) 178/2002; BtMG; § 2 Nr. 1 NpSG; Art 2 Abs. 1 AMG)
Kontaminanten	„[J]eder Stoff, der dem Lebensmittel nicht absichtlich hinzugefügt wird, jedoch als Rückstand der Gewinnung [...], Verarbeitung, Zubereitung [...] oder infolge einer Verunreinigung durch die Umwelt im Lebensmittel vorhanden ist" (Art. 2 g VERORDNUNG (EG) 178/2002; Art 1 (1) VERORDNUNG (EWG) Nr. 315/93
Rückstände	„Reste von Stoffen [...], die während der Produktion pflanzlicher oder tierischer Lebensmittel oder während deren Lagerung bewusst und zielgerichtet eingesetzt werden. Hierzu zählen beispielsweise Pflanzenschutzmittel, Schädlingsbekämpfungsmittel oder Tierbehandlungsmittel" (Art. 2 g) VERORDNUNG (EG) 178/2002, Matissek 2020, S. 24)

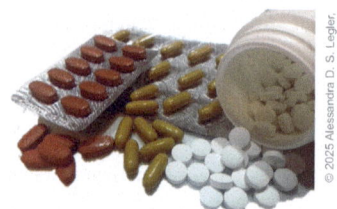

„Funktionelle Lebensmitte" – z. B. mit Ballaststoffen angereicherter Müsliriegel

„Nahrungsergänzungsmittel" – Konzentrierte Nährstoffe z B. in Kapselform

Abb. 3.2 Nahrungsergänzungsmittel und funktionelle Lebensmittel. (Bildquelle: Eigene Darstellung)

auch nicht rechtlich definiert. Funktionelle Lebensmittel zeichnen sich dadurch aus, dass sie neben Nähr- und Geschmackswerten auch die langfristige Förderung und Erhaltung der Gesundheit zum Ziel haben. Bei diesen Lebensmitteln stehen gesundheitliche Prävention, Verbesserung des Gesundheitsstatus und Wohlbefinden im Vordergrund. Die gesundheitsförderlichen Effekte sollen von biologisch aktiven Bestandteilen stammen, diese werden auch als „Nutraceuticals" bezeichnet. Der Begriff „Nutriceutical" setzt sich aus „nutrition" und „pharmaceutical" zusammen. Zu den Nutraceuticals zählen Probiotika, Präbiotika, sekundäre Pflanzenstoffe, Omega-3-Fettsäuren, Vitamine und Ballaststoffe. Diese kommen natürlich in Lebensmitteln vor, können ihnen aber auch gezielt zugesetzt werden um ein „funktionelles Lebensmittel" (oder Functional Foods genannt) zu erhalten. Ein funktionelles Lebensmittel kann z. B. ein probiotischer Joghurt sein, oder eine mit Pflanzensterinen angereicherte Margarine (Rimbach et al. 2015, S. 373–374; Souyoul et al. 2018; BfR 2024). „Funktional Foods" und „Nutraceuticals" überschneiden sich zudem mit den sogenannten „Superfoods". Auch dieser Begriff ist (in Deutschland und der EU) nicht rechtlich definiert. Als „Superfoods" werden Lebensmittel bezeichnet, die Nährstoffe in großer Menge liefern können, die eine wichtige Rolle in der Ernährung spielen und zum reibungslosen Funktionieren der Körperfunktionen beitragen (Fernández-Ríos et al. 2022).

3.5 Novel Foods

Von den Lebensmitteln ebenfalls abzugrenzen sind „Novel Foods" bzw. „neuartige Lebensmittel". In der EU können Lebensmittel ohne vorherige Genehmigung auf den europäischen Markt gebracht werden. Davon ausgenommen sind neuartige Lebensmittel, die im Weiteren auch als „Novel Foods" bezeichnet werden. Darunter fallen alle Lebensmittel, die vor dem 15. Mai 1997 nicht in nennenswertem Umfang in der Europäischen Union für den menschlichen Verzehr verwendet wurden (Art. VO (EG) 2015/2283). Wie bereits in Abschn. 2.1.1 aufgezeigt wurde, kann zwischen einer Vielzahl an Innovationen unterschieden werden und der Einsatz eines „Novel Foods" ist nicht zwingend nötig, um eine Produktinnovation zu entwickeln. Wenn aber speziell auf das Entwickeln von Radikalen- oder Basisinnovationen abgezielt wird, kann der Einsatz eines „Novel Foods" als Zutat oder das auf den Markt bringen eines Rohstoffes als „Novel Food" ein Ansatz sein (Wegmann 2020, S. 22).

Der Lebensmittelunternehmer ist selber in der Verantwortung zu prüfen, ob das Lebensmittel, das von ihm in den Verkehr gebracht werden soll, oder die eingesetzten Rohstoffe/Zutaten in dem Lebensmittel zu den „Novel Foods" zählen oder nicht. Dies wäre auch die Pflicht des Lebensmittelunternehmers in Abschn. 3.3 gewesen, welcher Kekse mit Sägemehl als Zutat angeboten hat (BVLK 2022a). Wenn Unklarheit darüber besteht, ob z. B. bestimmte Insektenlarven inzwischen als „Novel Food" in einer bestimmen Verarbeitungsstufe zugelassen sind, kann dies im „Novel Food Katalog" eingesehen werden. Hier werden auch Stoffe/Zutaten/Lebensmittel gelistet, die nach Stellung des entsprechenden Antrags nicht zugelassen worden sind.

- https://food.ec.europa.eu/safety/novel-food/novel-food-status-catalogue_en

Alle bereits zugelassenen „Novel Foods" werden seit dem 1. Januar 2018 in der „Unionsliste" (einer Positiv-Liste) aufgeführt. Diese Lebensmittel dürfen von allen Lebensmittelunternehmen in den Verkehr gebracht werden, wenn die in der Unionsliste angegebenen Verwendungsbedingungen, Kennzeichnungsvorschriften und Spezifikationen eingehalten werden. Die Liste wird laufend aktualisiert.

- https://food.ec.europa.eu/safety/novel-food/authorisations/union-list-novel-foods_en

In der „Deutschen Stoffliste" wird ein Überblick darüber gegeben, in welchen Lebensmitteln, die Verwendung von Pflanzen, Pilzen und Algen zulässig ist.

- https://www.bvl.bund.de/DE/Arbeitsbereiche/01_Lebensmittel/01_Aufgaben/07_Stofflisten/lm_stofflisten_node.html

3.5.1 „Novel Food" oder nicht?

Wenn eine unbekannte oder auf dem europäischen Markt ungewöhnliche Zutat, die in keiner dieser Listen geführt wird, aber dennoch zur Entwicklung eines Prototypen (welcher dazu gedacht ist später in den Handel bzw. in den Verkehr gebracht zu werden) verwendet werden soll, muss der Lebensmittelunternehmer feststellen, ob es sich um ein Novel Food handelt. Dazu kann die Leitlinie „menschlicher Verzehr in nennenswertem Umfang" genutzt werden. Diese enthält zahlreiche Erklärungen, Hinweise und einen Entscheidungsbaum, welcher bei der Einschätzung – „Novel Food" oder nicht – herangezogen werden kann (siehe

Abb. 3.3). Außerdem müssen diese Lebensmittel in mindestens eine der in Artikel 3 der Novel Food-Verordnung (EU) 2015/2283 genannten Kategorien fallen. Zu den „Novel Foods" können Lebensmittel zählen, die

- eine neue oder gezielt veränderte Molekularstruktur aufweisen,
- aus Mikroorganismen, Pilzen und Algen stammen,
- Materialien mineralischen Ursprungs sind,
- aus Pflanzen oder Pflanzenteilen, Tieren oder deren Teilen stammen,
- Zell- oder Gewebekultur enthalten bzw. daraus stammen,
- hergestellt werden durch ein neuartiges, nicht übliches Verfahren,
- hergestellt werden aus Nanomaterialien,
- aus Vitaminen, Mineralstoffen oder anderen Stoffen bestehen,
- ausschließlich in Nahrungsergänzungsmitteln als nicht neuartig gelten und nun in anderen Lebensmitteln verwendet werden sollen (Art. 3 (EU) 2015/2283).

Zu welcher dieser Kategorien das fragliche Lebensmittel fällt, wird ebenfalls von Lebensmittelunternehmer festgelegt. Sollte nach der Einschätzung mithilfe des Entscheidungsbaums noch Unklarheit darüber herrschen, ob es sich tatsächlich um ein „Novel Food" handelt, kann die zuständige Behörde des entsprechenden EU-Mitgliedstaates, in welchem das Lebensmittel zuerst auf den Markt gebracht werden soll, konsultiert werden. In Deutschland ist in diesem Fall das Bundesamt für Verbraucherschutz und Lebensmittelsicherheit zuständig (BVL) ((b) BVL o. D.).

In der Verordnung (EU) 2018/456 ist geregelt, wie die Konsultation zur Bestimmung des Status als neuartiges Lebensmittel durchzuführen ist. Der Lebensmittelunternehmer muss in dem entsprechenden Fall einen „Konsultationsersuch" an die entsprechende Behörde (in Deutschland BVL) stellen. In diesem müssen ein Begleitschreiben (u. a. mit Betreff und Anschrift), technische Unterlagen (Beschreibung und Charakterisierung des Lebensmittels, Verwendungsbedingungen, Herstellungsverfahren, Bisheriger Verzehr vor dem 15. Mai 1997, Verfügbarkeit in der Union usw.) und die entsprechenden Belege enthalten sein (Art. 4, Anhang I & II (EU) 2018/456). Der Konsultationsersuch ist mithilfe des entsprechenden Online-Formulars zu stellen:

- https://verwaltung.bund.de/leistungsverzeichnis/DE/leistung/99118033058000/herausgeber/LeiKa-102889162/region/00

Für einen solchen Konsultationsersuch werden Gebühren erhoben. Wie hoch diese ausfallen ist in der *Besonderen Gebührenverordnung des Bundesministeriums für Ernährung und Landwirtschaft* (BMELBGebV 2021) festgelegt.

3.5.2 Zulassung eines neuartigen Lebensmittels

Wird vom Lebensmittelunternehmer mithilfe des Entscheidungsbaums (siehe Abb. 3.3) und/oder über den Konsultationsersuch festgestellt, dass das betreffende

3.5 Novel Foods

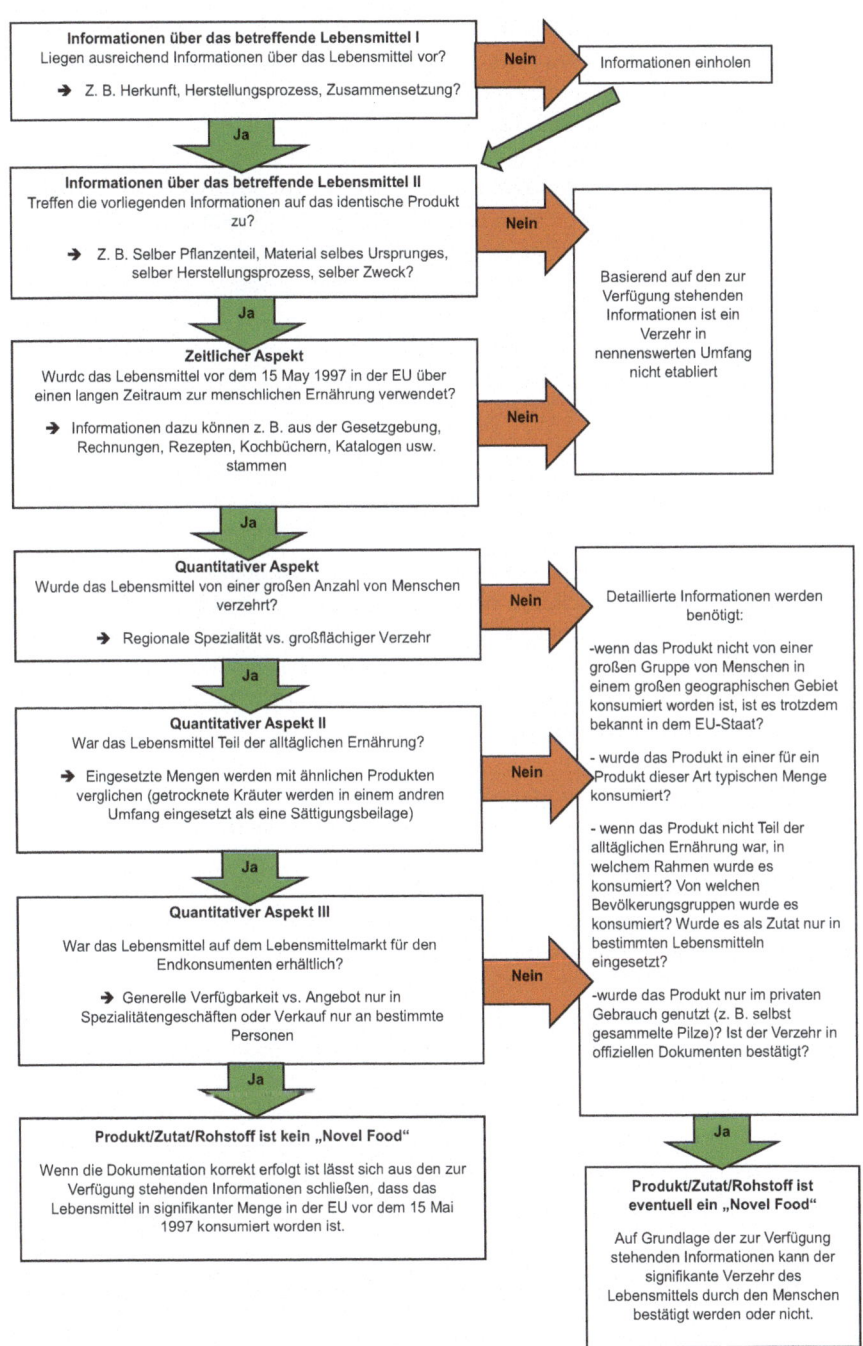

Abb. 3.3 Entscheidungsbaum zur Feststellung, ob es sich bei einem Rohstoff/Lebensmittel um ein „Novel Food" handelt. (Bildquelle: Eigene Darstellung und Übersetzung nach Human Consumption to a Significant Degree – Information and Guidance Document o. D.)

Produkt zu „Novel Foods" zählt, muss dieses zunächst zugelassen werden, bevor der Prototyp tatsächlich in den Verkehr gebracht werden darf. Die Zulassung kann über ein Verfahren beantragt werden, welches von der Europäischen Kommission unter Beteiligung der Europäischen Behörde für Lebensmittelsicherheit (EFSA) durchgeführt wird. Der Ablauf dieses Verfahrens ist in der Novel-Food-Verordnung geregelt (EU) 2015/2283 und wird in einer Durchführungsverordnung (EU) 2017/2469 konkretisiert. Die EFSA hat zusätzlich ein Leitlinienpapier für die Einreichung von Anträgen auf Zulassung eines neuartigen Lebensmittels in der EU veröffentlicht. Dieses Leitlinienpapier enthält unter anderem eine Vollständigkeitscheckliste, die die Datenanforderungen für Anträge auf Zulassung neuartiger Lebensmittel widerspiegelt. Die Verwendung dieser Checkliste soll helfen sicherzustellen, dass die Kriterien für die Vollständigkeit der Daten für die Risikobewertung erfüllt sind (NDA 2016).

3.6 Kennzeichnung der Verpackung

Kennzeichnung, Werbung und Aufmachung (das Erscheinungsbild eines Lebensmittels bzw. dessen Verpackung) eines Lebensmittels bzw. einer Lebensmittelverpackung dürfen den Verbraucher nicht irreführen (Art. 16 VO (EG) Nr. 178/2022). Es gelten daher Kennzeichnungsanforderungen für die Verpackung eines Lebensmittels. Diese können unterschieden werden in allgemeine Kennzeichnungsanforderungen wie z. B.

- die Lebensmittelinformationsverordnung (LMIV),
- die Lebensmittelinformations-Durchführungsverordnung (LMIDV),
- die Loskennzeichnungsverordnung (LKV)
- oder die Fertigverpackungsverordnung (FpackV)

und spezielle Kennzeichnungsanforderungen, die nur für bestimmte Lebensmittel gelten, wie z. B.

- die Verordnung (EG) Nr. 1924/2006 über nährwert- und gesundheitsbezogene Angaben,
- die Verordnung (EG) Nr. 1925/2006 über den Zusatz von Vitaminen und Mineralstoffen sowie bestimmten anderen Stoffen zu Lebensmitteln,
- die Verordnung (EG) Nr. 1333/2008 über Lebensmittelzusatzstoffe
- oder die Honigverordnung (HonigV).

In der EU ist die allgemeine Kennzeichnung, also welche Informationen mindestens auf der Verpackung eines Lebensmittels stehen müssen, einheitlich in der europäische Lebensmittel-Informationsverordnung (LMIV) (EU) Nr. 1169/2011 geregelt. Die LMIV gilt in allen EU Staaten, in bestimmten Punkten kann sie durch die Mitgliedstaaten konkretisiert werden. In Deutschland geschieht dies durch die LMIDV, die Lebensmittelinformations-Durchführungsverordnung. Die

3.6 Kennzeichnung der Verpackung

LMIDV legt in § 3 beispielsweise fest, dass „Bier, das als vorverpacktes Lebensmittel abgegeben wird, beim Inverkehrbringen mit einem Verzeichnis der Zutaten [...] zu kennzeichnen [ist]" (§ 3 LMIDV). Ein Zutatenverzeichnis wird nach der LMIV eigentlich nicht für Getränke mit einem Alkoholgehalt von mehr als 1,2 Vol.-% gefordert (Art. 9 Abs. 1 b, f VO (EU) Nr. 1169/2011).

Sowohl die LMIV, als auch die LMIDV gelten für alle Lebensmittel, die für den Endverbraucher bestimmt sind und legt grundsätzlich fest, dass alle Informationen über ein Lebensmittel nicht irreführend sein dürfen. Das schließt die Art, Identität, Eigenschaften, Zusammensetzung, Menge, Haltbarkeit, das Ursprungsland und die Methode der Erzeugung mit ein. Außerdem dürfen einem Lebensmittel keine Wirkungen oder Eigenschaften zugeschrieben werden, die es nicht besitzt bzw. es dürfen keine Merkmale besonders ausgelobt werden, die auch alle anderen vergleichbaren Lebensmittel besitzen (Art. 1 und Art. 7 VO (EU) Nr. 1169/2011) (siehe auch die Beispiel IX und X). Es handelt sich bei diesen Mindestinformationen, um die sogenannten Pflichtangaben (siehe Abschn. 3.6.1). Dazu zählen z. B. die Bezeichnung des Lebensmittels, das Zutatenverzeichnis und die Allergenkennzeichnung. Zusätzlich können auf der Verpackung „Claims" und „Werbeslogans", sowie Rezepttipps abgedruckt werden (siehe Abschn. 3.6.2). Welche „Claims" auf einem Produkt verwendet werden dürfen regelt die Verordnung (EG) Nr. 1924/2006, auch bekannt als die Health-Claims-VO. Eine weitere Auslobung verschiedener Eigenschaften des Produktes kann durch das Aufbringen von entsprechenden Siegeln und Labeln vorgenommen werden. Wie ökologische Erzeugnisse/Lebensmittel zu kennzeichnen sind, bzw. welche Bedingungen sie erfüllen müssen um entsprechend gekennzeichnet zu werden, legt die Verordnung (EG) 2018/848 fest. Davon teilweise abgegrenzt werden müssen privatwirtschaftliche Label.

3.6.1 Pflichtangaben

Grundsätzlich ist bei dem Abdrucken der Pflichtangaben darauf zu achten, dass diese an einer gut sichtbaren Stelle deutlich, gut lesbar und dauerhaft anzubringen sind. Anderes Bildmaterial oder Informationen dürfen diese weder verdecken, noch den Blick von ihnen ablenken. Die Schrift muss außerdem mindestens 1,2 mm groß sein. Die 1,2 mm beziehen sich dabei auf den mittleren Buchstabenteil (das kleine „x"). Eine Ausnahme gilt für Verpackungen, die eine Oberfläche von weniger als 80 cm aufweisen – hier muss die Schrift mindestens 0,9 mm groß sein. Zu den Pflichtangaben zählen

- die Bezeichnung des Lebensmittels (siehe Abb. 3.4, Punkt 1),
- das Zutatenverzeichnis (siehe Abb. 3.4, Punkt 2),
- die Allergenkennzeichnung (siehe Abb. 3.4 Punkt 3),
- die Nettofüllmenge (siehe Abb. 3.4, Punkt 4),
- das Mindesthaltbarkeitsdatum (siehe Abb. 3.4, Punkt 5),
- die Firmenanschrift (siehe Abb. 3.4, Punkt 6),

Abb. 3.4 Beispiel für eine Lebensmittelverpackung mit den gesetzlichen Pflichtangaben. (Bildquelle: Eigene Darstellung unter Verwendung von Vektoren von Vecteezy.de und Freepik.de)

- die Herkunftsbezeichnung,
- eine Gebrauchsanleitung (siehe Abb. 3.4, Punkt 7),
- eventuell der Alkoholgehalt,
- die Nährwertkennzeichnung (mindestens die „Big 7") (siehe Abb. 3.4, Punkt 8),
- Informationen, ob es sich um eine Lebensmittel-Imitat handelt,
- Informationen über zugesetzte raffinierte pflanzliche Öle und Fette,
- ggf. Informationen darüber, ob es sich um zusammengefügte Fleisch-/Fischstücke handelt,
- ggf. ein Einfrierdatum und Auftauhinweis,
- bei Koffeinhaltigen Lebensmitteln der Koffeingehalt

und die Kennzeichnung von verwendeten Nanomaterialien.

3.6.1.1 Bezeichnung des Lebensmittels

Die Bezeichnung des Lebensmittels soll dem Verbraucher vermitteln, um welche Art von Lebensmittel es sich handelt und dessen besondere Eigenschaften. Es kann dabei unterschieden werden zwischen der rechtlich vorgeschriebenen, der verkehrsüblichen und einer beschreibenden Bezeichnung. Wenn es eine rechtlich vorgeschriebene Bezeichnung gibt, ist diese grundsätzlich zu verwenden. Für

3.6 Kennzeichnung der Verpackung

bestimmte Gruppen von Lebensmitteln – wie z. B. Schokolade oder Käse – gibt es dazu Vorgaben in speziellen Produktverordnungen. Sollen beispielsweise Vollmilch-Schokoladenraspeln abgepackt in den Handel bzw. in den Verkehr gebracht werden gilt die Verordnung über Kakao- und Schokoladenerzeugnisse. Diese sieht für bestimmte Schokoladenerzeugnisse, die in der VO auch definiert werden, bestimmte Bezeichnungen vor (siehe Beispiel XI).

Wenn es keine rechtlich vorgeschriebene Bezeichnung gibt, kann eine verkehrsübliche Bezeichnung verwendet werden. Verkehrsübliche Bezeichnungen können im deutschen Lebensmittelbuch (zu finden unter www.dlmbk.de) nachgeschlagen werden. Das deutsche Lebensmittelbuch – eine Sammlung von Leitsätzen – wird von der deutschen Lebensmittelbuch-Kommission (DLMBK) herausgegeben. Bei dieser handelt es sich um ein gesetzlich verankertes, unabhängiges Gremium. In diesem Gremium erarbeiten Vertreterinnen und Vertreter aus den Bereichen Lebensmittelüberwachung, Wissenschaft, Verbraucherschaft und Lebensmittelwirtschaft in Fachausschüssen die Leitsätze (DLMBK o. D.) (siehe Abschn. 3.7). In den Leitsätzen für Speiseeis ist beispielsweise beschrieben, dass sich ein Produkt nur dann „Kremeis" oder „Cremeeis" nennen darf, wenn es mindestens zu 50 % aus Milch besteht und auf 1 L Milch min. 270 g Vollei oder 90 g Eigelb zur Herstellung verwendet worden sind (Leitsätze für Speiseeis 2016, S. 7).

Beispiel XI: Rechtlich vorgeschriebene Verkehrsbezeichnungen – Raspelschokolade

Diese Bezeichnungen, wie z. B. „Milchschokolade", sind Erzeugnissen/Produkten vorbehalten, welche die entsprechenden Bedingungen erfüllen (§ 3 KakaoV 2003). Milchschokolade wird definiert als Erzeugnis aus min. 25 % Gesamtkakaotrockenmasse, min. 14 % Milchtrockenmasse, min. 2,5 % fettfreie Kakaotrockenmasse, min. 3,5 % Milchfett und einem Gesamtfettgehalt (aus Kakaobutter und Milchfett) von min. 25 % (Anlage 1 zu § 3 KakaoV 2003). Zusätzlich zu der Bezeichnung „Milchschokolade" muss entsprechend der KakaoV noch der Hinweis „Kakao:…% mindestens" aufgebracht sein (§ 3 (4) KakaoV 2003).

Produkte, welche die Bedingungen der KakaoV nicht erfüllen, dürfen entsprechend auch nicht als Milch- oder Vollmilchschokolade bezeichnet werden. Vegane Tafeln, die als Alternative zu Milchschokoladentafeln angeboten werden, dürfen daher weder in der dann zu verwendenden beschreibenden Verkehrsbezeichnung („Kakaotafel mit Reispulver 28 %"), noch im Phantasienamen („classic Vegan") als „Milchschokolade" ausgelobt werden (siehe Abb. 3.5). ◄

Wenn in den Leitsätzen keine passende verkehrsübliche Bezeichnung gefunden werden kann, muss eine beschreibende Bezeichnung formuliert werden (DLMBK 2022). Diese muss so formuliert werden, dass unmissverständlich deutlich wird, um welches Lebensmittel es sich handelt (Art. 17 (EU) Nr. 1169/2011). Die Bezeichnung „Himmelscreme" in der Abb. 3.4 ist nicht die Bezeichnung des

Abb. 3.5 Beispiel für eine rechtlich vorgeschriebene und eine beschreibende Verkehrsbezeichnung. (Bildquelle: Eigene Darstellung unter Verwendung von Vektoren von freepik.com und Vecteezy.de)

Lebensmittels. Vielmehr handelt es sich hierbei um eine Phantasiebezeichnung. Die beschreibende Bezeichnung des Lebensmittels ist neben der Nummer 1 zu finden: „Cremepulver mit Zitronengeschmack mit gemahlenem Mürbegebäck für 300 mL Milch (für 4 Portionen)". Dieser Beschribung kann der Verbraucher entnehmen, dass es sich um ein Dessertpulver in der Geschmacksrichtung Zitrone handelt, dem noch Milch zugefügt werden muss, um 4 Portionen eines Cremedesserts herzustellen.

Richtige Auswahl der Bezeichnung des Lebensmittels
- Rechtlich vorgeschriebene Bezeichnung (zu finden in Verordnungen)
- Verkehrsbezeichnung (zu finden in den Leitsätzen bzw. im Lebensmittelbuch der DLMBK)
- Beschreibende Bezeichnung (gibt unmissverständlich wieder, um welches Lebensmittel es sich handelt)

3.6.1.2 Zutatenverzeichnis und Allergenkennzeichnung

Verpflichtend für alle vorverpackten Lebensmittel ist außerdem das Zutatenverzeichnis. Ausgenommen von dieser Pflicht sind unter anderem frisches Obst und Gemüse, wenn dieses nicht geschält oder geschnitten worden ist und Lebensmittel die nur aus einer Zutat bestehe (z. B. eine Packung Raffinade Zucker) (Art. 19 VO (EU) Nr. 1169/2011).

3.6 Kennzeichnung der Verpackung

Ein Zutatenverzeichnis muss zunächst kenntlich gemacht werden, indem ihm eine Überschrift oder eine geeignete Bezeichnung in der das Wort „Zutaten" erscheint, vorangestellt wird (Art. 18 (1) VO (EU) Nr. 1169/2011). Im Zutatenverzeichnis werden sämtliche im Lebensmittel verwendete Zutaten aufgezählt. Dabei ist darauf zu achten, dass die Zutaten in absteigender Reihenfolge ihres Gewichtanteils zum Zeitpunkt der Herstellung des Lebensmittels aufgeführt werden (Art. 18 (1) VO (EU) Nr. 1169/2011). Bestimmte Zutaten müssen im Zutatenverzeichnis mit ihrer betreffenden Klasse, gefolgt von ihrer speziellen Bezeichnung oder E-Nummer. Klassen von Zutaten, die so aufzuführen sind, sind z. B. Geliermittel (Gelatine, Agar–Agar), Süßungsmittel (Aspartam, Erythrit), Aromen und Farbstoffe. Im Zutatenverzeichnis in Abb. 3.4 (Punkt 2) ist der Zutaten „Carotin" beispielsweise die Klasse „Farbstoff" vorangestellt (Anh. VII Teil C (EU) Nr. 1169/2011). Im Zutatenverzeichnis müssen zudem potenziell Allergien oder Unverträglichkeiten auslösende Zutaten gekennzeichnet werden. Dies kann über eine Hervorhebung der entsprechenden Zutat geschehen, etwa indem sich die Zutat in **Schriftart**, *Schriftstil* oder **Hintergrundfarbe** vom restlichen Zutatenverzeichnis abhebt (Art. 21 VO (EU) Nr. 1169/2011). Typische Zutaten auf welche diese Regelung zutrifft sind z. B. glutenhaltiges Getreide, Erdnüsse und Milch und daraus gewonnene Erzeugnisse (einschl. Lactose) (Anhang II Nr. 1169/2011). Im Zutatenverzeichnis in Abb. 3.4 (Punkt 2) wurde unter anderem „Weizenmehl" hervorgehoben, das es zu den glutenhaltigen Getreiden zählt.

Eine quantitative Angabe zu bestimmten verwendeten Zutaten, also eine Mengenangabe, kann vorgeschrieben sein, wenn die Zutat in der Bezeichnung des Lebensmittels genannt wird oder vom Verbraucher mit dieser Bezeichnung in Verbindung gebracht wird. Werden bestimmte Zutaten auf der Kennzeichnung der Verpackung besonders durch Worte (z. B. in einem Werbeslogan), Bilder oder eine graphische Darstellung hervorgehoben, muss die bei der Herstellung verwendeten Menge ebenfalls im Zutatenverzeichnis ausgezeichnet werden (Art. 22 VO (EU) Nr. 1169/2011). In der Abb. 3.4 ist die Grafik eines „Lemon pie" – ein Art Mürbeteigkuchen mit einer Füllung mit Zitronengeschmack – zu erkennen und die beschreibende Verkehrsbezeichnung gibt an, dass es sich um ein Cremepulver mit „gemahlenem Mürbegebäck" handeln würde. Das Mürbegebäck wird also zweimal (grafisch und im Wort) hervorgehoben. Entsprechend wird im Zutatenverzeichnis angegeben, wie viel Mürbegebäck dem Cremepulver bei der Herstellung zugesetzt worden sind, nämlich 13 %. Eine genaue Mengenangabe einer Zutat kann ebenfalls notwendig sein, wenn diese von wesentlicher Bedeutung für die Charakterisierung eines Lebensmittels und seiner Unterscheidung von anderen Erzeugnissen ist, mit denen es aufgrund seines Aussehens verwechselt werden könnte. Dies ist z. B. im Beispiel XI der Fall. Die Abbildung auf dem Produkt „classic Vegan" könnte vom Verbraucher auch als Vollmilchschokoladentafel interpretiert werden. Deshalb wird in der beschreibenden Verkehrsbezeichnung verdeutlicht, dass es sich um eine „Kakaotafel mit Reispulver 28 %" handelt und eben nicht um eine Vollmilchschokolade. In diesem Fall steht die Prozentangabe in der beschreibenden Bezeichnung des Lebensmittels. Dies entspricht der „QUID"-Regelung. Die QUID-Regelung *(Quantitative Ingredients Declaration)* ist eine Vorschrift der Verordnung (EU) Nr. 1169/2011, die festlegt, dass der prozentuale Anteil bestimmter Zutaten auf der Verpackung eines Lebensmittels angegeben werden muss. Die Mengenangabe erfolgt in Prozent (%) und bezieht sich auf das Gewicht der Zutat im Zustand bei der Herstellung. Dieser Fall tritt ein, wenn die Zutat…

> **Übersicht**
> - in der Bezeichnung des Lebensmittels genannt (z. B. Erdbeerjoghurt, dann muss der Erdbeeranteil in % angegeben werden),
> - als Bild dargestellt oder durch eine grafische Darstellung hervorgehoben wird (z. B. wenn auf der Verpackung eines Müslis ganze Haselnüsse abgebildet werden)
> - oder für die Charakterisierung oder Unterscheidung des Produkts wesentlich ist (z. B. bei *Tortellini quattro formaggi* muss der Käseanteil in % und die verwendeten Käsesorten angegeben werden).

Die Angabe des Prozentsatzes der Zutat kann in der Bezeichnung des Lebensmittels erfolgen (Beispiel XI), in ihrer unmittelbaren Nähe oder im Zutatenverzeichnis zusammen mit der Zutat und ggf. in Verbindung mit ihrer Zutatenklasse. Eine QUID-Angabe ist nicht erforderlich, wenn die Zutat in kleinen Mengen als Aroma oder Würzmittel verwendet wird, keine wesentliche Bedeutung für die Kaufentscheidung hat oder die Zutatenmengen durch gesetzliche Vorschriften bereits standardisiert sind (z. B. Schokolade mit festgelegtem Kakaoanteil).

Nicht im Zutatenverzeichnis aufgeführt werden müssen Zutaten, die im Herstellungsprozess entfernt, und später wieder zugefügt werden, wenn sie den ursprünglichen Anteil nicht überschreiten (z. B. bei Fruchtsaft aus Saftkonzentrat) (Art. 20 a (EU) Nr. 1169/2011). Auch Lebensmittelzusatzstoffe und Lebensmittelenzyme, die nur in einer Zutat enthalten waren und im Produkt später keine technologische Wirksamkeit mehr ausüben, müssen nicht aufgeführt werden (z. B. enzymatisch behandeltes Mehl, welches für das Herstellen von Backwaren verwendet wird (Art. 20 (b) (EU) Nr. 1169/2011).

> **Regeln zum Erstellen eines Zutatenverzeichnis**
> - Es muss durch eine Überschrift oder eine vorangestellte geeignete Bezeichnung in der das Wort „Zutaten" erscheint, kenntlich gemacht werden (Art. 18 (1) (EU) Nr. 1169/2011).
> - Im Zutatenverzeichnis werden sämtliche im Lebensmittel verwendete Zutaten aufgezählt. Dabei ist darauf zu achten, dass die Zutaten in absteigender Reihenfolge ihres Gewichtanteils zum Zeitpunkt der Herstellung des Lebensmittels aufgeführt werden (Art. 18 (1) (EU) Nr. 1169/2011).

Außerdem müssen unter bestimmten Bedingungen quantitative Angaben zu einer Zutat gemacht werden (Art. 22 (EU) Nr. 1169/2011).
- Die Zutaten werden mit ihren speziellen Bezeichnungen bezeichnet (Art. 18 (2) (EU) Nr. 1169/2011).
- Allergene müssen gekennzeichnet werden (Art. 21 (EU) Nr. 1169/2011).

3.6.1.3 Nettofüllmenge

Die Nettofüllmenge, also die Menge des reinen Lebensmittels ohne Verpackung o. ä., muss ebenfalls angegeben werden. Die Nettofüllmenge muss zudem im selben Sichtfeld (der Verbraucher muss das Produkt also nicht drehen oder sonstiges um die Angaben erfassen zu können) wie die Bezeichnung des Lebensmittels stehen. Selbes gilt für den Alkoholgehalt, wenn es sich um ein alkoholhaltiges Produkt handelt (Art. 9 Abs. 1 a, e, k; Art 13 VO (EU) Nr. 1169/2011). Ob die Angabe in Volumeneinheiten (Liter, Zentiliter, Milliliter) oder Masseeinheiten (Kilogramm oder Gramm) erfolgt entscheidet sich danach, was angemessen ist. Bei dem Produkt in Abb. 3.4 erfolgt die Angabe in Gramm (64 g). Je nachdem, um was für ein Produkt es sich handelt, kann es weitere spezifische Vorschriften für die Nettofüllmenge geben, wie die Angabe des Abtropfgewichts bei bestimmten Konserven (siehe Abb. 3.6). Die LMIV wird hier durch nationale Regelungen – in diesem Fall die FPackV – spezifiziert (§ 5 FPackV).

3.6.1.4 Mindesthaltbarkeitsdatum

Das Mindesthaltbarkeitsdatum (MHD) gibt an, wie lange ein Lebensmittel bei richtiger Aufbewahrung seine spezifischen Eigenschaften behält. Das MHD gibt also nicht unbedingt nur Auskunft über die Sicherheit (ab welchem Zeitpunkt ein Lebensmittel der Gesundheit des Menschen durch Verderb gefährden könnte, siehe Abschn. 3.1.1) eines Lebensmittels, sondern darüber ab welchem Zeitpunkt der Hersteller nicht mehr garantieren kann, dass das Lebensmittel noch die Eigenschaften aufweist, die es zum Zeitpunkt der Herstellung hatte. Eigenschaften schließen z. B. die Farbe, die Textur, den Geruch, den Geschmack und die Funktionalität ein. Im Beispiel der „Himmelscreme" bzw. des „Cremepulver[s] mit Zitronengeschmack mit gemahlenem Mürbegebäck für 300 mL Milch (für 4 Portionen)" aus Abb. 3.4 garantiert der Hersteller, dass das Produkt bis zum 09.2024 sich nicht wesentlich in seiner Farbe (z. B. von cremefarben hin zu bräunlich), seinem Aroma (das kann auch einen Aromaverlust bedeuten) und seiner Textur (z. B. von rieselfähig zu verklumpen) verändern wird und die angegebene Zubereitung noch möglich ist und auch das zubereitete Produkt noch die angedachten Eigenschaften aufweist. Wenn besondere Aufbewahrungs- oder Verwendungsbedingungen notwendig sind, um das MHD einhalten zu können, müssen diese angegeben werden (Art. 24 und 25 VO (EU) Nr. 1169/2011). Aufbewahrungsbedingungen können z. B. sein, dass das Produkt vor direkter Sonneneinstrahlung oder geschützt vor Feuchtigkeit aufzubewahren ist. Ein überschrittenes MHD bedeutet entsprechend nicht, dass das

Abb. 3.6 Zusätzliche Angabe zur Füllmenge bei bestimmten Produkten. (Bildquelle: Eigene Darstellung unter Verwendung von Vektoren von Vecteezy.de)

Lebensmittel verdorben oder nicht mehr verzehrsfähig (konsumierbar) ist. Nach Ablauf des MHDs sollte das Lebensmittel vor dem Konsum nur gründlich vom Verbraucher geprüft werden und kann, wenn es nicht wesentlich verändert zu sein scheint, verzehrt konsumiert werden b) BMEL o. D.). Die Angabe des MHD muss mit dem Wortlaut „mindestens haltbar bis…" erfolgen, wenn der Tag genannt wird. Dies ist erforderlich bei Produkten, die eine Haltbarkeit von weniger als 3 Monaten aufweisen wie z. B. bei frischer Milch aus dem Kühlregal. Ist das Produkt länger haltbar muss das MHD mit „mindestens haltbar bis Ende…" gefolgt vom Monat und Jahr angegeben werden (siehe Abb. 3.4, Punkt 5). Bei Produkten, die länger als 18 Monate haltbar sind erfolgt dann nur die Angabe des Jahres (Art. 24, Anhang X (EU) Nr. 1169/2011). Bei bestimmten tiefgekühlten Lebensmitteln, wie z. B. Fleisch, ist zusätzlich das Datum des Einfrierens („eingefroren am…") anzugeben (Anhang III 6., X 3. (EU) Nr. 1169/2011).

Das MHD unterscheidet sich in diesem Punkt grundsätzlich vom Verbrauchsdatum. Ein Verbrauchsdatum wird bei mikrobiologisch sensiblen, also leicht verderblichen Lebensmitteln, angegeben, die bereits nach kurzer Zeit eine Gefahr für die menschliche Gesundheit darstellen können. Zu diesen Produkten zählen z. B. Hackfleisch oder Räucherlachs. Diese Produkte gelten nach Ablauf des Verbrauchsdatums nicht mehr als sicher und dürfen folglich nicht mehr in den Verkehr gebracht werden und sollten nicht mehr konsumiert werden. Das Verbrauchsdatum ist an dem Hinweis „zu verbrauchen bis…" zu erkennen. Es folgen die

Angabe des Tages, des Monats und ggf. des Jahres. Beim Verbrauchsdatum sind Angaben zur richtigen Lagerung des Produktes (wie z. B. die Kühltemperatur) verpflichtend (Art. 24, Anhang X (EU) Nr. 1169/2011).

Sowohl das MHD als auch das Verbrauchsdatum und die notwendigen Lagerbedingungen werden vom Produzenten des Lebensmittels festgelegt. Dies geschieht auf dessen Verantwortung und auf Basis von Untersuchungen, Tests, Studien oder mithilfe von Sachverständigen. Möglichkeiten zur Festlegung des MHDs schon bei der Produktentwicklung werden in Abschn. 4.4.6 und 8.6.2 beschrieben b) BVL o. D.).

Es gibt auch Lebensmittel, bei welchen weder MHD noch Verbrauchsdatum angegeben werden muss. Dazu zählen unter anderem frisches Obst und Gemüse, Getränke mit einem Alkoholgehalt von über 10 Vol.-% und Backwaren, die innerhalb von 24 h verzehrt werden (Anhang X 1 d) VO (EU) Nr. 1169/2011).

3.6.1.5 Ursprungsland/Herkunftsort

In der Abb. 3.4, Punkt 6 ist zwar die Firmenanschrift des Unternehmens abgegeben (aus der entnommen werden kann, dass das Unternehmen in Deutschland und Österreich ansässig ist), die für das Produkt verantwortlich ist, die Angabe zum Herkunftsort bzw. Ursprungsland des Produktes wird jedoch nicht separat ausgewiesen. Diese Angabe ist nur in bestimmten Fällen verpflichtend. Wenn die Verpackung (Angaben, Abbildungen usw.) eine Irreführung des Verbrauchers ermöglichen würde, also den Eindruck vermitteln würde, das Produkt stamme aus einem anderen Land als dies tatsächlich der Fall ist, müsste das Ursprungsland gesondert ausgewiesen werden (Art. 26 Abs. 2 a) VO (EU) Nr. 1169/2011). Würde beispielsweise ein Brownie „nach amerikanischer Art" auf der Verpackung, eventuell begleitet von der Abbildung einer amerikanischen Flagge, beworben werden, die Produktion und Verpackung findet aber in Deutschland statt, müsste auf der Verpackung der Hinweis „Hergestellt in Deutschland" aufgebracht werden c) BMEL o. D.). Außerdem ist die Angabe über die Herkunft des Produktes obligatorisch, wenn es sich um frisches, gekühltes oder gefrorenes Schweine-, Schaf-, Ziegen- oder Geflügelfleisch handelt (Art. 26 Abs. 2 b) und Anhang XI VO (EU) Nr. 1169/2011). Des Weiteren muss die Herkunft der primären, also der mengenmäßig am meisten verwendeten Zutat bei der Herstellung des Produktes, separat ausgewiesen werden, wenn diese nicht aus demselben Land stammt wie das Lebensmittel (Art. 26 Abs. 3 VO (EU) Nr. 1169/2011). Näheres dazu regelt die Durchführungsverordnung VO (EU) 2018/775. Würde bei der „Pardies Creme" in Abb. 3.4, der verwendete Zucker (siehe Punkt 2 bzw. die Zutatenliste) nicht aus Deutschland bzw. aus Österreich stammen, müsste ein entsprechender Hinweis auf der Verpackung angebracht werden.

3.6.1.6 Gebrauchsanweisung

In Art. 27 VO (EU) Nr. 1169/2011 wird zudem eine Gebrauchsanweisung vorgeschrieben. Diese ist nur notwendig, wenn das Produkt ohne diese Gebrauchsanweisung nicht angemessen verwendet werden kann. Dann muss eine entsprechende Anleitung zur Verwendung so konzipiert werden, dass die Verwendung des Lebensmittels in geeigneter Weise möglich wird c) BMEL o. D.). Auf der Verpackung der Raspelschokolade in der Abb. 3.5 in Kap. 3 lässt sich keine Gebrauchsanweisung finden. Hier wird davon ausgegangen, dass der Verbraucher auch ohne diese das Produkt in geeigneter Weise verwenden kann. Auf der Abb. 3.4, Punkt 7 ist hingegen eine Gebrauchsanweisung aufgebracht, da ansonsten nicht davon ausgegangen werden kann, dass der Verbraucher die richtige Zubereitung (ein hohes Aufschlaggefäß verwenden und zunächst bei niedriger, anschließend bei höchster Stufe das Produkt mit einem Handmixer für 3 min. aufschlagen) anwenden würde.

3.6.1.7 Nährwertkennzeichnung
Eine weitere Pflichtangabe ist die Nährwertdeklaration. Diese muss Angaben machen zum:

> **Übersicht**
> (1) Brennwert (Energie) – in Kilojoule (kJ) und Kilokalorien (kcal),
> (2) Fett – in Gramm (g),
> (3) davon gesättigte Fettsäuren – in Gramm (g),
> (4) Kohlenhydrate – in Gramm (g),
> (5) davon Zucker – in Gramm (g),
> (6) Eiweiß (Protein) – in Gramm (g),
> (7) und Salz – in Gramm (g) (Art. 30 Abs. 1 VO (EU) Nr. 1169/2011).

Diese Angaben (auch als „Big 7 bezeichnet) lassen sich auch im Beispielprodukt in Abb. 3.4, Punkt 7, finden. Die dort abgebildete Tabelle könnte noch ergänzt werden durch eine Angabe der einfach ungesättigten Fettsäuren, der mehrfach ungesättigten Fettsäuren, mehrwertige Alkohole, Stärke, Ballaststoffe und bestimmte Vitamine und Mineralstoffe (wenn diese in signifikanten Mengen vorhanden sind) (Art. 30 Abs. 2 VO (EU) Nr. 1169/2011).

Diese Angaben müssen sich nicht auf das Produkt direkt, sondern können sich auf das zubereitete Lebensmittel beziehen, wenn ausreichend genaue Angaben zur Zubereitung gemacht worden sind (Art. 31 Abs. 3 (EU) Nr. 1169/2011). Das ist z. B. der Fall bei der Nährwertdeklaration der „Himmelscreme" in Abb. 3.4. Hier wird die Menge der Milchzugabe (300 mL) und der Fettgehalt der Milch (1,5 %), sowie die Zubereitung genau beschrieben. Die angegebenen Nährwerte in der Tabelle beziehen sich daher nicht auf das unzubereitete Pulver-Produkt in der Packung, sondern auf das zubereitete Produkt, inklusive der Nährstoffe aus der zugebenen Milch. Im Beispiel der Raspelschokolade (Abb. 3.5), ist hingegen keine Angabe zur Zubereitung gemacht worden bzw. notwendig gewesen (siehe Abschn. 3.6.1.5), weshalb sich die angebenden Nährwerte auf der Verpackung direkt auf das enthaltene Produkt beziehen.

Die Angaben sind zudem je 100 g oder 100 mL zu machen. Sollte auf der Verpackung eine genaue Angabe zu den enthaltenen Portionen abgedruckt sein, können

3.6 Kennzeichnung der Verpackung

die Nährwerte zusätzlich pro Portion angegeben werden, wie es in Abb. 3.4 der Fall ist (Art. 32 und 33 VO (EU) Nr. 1169/2011).

Bei den Angaben handelt es sich grundsätzlich um Durchschnittswerte. Diese können aus Lebensmittelanalysen des Herstellers stammen oder auf einer Berechnung der bekannten, durchschnittlichen Werte der verwendeten Zutaten (Art. 31 Abs. 4 VO (EU) Nr. 1169/20119).

Bei der Entwicklung eines Lebensmittelprototypen, welcher später auf den Markt gebracht werden soll, können die Nährwerte entsprechend durch eine Berechnung bestimmt werden, solange über alle verwendeten Zutaten die Nährwerte bekannt sind und die Rezeptur feststeht (also auch die eingesetzte Menge der Zutaten im Produkt). Fehlen diese Angabe bei Zutaten, weil es sich z. B. um „Novel Foods" (siehe Abschn. 3.5) handelt, müssten die Nährwerte für die entsprechende Zutat oder das gesamte Produkt bzw. den Produkt-Prototypen durch Lebensmittelanalysen ermittelt werden.

3.6.1.8 Alkoholgehalt

Der Alkoholgehalt in Lebensmitteln muss in bestimmten Fällen gemäß der Verordnung (EU) Nr. 1169/2011 angegeben werden. Hier sind die wichtigsten Regelungen:

- Pflichtangabe für alkoholische Getränke: Alkoholische Getränke mit mehr als 1,2 Vol.-% Alkohol müssen ihren Alkoholgehalt in Volumenprozent (Vol.-%) angeben. Diese Angabe muss gut sichtbar auf der Verpackung erfolgen (z. B. „Alkoholgehalt: 12,5 Vol.-%") (Art. 9 Abs. 1 k) VO (EU) Nr. 1169/2011).
- Lebensmittel mit Alkohol als Zutat: Für Alkohol als Zutat in Lebensmitteln gilt kein allgemeiner Grenzwert. Allerdings greift die QUID-Regelung, wenn Alkohol eine charakteristische Zutat ist wie z. B. in „Rumkugeln" oder „Weißweinsoße". Dann erfolgt die Angabe in % Alkohol oder Mengenangabe (z. B. 2 % Rum) in der Zutatenliste. (Art. 22 VO (EU) Nr. 1169/2011).
- Alkohol als technischer Hilfsstoff: Falls Alkohol als technologischer Hilfsstoff oder in sehr geringen Mengen verwendet wird, kann er in der Zutatenliste als „Ethanol" oder „Alkohol" erscheinen, muss aber nicht gesondert gekennzeichnet sein (Art. 2 Abs. 2 h, Art 20 VO (EU) Nr. 1169/2011).
- Milchprodukte, Joghurts, Kombucha: Falls durch Gärung Alkohol entsteht, muss dies angegeben werden, wenn der Gehalt über 1,2 Vol.-% liegt. Beispielsweise weist Kefir durch Gärung einen natürlichen Alkoholgehalt von etwa 0,2 bis 0,5 Vol.-% aufweist und liegt damit unterhalb dieser Kennzeichnungsschwelle. Daher ist die Angabe des Alkoholgehalts bei Kefir gemäß der LMIV nicht verpflichtend (Rimbach et al. 2015, S. 29).

3.6.2 Erweiterte Nährwertkennzeichnung

Zusätzlich zu den verpflichtenden Nährwertangaben auf der Verpackung können Produkte mit dem Nutri-Score gekennzeichnet werden. Es handelt sich dabei um ein erweitertes Modell der Nährwertkennzeichnung. Dies sei nach einem Verbrauchervotum, das vom BMEL in Auftrag geben und 2019 vorgestellt worden ist, am hilfreichsten und am leichtesten verständlich für die befragten Verbraucher. Die erweiterte Nährwertkennzeichnung soll dem Zweck dienen, dem Verbraucher die Wahl von gesunden Lebensmitteln zu erleichtern. Dieses Ziel soll erreicht werden, indem der Nutri-Score als realistisch anwendbare Form über mögliche negative Effekte, welche das ausgezeichnete Produkt eventuell mit sich bringt, auf die Gesundheit zu informieren. Für die Nahrungsmittel soll durch diese Form der Transparenz ein Anreiz geschaffen werden, gesündere Lebensmittel zu produzieren d) BMEL o. D.; Lebensmittelverband Deutschland o. D.; Schlögl 2020).

Der Nutri-Score zeigt eine fünfstufige Skala den Gesamtscore für den Nährwert eines Produktes. Brennwert, sowie ernährungsphysiologisch günstige und ungünstige Nährstoffe werden zur Ermittlung des Scores miteinander verrechnet. Bei der Errechnung bringt der Kaloriengehalt, der Anteil gesättigter Fettsäuren, Zucker und Salz Pluspunkte und verschlechtern so den Score-Wert, sie werden mit bis zu +10 Punkte veranschlagt. Günstige Bestandteile (Obst, Gemüse, Nüsse, Ballaststoffe und Eiweiß) werden mit Minuspunkten, bis zu -5 Punkten, bedacht und verbessern den möglichen Nutri-Score. In welche Kategorie auf der Skala (A, B, C, D oder E, siehe Abb. 3.7) das Produkt eingeordnet wird, hängt von anderen Produkten in derselben Produktgruppe ab. Ein Produkt mit dem Nutri-Score „A" ist in Bezug auf seine Nährwerte z. B. als günstiger einzustufen, als ein Produkt derselben Produktgruppe mit dem Nutri-Score „C" d) BMEL o. D.; Lebensmittelverband Deutschland o. D.; Schlögl 2020).

3.6.3 Claims und Slogan

Zusätzlich zu den verpflichtenden Angaben können auf der Verpackung eines Lebensmittels auch weitere freiwillige Informationen aufgebracht werden. Auch diese Informationen dürfen für den Verbraucher nicht irreführend oder missverständlich sein und müssen ggf. auf einschlägigen wissenschaftlichen Daten beruhen (Art. 36 VO (EU) Nr. 1169/2011). Eine freiwillige Information kann eine nährwert- oder gesundheitsbezogene Angabe sein.

Eine eindeutige Definition, was genau ein Slogan ist und inwiefern sich dieser vom Claim unterschiedet gibt es nicht, sie können daher nicht trennscharf voneinander unterschieden werden. Ein Slogan kann als eine allgemeine Werbebotschaft,

Abb. 3.7 Nutri-Score auf einer Produktverpackung. (Bildquelle: Eigene Darstellung)

3.6 Kennzeichnung der Verpackung

die imagebildend ist, charakterisiert werden. Ein Slogan macht dabei keine konkreten Aussagen zu den Produkteigenschaften, ist jedoch einprägsam und ein Werkzeug, welches den Kunden hilft eine Marke zu identifizieren und sich einzuprägen (Wegmann 2020, S. 201; Skorupa und Dubovičienė 2015). Ein Beispiel ist der Slogan der Bitburger Braugruppen „Bitte ein Bit!". Aktuelle von Firmen verwendete Slogans können unter https://www.slogans.de/ recherchiert werden.

Ein Claim hingegen ist eine Werbebotschaft, die das Produkt oder seine Wirkung beschreibt (Wegmann 2020, S. 201). In Abb. 3.4, wird das Produkt mit dem Claim „schmeckt locker-leicht & cremig" beworben – es werden bestimmte Produkteigenschaften besonders herausgestellt. Dieser Claim ist rechtlich als unbedenklich einzustufen. Dies gilt jedoch nicht für alle Claims und Werbebotschaften. Die Firma Danone, die die Joghurt-Drink-Marke „Actimel" vertreibt, bewarb ihre Produkte über einen langen Zeitraum mit dem Claim „Actimel aktiviert Abwehrkräfte" (Fösken 2012). Es handelt sich dabei um eine gesundheitsbezogene Angabe. Solche Angaben werden seit 2007 durch die sogenannte Health-Claims-Verordnung (VO (EU) 432/2012) rechtlich geregelt um Verbraucher vor Irreführung zu schützen. Seit 2012 ist diese Angabe verboten, da er nach der Health-Claims-Verordnung als nicht wissenschaftlich fundiert eingestuft worden ist. 2012 wurde eine Positivliste veröffentlicht, welche die erlaubten, gesundheitsbezogenen und nährwertbezogenen Aussagen auflistet und die Bedingungen festlegt, unter welchen diese verwendet werden dürfen. Es gilt das Verbotsprinzip mit Erlaubnisvorbehalt – jede nährwert- und gesundheitsbezogene Aussage ist verboten, solange sie nicht ausdrücklich erlaubt ist (Fösken 2012; VO (EG) NR. 1924/2006; BfR o. D.).

Eine *gesundheitsbezogene Angabe* ist „jede Angabe, mit der erklärt, suggeriert oder auch nur mittelbar zum Ausdruck gebracht wird, dass ein Zusammenhang zwischen einer Lebensmittelkategorie, einem Lebensmittel oder einem seiner Bestandteile einerseits und der Gesundheit andererseits besteht" (Art. 2 Abs. 5 VO (EG) NR. 1924/2006). Das treffen von gesundheitsbezogenen Angaben im Wortlaut ist streng geregelt. Es dürfen nur Aussagen gemacht werden, die in der Liste zu gelassenen Angaben in Art. 13 und 14 VO (EG) NR. 1924/2006 zu finden sind. Autorisierte, also zugelassene, gesundheitsbezogene Aussagen können unter

- https://ec.europa.eu/food/food-feed-portal/screen/health-claims/eu-register

eingesehen werden.

Beispiel XII: Gesundheitsbezogene Aussage/Claim

Die auf der Verpackung getroffene gesundheitsbezogene Aussage ist nach Art. 13 Abs. 1 VO (EG) NR. 1924/2006 zulässig, da sie in der Positivliste aufgeführt wird und unter anderem den allgemeinen Bedingungen in Art. 5 und den speziellen Angaben in Art. 10 VO (EG) NR. 1924/2006 entspricht. Zu den speziellen Angaben gehört unter anderem ein zusätzlicher auf der Verpackung

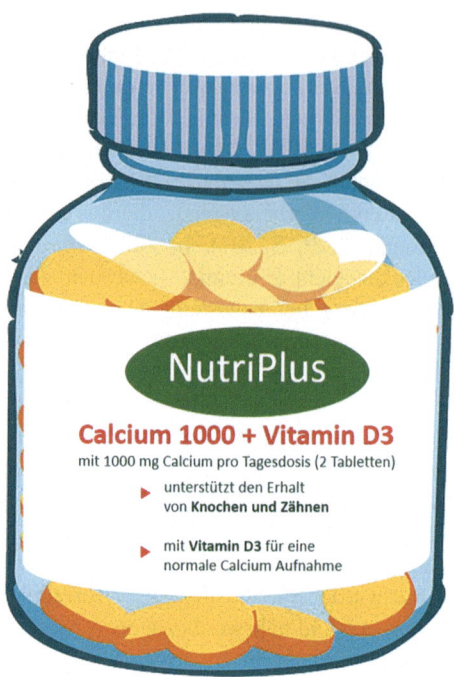

Abb. 3.8 Gesundheitsbezogene Aussage über ein Calcium-haltiges Nahrungsergänzungsmittel. (Bildquelle: Eigene Darstellung unter Verwendung von Vektoren von pixabay)

angebrachter Hinweise auf die Bedeutung „einer abwechslungsreichen und ausgewogenen Ernährung und einer gesunden Lebensweise" und eine Information zur Menge und Häufigkeit, die das Produkt verzehrt werden sollte, um die behauptete positive Wirkung zu erzielen (Abb. 3.8). ◄

Eine *nährwertbezogene Angabe* ist „jede Angabe, mit der erklärt, suggeriert oder auch nur mittelbar zum Ausdruck gebracht wird, dass ein Lebensmittel besondere positive Nährwerteigenschaften besitzt, und zwar aufgrund a) der Energie (des Brennwertes), die es i) liefert […] und/oder b) der Nährstoffe oder anderer Substanzen, die es i) enthält" (Art. 2 Abs. 4 VO (EG) NR. 1924/2006). Erlaubte nährwertbezogene Angaben und die Voraussetzungen, die ein Produkt erfüllen muss, um mit diesen beworben werden zu dürfen sind z. B.:

> **Übersicht**
> - „Energiearm", das Produkt darf dann nur 40 kcal bzw. 170 kJ pro 100 g aufweisen,
> - „Fettarm", das Produkt muss weniger als 3 g Fett auf 100 g enthalten,

- „Ballaststoffquelle", das Produkt muss mehr als 3 g Ballaststoffe pro 100 g enthalten
- „Hoher Proteingehalt", min. 20 % des Brennwertes müssen auf das enthaltene Protein des (zubereiteten) Lebensmittels entfallen.

Diese Bedingungen gelten für feste Lebensmittel. Für flüssige Lebensmittel hat die Verordnung andere Werte festgelegt (Art. 8 und Anhang VO (EG) NR. 1924/2006).

Beispiel XIII: Nährwertbezogene Angabe

Das in Abb. 3.9 gezeigte Produkt wird mit der Angabe „Hoher Proteingehalt" beworben. Dies ist nur zulässig, wenn min. 20 % des Brennwertes im verzehrfertigen Produkt auf den Proteinanteil entfallen (Anhang VERORDNUNG (EG) NR. 1924/2006). Das mit Wasser zubereitete Produkt enthält 13 g Protein und der Brennwert wird mit 237 kcal angegeben. Ein Gramm Protein wird mit 4 kcal veranschlagt, dies entspricht 52 kcal bzw. 22,12 % von insgesamt 235 kcal. Somit ist die Angabe zulässig. ◄

Des Weiteren wird die *Angabe über die Reduzierung eines Krankheitsrisikos* geregelt. Dies entspricht jeder „Angabe, mit der erklärt, suggeriert oder auch nur mittelbar zum Ausdruck gebracht wird, dass der Verzehr einer Lebensmittelkategorie, eines Lebensmittels oder eines Lebensmittelbestandteils einen Risikofaktor für die Entwicklung einer Krankheit beim Menschen deutlich senkt (Art. 2 Abs. 6 VO (EG) NR. 1924/2006).

Abb. 3.9 Nährwertbezogene Aussage Claim über Pudding. (Bildquelle: Eigene Darstellung unter Verwendung von Vektoren von pixabay)

Diese drei Arten der Angabe (nährwertbezogene Angaben, gesundheitsbezogene Angaben und Angaben über die Reduzierung des Krankheitsrisikos) dürfen zur Kennzeichnung und Bewerbung von Produkten verwendet werden, solange sie der Health-Claims-Verordnung entsprechen und die dort festgelegten Bedingungen zur Verwendung erfüllen (Art. 3 und 4 VO (EG) NR. 1924/2006). Was in jedem Fall verboten ist, sind **krankheitsbezogene** *Angaben*. Dabei handelt es sich um Werbeaussagen, die behaupten, dass durch den Verzehr eines Lebensmittels Krankheiten beseitigt, verhindert oder gelindert werden könnten.

Health-Claims-Verordnung
- Regelt, mit welchen nährwertbezogenen oder gesundheitsbezogenen Angaben und Angaben über die Reduzierung des Krankheitsrisikos Produkte beworben werden dürfen und welche Bedingungen dafür erfüllt werden müssen.
- Gilt für sämtliche Lebensmittel und Nahrungsergänzungsmittel.
- Gilt für sämtliche Angaben, inklusive Abbildungen, die auf einem Lebensmittel gemacht werden.

3.7 Normen

Bei der Entwicklung und Herstellung von Lebensmitteln spielen zusätzlich zu den gesetzlichen Regelungen noch verschiedene Normen eine große Rolle. Normen sind rechtlich nicht bindend, es ist Unternehmen freigestellt diese einzuhalten. Es handelt sich um ein Ordnungsinstrument der Wirtschaft, um nachvollziehbar festzuhalten, was von einem Produkt oder einer Dienstleistung erwartet werden kann. Auf diese Weise wird der freie Warenverkehr erleichtert, denn alle Marktteilnehmer können sich darauf verlassen, dass ein genormtes Produkt für den vorhergesehenen Verwendungszweck funktioniert. Gerichten und Behörden dienen diese jedoch als Hilfestellung bei der Auslegung von rechtlichen Regelungen. Zusätzlich sollen sie durch das Etablieren von Qualitätssicherungssystemen die Sicherheit von Produkten für den Verbraucher gewährleisten. Manche Unternehmen machen die Zertifizierung nach gewissen Normen (z. B. der ISO 9001) auch zur Voraussetzung für Lieferanten. Für Start-Ups in der Lebensmittelbranche, die planen ihre Produktprototypen am Lebensmittelmarkt einzuführen, kann dies zunächst eine gewisse Hürde bedeuten, wenn eine bestimmte Zertifizierung notwendig ist, um das Produkt bei Zwischenhändlern (z. B. Großmärkte) oder Einzelhändlern für den Endverbraucher (Supermärkte) zu platzieren. Die internationale Organisation für Normung vergibt selber keine Zertifikate. Dies können nur über private Anbieter bzw. Dienstleister erhalten werden. Generell kann zwischen drei verschiedenen Ebenen unterschieden werden, auf denen Normen veröffentlicht werden. Zum einen gibt es die nationalen Normungsinstitute, in Deutschland das

DIN (Deutsches Institut für Normung), welches die DIN-Normen veröffentlicht. In der EU werden Normen auf der europäischen Ebene durch das CEN (CEN, franz. Comité Européen de Normalisation), dem europäischen Komitee für Normung, zur Harmonisierung der nationalen Normen der EU-Mitgliedstaaten erstellt. Normen auf internationaler Ebene, die ISO-Normen, werden von der internationalen Organisation für Normung herausgegeben. Die internationale Organisation für Normung setzt sich aus Vertretern der nationalen Institute für Normung aus verschiedensten Ländern zusammen, wobei jedes Land nur einmal vertreten sein kann. Deutschland wird beispielsweise vom Deutschen Institut für Normung vertreten (Matissek 2020, S. 30–32; Forschung und Wissen o. D.; ISO 9001 2019).

3.7.1 ISO-Normen

ISO-Normen gibt es für die verschiedensten wirtschaftlichen Branchen. Für die Lebensmittelindustrie ist insbesondere die ISO 22000:2018 relevant. Diese Norm spezifiziert Anforderungen an Unternehmen, die indirekt oder direkt in der Lebensmittelkette *(food chain)* involviert sind, für ein *food safety management system* (FSMS). Alle Anforderungen der ISO 22000:2018 sind allgemeiner Art und sollen für alle Organisationen in der Lebensmittelkette gelten, unabhängig von ihrer Größe und Komplexität. Dazu zählen Futtermittelhersteller, Hersteller von Tierfutter, Erntemaschinen für Wildpflanzen und -tiere, Landwirte, Hersteller von Zutaten, Lebensmittelhersteller, Einzelhändler und Organisationen, die Lebensmitteldienstleistungen, Cateringdienste, Reinigungs- und Hygienedienstleistungen, Transport-, Lager- und Vertriebsdienste, Lieferanten von Ausrüstungen, Reinigungs- und Desinfektionsmitteln, Verpackungsmaterialien und anderen Materialien, die mit Lebensmitteln in Berührung kommen.

Die Anforderungen sind das

- Planen, Umsetzen, Betreiben, Warten und Aktualisieren eines FSMS, um die sicheren Produkte und Dienstleistungen entsprechend ihrem Verwendungszweck bereitzustellen,
- Nachweisen, der Einhaltung der geltenden gesetzlichen und behördlichen Anforderungen an die Lebensmittelsicherheit,
- Nachweisen, dass die einvernehmlich vereinbarten Anforderungen der Kunden an die Lebensmittelsicherheit bewerten, beurteilen und deren Einhaltung sichergestellt wird,
- wirksame Kommunizieren von Fragen der Lebensmittelsicherheit mit den interessierten Parteien innerhalb der Lebensmittelkette,
- Sicherstellen, dass die Organisation ihre erklärte Lebensmittelsicherheitspolitik einhält und
- Anstreben einer Zertifizierung oder Registrierung des FSMS durch eine externe Organisation oder eine Selbstbewertung oder Selbsterklärung der Konformität mit diesem Dokument abzugeben (ISO o. D.).

3.7.2 ISO-Normen in der Lebensmittelsensorik

ISO-Normen für die Lebensmittelsensorik (sieh auch Kap. 4) definieren standardisierte Methoden zur Bewertung von Geschmack, Geruch, Textur, Aussehen und anderen sensorischen Eigenschaften von Lebensmitteln. Diese Normen helfen dabei, objektive und reproduzierbare sensorische Prüfungen durchzuführen, z. B. für Qualitätskontrolle, Produktentwicklung oder Verbraucherforschung. ISO-Normen gibt es für die verschiedensten Bereiche, unter anderem:

> **Übersicht**
> - Allgemeine Grundlagen der Sensorik, z. B.:
>   - ISO 5492:2008 – Begriffe und Definitionen der sensorischen Analyse
>   - ISO 6658:2017 – Allgemeine Leitlinien für die sensorische Analyse
>   - ISO 8589:2007 – Gestaltung von Prüfräumen für sensorische Analysen
> - Sensorische Prüfmethoden, z. B.:
>   - ISO 4120:2004 – Dreieckstest (Unterschiedsprüfung)
>   - ISO 8587:2006 – Rangordnungsverfahren für sensorische Test
>   - ISO 13299:2016 – Deskriptive Analyse (Profilprüfung von Produkten)
>   - ISO 5495:2005 – Paarweiser Vergleichstest
> - Spezifische Prüfungen für Lebensmittel, z. B.:
>   - ISO 20613:2019 – Leitlinien für sensorische Prüfungen von Getränken

Die Anwendung der ISO-Normen bei der Durchführung von sensorischen Tests hat zum Ziel durch einheitliche Methoden vergleichbare und reproduzierbare Ergebnisse zu erzielen durch das reduzieren von subjektiven Einflüssen in der Lebensmittelsensorik. Außerdem soll das Umsetzen regulatorischer Vorgaben z. B. von der EU unterstützt werden. Die DIN 10977:2021-02 beispielsweise ist die maßgebliche Norm für die sensorische Analyse von produktbezogenen und vergleichenden Werbeaussagen (Claims). Ein vergleichender Claim ist eine Werbeaussage, die ein Produkt mit einem anderen vergleicht, um dessen Überlegenheit in bestimmten Eigenschaften zu betonen. Dabei kann sich der Vergleich auf sensorische, funktionale oder qualitative Merkmale beziehen. Für *„Sensory Claims"* gibt es zwar keine konkreten gesetzlichen Vorgaben, wie für den Bereich der *Health Claims,* allerdings gibt es länderspezifische Regularien, wie z. B. in Deutschland das UWG. Das UWG (Gesetz gegen unlauteren Wettbewerb) verbietet irreführende Vergleiche (§ 6, 5 abs. 1 und 2 UWG). Die LMIV legt zudem fest, dass Informationen über Lebensmittel nicht irreführend sein dürfen (Art. 7 Abs. 1 a) VO (EU) Nr. 1169/2011) (Schneider-Häder et al. 2015). Damit ein vergleichender Claim rechtlich zulässig ist, muss er daher wahr und belegbar sein (z. B. durch sensorische Tests oder Daten, der Vergleich muss sich auf typische Produkteigenschaften wie den Preis beziehen und objektiv nachprüfbar sein), darf nicht irreführend sein (z. B. keine falschen Behauptungen) und muss „fair" formuliert sein (keine übermäßige Abwertung anderer Produkte oder Herabsetzen des

Wettbewerbers) (§ 6 UWG). Es kann zwischen zwei Arten von vergleichenden Claims unterschieden werden:

> **Übersicht**
> (1) *Comparative* bzw. vergleichende Claims – Ziehen den Vergleich zu einem Konkurrenzprodukt oder einer frühere Produktausführung. Sie lassen sich noch in *„parity"* (gleichartige) Claims (z. B. „genau so gut wie...") und *„superiority"* (überlegene bzw. dominierende) Claims unterscheiden (z. B. „Kein anderes Produkt ist so knackig!").
> (2) *Non-comparative* bzw. nicht vergleichende Claims – Es werden bestimmte sensorische Eigenschaften eines Produktes hervorgehoben, ohne einen Vergleich mit einem anderen Produkt, z. B. ein Konkurrenzprodukt oder eine frühere Produktausführung (z. B. „intensiv cremig")
>
> (Schneider-Häder et. al. 2015)

Die DIN 10977:2021-02 legt Anforderungen fest, wie solche Claims durch sensorische Methoden überprüft werden können. Ziel ist es, undifferenzierte oder unzutreffende sensorische Claims zu vermeiden und eine fundierte Basis für Werbeaussagen zu schaffen.

3.8 Leitsätze

In den von der deutschen Lebensmittelbuch-Kommission herausgegebenen Leitsätzen werden die Merkmale und die Beschaffenheit vieler Produkte und Produktgruppen beschrieben. Die einzelnen Leitsätze werden im Deutschen Lebensmittelbuch zusammengefasst. Die Leitsätze sind genau wie die verschiedenen Normen (siehe Abschn. 3.7) nicht rechtlich bindend, sondern dienen als Orientierungshilfe und geben die „allgemeine Verkehrsauffassung" wieder.

Die allgemeine Verkehrsauffassung bei Lebensmitteln beschreibt, wie ein durchschnittlicher Verbraucher ein Produkt aufgrund seiner Zusammensetzung bzw. Rezeptur, Eigenschaften (z. B. sensorischen Eigenschaften), Bezeichnung und Aufmachung wahrnimmt. Sie basiert auf den Erwartungen, die sich durch gängige Handelspraktiken, gesetzliche Vorgaben und Verbraucherwahrnehmung entwickelt haben. Die allgemeine Verkehrsauffassung wird oft herangezogen, um zu beurteilen:

> **Übersicht**
> - ob eine Produktbezeichnung irreführend ist (z. B. „Pflanzenmilch" als Bezeichnung ist in der EU nicht erlaubt, da „Milch" nur aus Eutertieren stammen darf),

> - ob ein Produkt zulässige Abweichungen enthält (z. B. neue Rezepturen, die aber der Verbraucherwahrnehmung entsprechen),
> - ob ein Lebensmittel überhaupt in eine bestehende Kategorie fällt (z. B. ob „vegane Wurst" auch als „Wurst" bezeichnet werden darf).

Gerichte und Lebensmittelüberwachungsbehörden berücksichtigen die allgemeine Verkehrsauffassung bei Entscheidungen zu Kennzeichnungen, Zutaten und Produkttäuschung (DLMBK 2022; BMEL 2021);

Die Leitsätze enthalten zudem die Verkehrsbezeichnung vieler Produkte, welche als Bezeichnung bei der Kennzeichnung verwendet werden sollte, wenn es keine rechtlich vorgeschriebene Bezeichnung gibt (siehe Abschn. 3.6.1.1). Sie umfassen Produktgruppen wie z. B. „Brot und Kleingebäck", „Erfrischungsgetränke, „Gemüseerzeugnisse", „Speiseeis" oder „Vegane und vegetarische Lebensmittel mit Ähnlichkeiten zu Lebensmitteln tierischen Ursprungs".

Die Leitsätze werden von der Deutschen Lebensmittelbuch-Kommission festgelegt. Sie besteht aus vier Gruppen (Verbraucherschaft, Lebensmittelüberwachung, Wirtschaft und Wissenschaft), die sich aus jeweils acht Experten zusammensetzen. Die 32-Mitglieder der Kommission finden sich regelmäßig in sieben ständigen Fachausschüssen zusammen, in welchen die Leitsätze ausgearbeitet werden. In einem achten, temporären Fachausschuss (bestehend aus den Präsidiumsmitgliedern) können neue Leitsätze zu aktuellen, leitsatzübergreifenden Themen beraten werden. Die aktuellen Leitsätze sind für jeden öffentlich zugänglich (DLMBK o. D.; Matissek 2020, S. 32):

- https://www.deutsche-lebensmittelbuch-kommission.de/

Fragen

1. Welche Pflichtangaben fallen unter den Begriff „Big 7"?
2. Was sind „Novel Foods"?
3. Welche Informationen können den Lebensmittelleitsätzen entnommen werden?
4. Definiere „Functional Foods" und „Nahrungsergänzungsmittel".
5. Wie unterscheiden sich eine nährwertbezogene, eine gesundheitsbezogene Angabe und eine Angabe über die Reduzierung des Krankheitsrisikos voneinander?

Literatur

Amtsblatt der Europäischen Union (2023): 66. Jg, L5. [Zugriff am 19.04.2023, https://eur-lex.europa.eu/legal-content/DE/TXT/PDF/?uri=OJ:L:2023:005:FULL].

Besondere Gebührenverordnung des Bundesministeriums für Ernährung und Landwirtschaft für individuell zurechenbare öffentliche Leistungen in dessen Zuständigkeitsbereich (Besondere Gebührenverordnung BMEL – BMELBGebV) vom 13. Juli 2021.

Literatur

(b) Bundesministerium für Ernährung und Landwirtschaft (o. D.) (BMEL): Mindesthaltbarkeitsdatum/Verbrauchsdatum/Haltbarkeitsdatum. [Zugriff am 11.05.2025, https://www.bvl.bund.de/DE/Arbeitsbereiche/01_Lebensmittel/03_Verbraucher/17_FAQ/FAQ_MHD/FAQ_MHD_node.html].

(c) Bundesministerium für Ernährung und Landwirtschaft (o. D.) (BMEL): EU-weit einheitliche Lebensmittel-Kennzeichnung. [Zugriff am 25.05.2024, https://www.bmel.de/DE/themen/ernaehrung/lebensmittel-kennzeichnung/pflichtangaben/lebensmittelkennzeichnung-wichtigsten-vorgaben-lmiv.html#doc17578bodyText1].

(d) Bundesministerium für Ernährung und Landwirtschaft (o. D.) (BMEL): Erweiterte Nährwertkennzeichnung: Verbraucherinnen und Verbraucher wollen Nutri-Score. [Zugriff am 26.05.2024, https://www.bmel.de/DE/themen/ernaehrung/lebensmittel-kennzeichnung/freiwillige-angaben-und-label/nutri-score/naehrwertkennzeichnungs-modelle-nutriscore.html].

Bundesministerium für Ernährung und Landwirtschaft (2021) (BMEL): Das Deutsche Lebensmittelbuch und die Deutsche Lebensmittelbuch-Kommission. [Zugriff am 15.02.2025; https://www.bmel.de/DE/themen/ernaehrung/lebensmittel-kennzeichnung/deutsche-lebensmittelbuch-kommission/deutsches-lebensmittelbuch.html].

(a) Bundesamt für Verbraucherschutz und Lebensmittelsicherheit (BVL) (o. D.): Pflichten als Lebensmittelunternehmer. [Zugriff am 21.04.2024, https://www.bvl.bund.de/DE/Arbeitsbereiche/01_Lebensmittel/04_AntragstellerUnternehmen/13_FAQ/FAQ_Pflichten/FAQ_Pflichten_node.html].

(b) Bundesamt für Verbraucherschutz und Lebensmittelsicherheit (BVL) (o. D.): Neuartige Lebensmittel – Novel Foods. [Zugriff am 28.04.2024, https://www.bvl.bund.de/DE/Arbeitsbereiche/01_Lebensmittel/04_AntragstellerUnternehmen/05_NovelFood/lm_novelFood_node.html#doc11035096bodyText1]

Bundesverband der Lebensmittelkontrolleure Deutschlands e. V. (BVLK) (2023): „Glühwein mit Bockbierwürze" darf nicht als Glühwein vertrieben werden. [Zugriff am 19.04.2023, https://bvlk.de/urteile-entscheidungen.html?page=2&file=files/Dokumente/Urteile%20-%20Entscheidungen/2023/Gl%C3%BChwein%20mit%20Bockbierw%C3%BCrze.pdf].

Bundesverband der Lebensmittelkontrolleure Deutschlands e. V. (BVLK) (2022a): Sägemehl kein zulässiger Bestandteil von Keksen. [Zugriff am 07.04.2023, https://bvlk.de/urteile-entscheidungen.html?page=4&file=files/Dokumente/Urteile%20-%20Entscheidungen/2021/S%C3%A4gemehl%20kein%20zul%C3%A4ssiger%20Bestandteil%20von%20Keksen.pdf].

Bundesverband der Lebensmittelkontrolleure Deutschlands e. V. (BVLK) (2022b): Dönerfleischhersteller verurteilt. [Zugriff am 07.04.2023, https://bvlk.de/urteile-entscheidungen.html?page=4&file=files/Dokumente/Urteile%20-%20Entscheidungen/2021/D%C3%B6nerfleischhersteller%20verurteilt.pdf].

Bundesverband der Lebensmittelkontrolleure Deutschlands e.V. (BVLK) (2022c): Irreführende Bewerbung eines Nektars als Saft. [Zugriff am 07.04.2023, https://bvlk.de/urteile-entscheidungen.html?page=8&file=files/Dokumente/Urteile%20-%20Entscheidungen/6/Irref%2B%Bhrende%20Bewerbung%20eines%20Nektars%20als%20Saft.pdf

Bundesverband der Lebensmittelkontrolleure Deutschlands e. V. (BVLK) (2022d): Irreführenden Werbung mit Kindermilch untersagt. [Zugriff am 07.04.2023, https://bvlk.de/urteile-entscheidungen.html?page=5&file=files/Dokumente/Urteile%20-%20Entscheidungen/Irref%C3%BChrende%20Werbung%20bei%20Kindermilch%20untersagt.pdf].

Bundesinstitut für Risikobewertung (BfR) (2024): Gesundheitliche Bewertung funktioneller Lebensmittel. [Zugriff am 23.04.2024, https://www.bfr.bund.de/de/gesundheitliche_bewertung_funktioneller_lebensmittel-152.html].

Bundesinstitut für Risikobewertung (BfR) (o. D.): Health Claims. [Zugriff am 09.06.2024, https://www.bfr.bund.de/de/health_claims-9196.html].

Bundesministerium für Ernährung und Landwirtschaft (DLMBK) (o. D.): Was ist die deutsche Lebensmittelbuchkommission? [Zugriff am 02.06.2024, https://www.deutsche-lebensmittelbuch-kommission.de/].

DURCHFÜHRUNGSVERORDNUNG (EU) 2018/775 DER KOMMISSION vom 28. Mai 2018 mit den Einzelheiten zur Anwendung von Artikel 26 Absatz 3 der Verordnung (EU) Nr. 1169/2011 des Europäischen Parlaments und des Rates betreffend die Information der Verbraucher über Lebensmittel hinsichtlich der Vorschriften für die Angabe des Ursprungslands oder Herkunftsorts der primären Zutat eines Lebensmittels.

DURCHFÜHRUNGSVERORDNUNG (EU) 2018/456 DER KOMMISSION vom 19. März 2018 über die Verfahrensschritte bei der Konsultation zur Bestimmung des Status als neuartiges Lebensmittel gemäß der Verordnung (EU) 2015/2283 des Europäischen Parlaments und des Rates über neuartige Lebensmittel.

DLMBK (2022): Hinweise für die Anwendung der Leitsätze des Deutschen Lebensmittelbuches überarbeitete Fassung der Deutschen Lebensmittelbuch-Kommission (DLMBK) vom 15.03.2022. [Zugriff am 15.02.2025; https://www.deutsche-lebensmittelbuch-kommission.de/fileadmin/Dokumente/hinweise_fuer_die_anwendung_der_leitsaetze_2022.pdf?].

EFSA Panel on Dietetic Products, Nutrition and Allergies (NDA) (2016): Guidance on the preparation and presentation of an application for authorisation of a novel food in the context of Regulation (EU) 2015/2283. In: Efsa Journal, 14(11), e04594.https://doi.org/10.2903/j.efsa.2016.4594

EUR-Lex (o. D.): EU-Rechtsvorschriften. [Zugriff am 04.04.2024, https://eurlex.europa.eu/collection/eu-law/legislation/recent.html?locale=de]

Fernández-Ríos, A,; Laso, J.; Hoehn, D,; José Amo-Setién, F.; Abajas-Bustillo, R.; Ortego, C.; Fullana-i-Palmer, P.; Bala, A.; Batlle-Bayer, L.; Balcells, M.; Puig, R.; Aldaco, R.; Margallo, M. (2022): A critical review of superfoods from a holistic nutritional and environmental approach. In: Journal of Cleaner Production, Volume 379, Part 1. https://doi.org/10.1016/j.jclepro.2022.134491.

Forschung und Wissen (o. D.): Lange Tradition. Welchen Sinn und Zweck haben Normen? [Zugriff am 01.06.2024, https://www.forschungund- wissen.de/magazin/welchen-sinn-und-zweck-haben-normen-13372829]

Fösken, S. (2012): EU-Parlament verbietet 1 600 Werbeslogans. In: Absatzwirtschaft. [Zugriff am 05.06.2024,https://www.absatzwirtschaft.de/eu-parlament-verbietet-1-600-werbeslogans-195885/]

Frede, W. (Hrsg.) (2010): Handbuch für Lebensmittelchemiker. Lebensmittel – Bedarfsgegenstände – Kosmetika – Futtermittel (3. Aufl.). Berlin, Heidelberg, New York: Springer, S. 3–5, 18–20.

Human Consumption to a Significant Degree – Information and Guidance Document (o. D.): [Zugriff am 28.04.2024, https://food.ec.europa.eu/system/files_en?file=2016-10/novel-food_guidance_human-consumption_en.pdf].

International Organization for Standardization (ISO) (o. D.): ISO 22000:2018 Food safety management systems – Requirements for any organization in the food chain. [Zugriff am 01.06.2024, https://www.iso.org/standard/65464.html].

International Organization for Standardization (ISO) (2019): ISO 9001. Reaping the benefits of ISO 9001. [Zugriff am 01.06.2024, https://www.iso.org/files/live/sites/isoorg/files/store/en/PUB100369.pdf].

Lebensmittelverband Deutschland (o. D.): Nährwertkennzeichnung Nutri-Score. [Zugriff am 21.04.2024, https://www.lebensmittelverband.de/de/lebensmittel/kennzeichnung/naehrwert/nutri-score].

Leitsätze für Speiseeis. Leitsätze vom 29.11.2016 (BAnz AT 19.12.2016 B4, GMBl 2016 S. 1172), zuletzt geändert durch die Bekanntmachung vom 11.4.2022 (BAnz AT 05.05.2022, GMBl 2022 S. 429).

Matissek, R. (2020): Lebensmittelsicherheit. Berlin, Heidelberg: Springer Spektrum, S. 24. https://doi.org/10.1007/978-3-662-61899-8_1.

Nahrungsergänzungsmittelverordnung (NemV) vom 24. Mai 2004 (BGBl. I S. 1011), die zuletzt durch Artikel 11 der Verordnung vom 5. Juli 2017 (BGBl. I S. 2272) geändert worden ist.

Rimbach, G.; Nagursky; J., Erbersdobler; H. (2015): Lebensmittel-Warenkunde für Einsteiger. Springer-Lehrbuch. Berlin, Heidelberg: Springer Spektrum, S. 29, 373–374. https://doi.org/10.1007/978-3-662-46280-5_1.

Schneider-Häder, B,; Hamacher, E.; Beeren, C. (2015): Sensory Claims – Methodische Vorgehensweise zur Entwicklung und Untermauerung. In: DLG Expertenwissen 2015, Nr. 15, Frankfurt am Main.

Schlögl, H (2020): Einführung des Nutri-Score in Deutschland. In: Diabetologe 16, S. 747–748. https://doi.org/10.1007/s11428-020-00689-6.

Skorupa, P.; Dubovičienė, T. (2015): Linguistic Characteristics of Commercial and Social Advertising Slogans. In: Coactivity: Philology, Educology. 23, S. 108–118. https://doi.org/10.3846/cpe.2015.275.

Souyoul, S.A.; Saussy, K.P.; Lupo, M.P. Nutraceuticals (2018): A Review. Dermatol Ther (Heidelb) 8, 5–16. https://doi.org/10.1007/s13555-018-0221-x.

VERORDNUNG (EWG) Nr. 315/93 des Rates vom 8. Februar 1993 zur Festlegung von gemeinschaftlichen Verfahren zur Kontrolle von Kontaminanten in Lebensmitteln.

VERORDNUNG (EG) Nr. 178/2002 des Europäischen Parlaments und des Rates vom 28. Januar 2002 zur Festlegung der allgemeinen Grundsätze und Anforderungen des Lebensmittelrechts, zur Errichtung der Europäischen Behörde für Lebensmittelsicherheit und zur Festlegung von Verfahren zur Lebensmittelsicherheit (Basis-VO).

VERORDNUNG (EG) Nr. 852/2004 des Europäischen Parlaments und des Rates vom 29. April 2004 über Lebensmittelhygiene.

VERORDNUNG (EG) NR. 1924/2006 des Europäischen Parlaments und des Rates vom 20. Dezember 2006 über nährwert- und gesundheitsbezogene Angaben über Lebensmittel.

RICHTLINIE 2014/40/EU des Europäischen Parlaments und des Rates vom 3. April 2014 zur Angleichung der Rechts- und Verwaltungsvorschriften der Mitgliedstaaten über die

VERORDNUNG (EU) 2015/2283 des Europäischen Parlaments und des Rates vom 25. November 2015 über neuartige Lebensmittel, zur Änderung der Verordnung (EU) Nr. 1169/2011 des Europäischen Parlaments und des Rates und zur Aufhebung der Verordnung (EG) Nr. 258/97 des Europäischen Parlaments und des Rates und der Verordnung (EG) Nr. 1852/2001 der Kommission.

VERORDNUNG über Fertigpackungen und andere Verkaufseinheiten (Fertigpackungsverordnung – FPackV): Fertigpackungsverordnung vom 18. November 2020 (BGBl. I S. 2504) Ersetzt V 7141-6-6 v. 18.12.1981 I 1585 (FertigPackV 1981).

Wegmann, C. (2020): Lebensmittelmarketing. Wiesbaden: Springer Gabler, S. 22, 201. https://doi.org/10.1007/978-3-658-26038-5_1.

Lebensmittelsensorik 4

▶ Sensorische Tests in der Produktentwicklung können sowohl als Partial- als auch als Volltests eingesetzt werden und sind ein elementarer Bestandteil des Entwicklungsprozesses bei der Rezepturentwicklung und zur Überprüfung der Verbraucherakzeptanz (siehe Abschn. 2.3.3.2). Des Weiteren können sensorische Tests zur Ermittlung des Mindesthaltbarkeitsdatums oder zur Qualitätssicherung (etwa beim Austausch von Rohstoffen oder zur Sicherstellung der gleichbleibenden Rohstoffqualität) eingesetzt werden (Majchrzak und Schlinter-Maltan 2018, S. 2). Je nachdem, wie die Fragestellung lautet, muss ein passender Test ausgewählt werden. Das folgende Kapitel soll einen Überblick, über mögliche Testmethoden geben und in welchen Zusammenhängen diese angewendet werden.

4.1 Ziele und Anwendungsmöglichkeiten

Die sensorischen Eigenschaften, also Aussehen, Geruch, Geschmack und Textur von Lebensmitteln, zählen zu deren wesentlichen Qualitätskriterien. Bei sensorischen Prüfungen handelt es sich um wissenschaftliche Untersuchungen mit definierten Methoden, die den Zusammenhang zwischen den sensorischen Attributen eines Lebensmittels und deren Wahrnehmung und Bewertung mit den menschlichen Sinnen untersucht. Sensorik kann beschrieben werden als die Wissenschaft vom Einsatz menschlicher Sinnesorgane zu Prüf- und Messzwecken (DLG e. V. 2015, S. 7, 12; Derndorfer 2023, S. 1–3). Bei der Durchführung einer Lebensmittelsensorik ist demnach der Mensch das Messinstrument. Dies ist möglich durch die Reizaufnahme des Menschen über seine Sinnesorgane. Diese Reize können physikalischer oder chemischer Natur sein. Die Aufnahme der Reize erfolgt über die Sinnesorgane Auge, Ohr, Nase, Zunge und Haut. Diese Sinnesorgane sind mit verschiedenen Rezeptoren (z. B. optische und akustische Rezeptoren, Chemo-, Thermo-, Mechano- und Schmerzrezeptoren) ausgestattet. Die Rezeptoren reagieren jeweils auf bestimmte Reize und leiten diese als Erregung (Signal) an das entsprechende Zentrum im Gehirn weiter. Analog den Sinnesorganen verfügt der Mensch über Gesichts-, Gehör-, Geruchs-, Geschmacks- und Tastsinn (Busch-Stockfisch 2010, S. 292–294). Bei deskriptiven sensorischen Tests können die qualitativen und quantitativen Aspekte eines Produktes, also spezifische Produkteigenschaften ermittelt werden. Diese Eigenschaften können als Attribute beschrieben werden. Attribute eines Lebensmittels sind …

Übersicht
- Aussehen (visuelle Wahrnehmung optischer Eigenschaften des Produktes),
- Geruch (Wahrnehmung der Aromastoffe über die Nase bzw. die orthonasale Wahrnehmung),
- Flavour (Wahrnehmung der freigesetzten Aromastoffe währen des Essvorganges bzw. die retronasale Wahrnehmung),
- Geschmack (über die Geschmacksrezeptoren vermittelter Geschmackseindruck, es können die fünf Grundgeschmacksarten Süß, Sauer, Salzig, Bitter und Umami unterschieden werden),
- Textur (wahrgenommen mit der Hand oder z. B. einem Löffel),
- Mundgefühl (haptische Wahrnehmung im Mund)
- Und der Nachgeschmack (30 Sek. nach dem Schlucken) (Majchrzak und Schlinter-Maltan 2018, S. 2–5; DIN 10950:2020-09).

Die Tab. 4.1 gibt einen Überblick über die menschlichen Sinnesorgane, die damit verbundenen Sinneseindrücke und wie diese als Lebensmittel-Attribute beschrieben werden können.

Für sensorische Prüfungen gibt es unterschiedliche Anwendungsmöglichkeiten im Verlauf der Produktentwicklung. Dazu gehören …

Übersicht
- das Analysieren der Wettbewerber auf dem Markt,
- das Trainieren eines Testpanels,
- Feststellen, ob es Unterschiede bei zwei oder mehr getesteten Produkten gibt (z. B. bei Lagertests zur Ermittlung des Mindesthaltbarkeitsdatums, verschiedenen ähnlichen Prototypen, dem Austausch von Rohstoffen),
- ob diese Produktunterschiede signifikant sind

4.1 Ziele und Anwendungsmöglichkeiten

- das Feststellen von Verbraucherpräferenzen,
- und das Überprüfen von Rohstoffqualitäten im Verlauf der kontinuierlichen Produktion.

Für jede dieser Anwendungsmöglichkeiten stehen verschiedene, nach DIN-standardisierte, Testmethoden zur Verfügung, die unterschiedliche Ziele haben, verschiedene Fragestellungen beantworten und entsprechend danach ausgewählt werden können. Erkennungs- und Schwellenprüfungen können beispielsweise dafür eingesetzt werden, die Empfindlichkeit der Sinnesorgane der menschlichen Prüfpersonen zu ermitteln und auf diese Weise geeignete Prüfpersonen auszuwählen. Diese Testmethoden können aber auch durchgeführt werden, um den optimalen Zusatz von aromatischen Zutaten, Salz oder Schärfe zu ermitteln. Ein Zusatz über die Sättigungsschwelle hinaus würde eventuell nur Kosten verursachen, ohne zur Produktqualität beizutragen. Mit Hilfe von Rangordnungsprüfungen können Verbraucherpräferenzen ermittelt werden, um ein Produkt zu optimieren oder herauszufinden, wie das eigene Produkt im Vergleich zur Konkurrenz bewertet wird (Busch-Stockfisch 2010, S. 301, Derndorfer 2023, S. 2–3, 22–24). Bei der Durchführung verschiedener Testmethoden kann grundsätzlich zwischen folgenden übergeordneten Zielen unterschieden werden:

Tab. 4.1 Zusammenhang zwischen Sinnesorganen, Sinneseindrücken und daraus resultierenden Attributen eines Lebensmittels

Sinnesorgan/Sinn	Sinneseindruck	Attribut des Lebensmittels (Mögliche Interpretation des Sinneseindrucks)	Mögliche Definitionen (Beispiele)
Auge/Gesichtssinn	Sehen (optisch)	Aussehen	Visuelle Beurteilung der Farbe/Trübheit/Form/Oberflächenstruktur
Nase/Geruchssinn	Riechen (olfaktorisch)	Geruch/Flavour	Geruch assoziiert mit erhitzter Milch/blumiges Flavour
Zunge/Geschmackssinn	Schmecken (gustatorisch)	Geschmack	Bitter/Salzig/Sauer/Süß/Umami
		Nachgeschmack	Allgemeiner Nachgeschmack (30 Sek. nach dem Schlucken)
Getast/Temperatursinn, Tastsinn	Tasten, Druck, Berührung, haptisch	Textur/Mundgefühl	Viskosität/Mundbelag/Samtig/Klebrig
Ohr/Gehörsinn	Hören (akustisch)	Laut, leise, knackend	

Quellen: Busch-Stockfisch 2010, S. 294; Majchrzak und Schlinter-Maltan 2018, S. 2–9; DIN 10950:2020-09

> **Übersicht**
> 1. Produkte in eine Reihenfolge bringen
> 2. Zwischen zwei oder mehr Produkten unterscheiden
>   a) Gibt es einen Unterschied?
>   b) Wie groß ist dieser Unterschied (quantitativer Unterschied)?
>   c) Worin besteht dieser Unterschied (qualitativer Unterschied)?
> 3. Inwieweit sich zwei oder mehr Produkte ähneln, sodass sie eventuell gegeneinander ausgetauscht werden können
> 4. Produkte beschreiben (DIN 10950:2020-09)

Die Auswahl der Testmethode hängt von dem übergeordneten Ziel und der spezifischen Fragestellung ab, die mit der Methode untersucht werden soll. Weitere Bedingungen bei der Auswahl der Methode ergeben sich z. B. aus der Art des zu untersuchenden Produkts, der zur Verfügung stehenden Prüfumgebung und der Art der Prüfer (DIN 10950:2020-09).

4.2 Grundlagen zur Organisation eines sensorischen Tests

Um bei der Durchführung und Datenerhebung systematische Fehler zu vermeiden, die zu Fehlinterpretationen führen können, sollten passende Testdesigns und Testdurchführungen gewählt werden. Dadurch können Störfaktoren identifiziert, kontrolliert und ihre Effekte standardisiert werden (DIN 10950:2020-09).

> **Beispiel**
>
> Bei einem sensorischen Test sollen zwei Instand-Suppen (z. B. beide Tomaten-Paprika-Cremesuppe mit Basilikum) geschmacklich und von der Textur her miteinander verglichen und die sensorischen Unterschiede ermittelt werden. Die Produkte sollten unter möglichst identischen Bedingungen verglichen werden. Die Farbe soll nicht beurteilt werden. Daher gilt es zu überlegen, wie die Farbe/Optik unkenntlich gemacht werden kann (z. B. verfälschendes Licht, abdecken der Tasse bis auf eine kleine Öffnung), welche Faktoren sich auf die Textur und den Geschmack auswirken (z. B. die Menge des kochenden Wassers zum Aufgießen und die Temperatur). ◄

Grundsätzlich sollte vor der Durchführung eines sensorischen Tests (einer *Sensorik*) entschieden werden was das *Ziel* der Untersuchung ist, und wie die *spezifische Fragestellung* lautet, *wer* teilnehmen soll (ungeschulte oder geschulte Prüfpersonen bzw. analytisches Panel oder Verbraucherpanel), *wo* der Test stattfinden wird (z. B. Prüflabor oder Home-use-Test), *wie* die Produkte (Proben) dargereicht werden sollen (verblindet oder offen, kaschieren bestimmter Eigenschaften usw.). Dann sollte eine Methode ausgewählt werden, welche dazu geeignet ist, die spezifische Fragestellung unter Berücksichtigung der Bedingungen zu beantworten (DIN 10950:2020-09).

4.2.1 Prüfpersonen

Menschen, die an sensorischen Prüfungen teilnehmen, werden im weiteren Verlauf als Prüfpersonen bzw. Prüfer bezeichnet. Das Messinstrument Mensch, der Prüfer, kann sensorisch geschult werden, oder ungeschult teilnehmen. Die Teilnehmerzahl und die verwendete Methode müssen dann entsprechend ausgewählt werden. Prüfpersonen können Teil eines trainierten sensorischen Panels sein.

Wie bereits zu Beginn des Kapitels (siehe Abschn. 4.1) angesprochen worden ist, wird bei einer sensorischen Prüfung der Mensch als Messinstrument verwendet. Aus diesem Grund sollte bei der Auswahl und Anwendung sensorischer Tests beachtet werden, dass die menschliche Reaktion auf einen (sensorischen) Reiz, nie unabhängig von vorherigen Erfahrungen und Sinnesreizen aus der Umgebung betrachtet werden kann. Einflüsse können jedoch kontrolliert und deren Effekte standardisiert werden (DIN 10950:2020-09).

4.2.1.1 Sensorische Panel

Die Zusammenstellung eines sensorischen Panels ist mit einem großen Ressourcenaufwand (Zeit, Personen, Räumlichkeiten, Verbrauchs- und Labormaterialien) verbunden. Nach welchen Kriterien die Teilnehmer für ein sensorisches Panel ausgewählt werden sollten und wie ein solches trainiert wird, wird in der DIN EN ISO 8586:2023 beschrieben. Bei einer sensorischen Prüfung, die mit einem trainierten Panel durchgeführt wird, sollten idealerweise 12 Prüfpersonen anwesend sein. Es sollten jedoch mehr Personen Mitglied des Panels sein, um Ausfälle durch z. B. Krankheit kompensieren zu können. Ausgewählte Mitglieder eines solchen Panels müssen bestimmte Kriterien erfüllen, wie z. B. eine gute Kommunikations- und Konzentrationsfähigkeit, gesundheitliche Kriterien (das gesamte Spektrum der Reize bewerten zu können) und psychologische Kriterien (Motivation zur Teilnahme, Abstand nehmen können zu persönlichen Vorlieben). Um die Eignung möglicher Kandidaten als Prüfer in einem sensorischen Panel zu testen werden in der DIN EN ISO 8586:2023 mögliche Methoden genannt, um z. B. die sensorische Sinnesschärfe oder mögliche sensorische Beeinträchtigungen der Kandidaten festzustellen (Tests zur Erkennung von Geschmacks- oder Geruchsblindheit, zur Erkennung von Texturen, und beschreiben von sensorischen Sinneseindrücken). Erst nach der Durchführung solcher Tests mit den möglichen Kandidaten können geeignete Personen ausgewählt werden, die dann durch weitere Schulungen zu Prüfpersonen ausgebildet werden. Im Verlauf dieser Schulung sollten verschiedene Diskriminierende Prüfungen (z. B. Dreiecksprüfung, Rangordnungsprüfung usw.) und beschreibende Prüfungen (Qualitative und Quantitative Prüfungen) zum Einsatz kommen. Anschließend müssen spezifische Produktschulungen erfolgen. Die Art der Schulung hängt dann davon ab, ob das Panel für Unterschieds- oder beschreibende Prüfungen geschult werden soll. Nach dieser Schulungsphase muss dann die Motivation des Panels und die trainierten sensorischen Fähigkeiten permanent aufrechterhalten werden (DIN EN ISO 8586:2023-09). Die Abb. 4.1 zeigt schematisch den Verlauf von der Rekrutierung von Laien bis hin zum Sensoriker.

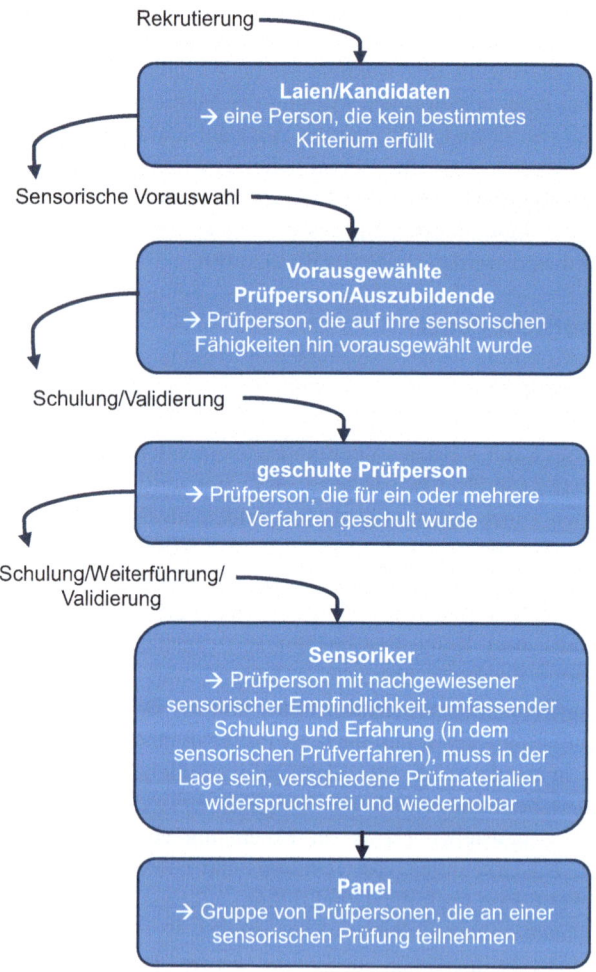

Abb. 4.1 Prozess von der Kandidatenauswahl bis zur Zusammenstellung des sensorischen Panels. (Bildquelle: Eigene Darstellung, Quelle: DIN EN ISO. 8586:2023-09)

Sowohl Prüfpersonen (vorausgewählt, ausgewählt oder geschult) als auch Sensoriker können bei sensorischen Tests Produkte bewerten. Die Art der Tests bzw. die Methoden, an welchen eine Prüfperson teilnehmen kann, hängt von ihrem Informations- und Schulungsstand ab. Welche Voraussetzung eine Prüfperson für eine bestimmte Methode mitbringen sollte kann den Normen oder der Fachliteratur entnommen werden (DIN 10950:2020-09).

4.2.1.2 Verbraucherpanel

▶ Definition Verbraucherpanel: „Datenbank möglicher zu befragender Personen, die sich bereit erklärt haben, an künftigen Datenerhebungen teilzunehmen, wenn sie ausgewählt werden".
Quelle: DIN EN ISO 11136:2020-11

Alternativ zum sensorischen Panel kann in einigen Fällen auch ein Verbraucherpanel für bestimmte sensorische Tests herangezogen werden. Ein Verbraucherpanel besteht nicht aus den verschiedenen zuvor vorgestellten Typen von Prüfpersonen, sondern aus einer Verbraucherstichprobe (DIN EN ISO 11136:2020-11).

Verbraucher
Als Verbraucher gelten Personen, die zielgruppenabhängigen Kriterien entsprechen und das Produkt oder ähnliche Produkte verwenden. Eine Teilnahme an einem sensorischen Test muss freiwillig und ohne Entschädigung stattfinden. Da eines der Ziele eines Verbrauchertests darin besteht spontane Reaktionen zu erhalten, ist die Teilnahme von geschulten Verbrauchern unzulässig und von einer Rekrutierung im z. B. eigenen Unternehmen abzuraten (DIN EN ISO 11136:2020-11).

Verbraucherstichprobe und Rekrutierung
Verbraucher können beispielsweise an öffentlichen Orten oder über das Internet rekrutiert werden. Die Auswahl der Verbraucher kann durch einen Fragebogen (vom Verbraucher auszufüllen oder als Interview) erfolgen. Typische Kriterien zur Auswahl sind z. B. die Häufigkeit der Verwendung des Produktes (oder Produkte derselben Kategorie), den Einkaufsort (z. B. eine häufig frequentierte Supermarktkette), bevorzugte Marken, Gewohnheiten bei Konsum und Anwendung des Produktes. Weitere Kriterien können Geschlecht und Alter, die geografische Lage des Wohnortes oder die Berufsgruppe sein. Für die Kriterien können dann Klassen festgelegt werden und für diese Klassen Prozentsätze, zu einem wie großen Anteil diese in der Stichprobe vertreten sein sollte. Die Qualität der Verbraucherstichprobe basiert auf ihrer Repräsentativität hinsichtlich der Zielgruppe. Die Repräsentativität beschreibt den Grad der Übereinstimmung der Merkmalseigenschaften der Probe mit den relevanten Merkmalseigenschaften der Zielgruppe, aus der sie entnommen wurde. Bei der Rekrutierung der Verbraucher sollte eine Überrekrutierung eingeplant werden, da die Anzahl der tatsächlich erhaltenen Antworten üblicherweise kleiner ausfällt als die Anzahl der rekrutierten Verbraucher.

Gründe dafür können sein, dass die Prüfbögen nicht richtig oder unvollständig ausgefüllt werden (DIN EN ISO 11136:2020-11).

Verbraucherstichproben können auch auf zwei Arten segmentiert werden. Entweder findet eine Segmentierung von vornherein (nach Art der Antwortoptionen) statt, um bestimmte Fragen zu beantworten (gibt es einen Unterschied im Konsumverhalten von Frauen und Männern?). In diesem Fall werden die Untergruppen (Frauen und Männer) getrennt analysiert und die Ergebnisse verglichen. Oder die Segmentierung wird aus den gesammelten Daten abgeleitet, wenn diese Hinweise auf unterschiedliche Untergruppen liefern. (DIN EN ISO 11136:2020-11)

Zielgruppe
Die Zielgruppen, aus welcher das Verbraucherpanel heraus rekrutiert wird, kann durch die Beantwortung folgender Fragen vor der Durchführung eines sensorischen Tests ermittelt werden.

> **Übersicht**
> (1) Potenzielle und tatsächliche Verbraucher:
>   a. Existiert das zu prüfende Produkt oder ein ähnliches Produkt bereits auf dem Markt und kann zwischen tatsächlichen und potenziellen Verbrauchern unterschieden werden?
>   b. Ist nur eine oder beide Gruppen von Interesse?
> (2) Sollen verschiedene Untergruppen (z. B. nach Altersgruppen, Wohnort (Stadt/Land), Art der Ernährung (omnivor, vegetarisch, vegan, bio, …) festgelegt und deren Ergebnisse verglichen werden?
> (3) Sollen die Ergebnisse im Hinblick auf mögliche sich abzeichnende Untergruppen analysiert werden?
> (4) Sind bei individuellen Ergebnissen mögliche Unterschiede von Interesse?
>
> (DIN EN ISO 11136:2020-11)

Es sollte beachtet werden, dass eine geschulte Prüfperson, die Teil eines Panels ist, unter einer sensorischen Prüfung etwas anderes versteht als ein Verbraucher. Während geschulte Prüfer Lebensmittel systematisch untersuchen, handelt und entscheidet ein Verbraucher im Affekt und nach Gefühl und Gefallen. Deshalb sollten Tests mit Verbrauchern immer mit mindestens 60 Teilnehmern durchgeführt werden. Ist das Ziel, z. B. eine Segmentierung der Testteilnehmer in eventuelle Zielgruppen, empfiehlt sich eine Mindestteilnehmeranzahl von 200 Personen, um Unterteilungen nach Alter, Geschlecht, Region usw. vornehmen zu können (Busch-Stockfisch 2010, S. 296–297).

4.2.2 Ort/Räumlichkeiten der Durchführung

Sensorische Prüfungen können in unterschiedlichen Umgebungen durchgeführt werden. Ob die Prüfung in einem Prüfraum, an einem zentralen Ort oder bei den Prüfpersonen zu Hause stattfindet hängt einerseits mit der ausgewählten Testmethode und der geplanten Durchführung, aber auch mit den gegebenen (räumlichen) Möglichkeiten zusammen. Bei vielen analytischen Methoden (siehe Abschn. 4.3) sollte ein Prüfraum, wie er in DIN EN ISO 8589 beschrieben wird, verwendet werden, um mögliche Ablenkungen (störende Reize) zu minimieren und so psychologische Faktoren und physikalische Einflüsse, die das menschliche Urteilsvermögen beeinflussen, zu verringern. Die Mindestanforderung für einen Prüfraum ist die Trennung in einen Prüfbereich, in welchem Prüfkabinen aufgestellt werden oder in Gruppen gearbeitet werden kann und in einem Vorbereitungsbereich. Beide sollten hygienisch einwandfrei eingerichtet und leicht zu reinigen sein. Weitere Anforderungen sind

> **Übersicht**
> - regulierbare Luftfeuchte und Temperatur, wenn diese einen Einfluss haben,
> - ein minimaler Geräuschpegel,
> - keine Fremdgerüche
> - neutrale farbliche Gestaltung
> - und eine gleichmäßige Beleuchtung (der Proben), eventuell die Möglichkeit die Beleuchtung zu verändern/variieren (farblich und in der Intensität).

Wenn eine unabhängige, persönliche Beurteilung der Prüfpersonen gefordert ist, sollten Prüfkaninen vorhanden oder aufgestellt werden können (DIN 10950:2020-09; DIN EN ISO 8589:2014-10).

Bei hedonischen Prüfmethoden (siehe Abschn. 4.3 und 4.5) werden die Prüfungen in einem Prüfbereich durchgeführt. Dieser wird auch als kontrolliertes Umfeld bezeichnet. Ein kontrolliertes Umfeld ist ein Ort an dem sicher gestellt werden kann, dass eine kontrollierte Vorbereitung und Darreichung der Produkte möglich sind. Dem Verbraucher muss es möglich sein, die Produkte unter angenehmen Bedingungen zu bewerten. Außerdem darf keine Kommunikation zwischen den Verbrauchern möglich sein, um gegenseitige Beeinflussung zu verhindern und so unabhängige Antworten ermöglichen. Bei einem kontrollierten Umfeld kann es sich auch um einen zuvor beschriebenen Prüfraum nach ISO 8589 handeln. Möglich ist die Durchführung auch in mobilen Prüflaboren oder in Räumen, die aufgabenspezifisch vorübergehend für das Durchführung eines sensorischen Tests eingerichtet worden sind. Diese Räume sollten eine Trennung zwischen dem Vorbereitungsbereich und dem Prüfbereich erlauben. Zudem sollten die Verbraucher physisch voneinander getrennt werden können. Temperatur, Raumbeleuchtung, Belüftung sowie Lagerung und Vorbereitung der Proben müssen nicht aktiv eingestellt werden, aber zumindest überwacht werden können (DIN EN ISO 11136:2020-11). Hedonische Prüfungen können auch als *Central Location Tests* (CLT) in den Räumlichkeiten von Marktforschungsinstituten, Restaurants oder Einkaufszentren stattfinden. Eine weitere Möglichkeit ist es, das Produkt von Testern/Verbrauchern in ihrem Zuhause bei sogenannten *Home Use Tests* (HUT) testen zu lassen. Bei HUTs stellt sich die Frage, inwieweit sich die Testpersonen eventuell durch Freunde und Familie beeinflussen lassen und ob sich die räumliche Situation auf das Ergebnis auswirkt. Verschiedene Studien konnten belegen, dass sich die HUTs im Vergleich mit Labortests und CLTs nicht auf die Akzeptanz der verkosteten Produkte auswirken (Derndorfer 2016, S. 81–82; Wegmann 2020, S. 87–88; Niimi et al. 2021; Ratanatriwong et al. 2006; DIN EN ISO 8589 2014, S. 5–9).

4.2.3 Proben

Das zu untersuchende Produkt bestimmt die Auswahl des Prüfverfahrens/der Methode und deren Durchführung (Studiendesign). Soll der Austausch eines Rohstoffes auf den Gesamteindruck des Produktes untersucht werden, wird eine andere Methode verwendet, als bei der Ermittlung der Verbraucherpräferenz zwischen verschiedenen Prototypen. Je nachdem, um welche Art des Produktes es sich handelt und welche Eigenschaften beurteilt werden sollen, muss die Darreichung der Proben entsprechend gestaltet werden. Beispielsweise sollten die Temperaturen aller getesteten Produkte möglichst identisch sein (wenn ein Joghurt im Kühlschrank gelagert wird und ca. 10°C aufweist, sollte er nicht gegen einen Joghurt verkostet werden, der Raumtemperatur (ca. 20°C) aufweist, da sich die Temperatur stark auf die Textur, die Geschmackswahrnehmung und die Wahrnehmung des Flavours auswirken kann. Werden alle Proben „heiß" serviert, sollte zudem darauf geachtet werden, dass alle Proben in etwa gleich lang warmgehalten werden, da auch dieser Vorgang sich auf Geschmack, Flavour und Konsistenz und Aussehen auswirken kann. Alle gereichten Proben sollten sich zudem in der Menge ähneln und ähnlich aussehen (DIN 10950:2020-09). Ausnahmen bestätigen dabei die Regel. Soll z. B. die Verbraucherpräferenz bei verschiedenen Formen (z B. um zu testen, ob der Verbraucher die Fischstäbchen traditionell in einer Quader-Form oder als stilisierte Fische geformt bevorzugt) überprüft werden, dürfen und müssen die Proben natürlich unterschiedlich aussehen. Proben sollten zudem, soweit möglich, anonymisiert werden, das bedeutet, dass Marke und Qualitätszeichen zu entfernen sind. Identifiziert werden können sollten die Proben bei der Ergebnisauswertung nur durch z. B. einen dreistelligen, willkürlich zugewiesenen Zahlencode. Ausnahmen bei der Anonymisierung sollten nur gemacht werden, wenn die Entfernung der Maskierung unmöglich ist oder das Ziel darin besteht, die Auswirkung von Marke und Gütezeichen (beispielsweise ein Bio-Label) auf die Beurteilung des Produktes zu ermitteln (DIN 10950:2020-09).

Ein Beispiel für die Veränderung der Wahrnehmung durch die Bekanntheit Marke ist die „Pepsi Paradox"-Studie aus dem Jahr 2004. Die Studie wurde Read Montague und seinem Team durchgeführt und in *Nature Neuroscience* veröffentlicht. Sie zeigte, dass Konsumenten in einem Blindtest oft nicht zwischen Coca-Cola und Pepsi-Cola unterscheiden konnten, aber ihre Wahrnehmung sich änderte, wenn sie wussten, welches Getränk sie tranken. In einem Blindtest konnten die Teilnehmer keinen klaren Unterschied in der Geschmackswahrnehmung feststellen, Pepsi-Cola wurde jedoch bevorzugt. Als den Teilnehmenden gesagt wurde, welches Getränk sie tranken, zeigten ihre Gehirnaktivitäten deutlich (gemessen mithilfe eines Magnetresonanztomographen), dass sie Pepsi-Cola und Coca-Cola unterschiedlich wahrnahmen und, dass das Markenerlebnis (die Kenntnis der Marke) die Bewertung von Coca-Cola positiv beeinflusst. Diese Studie ergab, dass der Geschmack nur ein Teil der Wahrnehmung war, und dass die Marke und emotionale Assoziationen mit den Getränken eine wichtige Rolle dabei spielen, wie die Konsumenten die Produkte bewerten (Montague et al. 2004).

4.3 Einteilung sensorischer Prüfverfahren

Sensorische Prüfverfahren/Tests können nach verschiedenen Kriterien eingeteilt werden. Eine Möglichkeit ist die Unterscheidung in objektive Verfahren/analytische Prüfungen und subjektive Verfahren/hedonische Prüfungen (Verbrauchertests). Ein Unterscheidungsmerkmal bei dieser Einteilung ist, dass die analytischen Prüfungen meist mit geschulten Prüfpersonen oder Sensorikern und die hedonischen Prüfungen auch mit ungeschulten Verbrauchern durchgeführt werden können.

Eine andere Möglichkeit ist die Einteilung in Unterschiedsprüfungen, wo Existenz und Größe eines Unterschiedes zwischen Proben ermittelt werden, und beschreibende Prüfungen, wo Merkmale und deren Eigenschaften qualitativ und/oder quantitativ ermittelt werden (DIN 10950:2020-09). Einige Methoden können sowohl mit sensorischen Panels, als auch mit Verbraucherpanels durchgeführt werden. Welche sensorische Methode eingesetzt werden kann, hängt eng mit dem verfolgten Ziel bzw. mit der gewählten Fragestellung zusammen (siehe auch Abschn. 4.2) (DIN 10950:2020-09).

Wenn es das Ziel ist zu ermitteln, welche Süße eines Produktes für die Zielgruppe ideal ist, könnte beispielsweise eine hedonische Rangordnungsprüfung nach Präferenz mit einem Verbraucherpanel durchgeführt werden. Dies geschieht über das Messen des Genusswertes des Produktes, ausgehend von dessen sensorischen Eigenschaften (DIN EN ISO 11136:2020-11). Typische Ziele von hedonischen Tests sind …

> **Übersicht**
> - der Vergleich mit Wettbewerbsprodukten,
> - die Optimierung eines Produktes

- Unterstützung bei der Festlegung des Mindesthaltbarkeitsdatums,
- Beurteilen von Rezepturveränderungen,
- Untersuchen der Auswirkung von Werbung und Verpackung auf die Wahrnehmung des Produktes
- und das Untersuchen, als wie angenehm die sensorischen Eigenschaften eines Produktes empfunden werden, unabhängig von Verpackung und Werbung (DIN EN ISO 11136:2020-11).

Als Verbrauchertests können unterschiedliche Methoden eingesetzt werden. Unterschieden wird zunächst zwischen Akzeptanzprüfungen (z. B. Bewertungsprüfung) und Präferenzprüfungen (z. B. Paarweise Vergleichsprüfung für den Vergleich von zwei Proben und Rangordnungsprüfung für die Betrachtung von mehr als zwei Proben). Akzeptanzprüfungen dienen zur Messung der Intensität des Genusses beim Konsum.

Präferenzprüfungen hingegen werden zur Messung der Rangfolge eingesetzt, in der verschiedene Produkte gefallen. Die getesteten Proben werden auf- oder absteigend nach einer Zuordnung wie beispielsweise „gefällt am besten" bis „gefällt am wenigsten" sortiert. Die Präferenz hat einen relativen Charakter und gibt keinen Hinweis auf die Akzeptanz, denn es ist möglich, dass ein Produkt in Vergleich zu einem anderen präferiert wird, obwohl beide für den Verbraucher nicht akzeptabel sind (DIN EN ISO 11136:2020-11).

Ist das Ziel hingegen zu überprüfen, ob z. B. der Austausch eines Rohstoffes sich merklich auf die Qualität des Produktes auswirkt (z. B. bei Lieferantenwechsel) kann unter anderem eine Innerhalb/Außerhalb-Prüfung mit geschulten Prüfern durchgeführt werden (DIN 10973:2013-06). Die Tab. 4.2 bietet eine Übersicht über verschiedene sensorische Testmethoden und welche Fragestellungen damit untersucht bzw. welche Zielsetzungen damit verfolgt werden können.

Viele der in Tab. 4.2 vorgestellten Prüfverfahren sind nach DIN-Normen standardisiert und in ihrer Durchführung sehr aufwendig. Aus diesem Grund gewinnen sensorische Schnellmethoden an Bedeutung. Diese sind weniger aussagekräftig, aber durch eine methodische Vereinfachung und mit einer Reduktion des Zeitaufwands, also weniger Ressourcenaufwand, auch von kleinen Unternehmen durchzuführen (siehe Abschn. 4.6) (Seuß-Baum et al. 2022, S. 10; Schneider-Häder und Derndorfer 2016, S. 8).

4.4 Beispiel für eine analytische Testmethoden: Beschreibende (deskriptive) Innerhalb/Außerhalb-Prüfung

Das hier beschriebene Vorgehen orientiert sich an DIN 10973:2013-06. Die Innerhalb/Außerhalb-Prüfung (In/out test) kann in verschiedenen Bereichen der Produktentwicklung angewendet werden. Dazu zählen:

4.3 Einteilung sensorischer Prüfverfahren

Tab. 4.2 Überblick über sensorische Methoden und ihre Merkmale

Analytische Methoden	Merkmale
Erkennungs-/Schwellenprüfung • Bestimmung der Geschmacksempfindlichkeit (nach DIN ISO 3972:2013-12)	• Ziel/Anwendungsbereich: – Prüfpersonen schulen (Geschmacksarten erkennen, Schwellen erkennen, bewusst werden der Geschmacksempfindlichkeit – Auswählen/Kategorisieren von Prüfpersonen • Wie/Methode? – Bezugssubstanzen der verschiedenen Geschmacksarten in wässriger Lösung in verschiedenen Konzentrationen müssen von den Prüfpersonen erkannt werden • Wer? – Trainierte Prüfer, sensorisches Panel • Mögliche Fragestellungen: – Bei welcher Konzentration eines Bezugstoffes liegt die Identifizierungs-, Unterscheidungs- oder Sättigungsschwelle einer Prüfperson?
Unterschiedsprüfung Ganzheitliche Produktunterschiede: • Dreieckstest (nach DIN EN ISO 4120) • Duo-Trio-Test (nach DIN EN ISO 10399) • „A"-„nicht A"-Prüfung (nach DIN 10972:2003-08) Merkmalsbezogene Produktunterschiede: • 2-AFC oder 3-AFC	• Ziel/Anwendungsbereich: – Feststellung des Unterschieds zwischen zwei Prüfmustern oder deren Ähnlichkeit (Produkten) insgesamt – oder bezogen auf einzelne Attribute – Auswahl/Trainieren von Prüfpersonen – Bei Fragestellungen, die das Unterscheiden von sehr ähnlichen Produkten beinhaltet • Wie/Methode? – Vergleichen verschiedener Prüfmuster (Produkte) • Wer? – Trainierte Prüfer, sensorisches Panel • Mögliche Fragestellungen: – Veränderung von Zutaten in der Produktion (Lieferant, Sorte, usw.) erkennbar? – Identifikation absichtlicher Rezepturveränderung – Als Vortest zu Präferenz- und Akzeptanztests (sind die Produkte überhaupt unterscheidbar?
Rangordnungsprüfung	• Ziel/Anwendungsbereich – Unterscheiden/anordnen von mehr als 2 Proben nach der Intensität eines Attributes – Auswahl von Prüfpersonen • Wie/Methode – Proben/Produkte in einer bestimmten Reihenfolge probieren und anordnen • Wer? – Trainierte Prüfer/sensorisches Panel • Mögliche Fragestellungen: – Sortieren der Produkte nach der Intensität eines Attributs
Deskriptive Prüfung • Einfach beschreibende Prüfung (nach DIN 10964:2014-11) • Profilprüfungen (Textur, Flavour)	• Ziel/Anwendungsbereich: – Charakterisieren von Produktstandards – Grundlage zur Erstellung von Bewertungsschemata (z. B. sensorische Spezifikationen) – Prüfpersonenschulung

(Fortsetzung)

Tab. 4.2 (Fortsetzung)

Analytische Methoden	Merkmale
• Quantitativ Deskriptive Analyse • Innerhalb/Außerhalb-Prüfung (nach DIN 10973:2013-06)	• Wie/Methode? – Produkte mit Attributen/Merkmalseigenschaften beschreiben – Eventuell Intensität der Attribute bestimmen • Wer? – Sensorisches Panel oder Verbraucherpanel • Mögliche Fragestellungen: – Unterschied zwischen dem eigenen und dem Konkurrenzprodukt – Veränderung des Produktes im Verlauf der Lagerung – Auswirkung einer Änderung in der Produktion auf das Produktprofil
Ähnlichkeitsmessung • Sortierung in Gruppen und MDS (Multidimensionale Skalierung) • Free Multiple Sorting • Projektiv Mapping • Napping • Similarity Scaling	• Ziel/Anwendungsbereich: – Verkürzung der deskriptiven Analysen – kein Hypothesentest, d. h. keine Prüfung auf signifikante Unterschiede – Auswirkung einer Änderung in der Produktion auf das Produktprofil – Zur Probenauswahl für Konsumententests • Wie/Methode? – Vergleichen des eigenen mit dem Konkurrenzprodukt (Benchmarking) – Überprüfung auf Ähnlichkeiten bei Prototypen aus der Produktentwicklung • Wer? – Sensorisches Panel oder Verbraucherpanel • Mögliche Fragestellungen: – Können Unterschiede festgestellt werden? – Verändert sich das sensorische Produktprofil?
Hedonische Methoden	**Ziel/Fragestellung**
Akzeptanztests (nach DIN EN ISO 11136:2020-11)	• Ziel/Anwendungsbereich – Ermitteln der Gesamtakzeptanz – Ermitteln von separaten Akzeptanzen für einzelne Attribute (Aussehen, Geruch, Geschmack…) • Wie/Methode – Bewerten eines Prüfmusters/Produktes insgesamt oder einzelne Attribute mithilfe einer hedonischen Skala (z. B.9-Punkte-Verbal-Skala oder Label Affective Magnitude Scale) • Wer? – Verbraucherpanel • Mögliche Fragestellungen: – Wie bewerten Sie die Schärfe des Produktes? – Wie gut gefällt ihnen das Produkt insgesamt?
Präfarenztests • Rangordnungstest nach Präferenz (hedonisch) (nach DIN EN ISO 11136:2020-11 und ISO 8587)	• Ziel/Anwendungsbereich – Auswahl von bevorzugten Produkten/Prototypen bei zwei oder mehr als zwei Prüfmustern/Produkten – Feststellen von idealen Attributsintensitäten für eine Zielgruppe (z. B. Süße)

(Fortsetzung)

Tab. 4.2 (Fortsetzung)

Analytische Methoden	Merkmale
• Paarweise Vergleichsprüfung (nach DIN EN ISO 11136:2020-11 und ISO 5495) • Best-Worst-Scaling • Just about right	• Wie/Methode – Unterscheiden/anordnen von zwei oder mehr als zwei Produkten nach Beliebtheit • Wer? – Verbraucherpanel • Mögliche Fragestellungen: – Welches Produkt schmeck/gefällt am besten?
Sensorische Schnellmethoden	**Ziel/Fragestellung**
All-in-One-Test • Check-all-that-apply-Test (CATA)/Rate all that apply (RATA) **Ähnlichkeitsmessungen** • Sorting • Mapping	• Reduziert Kosten für Sensorik • Hedonische Vorlieben und Produkteigenschaften bewerten •

> **Übersicht**
> - Prüfung von
>   – Rohstoffen, in denen lediglich einzelne Attribute in einem bestimmten Fall von Interesse sind (z. B. Ranzigkeit bei Nüssen)
>   – zusammengesetzten Rohstoffen oder Produkten, bei denen erst die Kombination mehrerer Abweichungen das Endprodukt negativ beeinflussen kann (z. B. Müsli, in welches zu viel (Nuss-)Abrieb und zu kleine Cerealien gelangt sind, wodurch das Produkt bei der Flüssigkeitszugabe „matschig" wird) und
>   – Produkten, bei denen beobachtete Abweichungen einzelner Attribute vom Idealzustand sich erst ab einer bestimmten Größenordnung als negativ erweisen (z. B. das Mengenverhältnis von Trockenfrüchten und Nüssen in Müsliprodukte).
> - Der Austausch von Rohstoffen z. B. beim Variieren der Rezeptur.
> - Die Veränderung des Herstellungsprozesses z. B. beim Austausch von Anlagen.
> - Prozessbedingten Qualitätsschwankungen, z. B. beim Vergleich von Pilotanlage und Produktionsmaßstab.
> - Die Auswahl von Prozessparametern (Veränderung von Misch- oder Knetzeiten) und die Auswahl der Verpackungsmaterialien.
> - Die Ermittlung und Überprüfung der Lagerstabilität bzw. von Qualitätsveränderung durch Einlagerung oder Zwischenlagerung (von Rohstoffen, Zwischenprodukten).

Geprüft wird bei der Innerhalb/Außerhalb-Prüfung immer, ob sich ein Prüfmuster (dabei kann es sich um einen Rohstoff, ein Halbfertig-Produkt, ein Produkt oder

Prototypen handeln) innerhalb seiner sensorischen Spezifikation befindet. Ist dies der Fall, kann das Prüfmuster z. B. zur weiteren Verarbeitung freigegeben werden. Befindet sich das Prüfmuster außerhalb seiner sensorischen Spezifikation, können Maßnahmen empfohlen oder angeordnet werden.

4.4.1 Sensorische Spezifikation

Für ein Produkt, einen Rohstoff oder einen Produkt-Prototypen wird eine sensorische Spezifikation erstellt. Die sensorische Spezifikation für ein Produkt setzt bei der Erstellung produktspezifische und technologische Erfahrungen/Kenntnisse voraus. Es können auch produktgruppentypische Spezifikationen und Verbrauchereinschätzungen mit einbezogen werden. Für die Erstellung der Spezifikation werden die sensorischen Attribute für das Produkt gesammelt und gewichtet. Die Gewichtung kann nach Kundenakzeptanz, kritischen Prozessschritten und Qualitätsparametern mit hoher Variabilität (z. B. Farbe, Form, Größe von Naturprodukten) und deren zulässigen Schwankungsbreite erfolgen (Siehe Abb. 4.2).

Bei der fortlaufenden Produktion oder dem Einkauf von Rohstoffen können diese mehr oder weniger der spezifizierten Qualität entsprechen. Eine Prüfergruppe ermittelt, ob ein zu untersuchendes Prüfmuster (ein eingekaufter Rohstoff oder ein hergestelltes Produkt bzw. in Prototyp) innerhalb oder außerhalb der vorher definierten sensorischen Spezifikation liegt. Dies kann im Rahmen einer allgemeinen (kategorischen) Innerhalb/Außerhalb-Prüfung stattfinden. Alternativ kann eine skalierte Innerhalb/Außerhalb-Prüfung durchgeführt werden, wo Unterkategorien berücksichtigt werden, die einen Hinweis darauf geben, in welche Richtung sich die Qualität im Verlauf von z. B. einer Produktion bewegt. Ob ein Rohstoff/Produkt/Prototyp innerhalb seiner sensorischen Spezifikation liegt, wird über die „Entscheidungsregeln" festgelegt. Die Entscheidungsregeln legen zunächst bestimmte auf die Spezifikation bezogene Kategorien fest. Die Tab. 4.3 führt die Kategorien für die einfache („innerhalb" und „außerhalb") und die skalierte („noch innerhalb" und „schon außerhalb") Innerhalb/Außerhalb-Prüfung, sowie deren Definitionen auf. Je nachdem, welcher Kategorie das Produkt zugeordnet wird, ergibt sich daraus eine bestimmte Beurteilung (siehe Tab. 4.3).

Zusätzlich zur Beurteilung, ob ein Prüfmuster innerhalb oder außerhalb der sensorischen Spezifikation liegt, kann das Verfahren um eine vereinfachte Profilierung der Schlüsselattribute erweitert werden. Dabei bewertet der Prüfer zusätzlich die Intensität einzelner Schlüsselattribute. Die beschreibende Prüfung eignet sich bevorzugt für eine detailliertere Prüfung, wenn z. B. Produktionsprobleme auftreten, und zur Ermittlung und Überprüfung der Mindesthaltbarkeit.

4.4.2 Ort der Durchführung

Die Prüfung sollte in einem Prüfraum (nach DIN EN ISO 8589) durchgeführt werden (siehe auch Abschn. 4.2.2). Ist ein Prüfraum nicht vorhanden, sind folgende Mindestanforderungen einzuhalten:

4.4 Beispiel für eine analytische Testmethoden …

Gesammelte Attribute (+++ = sehr wichtig / ++ = wichtig / + = nicht so wichtig)	Zulässige Schwankungsbreite (i. o. = innerhalb / nicht i. o. = außerhalb)
Aussehen/Optik a) Schokolade ist dunkel (zartbitter), glänzt (++) b) Schokolade überzieht gleichmäßig die untere Hälfte des Riegels (leichte Absatzbildung) (+++) c) Oberfläche der Schokolade zeigt keine Einschlüsse, Luftbläschen, Fettreifschlieren (++) d) Obere Hälfte des Riegels zeigt Ganze und Halbe Erdnüsse, wenig Bruch, ist etwas unregelmäßig und dünn mit einer glänzenden, durchsichtigen Karamellschicht überzogen (++)	- Farblich leicht Abweichung i. o. so lange deutlich als Zartbitterschokolade zu erkennen - Fettreif/Schlieren (matt) nicht i. o. - Vereinzelte kleine Lufteinschlüsse i. o. - Etwas höherer Bruchanteil i. o. - Nussabrieb der Optik (möglichst viele ganze Nüsse) stört nicht i. o. - Karamellschicht muss alles überziehen, sonst nicht i. o.
Textur a) Riegel ist kompakt mit wenig Lufteinschlüssen (sichtbar im Anschnitt) (+++) b) Schokolade hat deutlichen „knack" (+) c) Karamellmasse ist zehr zäh, aber nicht brüchig (bissfeste Masse) und bei Berührung bei Raumtemperatur kaum klebrig (++)	- Vereinzelte Lufteinschlüsse im Anschnitt i. o., - „zerfallen" (bröselig) nicht i. o. - Schokolade, die nicht bricht, sondern nachgibt/bröselt ist nicht i. o. - Karamellmasse, die bei Berührung bei Raumtemperatur Fäden zieht, ist nicht i. o.
Flavour/Geschmack a) Flavour nach Karamell b) Flavour nach Zartbitterschokolade c) Flavour nach Erdnuss mit Röstaromen d) leichte Salz-Note e) deutliche Süße f) kein Fehlflavour/ Geschmack	- wenn alle drei Aromen leicht wahrnehmbar sind i. o. - zu süße Schokolade nicht i. o. - keine Salz-Note nicht i. o. - keine geröstete Erdnuss/muffig nicht i. o. - angebrannter/bitterer/brandiger/muffiger Geschmack nicht i. o. - Ranzigkeit nicht i. o.
Mundgefühl a) Leicht fettiger Belag verbleibt im Mund (Nachgeschmack) (+) b) Kauintensiv/ kompakt (+) c) Erdnüsse sind deutlich als große, etwas knackigere Stücke wahrnehmbar (+++)	- Leicht fettiger Belag ist i. o. - Zu weiche Konsistenz nicht i. o. - Harte Konsistenz (nicht mehr zäh, Riegel bricht beim Abbeißen) nicht i. o. - Keine ganzen/großen Erdnüsse wahrnehmbar nicht i. o.

Anmerkung: Lagerbedingung: Vor Wärme, Feuchtigkeit und direkter Sonneneinstrahlung geschützt

© 2025 Alessandra D. S. Legler, Alle Rechte vorbehalten.

Abb. 4.2 Sensorische Spezifikation eines Schokoladen-Erdnuss-Riegels. (Bildquelle: Eigene Darstellung, Quellen: DIN 10973:2013-06; DIN 10964:2014-11; DIN 10969:2018-04)

Übersicht
- gleichbleibende Beleuchtung (Tageslichtleuchten);
- geruchsarme Atmosphäre (ausreichende Lüftung);
- geräuscharme Umgebung;
- von der Produktionsanlage getrennte Arbeitsfläche

Tab. 4.3 Entscheidungsregeln zur Beurteilung, ob ein Produkt innerhalb der außerhalb seiner sensorischen Spezifikation liegt

Kategorie	Definition	Beurteilung
Innerhalb (der sensorischen Spezifikation)	Das Prüfmuster entspricht den idealen bis nahezu idealen festgelegten sensorischen Eigenschaften	Freigabe
noch innerhalb (der sensorischen Spezifikation)	Das Prüfmuster liegt noch innerhalb seiner Spezifikation, aber eine oder mehrere kleine Abweichungen wurden festgestellt	Freigabe – Korrigierende Maßnahmen empfehlen
schon außerhalb (der sensorischen Spezifikation)	Die sensorischen Eigenschaften des Prüfmusters liegen außerhalb seiner Spezifikation	Keine Freigabe – Korrigierende Maßnahmen einleiten
außerhalb (der sensorischen Spezifikation)	Das Prüfmuster ist unbrauchbar, es wurde ein schwerwiegender Fehler festgestellt	Keine Freigabe – sofortige korrigierende Maßnahmen sind unumgänglich

Quelle: verändert nach DIN 10973:2013-06

4.4.3 Proben

Es kann ein **Produkt-Standard als Referenz (Referenzmuster)** vorgegeben und in der Prüfung eingesetzt werden. Dieses Referenzmuster muss innerhalb der sensorischen Spezifikation liegen. Bei dem Referenzmuster kann es sich auch um ein Prüfmuster handeln, welches bereits freigegeben worden ist und unter optimalen Bedingungen unter geringen Qualitätsveränderungen gelagert wurde (bei Prüfmustern mit langer Mindesthaltbarkeit oder ein unter kontrollierten Bedingungen hergestelltes Prüfmuster.

Der Produkt-Standard (das Referenzmuster) wird mit verschiedenen **Prüfmustern** verglichen. Die Prüfmuster können sich z. B. im Vergleich zum Standard in einem Rohstoff, in der Zubereitung, oder in der Art oder Länge der Lagerung unterscheiden. Die Prüfproben sollten ein repräsentatives Bild der Prüfmuster zulassen (eine Probe von einer Pizza sollte z. B. alle Zutaten des Belags enthalten). Die Art der Probenahme und Probenmenge für das Prüfmuster ist vom Zustand des Prüfmaterials und vom Zweck der Prüfung abhängig. Für die Prüfmuster (kann nach Art der Prüfmuster variieren) sollte zudem festgelegt werden,

> **Übersicht**
> - Art der Zubereitung und des Anrichtens der Prüfproben (typischerweise üblich für den Verzehr),
> - die Prüfprobenmenge,
> - die Anzahl der Prüfproben,
> - die Temperatur der Prüfproben,
> - das Maskieren einzelner Merkmale.

Die Proben der Prüfmuster sollten zudem keine Rückschlüsse auf die Herkunft zulassen (z. B. welcher ausgetauschte Rohstoff in der Probe vorhanden ist), in der Darreichung identisch und mit dreistelligen Zufallszahlen verschlüsselt sein.

4.4.4 Prüfpersonen

Dieses Verfahren sollte nur von geschulten Prüfern durchgeführt werden. Die Prüfpersonen müssen daher für dieses Testverfahren geschult sein, Produktkenntnisse haben, regelmäßig an Prüfungen mitwirken und in festgelegten Intervallen ihre Eignung nachweisen. Es sollten mindestens drei Prüfer den Test durchführen. Die Anzahl richtet sich auch nach den betrieblichen Anforderungen. Mit steigender Anzahl der Prüfer nimmt die Trennschärfe des Ergebnisses zu und die Art der Auswertung ändert sich (siehe Tab. 4.4 und Abschn. 4.2.1.1).

4.4.5 Auswertung

Vor der Prüfung ist festzulegen, wie hoch der Prozentsatz an Innerhalb-Antworten sein muss, um ein Prüfmuster freizugeben und ab welchen Prozentsätzen eine Nachbearbeitung oder ein Verwerfen notwendig wird. Das Ergebnis der Innerhalb/Außerhalb-Prüfung wird in Prozent mit Angabe der Anzahl an Prüfern ausgedrückt. Auf Basis dieses Ergebnisses ist zu entscheiden, ob das Produkt freigegeben, überarbeitet oder gesperrt wird (siehe Tab. 4.4).

4.4.6 Beispiel Beschreibende, skalierte Innerhalb/Außerhalb-Prüfung zur Überprüfung des MHD am Beispiel „Schokoladen-Erdnuss-Protein-Riegel"

Hintergrund und Zielsetzung der Prüfung

Für einen Schokoladen-Erdnuss-Protein-Riegel soll ein gewähltes Mindesthaltbarkeitsdatum überprüft werden. Mit Hilfe einer skalierten Innerhalb/Außerhalb-Prüfung wird getestet, ob sich der Schokoladen-Erdnuss-Riegel nach 12 Monaten Aufbewahrung in der Originalverpackung, bei den festgelegten Lagerbedingungen noch innerhalb der sensorischen Spezifikation befindet. Ob eine sensorische Veränderung stattfindet, wird innerhalb dieses Zeitraumes in festgelegten Abständen überprüft.

4.4.6.1 Festzulegende Kriterien

Der Produktstandard wird zunächst definiert (muss innerhalb der festgelegten sensorischen Spezifikation liegen, siehe Abb. 4.2). Das kann beispielsweise ein Schokoladen-Erdnuss-Protein-Riegel sein, dessen Produktion nicht weiter zurück liegt als 7 Tage und welcher sich innerhalb der sensorischen Spezi-

Tab. 4.4 Zu ergreifende Maßnahmen nach Auswertung der Innerhalb/Außerhalb-Prüfung in Abhängigkeit von der Prüferanzahl

<8 Prüfpersonen		
Bewertung der Probe	Prozentualer Anteil der Antworten	Maßnahme
Innerhalb und noch innerhalb	100 %	Freigabe erfolgt nur bei 100 % Innerhalb-Antworten
> 8 Prüfpersonen		
Bewertung der Probe	Prozentualer Anteil der Antworten	Maßnahme
Innerhalb und noch innerhalb	100 %	Sofortige Freigabe
	>75 %	Korrigierende Maßnahmen
	75 % bis 55 %	Weitere Prüfung notwendig, korrigierende Maßnahmen notwendig
	<55 %	Verworfen, wenn möglich Ware überarbeiten
10 Prüfpersonen		
Bewertung der Probe	Prozentualer Anteil der Antworten	Maßnahme
Innerhalb und noch innerhalb	100 %	Standardmäßige Freigabe
Innerhalb und noch innerhalb außerhalb	Min. 70 %	Freigab unter Vorbehalt
Innerhalb und noch innerhalb außerhalb	Min. 50 % 0 %	Freigabe durch Management oder Nachbearbeitung
Innerhalb und noch innerhalb außerhalb	Min. 50 % 10 %	Keine Freigabe, eventuell Nachbearbeitung

Quelle: verändert nach DIN 10973:2013-06

fikation befindet. Die sensorische Spezifikation kann auf der Basis einer Profilprüfung (nach DIN 10964:2014-11), bzw. einer beschreibendenn Prüfung mit anschließender Qualitätsbewertung (nach DIN 10969:2018-04) erstellt werden. Die Abb. 4.2 zeigt ein Beispiel für eine sensorische Spezifikation eines Schokoladen-Erdnuss-Riegels. Zudem müssen Lagerbedingungen festgelegt werden, bei welchen ein bestimmtes Mindesthaltbarkeitsdatum erreicht werden soll (siehe auch Abschn. 8.6.1). Bei der Auswahl dieses MHDs kann sich z. B. an Vergleichsprodukten, auch von Wettbewerbern am Markt, orientiert werden.

Festgelegt werden zudem die Anzahl der durchzuführenden Prüfungen, die Prüfungsintervalle und teilnehmenden Prüfpersonen (Tab. 4.5). Entsprechend der Anzahl der festgelegten Prüfpersonen werden zur Auswertung der Prüfung die entsprechenden Entscheidungskriterien herangezogen (siehe Tab. 4.4). Ein Probenplan wird erstellt und angelehnt an diesen die Prüfmuster produziert und eingelagert.

4.4 Beispiel für eine analytische Testmethoden ...

Tab. 4.5 Probenplan für die Überprüfung eines geschätzten MHDs von 12 Monaten für einen Schokoladen-Erdnuss-Proteinriegel

Prüfverfahren:	Skalierte Innerhalb/Außerhalb-Prüfung nach DIN EN ISO 8589					
Ausgangspunkt (Beginn der Prüfreihe):	Datum: XX.XX.XXXX (unmittelbar nach der Produktion der Prüfmuster)					
Prüfdauer:	15 Monate – abgeschätzte Mindesthaltbarkeit nach Mitbewerbern auf dem Markt mit vergleichbaren Produkten (12 Monate) + 25 % des geschätzten MHDs					
Endpunkt:	Datum: XX.XX.XXXX					
Prüfungsintervalle:	nach 3, 6, 9, 12 und 15 Monaten					
Teilnehmende Prüfpersonen:	8 geschulte Prüfer aus einem sensorischen Panel (besteht aus 20 geschulten Prüfern)					
Prüfmuster:	Schokoladen-Erdnuss-Protein-Riegel, die zum selben Produktionszeitpunkt, aus denselben Rohstoffchargen im Labormaßstab hergestellt und verpackt worden sind					
Festgelegte Lagerbedingungen für die Prüfmuster:	Originalverpackt, geschützt vor direkter Sonneneinstrahlung durch Lagerung in einem Karton in einem Lagerraum ohne Fenster					
Nicht festgelegte Lagerbedingungen für die Prüfmuster:	Raumtemperatur und Luftfeuchtigkeit am Lagerort werden konstant aufgezeichnet und in wöchentlichen Intervallen überprüft					
Referenzmuster:	Frisch produzierte Schokoladen-Erdnuss-Protein-Riegel (max. 24 h alt), hergestellt im Labormaßstab nach derselben Rezeptur wie die Prüfmuster					
Benötigte Muster:	nach 3 Monaten	nach 6 Monaten	nach 9 Monaten	nach 12 Monaten	nach 15 Monaten	Muster insgesamt
Referenzmuster	min. 8	min. 8	Min. 8	min. 8	min. 8	5 × 8 zum jeweiligen Prüfungszeitpunkt
Prüfmuster	min. 8	min. 8	min. 8	min. 8	min. 8	Gesamt: min. 40

Quellen: nach DIN ISO 16779:2018-05; DIN 10973:2013-06

4.4.6.2 Durchführung der Prüfung der skalierten Innerhalb/Außerhalb-Prüfung

Für die Durchführung einer Prüfung (z. B. nach 12 Monaten) wird die festgelegte Anzahl der eingelagerten Prüfmuster mit einem Referenzmuster, welches frisch produziert worden ist (max. 24 h alt nach dem Probenplan, siehe Tab. 4.5), in einer skalierten Innerhalb/Außerhalb-Prüfung verglichen. Es wird jeweils pro Prüfperson ein ganzer (Prüfmuster und Referenzmuster) Riegel auf einem weißen Teller als Probe gereicht. Das Referenzmuster ist gekennzeichnet. Eine Anonymisierung des Prüfmusters wird in diesem Fall nicht benötigt, da nur eines vorliegt. Die Prüfpersonen sind für das Verfahren geschult und haben entsprechende Produktkenntnisse. Die sensorische Produktspezifikation sollte den Prüfern daher bekannt sein. Zu den Mustern wird ein Prüfbogen gereicht (Abb. 4.3). Das hier gezeigte Beispiel für einen Prüfbogen ermöglicht den Prüfern die Bewertung aller Attribute des Produktes im Einzelnen. Bei jedem Attribut kann entschieden werden, ob es im Vergleich zum Referenzmuster innerhalb oder außerhalb der sensorischen Spezifikation liegt (Teilprofil). Sollten ein oder mehrere Attribute als grenzwertig eingestuft werden oder außerhalb der Spezifikation liegen, muss der Prüfer entscheiden, ob das Attribut so gewichtet wird, dass die Abweichung ausreicht um das Produkt als „schon außerhalb" oder „außerhalb" der Spezifikation im Ganzen einzustufen. Diese Gesamteinschätzung wird in der oberen Tabelle vorgenommen. Nur diese Tabelle wird bei der Ergebnisauswertung zur Freigabe des Produktes herangezogen. Wie viele „noch innerhalb" und „innerhalb" Einschätzungen/Antworten ausreichen für eine Freigabe, hängt von der Anzahl der Prüfer ab (siehe Tab. 4.4).

4.4.6.3 Prüfbericht

Das Vorgehen und die Ergebnisse einer sensorischen Prüfung sollten in einem Prüfbericht zusammengefasst und dokumentiert werden. Damit zu einem späteren Zeitpunkt nachvollzogen werden kann, *was*, mit welcher Methode *wie* geprüft worden ist, sollte ein Prüfbericht folgende Angaben enthalten:

- Verweis auf die Norm und die zugrunde gelegten Normen,
- Zweck der Prüfung,
- Art des Prüfmusters,
- Einflussgrößen, die nach dieser Norm festzulegen oder zu vereinbaren sind,
- Anzahl der Prüfproben,
- gegebenenfalls Anzahl der Referenzproben,
- besondere Prüfanweisungen, wenn diese gegeben worden sind,
- Qualifikation und Anzahl der Prüfer,
- gegebenenfalls Abweichungen von den Festlegungen dieser Norm,
- Entscheidungsregel, Ergebnisse der Prüfung und Schlussfolgerungen,
- Name des Prüfleiter
- Prüfdatum und Unterschrift.

Die Abb. 4.4 zeigt ein Beispiel, wie ein Prüfbericht erstellt werden könnte (Abb. 4.5).

4.5 Beispiel für eine hedonische Testmethode: Rangordnungsprüfung

Das Ziel einer Rangordnungsprüfung besteht darin, eine Reihe von Prüfmustern in eine Rangfolge zu bringen. Bei dieser Methode kommen ungeschulte Prüfer oder im betreffenden Verfahren (Rangordnungsprüfung) geschulte Verbraucher

4.5 Beispiel für eine hedonische Testmethode: ...

Prüfbogen: Skalierte Innerhalb/Außerhalb-Prüfung nach DIN 10973:2013-06

Produkt: Schokoladen-Erdnuss-Riegel

Prüfdatum: _____   Prüfer: _____

Ziel: Bestimmung des MHDs durch eine beschreibende (deskriptive) Innerhalb/Außerhalb-Prüfung

Bitte bewerten Sie, ob das vorliegende Prüfmuster innerhalb oder außerhalb seiner Spezifikation liegt. Der Standard ist als Referenz vorgegeben.

Prüfprobe Nr.	Innerhalb	Noch innerhalb	Schon außerhalb	Außerhalb	Bemerkungen

Teilprofil: Die grau unterlegten Kästchen entsprechen dem Standardprofil

Merkmalseigenschaft	Schwächer→Standard→Stärker	Bemerkungen
Aussehen		
a) Schokolade ist dunkel (zartbitter), glänzt matt	☐ ☐ ☐ ☐ ☐ ☐	
b) überzieht gleichmäßig die untere Hälfte des Riegels (leichte Absatzbildung)	☐ ☐ ☐ ☐ ☐ ☐	
c) Oberfläche zeigt keine Einschlüsse, Luftbläschen, Fettreifschlieren	☐ ☐ ☐ ☐ ☐ ☐	
d) Obere Hälfte des Riegels zeigt Ganze und Halbe Erdnüsse, wenig Bruch, ist etwas unregelmäßig und dünn mit einer glänzenden, durchsichtigen Karamellschicht überzogen	☐ ☐ ☐ ☐ ☐ ☐	
Textur		
a) Riegel ist kompakt mit wenig Lufteinschlüssen (Anschnitt)	☐ ☐ ☐ ☐ ☐ ☐	
b) Karamellmasse ist zeher zäh, aber nicht brüchig	☐ ☐ ☐ ☐ ☐ ☐	
c) Schokolade hat deutlichen „knack"	☐ ☐ ☐ ☐ ☐ ☐	
Flavour		
a) Süßlich, leicht karamellig	☐ ☐ ☐ ☐ ☐ ☐	
b) nach Schokolade	☐ ☐ ☐ ☐ ☐ ☐	
c) nach Erdnuss	☐ ☐ ☐ ☐ ☐ ☐	
Geschmack		
a) Sehr herbe Zartbitterschokolade	☐ ☐ ☐ ☐ ☐ ☐	
b) leichte Salz-Note	☐ ☐ ☐ ☐ ☐ ☐	
c) intensiv nach Erdnüssen mit Röstaromen	☐ ☐ ☐ ☐ ☐ ☐	
d) leicht nach hellem, süßem Karamell	☐ ☐ ☐ ☐ ☐ ☐	
Mundgefühl		
a) Leicht fettiger Belag verbleibt im Mund	☐ ☐ ☐ ☐ ☐ ☐	
b) Sehr zäh und kauintensiv insgesamt	☐ ☐ ☐ ☐ ☐ ☐	
c) Erdnüsse sind deutlich als große, etwas knackigere Stücke wahrnehmbar	☐ ☐ ☐ ☐ ☐ ☐	
Abweichung/Fehler	☐ ☐ ☐ ☐ ☐ Nicht wahrnehmbar→→stark	Beschreibung:

Abb. 4.3 Beispiel für einen Prüfbogen (Schokoladen-Erdnuss-Protein-Riegel). (Bildquelle: Eigenen Darstellung, angelehnt an DIN 10973:2013-06)

	Prüfbericht
	Überprüfung eines MHDs von 12 Monaten für einen Schokoladen-Erdnuss-Riegel
Prüfleiter:	
Methode:	Beschreibende (deskriptive) skalierte Innerhalb/Außerhalb-Prüfung
Vorgehen nach:	- (Verweis auf DIN z. B. DIN 10973:2013-06 Sensorische Prüfverfahren - Innerhalb/Außerhalb-Prüfung (In/out Test)) (Betriebsinterne Standards, Handbücher usw.) - (direkt einfügen oder Verweis auf sensorische Spezifikation) - (direkt einfügen oder Verweis auf Entscheidungsregeln)
Abweichend zu dem zugrunde gelegten Vorgehen	- Betrieblich standardmäßig min. 10 Prüfpersonen vorgesehen - Nur 8 Prüfer stehen zur Verfügung
Zweck:	Überprüfung, ob 12 Monate MHD gegeben werden können und das Produkt nach Ablauf dieser Zeit noch innerhalb der sensorischen Spezifikation liegt
Art des Prüfmusters:	Referenzmuster und Prüfmuster als ganze Riegel
Einflussgrößen:	- Z. B. Schwankungen bei der Lagerung der Prüfproben in der Lagertemperatur oder Luftfeuchte, Haltbarkeit/Frische der eingesetzten Rohstoffe,
Anzahl der Prüfproben:	- (direkt einfügen und/oder Verweis auf Probenplan)
Anzahl der Referenzproben:	- (direkt einfügen und/oder Verweis auf Probenplan)
Prüfanweisungen	- (direkt einfügen oder Verweis auf Prüfbogen)
Anzahl der Prüfer:	- 8 geschulte Prüfpersonen
Qualifikation der Prüfer	- Geschulte Prüfpersonen - (Nachweis/Verweis/Auflistung von Dokumentation über Schulungen)
Ergebnisse	(Ergebniszusammenfassung)
Schlussfolgerung	(Schlussfolgerung der Ergebnisse im Bezug zu der Prüferanzahl und die Entscheidungsregeln
Unterschrift des Prüfungsleiters	Prüfdatum

Abb. 4.4 Beispiel für einen Prüfbericht zur Dokumentation des Vorgehens und der Ergebnisse eines sensorischen Tests. (Bildquelle: Eigene Darstellung)

als Prüfpersonen infrage. Es sollten mindestens 60 Prüfpersonen je Gruppe eines Verbrauchertyps teilnehmen (DIN ISO 8587:2010-08). Das Verfahren ist für verschiedene Anwendungen geeignet, z. B. die Beurteilung der Leistung einer Prüfperson im Rahmen einer Schulung, zur Vorsortierung von Proben nach bestimmten Kriterien oder zur Bestimmung des Einflusses eines oder mehrerer Parameter auf den Intensitätsgrad. In Form eines Verbrauchertests bildet die Rangfolge die hedonische Präferenz des Verbrauchers ab.

Bewertet wird der Unterschied zwischen mehreren Proben, basierend auf der Intensität eines einzelnen Attributs, mehrerer Attribute oder eines Gesamteindrucks.

Es kann bei der statistischen Auswertung ermittelt werden, ob ein signifikanter Unterschied zwischen den zugewiesenen Rängen besteht, aber nicht, wie groß dieser ausfällt (DIN ISO 8587:2010-08).

Beispielsweise könnte getestet werden, welcher von drei verschiedenen Schokoladen-Erdnuss-Protein-Riegel-Prototypen einer zuvor definierten Zielgruppe am besten gefällt.

4.5.1 Planung des Verbrauchertests

Bei der Planung eines Verbrauchertests sollten unter anderem folgende Punkte beachtet werden:

> **Übersicht**
> (1) Ziel der Studie bzw. des Verbrauchertests (siehe Abschn. 4.5.1.1)
> (2) Prüfverfahren (siehe Abschn. 4.5.1.2)
> (3) Festlegungen für die zu prüfende Hypothese (siehe Abschn. 4.5.1.2)
> (4) Statistische Tests für die Auswertung und Interpretation der Ergebnisse (siehe Abschn. 4.5.1.2)
> (5) Auswahl der Proben (siehe Abschn. 4.5.1.3)
> (6) Zielgruppe (siehe Abschn. 4.5.1.4)
> (7) Größe der Verbraucherstichprobe und das Vorgehen zur Rekrutierung (siehe Abschn. 4.5.1.4)
> (8) Segmentierung der Verbraucherzielgruppe (siehe Abschn. 4.5.1.4)
> (9) Produktvorlageplan für die ausgewählten Prüfverfahren (siehe Kapitel)
> (10) Ort der Bewertung und der Prüfung (siehe Abschn. 4.2.2)
> (11) Anzahl der je Sitzung zu bewertenden Produkten
> (12) Vor- und Zubereitungsbereitungsbedingungen für die Proben (siehe Abschn. 4.5.1.5)
> (13) Erstellen eines Prüfberichts (siehe Abschn. 4.5.1.6) (DIN EN ISO 11136:2020-11)

4.5.1.1 Ziel der Studie/des Verbrauchertests

(1) Das Ziel in diesem Beispiel ist zu ermitteln, ob einer von drei verschiedenen Protein-Riegeln der Stichprobe der Zielgruppe am besten gefällt (es soll der Gesamteindruck bewertet werden) und ob die Anordnung in eine bestimmte Reihenfolge durch die Zuweisung verschiedener Ränge statistisch signifikant ist. Kann dies bei der Auswertung nicht festgestellt werden, muss die ermittelte Reihenfolge als zufällig betrachtet werden. Das würde bedeuten, dass alle drei Prototypen gleichermaßen beliebt oder unbeliebt sind. Sollte eine statistische Signifikanz bei der Zuweisung der unterschiedlichen Ränge festgestellt werden können, kann keine Aussage darüber getroffen werden, wie groß der Abstand zwischen den Rängen ist (DIN ISO 8587:2010-08).

```
┌─────────────────────────────────────────────────────────────────────────┐
│              Verbrauchertest – Schokoladen-Erdnuss-Proteinriegel        │
│                                                                         │
│  Name:_____  Datum:_____  Prüfung Nr. 04/120 │
└─────────────────────────────────────────────────────────────────────────┘
```

Ziel: Ermitteln welche Variante des Schokoladen-Erdnuss-Protein-Riegels bei den Verbrauchern der Zielgruppe am beliebtesten ist.

Ordnen Sie die ihnen vorliegenden Proben in einer Reihenfolge an. Tragen Sie dazu den Code der Probe, die ihnen insgesamt am besten gefällt ganz links in die Tabelle ein und die Probe, die ihnen am wenigsten gefällt ganz rechts.
Wenn Sie bei zwei Proben keinen Unterschied feststellen können, können Sie die Felder frei wählen. Es müssen alle drei Ränge vergeben werden.
Sie können die Proben in beliebiger Reihenfolge probieren. Rückverkostungen sind erlaubt. Bitte verzehren Sie mindestens die Hälfte jeder Probe.

Bitte tragen Sie die Codes in der Reihenfolge abnehmender Beliebtheit in die nachstehende Felder ein.

Rang	Gefällt am besten (Rang 1)	(Rang 2)	Gefällt am wenigsten (Rang 3)
Code			

Abb. 4.5 Beispielfragebogen zur Rekrutierung einer Verbraucherstichgruppe aus einer festgelegten Zielgruppe. (Bildquelle: Eigenen Darstellung, Quellen: DIN EN ISO 11136:2020-11, Derndorfer 2023, S. 160–161)

4.5.1.2 Prüfverfahren/Hypothese/Statistische Auswertung

(2+3+4) Als Prüfverfahren wird eine Rangordnungsprüfung mit 3 vergleichbaren Proben durchgeführt. Ein Beispiel für ein Prüfformular, welches vom teilnehmenden Verbraucher auszufüllen ist, ist in Abb. 4.6 gegeben. Die Codes der Proben (z. B. 462, 741 und 591) werden vom teilnehmenden Verbraucher nach hedonischer Beliebtheit der Proben von links (am beliebtesten) nach rechts (am wenigsten beliebt) in die Tabelle eingetragen und dadurch einem Rang zugeordnet (z. B. links (am beliebtesten) = Range 1). Die Antworten der Teilnehmer werden im Anschluss in einer Tabelle zusammengefasst (siehe Tab. 4.6). Ausgewertet wird die Rangordnungsprüfung über eine Varianzanalyse, den Friedmann-Test. Dieser kann angewendet werden, wenn mehr als 2 Proben in eine Rangfolge gebracht werden sollen und ein vollständiger Blockplan verwendet wird. Es wird berechnet, ob die Varianz zwischen den Gruppen größer ist, als die Varianz innerhalb der Gruppe. Beantwortet werden soll die Frage, ob sich die Gruppen signifikant voneinander unterscheiden oder nicht. Geprüft wird daher die Nullhypothese

H_0: Es besteht kein Unterschied zwischen den Proben mit der Irrtumswahrscheinlichkeit α

Wenn durch das Ergebnis der Auswertung die Nullhypothese verworfen werden kann, kann ein signifikanter Unterschied bei mindestens 2 Proben festgestellt

4.5 Beispiel für eine hedonische Testmethode: ...

	Kontaktinterview Projekt: _____ Fragebogen-Nr. ___/140	Mögliche Antworten	x	Weiter zu Frage
1	Haben Sie schon einmal an einer Befragung zu Marktforschungszwecken teilgenommen?	Ja		Zu 2
		Nein		Zu 3
2	Wann haben sie das letzte Mal teilgenommen?	Unter 6 Monaten		Ende
		Über 6 Monate		Zu 3 a
3a	Sind Sie oder jemand aus Ihrem Bekannten- oder Familienkreis in einer der folgenden Branchen tätig?	Marktforschung/Werbung/ Journalismus/Marketing		Ende
		Gastronomie-Branche/Tourismus		Zu 3b
		E-Commerce		
		Kunst/Kultur/Freizeit		
		Dienstleistungen und Handwerk		
		Keine der genannten Branchen		
3b	In welchem Arbeitsverhältnis befinden sie sich?	Vollzeit		Zu 4
		Teilzeit		
		Selbstständige/r		
		Rente/Pension		
		Andere		Ende
4	In welcher Altersgruppe befinden Sie sich?	18 – 24 Jahre		Zu 5
		25 – 29 Jahre		
		30 – 34 Jahre		
		35 – 39 Jahre		
		40 – 44 Jahre		
		45 – 59 Jahre		
		Über 59 Jahre		
5	Welchem Geschlecht fühlen sie sich zugehörig?	Weiblich		Zu 6
		Männlich		
		Keine Auskunft/andere:		
6a	Leben Sie…	…in der Stadt		Zu 6b
		…in der Vorstadt		
		…ländlich		
6b	Wie lautet ihre Postleitzahl?	Postleitzahl:		Zu 7
7	An welchem dieser Orte kaufen sie regelmäßig ein?	Supermarkt		Zu 8
		Diskounter		
		Wochenmarkt		Zu 9
8	Welcher Supermarkt oder Diskounter?	Rewe / EDEKA		Zu 9
		Kaufland / Aldi / Lidl / Penny		
		Andere:		
9a	Haben Sie eines dieser Lebensmittel oder ein ähnliches Lebensmittel in letzter Zeit gekauft?	Protein-Schokoriegel (Beispiel Lebensmittel a)		
		Protein-Riegel ohne Schokolade (Beispiel Lebensmittel b)		Zu 9b
		Protein-Riegel Zuckerreduziert (Beispiel Lebensmittel c)		
		Andere:		
		Keines davon		
9b	Haben Sie eines der in 9a genannten Lebensmittel verwendet oder konsumiert?	Ja		Zu 10
		Nein		Ende
10	Wie häufig haben Sie das Lebensmittel konsumiert oder verwendet?	Mehrmals täglich		Zu 11
		Täglich		
		Mehrmals in der Woche		
		Ca. einmal in der Woche		
		Ca. einmal alle 14 Tage		
		Ca. 1-mal im Monat		Ende
		Weniger als 1-mal im Monat		
11a	Betreiben sie regelmäßig (min. 1-mal in der Woche) Sport?	Ja		Zu 11b
		Nein		Ende
11b	Wo betreiben Sie Sport?	Im Sportverein		Zu 12
		Im Fitnessstudio		
		Andere:		
12	Sind Sie Diabetiker?	Ja		Ende
		Nein		Zu 13
13	Haben sie Lebensmittelallergien?	Ja		Ende
		Nein		OK

Abb. 4.6 Beispiel für ein Prüfformular für eine Rangordnungsprüfung als Verbrauchertest. (Bildquelle: Eigenen Darstellung angelehnt an DIN ISO 8587:2010-08)

Tab. 4.6 Beispielergebnis von 120 Prüfpersonen bei einem vollständigen Blockplan

Prüfperson	Proben mit zugeordnetem Rang			Rangsummen
	462	741	591	
1	3	2	1	6
2	2	3	1	6
3	1	2	1	6
…				6
120	2	1	3	6
Rangsummen	233	307	180	720

Quelle: Verändert nach DIN ISO 8587:2010-08

werden (DIN ISO 8587:2010-08). Das würde darauf hinweisen, dass eine Variante des Riegels bei den Verbrauchern beliebter ist, als eine andere.

4.5.1.3 Probenauswahl
(5) Bewertet werden sollen 3 verschiedene Prototypen des Schokoladen-Erdnuss-Protein-Riegels, die sich in der verwendeten Karamellmenge unterscheiden. Dadurch weisen die Prototypen eine unterschiedlich intensive Süße und eine leicht voneinander abweichende Konsistenz auf (je mehr Karamell verwendet wird, desto süßer und weicher bzw. kauintensiver sind die Prototypen).

4.5.1.4 Zielgruppe/Verbraucherstichprobe
(6 + 7 + 8) Die Zielgruppe (siehe auch Abschn. 4.2.1.2) wurde für dieses Beispiel wie folgt festgelegt:

> Hobbysportler (nach eigener Definition) mit regelmäßigen, mittleren Einkommen, die Proteinriegel regelmäßig (min 1-Mal alle 14 Tage) verzehren und hauptsächlich in urbanen Gegenden im Nord-Westen Deutschlands leben (Nordrhein-Westfalen, Niedersachsen, Hamburg, Bremen).

Die Stichprobe soll nach Verbrauchern segmentiert werden, die Proteinriegel täglich oder mehrmals wöchentlich und Verbrauchern, die Protein-Riegel ca. 1-mal in der Woche bis 1-mal innerhalb von 14 Tagen verzehren. Es wird daher eine Verbraucherstichprobe von min. 120 Teilnehmern benötigt, die der Definition der Zielgruppe entsprechen (DIN ISO 8587:2010-08, DIN EN ISO 11136:2020-11).

Mithilfe eines Fragebogens können Verbraucher der Zielgruppe ausfindig und rekrutiert werden. Die Rekrutierung in diesem Fall findet als eine Verbraucherbefragung in einer Fußgängerzone statt. Die potenziellen Studienteilnehmer werden mithilfe eines Fragebogens befragt (siehe Abb. 4.5). Sie können den Fragebogen nicht einsehen, dieser wird stattdessen von dem Interviewer ausgefüllt und als Leitfaden für das Rekrutierungsgespräch verwendet. Die Befragten können auf diese Weise nicht feststellen, welches die Kriterien zur Teilnahme oder für den Ausschluss sind. Auch wenn im Lauf des Interviews der Befragte von der Teilnahme an der sensorischen Prüfung ausgeschlossen wird (wenn die Beantwortung einer Frage zu einem Feld „Ende" führt), sollte das Interview zu Ende geführt werden. Wenn die Stichprobe aus min. 120 Personen, die der Zielgruppe entsprechen sollen, bestehen soll, sollte eine gewisse Überrekrutierung stattfinden. So kann ausgeglichen werden, wenn Teilnehmer den Fragebogen in der Prüfung falsch oder nicht vollständig ausfüllen.

4.5.1.5 Produktvorlageplan/Anzahl der Proben/Sitzungen
(9+10+11) Für den Test kann zwischen verschiedenen Versuchsplänen (Probenvorlageplan) gewählt werden. Bei einem vollständigen Blockplan werden allen Prüfpersonen alle Proben vorgelegt. Sollte die Anzahl der Proben (unterschiedlich in Abhängigkeit von dem jeweiligen Lebensmittel, etwa wenn dieses besonders scharf oder salzig ist) dafür zu groß sein, können auch balancierte unvollständige Blockpläne aufgestellt werden. Bei diesen wird jeder Prüfperson in randomisierter Reihenfolge nur eine bestimmte Teilmenge der Proben dargereicht (DIN ISO 8587:2010-08).

In diesem Beispiel wird ein vollständiger Blockplan verwendet, es werden also alle Proben (drei verschiedenen Protein-Riegel-Prototypen) allen Prüfpersonen vorgelegt.

In Abhängigkeit der Größe der Verbraucherstichprobe (min. 120) und zur Verfügung stehenden Prüfplätzen (8) kann mit min. 15 Sitzungen, verteilt über 5 Tage (d. h. 3 Sitzungen/Tag mit jeweils 8 Teilnehmern) gerechnet werden.

Als Ort der Prüfung wird ein Raum genutzt, der aufgabenspezifisch vorübergehend für die Durchführung eines sensorischen Tests eingerichtet worden ist. Vorbereitungsbereich und der Prüfbereich sind getrennt. Die Verbraucher werden physisch durch verschiebbare Stellwände voneinander getrennt. Auf diese Weise können 8 Prüfplätze geschaffen werden (siehe auch Abschn. 4.2.2) (DIN EN ISO 11136:2020-11).

4.5.1.6 Vor- und Zubereitungsbereitungsbedingungen für die Proben
(12) Wenn der Einfluss von Marke oder andere Einflussfaktoren nicht berücksichtigt werden sollen, sondern die Präferenz sich allein auf ein oder mehrere sensorische Kriterien bzw. den Gesamteindruck des Produktes bezieht, dürfen die Prüfpersonen aus der Art und Weise, wie die Proben vorgelegt werden, keine Schlüsse über diese ziehen können. Es gilt diese so herzurichten, dass möglichst vergleichbar und durch 3- stelligen Zufallszahlen verschlüsselt bzw. später identifizierbar sind (alle sollten z. B. dieselbe Temperatur bei gleicher Probenmenge aufweisen) (siehe auf Abschn. 4.2.3) (DIN ISO 8587:2010-08).

Da der unterschiedliche Karamellgehalt der drei Proben nicht optisch zu erkennen ist, müssen die Riegel nicht maskiert werden. Die Riegel werden üblicherweise bei Raumtemperatur verzehrt, sie können daher auf drei weißen, kleinen

Tellern, die mit der dreistelligen Zufallszahl codiert sind, vorbereitet werden. Es werden jedem Teilnehmer jeweils drei ganze Riegel zur Verfügung gestellt, damit diese sich einen Gesamteindruck verschaffen können. Verzehrt werden muss jeweils mindestens die Hälfte jeder Probe.

4.5.1.7 Prüfbericht

(14) Über den durchgeführten Test sollte abschließend ein Studienbericht bzw. Prüfbericht erstellt werden. Es empfiehlt sich zu Beginn eine kurze Zusammenfassung der Ergebnisse und die wichtigsten Schlussfolgerungen aufzuführen. Der Bericht sollte zudem Informationen enthalten über:

- Allgemeines (z. B. wann, welcher Test durchgeführt worden ist, verantwortliche Personen, Ziel der sensorischen Prüfung, angewendetes Verfahren/Testmethode, verweis auf die Internationale Norm),
- Die Produkte (z. B. Anzahl, Beschreibung, Zutaten, Herstelldatum, MHD, Verfahren der Probennahme, Lagerbedingungen, Probenvorbereitung, Probendarreichung, Reihenfolge der Vorlage in der Sitzung usw.),
- Das Prüfverfahren (z. B. Verweis auf die Norm oder Beschreibung, wenn ein ungenormtes Verfahren angewandt wird, gestellte Fragen und Antwortskalen, Verfahren zur Datenerhebung, Verfahrensablauf, Anzahl der Sitzungen mit Datum, Uhrzeit und Dauer, Beschreibung des Prüfortes und der dort herrschenden Bedingungen, verwendetes Geschirr, Anweisungen an die Verbraucher),
- Die Verbraucher (u. a. Beschreibung der Zielgruppe, Beschreibung der Verbraucherstichprobe mit Größe und Kategorien, Informationen über die Rekrutierung (Erstrekrutierung oder Verbraucherpool)
- Und die Ergebnisse (Zusammenfassung der Rohdaten in Tabellen und/oder Grafiken, Analysen und Interpretation der Ergebnisse, statistische Schlussfolgerungen usw.).

In der Studie verwendete Fragebögen usw. können ebenfalls als Anhang in den Bericht eingefügt werden (DIN EN ISO 11136:2020-11).

4.5.2 Hinweise zur Durchführung

Vor dem Beginn der Prüfung kann das Rangordnungsverfahren den Verbrauchern demonstriert werden. Durch Vorabsprachen sollte sichergestellt werden, dass alle Teilnehmenden das zu prüfende Kriterium in gleicher Weise verstehen. Die Teilnehmenden müssen außerdem über den Zweck der Prüfung – in diesem Fall das Einordnen der Proben in eine Rangfolge – informiert werden. Alle Prüfpersonen müssen unter denselben Bedingungen die Prüfung durchführen können. Auch bei mehreren Sitzungen muss die Prüfung daher immer am selben Prüfort stattfinden (DIN ISO 8587:2010-08).

Zusätzliche Fragen (an den Verbraucher) bei der Prüfung
Grundsätzlich können zusätzliche Fragen über den Verbraucher oder über die von diesen bewerteten Produkten im Rahmen der Prüfung gestellt werden. Die zusätzlichen Fragen können vor oder nach der Teilnahme an dem sensorischen Test gestellt werden. Beides kann den Test beeinflussen. Fragen, die vorher gestellt werden, können z. B. die Aufmerksamkeit auf bestimmte Produktmerkmale lenken („Bevorzugen Sie knusprige oder weiche, kauintensive Proteinriegel?"). Fragen, die im Nachhinein gestellt werden, könnten dagegen vom Test beeinflusst beantwortet werden. Die Fragen können sowohl offen, als auch geschlossen formuliert werden. Die Anzahl der zusätzlich gestellten Fragen sollte so gering wie möglich ausfallen. Außerdem sollten diese auf einem separaten Blatt oder Bildschirm stehen, um das Risiko der Beeinflussung des Tests oder durch den Test zu minimieren (DIN EN ISO 11136:2020-11).

Anweisungen für den Verbraucher
Der Verbraucher ist in den Verfahren nicht geschult, weshalb er vor der Teilnahme an dem Test eine mündliche oder schriftliche Anweisung erhalten muss. Diese Anweisung muss auch später in den Prüfungsbericht aufgenommen werden. Es sollten folgende Punkte beachtet werden:

- Mindest- und Höchstmengen, die jeder Verbraucher vor seiner Beurteilung bewerten muss (z. B. dass mindestens die Hälfte des Proteinriegels verzehrt werden muss)
- Verfahren mit dem Fragebogen nach dem Ausfüllen (z. B. abgeben, umdrehen, oder im Falle der Verwendung eines Programms dieses schließen oder nicht)
- Pausen, ob es diese gibt, deren Dauer und erlaubte Aktivitäten
- Bedeutung und Format der gestellten Fragen (DIN EN ISO 11136:2020-11)

4.6 Sensorische Schnellmethoden

Nach DIN standardisierte sensorische Methoden sind häufig aufwendig in ihrer Durchführung, was einen hohen Ressourcen- und Zeitaufwand bedeutet. Sensorische Schnellmethoden versuchen die aufwendige Schulungszeit, wie sie z. B. zum Aufbau eines Panels benötigt wird (siehe Abschn. 4.2.1.1), zu reduzieren bzw. vollständig auszulassen. Die Schnelltestmethoden sollen einfach anzuwenden sein und können mit Verbrauchern als Prüfpersonen durchgeführt werden. Dadurch ist der Grad der Standardisierung allerdings auch gering und die Variabilität hoch, was die Aussagekraft verringert. Sensorische Schnellmethoden können daher dabei helfen, einen raschen Überblick über Produkte und deren relative Ähnlichkeit bzgl. sensorischer Eigenschaften zu erhalten, sie ergeben aber kein umfassend genaues sensorisches Profil einzelner Proben (Schneider-Händer und Derndorfer 2016, S. 1–11).

4.6.1 CATA

Check all that apply (CATA) zählt zu den sensorischen Schnellmethoden. Die Methode eignet sich für die verbale Beschreibung von wenig komplexen Lebensmitteln oder zum Vergleich von Produktproben mit deutlichen Unterschieden. Typische Anwendungsgebiete sind die Qualitätskontrolle, wobei eine CATA-Checkliste genutzt werden kann, um mögliche Produktfehler zu beschreiben und die Konsumentenforschung in Kombination mit Beliebtheitstests, um beliebte Geschmacksrichtungen zu ermitteln (Seuß-Baum et al. 2022, S. 10). Die sensorische Beschreibung von Produkteigenschaften kann durch eine deskriptive Methode wie die Erstellung eines konventionellen Profils erfolgen. Dabei werden die Produkte von einem trainierten Panel beschrieben und die Eigenschaften nach ihrer Intensität bewertet, was den hohen Aufwand des Zusammenstellens und Trainierens eines Panels mit sich bringt. CATA hingegen wird auch mit untrainierten oder wenig trainierten Testern durchgeführt, um Proben grob zu charakterisieren oder relative Vergleiche im Bezug auf andere Proben herzustellen. Die Methode kann mit einer Beliebtheitsprüfung (z. B. der Frage nach der Akzeptanz) kombiniert werden. Es handelt sich, im Gegensatz zu der Methode zur Erstellung eines konventionellen Profils (intensitätsbasiertes Prüfverfahren), um eine häufigkeitsbasierte Methode. Die Prüfer verkosten dabei mindestens eine Probe und wählen aus einer Liste von vorgegebenen Merkmalen alle zutreffenden aus (siehe Abb. 4.7). Die am häufigsten ausgewählten Begriffe gelten als die wichtigsten. Die Auswertung erfolgt z. B. über ein Tabellenkalkulationsprogramm wie EXCEL. Wie häufig ein Begriff ausgewählt worden ist, kann mit der Intensität des Attributes korrelieren (Jaeger et al. 2020). Die Merkmale (Deskriptoren) können zuvor von Prüfern erarbeitet oder vom Prüfleiter vorgegeben werden. Sie können aus Begriffssammlungen (z. B. Die sensorische Fachsprache 2018, DLG-Fachvokabular Sensorik 2015, Lebensmittel-Aromaräder) oder wissenschaftlichen Studien stammen. Die Vorauswahl der Begriffe erzeugt ein Bias. Zum einen können die Prüfpersonen Eigenschaften auswählen, die ihnen selbst vielleicht nicht eingefallen wären, dafür können Merkmale, die nicht aufgeführt wurden übersehen werden. Die Listen müssen in der Reihenfolge der Attribute (Begriffe) randomisiert werden. Prüfpersonen tendieren dazu die oberen Begriffe genauer zu lesen und vermehrt anzukreuzen. Es empfiehlt sich daher die Begriffe nach Sinnesmodulität (Empfingungskomplexe wie z. B. „schmecken") zu gruppieren und innerhalb dieser Kategorien zu randomisieren. Wie viele Begriffe (Länge der Liste) verwendet werden kann variieren. In der Fachliteratur werden Listen mit 10 bis 37 Begriffen verwendet. Kürzere Listen führen dazu, dass die Prüfpersonen Begriffe auswählen, die am ehesten ihre sensorische Wahrnehmung widerspiegeln, ohne diese eventuell exakt zu entsprechen. Längere Listen lassen mehr Genauigkeit zu und können zudem gegensätzliche Begriffe enthalten, die Klarheit darüber schaffen können, ob ein Merkmal wirklich war genommen wird (z. B. „Bitterkeit"). Längere Listen führen dazu, dass Begriffe seltener verwendet werden und ein erhöhter Aufwand beim randomisieren entsteht (Derndorfer 2020, S. 1–8; Tiepo et al. 2020).

4.6 Sensorische Schnellmethoden

> **Beispiel**
>
> Die Abb. 4.7 zeigt ein Beispiel für einen Prüfbogen um mit der CATA-Methode einen Pflanzendrink von ungeschulten Prüfpersonen beschreiben zu lassen. Die Prüfpersonen testen die Probe individuell und kreuzen alle zutreffenden Merkmale an. Merkmal sind nichtzutreffend, wenn die Prüfperson diese nicht wahrnimmt, diesem keine Aufmerksamkeit schenkt oder sich unsicher ist.
>
> Die Auswertung kann z. B. in EXCEL vorgenommen werden. Dazu werden die Ergebnisse der Prüfbögen in einer Häufigkeitstabelle zusammengefasst (Derndorfer 2020, S. 1–8) (siehe Tab. 4.7). Haben 45 ungeschulte Prüfpersonen

---

Checke all that apply (CATA) - Pflanzendrink

Name (Prüfer):_____

Datum:_____

Prüfprobe-Nr.:_____

Ziel: Beschreiben der Eigenschaften einer Pflanzenmilch.

Aufgabe: Sie erhalten die Probe eines Pflanzendrinks. Betrachten und probieren Sie diese. Kreuzen Sie an, welche der Beschreibungen zutreffen.

	Beschreibung (ankreuzen bei zutreffender Beschreibung)		Anmerkung
Aussehen	Weiß	☐	
	Beige	☐	
	Braun	☐	
Aroma & Geschmack	Süß	☐	
	Nicht süß	☐	
	Salzig	☐	
	Bitter	☐	
	Grasig	☐	
	Nussig	☐	
	getreidig	☐	
	Muffig	☐	
Mundgefühl	Glatt	☐	
	Samtig	☐	
	Fettig	☐	
	Wässrig	☐	

Abb. 4.7 Beispiel für einen Prüfbogen für die Methode CATA (Pflanzendrink). (Bildquelle: Eigene Darstellung, Quellen: Derndorfer 2023, S. 146, DIN 10969)

Tab. 4.7 Häufigkeitstabelle – Beispiel Ergebnis eines CATA

	Beschreibung	Häufigkeit der Auswahl
Aussehen	Weiß	0
	Beige	12
	Braun	36
Aroma & Geschmack	Süß	22
	Nicht süß	23
	Salzig	4
	Bitter	15
	Grasig	18
	Nussig	29
	getreidig	27
	Muffig	11
Mundgefühl	Glatt	36
	Samtig	6
	Fettig	8
	Wässrig	23

Quelle: angelehnt an Derndorfer 2023, S. 149

an dem Test teilgenommen, kann ein Attribut bis zu 45-Mal ausgewählt (angekreuzt) worden sein.

Die Häufigkeit der Auswahl kann mit der Intensität eines Attributs zusammenhängen. In der Kategorie *Aussehen* in Tab. 4.7 wurde das Attribut *braun* (36-Mal) deutlich häufiger ausgewählt als beige (12-Mal). Das Produkt kann daher ehr als braun beschrieben werden. Zusammen wurden die beiden Attribute *beige* und *braun* 48-Mal angekreuzt. Drei der insgesamt 45 Prüfpersonen konnte sich nicht zwischen de Attributen entscheiden und hat beide ausgewählt. Es haben ungefähr die Hälfte von 45 Prüfpersonen „Süße" in der Probe wahrgenommen und die andere Hälfte nicht. Dies könnte ein Hinweis darauf sein, dass die Süße des Produktes nah an der Wahrnehmungsschwelle liegt. Je nachdem, in welchem Zusammenhang der Test durchgeführt worden ist, führt dieses Ergebnis zu unterschiedlichen Handlungen. Ob der Unterschied zwischen den beiden Begriffen signifikant ist, kann mittels des Cochran's Q Tests ermittelt werden (Derndorfer 2020, S. 5). Erfolgte der Test innerhalb des Produktentwicklungsprozesses, könnte die Produkteigenschaft in die eine oder die andere Richtung optimiert werden – je nach Ziel des Produktentwicklungsteams. War das Ziel des Tests eine Qualitätskontrolle innerhalb der Produktion, kann das Ergebnis mit dem zuvor festgelegten sensorischen Profil abgeglichen und so überprüft werden, wie das Produkt hätte schmecken sollen. Innerhalb der Produktion kann dann bei Nicht-übereinstimmen gegengesteuert werden. ◄

4.6.2 Ähnlichkeitsmessungen

Zu den sensorischen Schnellmethoden zählen auch verschiedene Ähnlichkeitsmessungen wie z. B. das *Sorting, Mapping* und *Napping*. Bei diesen Methoden werden ähnliche Proben durch geschulte oder ungeschulte Prüfpersonen einander zugeordnet. Ziel ist der sensorische Vergleich der Produkte hinsichtlich ihrer relativen Ähnlichkeit zueinander. Eingesetzt werden können die Methoden zum Vergleich von Prototypen mit Konkurrenzprodukten oder zur Kategorisierung von Konkurrenzprodukten oder verschiedener Prototypen (Schneider-Händer und Derndorfer 2016, S. 1–11).

4.6.2.1 Sorting

Beim Free Sorting werden von den Prüfpersonen zeitgleich 6 bis 15 Proben einer Produkt-Gruppe (z. B. Haferdrink) verkostet und nach ihrer sensorischen Ähnlichkeit (ganzheitliche Betrachtung) individuell und intuitiv in verschiedene Gruppen sortiert. Es müssen mindestens zwei Gruppen mit jeweils mindestens 2 Produkten gebildet werden. Die Prüfpersonen entscheiden selber, wie viele Gruppen und nach welchen Kriterien sie diese bilden (Courcoux et al. 2015). Die Ergebnisse können mithilfe Multidimensionaler Skalierung (MDS) visualisiert werden, wodurch eine sensorische Landschaft der Produktgruppen entsteht. Aus den Bewertungen der Prüfer wird eine Ähnlichkeitsmatrix erstellt. Werden zwei Proben von mehreren Prüfern derselben Gruppe zugeordnet, werden diese als relativ ähnlich bewertet. Die Ähnlichkeiten werden in Distanzen konvertiert, woraus ein Ähnlichkeitsplot generiert wird. Die Distanzen spiegeln die Produktunterschiede nur relativ wider. Die gebildeten Gruppen können, müssen aber nicht, im Anschluss durch die Prüfer verbal sensorisch charakterisiert werden. Konsumenten werden in diesem Fall eventuell durch fehlende Deskriptoren in der Beschreibung limitiert (Courcoux et al. 2023). Die Methode kann im Produktentwicklungsprozess dazu verwendet werden Marktlücken zu erkennen (Schneider-Händer und Derndorfer 2016, S. 1–11; Derndorfer 2023, S. 107–109).

Bei der Variante Q-Sorting werden die Kriterien für die Sortierung vorgegeben und die Prüfer ordnen die Proben den gegebenen Kategorien zu. Die Kategorien müssen thematisch sich nicht unbedingt auf Sensorik beziehen. Typisch sind zwei Kategorien, die ein Konzept abfragen wie z. B. *innovativ* vs. *nicht innovativ* (Derndorfer 2023, S. 112–114).

> **Beispiel**
>
> Ein Startup möchte weihnachtliche Früchteteesorten entwickeln. Von einem Produktenwicklungsteam wurden 12 verschiedene, teilweise aromatisierte Früchtetee-Prototypen entwickelt. In einem Q-Sorting Test sollen die ungeschulten Prüfpersonen die codierten Proben den Kategorien weihnachtlich bzw. nicht-weihnachtlich zuordnen (Tab. 4.8).
>
> Der Free Sorting Test kann in der Produktentwicklung in diesem Beispiel dafür verwendet werden aus der Gesamtanzahl von 12 entwickelten Sorten die

Tab. 4.8 Beispiel für die Zuordnung der Probencodes im Q-Sorting

Weihnachtlich schmeckender Tee		Nicht-weihnachtlich schmeckender Tee	
Probencode:	Bemerkung:	Probencode:	Bemerkung:
856		638	
649		641	
471		351	
759		926	
582		548	
537			
942			

zu identifizieren, die vom Verbraucher am ehesten als weihnachtlich eingestuft werden. Die als nicht-weihnachtlich eingestuften Prototypen können dann entweder verworfen und die Ressourcen auf die Optimierung der weihnachtlichen Prototypen konzentriert, oder überarbeitet werden. ◄

4.6.2.2 Projective Mapping und Napping®

Das Mapping dient der Erzeugung einer individuellen Produktlandschaft. Dem Prüfer werden mehrere Proben gleichzeitig gereicht und diese muss er auf einem Blatt Papier entsprechend ihrer Ähnlichkeit anordnen. Die Auswertung kann beispielsweise nach Multidimensionaler Skalierung oder Multipler Faktoranalyse erfolgen.

Napping® ist eine Weiterentwicklung des projective Mappings. Es werden ebenfalls gleichzeitig gereichte Proben auf einem Blatt Papier angeordnet. Die Anordnung soll sich an der sensorischen Ähnlichkeit der wichtigsten Produkteigenschaften der Proben orientieren, sodass ähnliche Proben näher beieinanderstehen. Um die Produktanordnung interpretieren zu können, können nach dem Napping® mittels Ultra Flash Profilings (UFP) Begriffe zur Beschreibung der Produktcharakteristika festgehalten werden. Beim Schritt des UFP schreiben die Prüfer neben jeder Probe Begriffe zur Beschreibung ihrer Sinneswahrnehmungen auf. Sie können beliebige Begriffe ihrer Wahl verwenden Quantifizierer wie „sehr", „etwas" oder „ohne" oder Adjektive wie „gleichmäßig" zufügen. Die Auswertung erfolgt mit Hierarchischer Multipler Faktoranalyse. Beim Sorted Napping® werden die sortierten Proben in Cluster zusammengefasst und anschließend hinsichtlich ihrer charakteristischen sensorischen Eigenschaften verbal beschrieben. Die Auswertung erfolgt nicht über einen absoluten Probenvergleich. Das Ziel ist es, Ähnlichkeiten bei den vorgestellten Produkten zu finden und zu verstehen, nach welchen für sie relevanten charakteristischen sensorischen Attributen die Prüfer (Konsumenten) die Produkte sortieren (Schneider-Händer und Derndorfer 2016, S. 1–11; Perrin und Pagès 2009, S. 372–395).

Bezogen auf das zuvor gegebene Beispiel, wo 12 Teesorten mit der Methode des Free Sorting den vorgegebenen Kategorien „weihnachtlich" und „nicht-weihnachtlich" von den Prüfern zugeordnet worden sind (siehe Abschn. 4.6.2.1), würde sich nach der Methode des Sorted Napping® eventuell eine Produktlandschaft ergeben, mit anderen, von den Prüfern frei gewählten Kategorien (siehe Abb. 4.8).

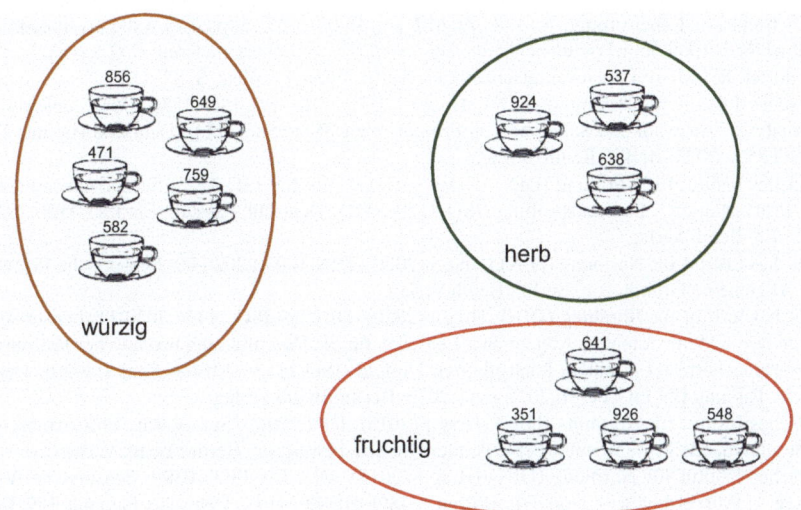

Abb. 4.8 Darstellung eines Sorted Napping®-Tests am Beispiel *weihnachtlicher Tee*. (Bildquelle: Eigene Darstellung, Quelle: Schneider-Händer und Derndorfer 2016, Vektor von pixabay)

Fragen

1. Durch welches Sinnesorgan, kann welcher Sinneseindruck bei Lebensmitteln aufgenommen werden?
2. Wie können die Sinneseindrücke bei Lebensmitteln interpretiert werden?
3. Worin unterscheiden sich analytische und hedonische Prüfungen?
4. Für welche Zielsetzungen können analytische und hedonische Prüfungen eingesetzt werden? Nennen Sie ein Beispiel.
5. Welche sensorischen Schnellmethoden gibt es? Wie unterscheiden sich diese von DIN-standardisierten Methoden?

Literatur

Busch-Stockfisch, M. (2010). Sensorische Lebensmitteluntersuchung und Prüfmethoden. In: Frede, W. (eds) Taschenbuch für Lebensmittelchemiker. Berlin, Heidelberg: Springer Verlag, S. 292–294, 296–297, 301–307. https://doi.org/10.1007/3-540-28220-3_11.

Courcoux, P.; Qannari, E. M.; Faye, P. (2015): 7 – Free sorting as a sensory profiling technique for product development. Editor(s): Delarue, J.; Lawlor, J. B.; Rogeaux, M. In: Woodhead Publishing Series in Food Science, Technology and Nutrition, Rapid Sensory Profiling Techniques, Woodhead Publishing, S. 153–185. https://doi.org/10.1533/9781782422587.2.153.

Courcoux, P.; Faye, P.; El Mostafa, Q. (2023): Free sorting as a sensory profiling technique for product development. https://doi.org/10.1016/B978-0-12-821936-2.00007-8.

Derndorfer, E. (2023): Praxiswissen Lebensmittelsensorik. Berlin. Heidelberg: Springer Spektrum, S. 1–3, 22–24, 160–161. https://doi.org/10.1007/978-3-662-66507-7_1

Derndorfer, E. (2020): DLG-Expertenwissen 6/2020. Die sensorische Schnellmethode CATA (Check all that apply). Vielseitiges Tool in der deskriptiven Analyse. Frankfurt am Main:

Fachzentrum Lebensmittel, S. 1–8. Zugriff am 16.02.2025; https://www.dlg.org/fileadmin/downloads/Expertenwissen/lebensmittelsensorik/2020_6_Expertenwissen_CATA.pdf].

Derndorfer, E. (2016): Lebensmittelsensorik (5. Aufl.). Wien: Facultas, S. 87–154.

Deutsches Institut für Normung (DIN) (Hrsg.) (2023): DIN EN ISO 8586:2023: Sensorische Analyse – Auswahl und Schulung von Prüfpersonen (ISO 8586:2023); Deutsche Fassung EN ISO 8586:2023, Berlin: Beuth Verlag.

Deutsches Institut für Normung (DIN) (Hrsg.) (2021): DIN EN ISO 4120: Sensorische Analyse – Prüfverfahren – Dreiecksprüfung (ISO 4120:2021); Deutsche Fassung EN ISO 4120:2021, Berlin: Beuth Verlag.

Deutsches Institut für Normung (DIN) (Hrsg.) (2020): DIN 10950:2020-09: Sensorische Prüfung – Allgemeine Grundlagen, Berlin: Beuth Verlag.

Deutsches Institut für Normung (DIN) (Hrsg.) (2020): DIN EN ISO 11136:2020-11: Sensorische Analyse – Methodologie – Allgemeiner Leitfaden für die Durchführung hedonischer Prüfungen (Verbrauchertests) in einem kontrollierten Umfeld (ISO 11136:2014 + Amd 1:2020); Deutsche Fassung EN ISO 11136:2017 + A1:2020, Berlin: Beuth Verlag.

Deutsches Institut für Normung (DIN) (Hrsg.) (2018): DIN 10969: Sensorische Prüfverfahren – Beschreibende Prüfung mit anschließender Qualitätsbewertung, Berlin: Beuth Verlag.

Deutsches Institut für Normung (DIN) (Hrsg.) (2018): DIN EN ISO 10399: Sensorische Analyse – Prüfverfahren – Duo-Trio-Prüfung (ISO 10399:2017); Deutsche Fassung EN ISO 10399:2018, Berlin: Beuth Verlag.

Deutsches Institut für Normung (DIN) (Hrsg.) (2014): DIN 10964:2014-11: Sensorische Prüfverfahren – Einfach beschreibende Prüfung, Berlin: Beuth Verlag.

Deutsches Institut für Normung (DIN) (Hrsg.) (2014): DIN EN ISO 8589:2014-10: Sensorische Analyse – Allgemeiner Leitfaden für die Gestaltung von Prüfräumen (ISO 8589:2007 + Amd 1:2014); Deutsche Fassung EN ISO 8589:2010 + A1:2014, Berlin: Beuth Verlag.

Deutsches Institut für Normung (DIN) (Hrsg.) (2013): DIN ISO 3972:2013-12: Sensorische Analyse – Methodologie – Bestimmung der Geschmacksempfindlichkeit (ISO 3972:2011 + Cor. 1:2012), Berlin: Beuth Verlag.

Deutsches Institut für Normung (DIN) (Hrsg.) (2013): DIN 10973:2013-06: Sensorische Prüfverfahren – Innerhalb/Außerhalb-Prüfung (In/out test), Berlin: Beuth Verlag.

Deutsches Institut für Normung (DIN) (Hrsg.) (2003): DIN 10972:2003-08: Sensorische Prüfverfahren „A" – „nicht A" -Prüfung, Berlin: Beuth Verlag.

DLG e. V. – Ausschuss Sensorik (Hrsg.) (2015): Fachvokabular Sensorik. Praxisleitfaden zur Beschreibung von Lebensmitteln mit allen Sinnen. Frankfurt am Main: DLG-Verlag GmbH, S. 7, 12.

Jaeger, S. R.; Chheang, S. L.; Jin, D.; Roigard, C. M.; Ares, G. (2020): Check-all-that-apply (CATA) questions: Sensory term citation frequency reflects rated term intensity and applicability. In: Food Quality and Preference, Volume 86, 103986. https://doi.org/10.1016/j.foodqual.2020.103986.

Majchrzak, D.; Schlinter-Maltan, C. (2018): Die sensorische Fachsprache. Nachschlagewerk für die qualitativen und quantitativen Aspekte von Lebensmitteln. Wiesbaden: Springer Spektrum, S. 2–9.

Montague, R. P.; King, G. L.; Chase, H. (2004): Neural Mechanisms of the Coca-Cola vs. Pepsi Challenge. In: Nature Neuroscience.

Niimi, J.; Collier, E.; Oberrauter, L. M.; Sörensen, V.; Norman, C.; Normann, A.; Bendtsen, M.; Bergman, P. (2021): Sample discrimination through profiling with rate all that apply (RATA) using consumers is similar between home use test (HUT) and central location test (CLT). In: Food Quality and Preference, 95. Jg., S. 1–8. https://doi.org/10.1016/j.foodqual.2021.104377.

Perrin, L.; Pagès, J. (2009): Construction of a product space from the ultra-flashprofiling method: Application to 10 red wines from the loire valley. Journal of Sensory Studies, 24(3), S. 372–395. https://doi.org/10.1111/j.1745-459X.2009.00216.xPineau.

Ratanatriwong, P.; Yeung, M.; Jusup, C.; Ndife, M. (2006): Comparison of Consumer Ac-ceptances of Frozen Pizzas Assessed at Central Location Test (CLT) vs Home Use Test (HUT). In: Natural Sciences, 40. Jg., Nr. 5, S. 197–202.

Schneider-Händer, B.; Derndorfer, E. (2016): DLG-Expertenwissen 5/2016. Sensorische Analyse: Methodenüberblick und Einsatzbereiche. Teil 4: Klassische beschreibende Prüfungen & neue Schnellmethoden. Frankfurt am Main: Fachzentrum Lebensmittel, S. 1–11. Zugriff am 16.02.2025; [https://www.dlg.org/fileadmin/downloads/Expertenwissen/lebensmittelsensorik/2016_5_Expertenwissen_DescrMethoden.pdf].

Seuß-Baum, I.; Schneider, D.; Schneider-Häder, B. (2022) DLG-Trendmonitor Lebensmittelsensorik 2022. Themen, Tools und Perspektiven in der deutschsprachigen Lebensmittelsensorik. Frankfurt am Main: Fachzentrum Lebensmittel, S. 9. [Zugriff am 16.02.2025; https://www.dlg.org/fileadmin/downloads/lebensmittel/themen/publikationen/trendmonitor/Trendmonitor_Sensorik_2022.pdf].

Tiepo, C. B. V.; Werlang, S.; Reinehr, C. O.; Colla, L. M. (2020): Sensory methodologies used in descriptive studies with consumers: Check-All-That-Apply (CATA) and variations. In: Research, Society and Development, 9. Jg, Nr. 8, e407985705. https://doi.org/10.33448/rsd-v9i8.5705.

Wegmann, C. (2020): Lebensmittelmarketing. Wiesbaden: Springer Gabler, S. 87–88. https://doi.org/10.1007/978-3-658-26038-5_1.

Teil II
Modell zur Entwicklung innovativer, marktfähiger Lebensmittelprototypen

5 Hintergründe und Theorie zum Modellprozess zur Herstellung eines innovativen, marktfähigen Lebensmittelprototypen

▶ Dem im Folgenden abgebildeten Modelprozesses zur Herstellung eines innovativen, marktfähigen Lebensmittelprototypen, welcher für den Produktentwicklungsprozess in Startups in ihren frühen Phasen geeignet ist, liegen verschiedene Ansätze zugrunde. Der Modelprozess orientiert sich an dem vollständigen Innovationsprozess, branchenübergreifender Methoden (Stage-Gate®-Prozess), branchenspezifischer Literatur und der Analyse von Experteninterviews. Als Experten wurden Repräsentanten studentischer Gruppen befragt, die zuvor im Rahmen ihres Studiums innovative, marktfähige Lebensmittelprototypen entwickelt haben. Dargestellt wird der Modelprozess als ereignisorientierte Prozesskette (EPK). Dieses Kapitel beleuchtet die dem Modell zugrunde liegenden Theorien und Forschung.

Der hier vorgestellte Modellprozess zur Herstellung eines innovativen, marktfähigen Lebensmittelprototypen (siehe Abb. 5.1), wurde zunächst auf Basis von Literatur zur Produktentwicklung, in Lebensmittelunternehmen und branchenübergreifend, entworfen. Die Bezeichnung wird im Folgenden auch auf den Begriff *Modellprozess* zur besseren Lesbarkeit verkürzt. Der Modellprozess wird als *Ereignisorientierte Prozesskette* (EPK) dargestellt (siehe Abschn. 5.1). Anhand von Experteninterviews, die mit Studierenden des Studienganges *Food Research and Development* geführt worden sind, wurde das Modell verifiziert und teilweise erweitert (siehe Abschn. 5.4). Der Modelprozess orientiert sich an zum einen an der Stage-Gate®-Methode von Cooper 2010 auf der Ebene des Prozessmanagements (siehe Abschn. 5.2). Außerdem wurde der Produktentwicklungsprozess aus der Perspektive des Lebensmittelmarketings und aus etablierten Lebensmittelunternehmen mitberücksichtigt (siehe Abschn. 5.3). Die verschiedenen Quellen weisen teilweise Überschneidungen und Ähnlichkeiten auf, der Produktentwicklungsprozess aus der

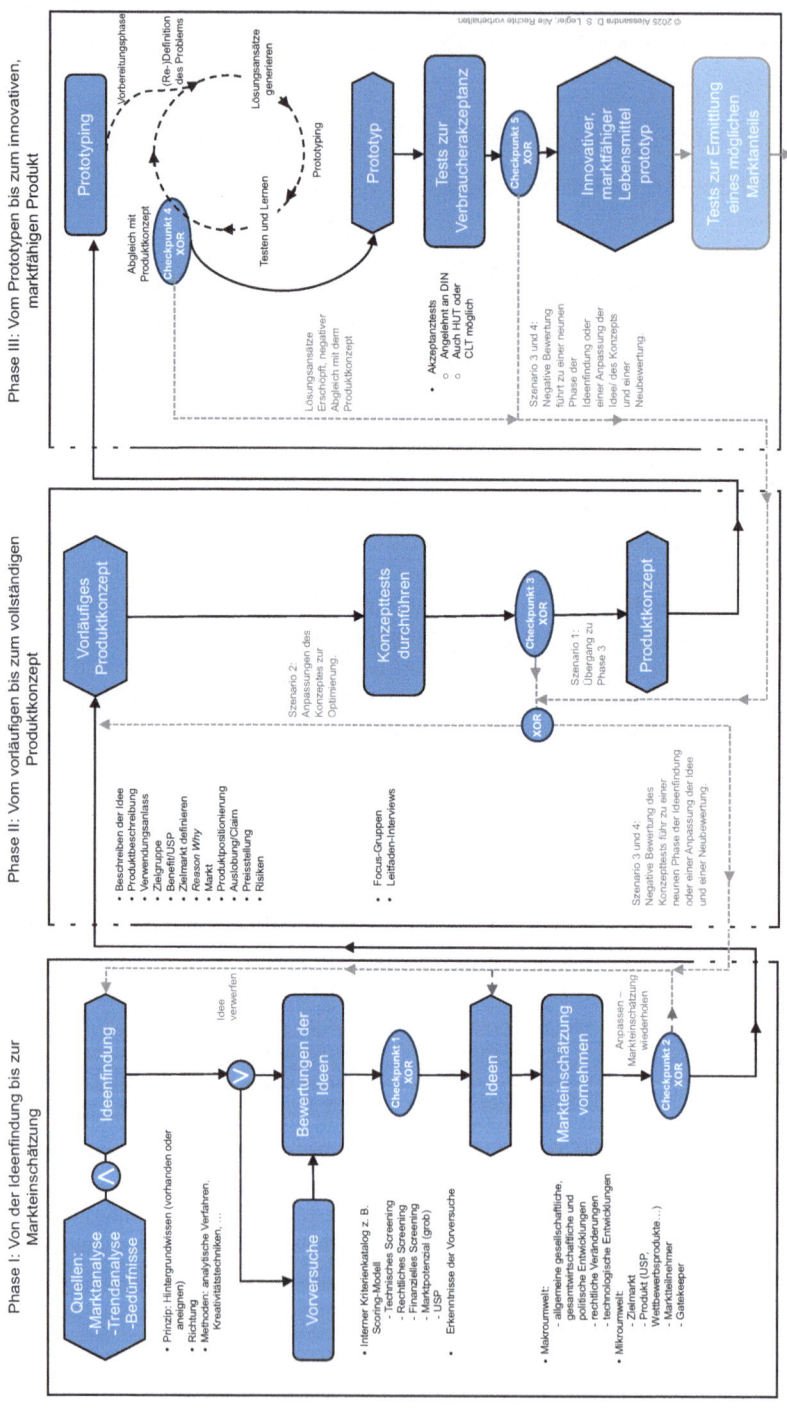

Abb. 5.1 Modellprozess zur Herstellung eines innovativen, marktfähigen Lebensmittelprototypen. (Bildquelle: Eigene Darstellung, Quellen: Cooper 2010; Wegmann 2020; Devin 2019; Uebernickel und Brenner 2016; Savoiz et al. 2002; Meffert et al. 2019, Homburg 2020; Jetter 2005; Bruhn 2019)

Perspektive des Marketings basiert beispielsweise ebenfalls auf der Stage-Gate®-Methode (Wegmann 2020, S. 24).

Der Prozess beginnt immer mit der Ideenfindung. Dieser Punkt wird entsprechend auch im Modellprozess als Ausgangsereignis verwendet (Abb. 5.1, Phase I). Die Ideenfindung ist verknüpft mit einer Markt- oder Trendanalyse (Cooper 2010, S. 180–181; Wegmann 2020, S. 28–42). Anschließend erfolgt die Bewertung der Ideen und die Ideenauswahl oder -filterung (Cooper 2010, S. 150–151; Wegmann 2020, S. 53–55; Devin 2019, S. 14–18). Die Bewertung der Ideen kann sich auch auf Vorversuche stützen, eine Methode, welche die Studierenden zum Teil verwendet haben. Die Auswahl der Idee oder Ideen ist in Checkpunkt 1 verortet (sieh Abb. 5.1, Phase I). Nach der Ideenauswahl folgt eine detaillierte Markteinschätzung (Cooper 2010, S. 151–153; Wegmann 2020, S. 58–77).

Nach der Markteinschätzung passiert das Projekt bzw. die Idee im Modelprozess den zweiten Checkpunkt, wenn es als erfolgversprechend eingestuft wird bzw. das Marktpotenzial für die ausgewählte Idee verifiziert werden konnte (Wegmann 2020, S. 58; Cooper 2010, S. 177–179). Die positive Bewertung der Markteinschätzung stellt den Übergang zur Phase II des Modellprozesses dar.

Es folgt das Erstellen eines vorläufigen Produktkonzeptes, welches unter anderem die Produkteigenschaften festlegt (Cooper 2010, S. 154; Wegmann 2020, S. 58–60; Devin 2019, S. 19). Das vorläufige Produktkonzept wird in der Phase II einem Konzepttest unterzogen, bevor es zur Entwicklung des Prototypen kommt (Wegmann 2020, S. 78–86; Devin 2019, S. 15–18). Eine positive Bewertung des Konzepttests führt zum Passieren des dritten Checkpunkts (siehe Abb. 5.1, Phase II).

Erst im Anschluss erfolgt die physische Entwicklung des Prototypen *(Prototyping)* in Phase III. Diese wird von verschiedenen Produkttests begleitet (Cooper 2010, S. 157–158; Wegmann 2020, S. 78; Devin 2019, S. 19–21, 30). Die Herangehensweise an die physische Entwicklung des Prototypen im Modellprozess lehnt sich an die *Design-Thinking-Methode* an (siehe Abschn. 5.4). Nach dem Verlassen des Mikrozyklus sollte ein physischer Prototyp entwickelt worden sein (siehe Abb. 5.1, Phase III). Das Abgleichen des Produktkonzepts mit dem entwickelten Prototypen findet im vierten Checkpunkt statt. Erfüllt der Prototyp die Anforderungen des Produktkonzeptes, kann dieser anschließend Tests zur Verbraucherakzeptanz unterzogen werden (Wegmann 2020, S. 86–89; Devin 2019, S. 27–30; Cooper 2010, S. 148–160). Dies stellt auch den letzten Schritt zur Fertigstellung des Prototypen im *Modellprozess zur Herstellung eines innovativen, marktfähigen Lebensmittelprototypen* (Abb. 5.1) dar.

Bei dem entwickelten Prototypen handelt es sich daher zunächst um eine Invention. Der Prototyp bzw. die Invention wird erst als Innovation bezeichnet, wenn der ökonomische Nutzen, also die Umsetzung des Prototypen in ein marktgängiges Produkt stattgefunden hat (siehe Kap. 2 und Abb. 2.2). Die Abgrenzung zwischen einer Invention und einer Innovation ist nicht trennscharf, da die Innovation immer eine Invention voraussetzt und im Innovationsprozess nur schwer auseinandergehalten werden kann, wo die Invention aufhört und die Innovation beginnt (Hauschildt 2005, S. 25, 34). Es können mehrere Faktoren, wie die

Konsumentenakzeptanz, Prozess- und Input-Indikatoren oder die nutzenorientierte Preisbestimmung, zur Bestimmung der Marktfähigkeit des Prototypen herangezogen werden (siehe Abschn. 5.6).

5.1 Ereignisorientierte Prozesskette (EPK)

Der Modellprozess (siehe Abb. 5.1) wird als Ereignisorientierte Prozesskette (EPK) dargestellt. Dieser Modelltyp wurde gewählt, da er eine anschauliche Modellierung der Kontrollflüsse erlaubt, die auch für Nutzer ohne fundiertes modellierungstechnisches Vorwissen geeignet ist. EPKs werden zur Prozessmodellierung verwendet und bilden das Makroverhalten von Prozessketten ab (Rosemann und Schwegmann 2002, S. 62, 64–65; Scheer 1998, S. 128). Zur Modellierung des Kontrollflusses werden drei Basiselemente verwendet:

> **Übersicht**
> - Aktivitäten bzw. Funktionen, die Entscheidungskompetenzen über den weiteren Prozessverlauf besitzen (dargestellt als abgerundete Rechtecke),
> - Ereignisse bzw. ablaufrelevante Zustandsausprägungen (dargestellt als Sechsecke), z. B. ein neu kreiertes Prozessobjekt bzw. das Start- oder Endereignis eines Prozesses, eine Attributänderung (Update des Prozessobjektes), das Eintreffen eines bestimmten Zeitpunktes oder eine Bestandsänderung,
> - Und logische Konnektoren bzw. Verknüpfungsoperatoren, die zur Verknüpfung nicht-linearer Prozessverläufe dienen. Diese werden als Kreise dargestellt und können unterschieden werden in eine Und-Verknüpfung ⋀ (Konjunktion), eine inklusive Und-/Oder-Verknüpfung ⋁ (Adjunktion) und eine Oder-Verknüpfung (XOR)(Disjunktion) (Rosemann und Schwegmann 2002, S. 64–68).

Die Abb. 5.2 zeigt symbolisch die Modellierungselemente von EPKs, sowie deren Verwendung. Nur unterschiedliche Aktivitäten (Funktionen) und Ereignisse dürfen miteinander durch die Konnektoren verknüpft werden. Außerdem muss jede

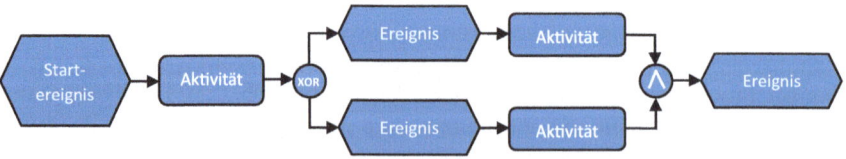

Abb. 5.2 Beispiel für eine Ereignisgesteuerte Prozesskette. (Bildquelle: Eigene Darstellung, Quelle: Rosemann und Schwegmann 2002, S. 65–69)

Ereigniskette mit einem oder mehreren Ereignissen beginnen und enden. Dadurch werden die Anfangs- und Endbedingungen des Prozesses spezifiziert.

Zudem entspricht es einem realen Sachverhalt, dass jeder Aktivität (Funktion) ein Auslöser (Ereignis) vorangehen muss und dass jede Funktion zu einer Zustandsveränderung führt. Zusätzlich darf sich einem Ereignis nur eine Und-Verknüpfung anschließen, da einem Ereignis die notwendige Entscheidungskompetenz für den weiteren Prozessablauf fehlt. So wird sichergestellt, dass das Modell aus sich heraus erklärbar bleibt und keiner weiteren Informationen bedarf. EPKs können zusätzlich je nach Bedarf mit zusätzlichen Informationsobjekten angereichert werden, wie z. B. Organisationseinheiten (Rosemann und Schwegmann 2002, S. 65–68).

5.2 Stage-Gate®-Methode

Die Stage-Gate®-Methode nach Cooper 2010 ist ein übergeordnetes Konzept, welches allgemein in der Produktentwicklung angewendet wird. Das Stage-Gate® ist ein Werkzeug für Prozessmanagement. Es dient vor allem der Zeitersparnis im Produktentwicklungsprozess und dessen Systematisierung und der Qualitätssicherung im Verlauf. Es berücksichtigt zudem Gründe, warum neue Produkte scheitern (können) und Erfolgsfaktoren. Das Konzept inkludiert den Stage-Gate®-Spielplan, die Ideenfindung, die Entwicklung von Projekten, die Projektauswahl und die Markteinführung (Cooper 2010, S. 125, 128–129).

Zu diesem Zweck unterteilt Stage-Gate ® den Innovationsprozess (siehe auch Abb. 5.3) in eine vorab festgelegte Menge an Abschnitten, typischerweise vier, fünf oder sechs, die jeweils aus bereichsübergreifenden und parallel ablaufenden Aktivitäten bestehen (siehe Abb. 5.3).

Die Abschnitte sollen klar identifizierbar sein und dienen der Sammlung von Informationen, die benötigt werden, um das nächste Tor (Gate), welches einen Entscheidungspunkt darstellt, passieren zu können. Jeder Abschnitt ist zudem bereichsübergreifend konzipiert, es gibt folglich keinen separaten Marketing-, Forschungs- oder Entwicklungsabschnitt. Die Aktivitäten eines Abschnittes werden von den Mitarbeitern der verschiedenen Abteilungen parallel ausgeführt. Zentrale Abschnitte sind.

> **Übersicht**
> - *Entdeckung* (Vorarbeit, um günstige Gelegenheiten zu finden und Ideen hervorzubringen),
> - *Reichweite festlegen* (Projektanalyse im Vorfeld),
> - *Rahmen abstecken* (detaillierte Untersuchung mit erster Forschungsarbeit, um einen Rahmen zu erstellen, der die Projekt- und Produktdefinition und die Rechtfertigung des Projektes enthält),
> - *Entwicklung* (Design, Produkt, Durchführungs- und Herstellungsprozess werden ausgearbeitet),

- *Test und Validierung* (Testen des Produktes und Markterprobung, Marketing und die weitere Durchführung)
- und *Markteinführung* (Beginn der Produktion, Marketing und Verkauf) (Cooper 2010, S. 145–146).

Die Tore bzw. Gates, welche die Abschnitte voneinander trennen, gleichen einer Art Tribunal. Sie haben grundsätzlich immer denselben Aufbau. Hier müssen Resultate, z. B. erledigte Aktivitäten, vorgewiesen werden und diese werden mit Kriterien abgeglichen, z. B. mit einer Checkliste, welche die notwendigen Bedingungen darstellen, um ein Projekt weiter zu verfolgen. Hinter dem Tor sind dann die *definierten Outputs* verortet. Dazu zählen z. B. die getroffenen Entscheidungen (Abbruch, Fortsetzung, Warteschleife, Wiederholung des Abschnitts oder einzelner Bestandteile), ein Aktionsplan für den nächsten Abschnitt und die Liste der am nächsten Tor/Gate vorzuweisenden Resultate und der Zeitpunkt des nächsten Tribunals (Gates) (Cooper 2010, S. 148–149). Die Funktion der Gates kann in einem Unternehmen flexibel an seine Bedürfnisse angepasst werden. Im Sinne von *fuzzy Gates* können diese auch Zwischenstände einnehmen, also teilweise den Prozess weiterlaufen lassen, auch wenn Teilergebnisse aus dem vorherigen Abschnitt noch nicht vorliegen (Cooper 2010, Vorwort, S. 166–167). Durch die Tore wird ein neuer Abschnitt betreten. Der erste Abschnitt (Entdeckung, siehe auch Abb. 5.3) ist z. B. der Auslöser des Stage-Gate®-Prozesses, die Ideenfindung. Der Modellprozess zur Herstellung eines innovativen, marktfähigen Lebensmittelprototypen (siehe Abb. 5.1) orientiert sich an diesem Prozessmanagement-System und sieht daher an kritischen Punkten im Produktentwicklungsprozess Checkpunkte vor, die der Aufgabe der Gates im Stage-Gate®-System ähneln.

Ziel der Anwendung dieses Prozessmanagement-Systems als Basis ist es die Aufwendungen generell und besonders in den frühen Abschnitten der Produktentwicklung niedrig zu halten. Zu einer massiven Kostenentstehung kommt es häufig erst bei der Entwicklung der Prototypen, insbesondere in der Markttest-Phase (Cooper 2010, S. 156; Kotler et al. 2007, S. 441). Das Stage-Gate®-Model scheint sich für Startups in dieser frühen Phase zu eignen, da dieses auf ein bereichsübergreifendes Team mit Befugnissen ausgelegt ist und nicht auf spezialisierte Abteilungen innerhalb eines Unternehmens (Cooper 2010, S. 144).

5.3 Produktentwicklungsprozess in etablierten Unternehmen

Literatur, die sich an etablierte Unternehmen im Bereich der Lebensmittelproduktentwicklung wendet, stellt den Produktentwicklungsprozess z B. als ein siebenstufiges Modell dar. Das Modell von Devin (2019) basiert auf einer Richtlinie für die Entwicklung neuer Produkte (und der begleitenden Marktforschung), die

5.2 Stage-Gate®-Methode

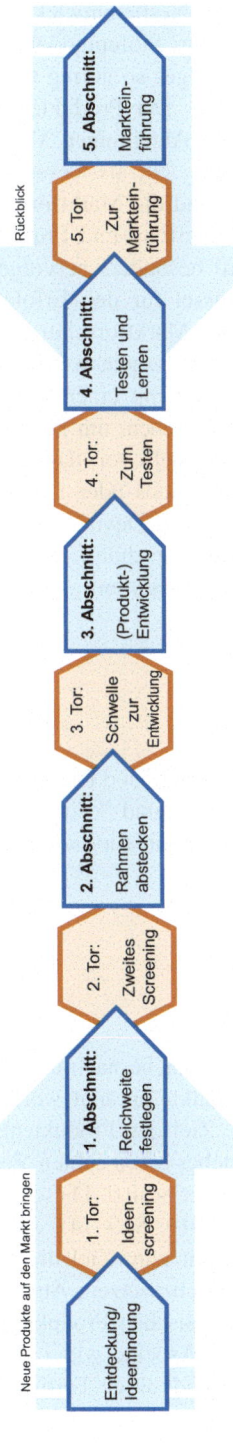

Abb. 5.3 Stage-Gate®-Prozess. (Bildquelle: Eigene Darstellung, Quelle: Cooper 2010, S. 146)

zuvor vom Nahrungsmittelhersteller Nestlé entwickelt worden ist. Der Vorteil der Entwicklung der Produkte anhand des Stufenmodells wird darin angegeben, dass damit das Restrisiko eines Misserfolges so gering wie möglich bzw. kalkulierbar gehalten wird (Devin 2019, S. 1–2). Der Produktentwicklungsprozess wird hier als Gemeinschaftsaufgabe von den Abteilungen Marketing und Marktforschung beschrieben. Die Marketingabteilung gilt als wesentlicher Initiator für die Innovationen und die neuen Produkte und die Marktforschung übernimmt begleitend die Aufgabe der Informationsbeschaffung und Prüfung der Ergebnisse. Die Bedeutung der Marktforschung wird besonders hervorgehoben, da Einstellung und Verhalten der Verbraucher Schlüssel für den Erfolg eines Lebensmittels sind. Deswegen können Instrumente der Marktforschung auf den verschiedenen Stufen zur Entscheidungsfindung herangezogen werden (Devin 2019, S. 1–4). Das vorgeschlagene Stufenmodell beginnt mit einer Vorstufe, der Situationsanalyse. Diese wird als Voraussetzung beschrieben, um neue strategische Geschäftsfelder zu definieren. Die Situationsanalyse sieht vor, dass zunächst der Status quo eines Marktes, einer Branche, eines Produktes oder Dienstleistungsangebotes anhand von Sekundärforschung bestimmt wird (Devin 2019, S. 6–9). Der Entwicklungsprozess mit der begleitenden Marktforschung für etablierte Unternehmen nach Devin (2019) besteht weiter aus sieben Stufen:

> **Übersicht**
> - Stufe 1: Ideenfindung
> - Stufe 2: Ideenauswahl
> - Stufe 3: Entwicklung des Produktes und Positionierung
> - Stufe 4: Bewertung des Produktes und Positionierung
> - Stufe 5: Entwicklung der Kommunikationselemente
> - Stufe 6: Testmarketing
> - Stufe 7: Einführungskontrolle
>
> (Devin 2019, S. 5).

Wenn in einem Markt oder einer Branche nach der Situationsanalyse das Potenzial für Investitionen in neue Produkte erkannt worden ist, folgt die erste Stufe des Modells – die Ideenfindung. Ziel des Produktentwicklungsprozesses ist die Entwicklung eines Produktes, welches einen echten Verbrauchervorteil oder einen Vorteil dem Wettbewerber gegenüber besitzt. Dieser Vorteil kann physisch, emotional oder monetär sein (Devin 2019, S. 9–14). Anschließend folgt die zweite Stufe – die Ideenauswahl. Diese hat zum Ziel die Ideen auszuwählen, die das Potenzial haben, sich am Markt durchzusetzen. Auf der dritten und vierten Stufe kommt es zur Entwicklung des physischen Produktes und seiner Positionierung. Die Produktpositionierung umfasst Aspekte wie z. B. den Hauptverbrauchervorteil und die Kernzielgruppe. Die endgültige Fertigstellung der Kommunikation

(Verpackung, Werbung, usw.) erfolgt jedoch erst ab Stufe 5, wenn eine endgültige Entscheidung darüber getroffen worden ist, das Produkt seriell zu fertigen (Devin 2019, S. 19–21, 30).

5.4 Design Thinking

Ein mögliches Herangehen im Produktentwicklungsprozess bei der Entwicklung der physischen Lebensmittelprototypen wird in keiner der hier analysierten Quellen beschrieben. Nur die Empfehlung für Produkttests bzw. deren Notwendigkeit in der Prototypen-Entwicklung wird angesprochen (Wegmann 2020, S. 86–89; Devin 2019, S. 27–30; Cooper 2010, S. 148–160). Es stellt sich daher die Frage, welche methodische Herangehensweise an die Prototypentwicklung empfohlen werden könnte, um möglichst die gesamte Bandbreite der Lebensmittel abdeckt.

5.4.1 Experteninterviews

Um eine praktisch anwendbare Methode zu identifizieren wurde ein induktives Vorgehen gewählt. Es wurden Experteninterviews mit Studierenden des Masterstudiengangs *Food Research and Development* der Leibniz Universität Hannover durchgeführt. Es sollte ermittelt werden, wie die befragten Experten (die Studierenden) im Rahmen des Moduls Produktentwicklung bei der Entwicklung eines innovativen, marktfähigen Produktes (Lebensmittel) vorgegangen sind. Das „Wie" bezieht sich auf die ausgeführten Schritte, deren Abfolge und wann und welche begleitenden Produkttests stattgefunden haben.

Experteninterviews sind eine vielfach angewendete qualitative Methode aus der Sozialforschung (Bogner und Menz 2002b, S. 7–8). Es handelt sich dabei um Leitfadeninterviews mit stark strukturierten Leitfäden. Sie werden im Gegensatz zu anderen Leitfäden geführten Interviews über die spezielle Zielgruppe der zu Interviewenden (den Experten) und das besondere Forschungsinteresse (dem Expertenwissen) abgegrenzt. Experten können durch das Vermitteln von Wissen, Fakten und Erfahrungsberichten durch geringen Aufwand einen guten Zugang zu Wissensbereichen eröffnen. So können Experteninterviews zur Herstellung einer Orientierung auf einem thematisch neuen Feld dienen, zur Schärfung des Problembewusstseins oder zur Erstellung eines Leitfadens. Entsprechend eigenen sich für die Abfrage in einem Experteninterview Abläufe, Zusammenhänge, Wissenselemente und Routinen (Helfferich 2022, S. 888–889; Bogner und Menz 2002a, S. 37).

5.4.1.1 Experten und Expertenwissen
Es gibt keine allgemeingültige Definition darüber, wer als Experte oder Expertin im Sinne von Experteninterviews bezeichnet werden kann. Eine gebräuchliche Definition ist, dass Experten als solche Personen gelten, „die über ein spezifisches

Rollenwissen verfügen, solches zugeschrieben bekommen und eine darauf basierende besondere Kompetenz für sich selbst in Anspruch nehmen" (Przyborski und Wohlrab-Sahr 2014, S. 133). Das Expertenwissen kann dabei über Ausbildung (kanonisch) und eine wissenschaftliche Gemeinschaft erlangt worden sein oder auf vertieftem Erfahrungswissen beruhen. Privatpersonen, die sich ein bestimmtes Rollenwissen über außerberufliches Engagement angeeignet haben, können ebenfalls als Experten interviewt werden, da auch in diesem Fall das Interview auf die Abfrage von Sonderwissen ausgelegt ist (Helfferich 2022, S. 887–888). Der Interviewende entscheidet schlussendlich, wem der spezifische Status als Experte oder Expertin als Interviewpartner zugeordnet werden soll. Experteninterviews haben durch die Adressierung des Interviewten als Experte eine spezifische Rahmung. Es wird signalisiert, dass es um die Expertise als Sonderwissen geht und nicht um persönliche Bereiche. Expertenwissen kann dabei in einem gewissen Sinn von der Person gelöst werden, da davon ausgegangen werden kann, dass wer eine ähnliche Ausbildung absolviert und langjährige Erfahrung gesammelt hat, sein Wissen verallgemeinert und nicht als individuelle Besonderheit darstellt. Dabei wird die Verallgemeinerbarkeit von Expertenwissen nicht mit Objektivität gleichgesetzt – da auch dies subjektiver Deutung unterliegt (Helfferich 2022, S. 875–878, 887–889; Przyborski und Wohlrab-Sahr 2014, S. 132; Meuser und Nagel 2002, S. 37).

Die interviewten Studierenden wurden als Experten ausgewählt, da sie über ihre bisherige Ausbildung ein vergleichbares kanonisches Wissen im Bereich Lebensmittel und Produktentwicklung erworben haben und somit über ein spezifisches Rollenwissen verfügen (Przyborski und Wohlrab-Sahr 2014, S. 133; Helfferich 2022, S. 887–888). Die interviewten Studenten haben zudem in den Wintersemestern 2021/22 oder 2022/23 das Modul *Produktentwicklung* erfolgreich (mit mind. 4,0) abgeschlossen. Die erfolgreiche Teilnahme an dem Modul war die Voraussetzung zur Teilnahme an den Interviews.

Konkret bedeutet dies, dass die Studierenden, nach einer Woche Praktikum bzw. Einweisung in die zur Verfügung gestellte Laborküche zu Beginn des Semesters in Kleingruppen von 4 bis 5 Personen die Aufgabe bekommen haben, ein innovatives, marktfähiges Lebensmittel zu entwickeln. Die Entwicklung des Lebensmittels wurde begleitend in einer Hausarbeit festgehalten, „die das Konzept in wissenschaftlich präziser Weise darstellt". Allen Gruppen bzw. Studierenden standen daher dieselben technischen und räumlichen Möglichkeiten zur Verfügung. Zudem bekamen die Gruppen jeweils ein Budget von 150 € zur Verfügung. Dieses konnte flexibel für Lebens- oder Arbeitsmittel eingesetzt werden. Die Präsentation der entwickelten Produkte als Pitch erfolgte noch im Semester, weshalb den Studierenden für den gesamten Prozess – von der Ideenfindung bis hin zur Überprüfung der Konsumentenakzeptanz – ca. 3,5 Monate zur Verfügung standen.

5.4.1.2 Stichprobe

Die Stichprobe wurde aus den Jahrgängen 2021/22 und 2022/23 generiert. Pro Wintersemester gab es maximal fünf Produktentwicklungsgruppen mit bis zu 5 Mitgliedern. Insgesamt standen somit maximal 10 verschiedene Interviewpartner zur Verfügung. Von dieser Zielgruppe konnten 6 Personen (N = 6) als Interviewpartner angeworben werden – dies entspricht auch der minimalen Stichprobengröße bei hermeneutischen Interpretationen (Helfferich 2009, S. 175).

Es wird angenommen, dass sich durch die Verallgemeinerung der Interpretation qualitativer Interviews typische Muster rekonstruieren lassen. Verteilungsaussagen, wie sie in der standardisierten Forschung getroffen werden, sind hingegen nicht möglich (Helfferich 2009, S. 172–173). Als Gütekriterium der Stichprobe innerhalb der definierten Zielgruppe wird daher das Kriterium der *inneren Repräsentation* angelegt. Dies besagt, dass eine angemessene Repräsentation dann gegeben ist, wenn einerseits der Kern des Feldes gut vertreten ist und die abweichenden Vertreter angemessen in die Stichprobe aufgenommen worden sind. Die Stichprobe sollte daher typische und maximal unterschiedliche Fälle aufweisen. Dieses Vorgehen soll über gewollte Heterogenität vorschneller Verallgemeinerung vorbeugen (Helfferich 2009, S. 173–174). Um eine *innere Repräsentation* der Zielgruppe zu gewährleisten, wurde daher das Vorgehen möglichst vieler verschiedener Gruppen bei der Produktentwicklung versucht nachzuvollziehen, indem von den unterschiedlichen Gruppen immer nur ein Mitglied interviewt wurde.

> **Zusammenfassung Experteninterview: Veganer Pulled Pork Ersatz**
>
> Die Studenten hatten zuvor noch kein Produkt im Lebensmittelbereich entwickelt. Es wurde zunächst individuell eine Recherche zur Marktsituation vorgenommen und anschließend zusammen ein Brainstorming zur Ideenfindung durchgeführt. Anschließend wurden Meilensteine festgelegt, diese Stellen bestimmte Zeitpunkte dar, zu denen bestimmte Entwicklungsschritte abgeschlossen sein sollten. Zu Beginn gab es mehrere Produktideen aus mehreren Bereichen (Frühstücksprodukte, Convenienceprodukte und Snacks). Das Pulled Pork war schließlich eine Kombination aus zwei Ideen. Einige Ideen wurden zunächst in Vorversuchen getestet, um ein Gefühl dafür zu bekommen, ob die Idee Potenzial hat, sich in dem gesteckten Zeitrahmen umsetzen lässt und ob die geschmacklichen Komponenten harmonieren. Teilweise war es auch das Ziel Rohstoffe, die zuvor unbekannt waren, einmal zu testen, um ein Gefühl für diese zu bekommen. Ein zuckerfreier Keks wurde deshalb ausgeschlossen, weil die technologisch anspruchsvolle Umsetzung als nicht realistisch erschien. Es kam schon früh im Projekt zur Klärung rechtlicher Fragen, wie z. B. ob der Einsatz bestimmter Obst- und Gemüseschalen unter die Novel-Food-Verordnung fällt. Auch das Festlegen einer Spezifikation, wie das Produkt am Ende beschaffen sein soll, wurde schon früh im Prozess festgelegt. Anschließend folgten viele Experimente, deren Ergebnisse immer wieder mit den festgelegten Anforderungen abgeglichen wurden. Soße und veganes Pulled-Pork wurden getrennt voneinander, aber parallel entwickelt. Bei den Experimenten wurde möglichst immer nur ein Parameter (z. B. die Fermentationsdauer der Soße) zurzeit verändert, um die Auswirkungen zurückverfolgen zu können. Nach jedem Experiment erfolgte eine sensorische Prüfung in der Gruppe. Das Vorgehen

und die Ergebnisse wurden begleitend protokolliert. Als die Gruppe mit dem Ergebnis in Bezug auf die knappe Zeit zufrieden war, wurde ein Konsumententest zum Abschluss durchgeführt. ◄

5.4.1.3 Auswertung

Die generierten Daten der Stichprobe wurden auf ihre qualitativen Merkmale untersucht, mit welchen dann auf andere Merkmale geschlossen werden kann. Mittels zwei bekannter Größen (Resultat und Regel) wird auf den Fall geschlossen, der exemplarisch für eine Ordnung steht (Friedrichs 2014, S. 76–77). Zur Datengewinnung wurden die Experteninterviews daher transkribiert und diese Daten dann durch das *interpretative Modell* von Meuser und Nagel (2002) ausgewertet – also auf ihre qualitativen Merkmale untersucht. Die bekannten Größen sind das *konkrete Handeln der Experten* und das *Resultat dieses Handelns*. Sie können in der Interviewsituation abgefragt werden. Der Fall, auf den geschlossen werden soll, ist der *Ablauf der Handlung(en)*. Durch den Vergleich mehrerer Fälle (also Handlungsabläufe bei der Entwicklung der Produkte) wird versucht, eine Ordnung bzw. Systematik zu abstrahieren.

Die Planung, Organisation und Durchführung der Experteninterviews orientierte sich an dem von Helfferich (2009) vorgeschlagenen Vorgehen (Helfferich 2009, S. 167–193; Meuser und Nagel 2002, S. 83–90).

5.4.1.4 Ergebnisse

Die Aussagen der Studierenden zu ihrer Herangehensweise an die Entwicklung der Lebensmittelprototypen sind in Tab. 5.1 zusammengefasst. Die Tabelle zeigt zudem die von den Studierenden geäußerte Kritik am eigenen Vorgehen und auch welche Ansätze im Nachhinein als positiv bewertet wurden.

5.4.2 Interpretation der Ergebnisse: *Design Thinking*

Die Methode des *Design Thinking* macht sich aus Designprozessen gewonnene Erkenntnisse für den Zweck der Innovationsentwicklung zu nutze. Sie ist daher ein Ansatz um Produkte und Services zu entwickeln, die sich an menschlichen Bedürfnissen orientieren. *Design Thinking* eignet sich auch für Produktinnovationen und hat zum Ziel auf Basis eines iterativen Prozesses kundenorientierte, innovative Ergebnisse zur Lösung von komplexen Problemen zu generieren. Die Basis des Design-Thinking-Prozess bildet ein interdisziplinäres Team. Der Prozess besteht aus verschiedenen Schritten (z. B. *Verstehen, Beobachten, Synthese, Ideengenerierung, Prototyping* und *Tests*) die iterativ ineinandergreifen (siehe Abb. 5.4). Beim Prototyping z. B. wird das Feedback der potenziellen Nutzer in die Überarbeitung des Prototypen integriert. Dies kann dazu führen, dass eine neue Recherche notwendig wird, die Abfolge der Prozessschritte dabei immer wieder durch Schleifen zu vorhergehenden Phasen wiederholt (Grots und Pratschke 2009, S. 18–22; Uebernickel und Brenner 2016, S. 244–246).

5.4 Design Thinking

Tab. 5.1 Herangehensweise der Studierenden an die Prototypentwicklung

Herangehensweise der Studierenden an die Prototypenentwicklung	Kritik am Vorgehen	Positiv bewertetes Vorgehen
• recherchieren einer Basis-Rezeptur (Kochbücher, Internet)		• Gute Recherche zu Beginn und eine genaue Vorstellung erleichtern die gezielte Entwicklung
• sämtlichen Ideen zunächst eine Chance geben	• kostet viel Zeit • erkennen, welche Ideen nicht umsetzbar sind und diese ggf. abbrechen	• von unbekannten Rohstoffen eine Vorstellung bekommen/diese einschätzen lernen • Neues/unbekanntes/ungewöhnliches wenigstens einmal ausprobieren
• erste Modifikationsversuche (verändern mehrerer Parameter gleichzeitig)	• methodische Herangehensweise (nur einen Parameter zurzeit zu verändern) erscheint sinnvoller	
• vorgehen nach Trial-and-Error		
• bei mehreren Komponenten in einem Produkt (z. B. Teig und Füllung) diese getrennt entwickeln, erst später aufeinander abstimmen	• ob die gemeinsame Funktion möglich ist, wird erst spät erkannt	• es kommt zu keinen Wechselwirkungen zwischen den Komponenten, die schwer nachzuvollziehen sind
• viele Rohstoffe in einer Rezeptur verlängern/verkomplizieren den Entwicklungsprozess	• zu komplex gewählte Idee für den Zeitrahmen	
• verändern von nur einem Parameter zurzeit		• leichteres Nachvollziehen, welche Veränderung welchen Einfluss hat
• immer gleicher Ablauf von: verändern der Rezeptur bzw. Parameter – verkosten des Zwischenstandes – Protokollieren	• die gesamte Gruppe sollte möglichst häufig anwesend sein	• gut strukturierter Prozess

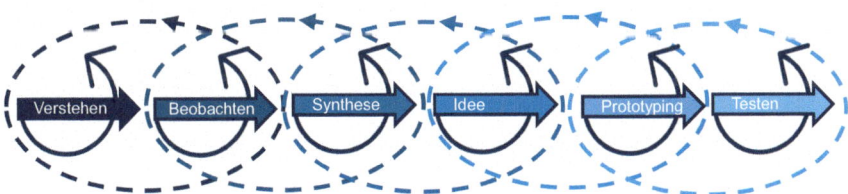

Abb. 5.4 Iterationsschleifen im Prozess des *Design Thinking*. (Bildquelle: Eigene Darstellung, Quelle: Grots und Pratschke 2009)

Design-Thinking wird daher häufig für sogenannte „wicked problem" Fälle eingesetzt. Bei diesen kann zu Beginn das Problem an sich noch nicht vollständig dargestellt und klar umrissen werden. Erst das Auffinden einer Lösung bzw. eines Lösungsansatzes konkretisiert das Problem selbst (Buchanan 1992, S. 15).

Dafür muss ein Tiefenverständnis für das zu lösende Problem erarbeitet und in Ideen für innovative Lösungen überführt werden. Dies erfordert die Auseinandersetzung mit dem Unbekannten und Offenheit für Neues. Einige Phasen bauen daher auf divergentem Denken auf. Ziel ist es einen kreativen und freien Prozess der Orientierung im Neuen zu schaffen, wobei eine Vielzahl von Ideen, Möglichkeiten und Lösungen generiert werden. Denkrestriktionen werden dabei bewusst (z. B. durch den Einsatz bestimmter Methoden) aufgehoben. Divergentes Denken basiert stärker auf Intuition, Inspiration und Gefühlen und benötigt Unvoreingenommenheit, Spontanität, Kreativität, und Experimentierfreude. Die Art des Denkens ist beispielsweise in der Phase des *Generierens von Lösungsansätzen* von Vorteil. In der Phase des *Prototyping* hingegen kann konvergentes Denken hilfreich sein. Konvergentes Denken zeichnet sich durch einen strukturierten und analytischen Ansatz aus. Dies hilft dabei eine komplexe Situation zu organisieren, zu selektieren und schließlich zu einer bestimmten Vorgehensweise zu gelangen. Bei *der Design-Thinking*-Methode werden die beiden Denkansätze auf diese Weise miteinander kombiniert (Freiling und Harima 2024, S. 101–103).

Das *Design Thinking* Methodenset ist außerdem darauf ausgelegt bei der Produktentwicklung menschlich-psychologische Faktoren („desirability"), technische, prozessuale („feasability") und Faktoren der Wirtschaftlichkeit („viability") zu berücksichtigen (Grots und Pratschke 2009, S. 18). Mit der Methode werden außerdem vier Perspektiven verbunden:

> **Übersicht**
> - (1) Kunden- und Menschenorientierung (Anforderungen an das Produkt werden ausgehend vom Kundenbedürfnis formuliert und die Prototypen danach entworfen),
> - (2) Komplexe Probleme (der Einsatz erfolgt häufig bei komplexen Problemen, bei welchen erst das Finden der Lösung Klarheit über das Problem selber verschafft),
> - (3) Divergierendes Denken (das Hervorbringen von als unkonventionell empfundenen Ideen um Probleme auf eine neue, fortschrittliche Art und Weise zu lösen)
> - und (4) das iterative Vorgehen (in sich schrittweise wiederholenden Prozessdurchläufen – Mikrozyklen – wird sich der Lösung angenähert) (Uebernickel und Brenner 2016, S. 244–246).

Die Kultur bei der *Design Thinking* Methode inkludiert zudem das Prinzip „Fail often and early", wobei Fehler als Erkenntnisquellen angesehen werden. Auf diese Weise können z. B. nichtzutreffende Annahmen zur Lösung der Problemstellung aussortiert werden (Uebernickel und Brenner 2016, S. 247).

5.4.2.1 Vorgehensmodell und Techniken im *Design Thinking* Modell

Ursprünglich geprägt (jedoch nicht dort erfunden) wurde der Begriff „*Design Thinking*" von der Design- und Innovationsagentur IDEO aus dem Silicon Valley. Dort wurde der Prozess in die drei Phasen Inspiration, Ideation und Implementation aufgeteilt. Inzwischen wurden unterschiedliche *Design-Thinking*-Prozess-Modelle publiziert, die sich nicht grundsätzlich unterscheiden, sondern meist eine kleinteiligere Aufteilung der drei Phasen des IDEO-Modells vorsehen, wobei die prinzipielle Vorgehensweise die gleiche bleibt (Freiling und Harima 2024, S. 102) (Tab. 5.2).

Der Kern der *Design Thinking* Methode bei Uebernickel und Brenner 2016 ist der Mikrozyklus (siehe Abb. 5.5). Der Mikrozyklus ist als Richtlinie zu verstehen und lässt Abweichungen zu. Den Startpunkt bildet die Problemdefinition, die in der Regel vom Auftraggeber definiert und an das Team als *Challenge* übergeben wird. Bei jeder erneuten Iteration des Mikrozyklus wird dann die Problembeschreibung verfeinert und in Teilfragen aufgebrochen oder die Problem-

Tab. 5.2 Phasen im *Design-Thinking*-Prozess nach verschiedenen Autoren

Freiling und Harima 2024	Grots und Praschke 2009	Uebernickel und Brenner 2016	IDEO
• Einfühlen • Definieren • Ideenbildung • Prototypenbau • Testen	• Verstehen • Beobachten • Synthese • Ideengenerierung • Prototyping • Tests	• Problemdefinition • Needfinding und Instant Expertise • Ideengenerierung durch Brainstorming • Prototyping • Testing	• Inspire • Ideate • Implement

Quellen: IDEO o. D.; Freiling und Harima 2024, S. 102; Uebernickel und Brenner 2016, S. 248–252; Grots und Pratschke 2009, S. 18–22

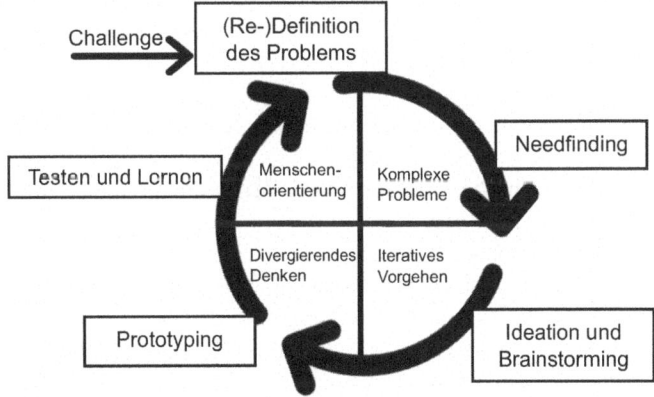

Abb. 5.5 Mikrozyklus im Design Thinking. (Bildquelle: Eigene Darstellung, Quelle: Uebernickel und Brenner 2016, S. 244–249)

definition korrigiert. Die Korrektur der Problemstellung ermöglicht es, den Erkenntnisgewinn im Projekt wieder in die Fragestellung mit einfließen zu lassen.

Es folgt das *Needfinding*, was einer Kundenbedürfnisanalyse entspricht. Explizite und implizite Bedürfnisse werden durch z. B. Beobachtungen oder Interviews identifiziert, wodurch Verständnis für den Kunden und den Innovationsraum erlangt wird. Es können Stereotypen bestimmter Kundengruppen („Personas") gebildet und analysiert werden, um den Beobachtungsraum zu strukturieren. Anschließend erfolgt die Ideengenerierung für mögliche LösungsansätzeLösungsansetze durch ein Brainstorming. Das Brainstorming steht hier für einen eigenen Prozessschritt, in dem möglichst viele Lösungsansätze gesammelt werden sollen. In der Phase des *Prototypings* können beispielsweise zunächst niedrig aufgelöste, kostengünstige Prototypen hergestellt werden, die dem Materialisieren von Ideen dienen und vom Kunden beurteilt werden können. In späteren Phasen werden dann hochaufgelöste Prototypen (Prototypen mit einer höheren Detailtreue) gebaut. Abgeschlossen wird ein Durchlauf im Mikrozyklus durch das Testen der gebauten Prototypen gemeinsam mit potenziellen künftigen Nutzern. Das Analysieren, welche Eigenschaften des Prototypen angenommen oder abgelehnt werden und die Beweggründe dafür stehen in dieser Phase im Vordergrund (Uebernickel und Brenner 2016, S. 248–252).

Design Thinking wird inzwischen auch als Methode für einige Forschungsfelder wie die gestaltungswissenschaftliche Forschung in Erwägung gezogen. Diese basiert auf festgelegten Leitlinien für den Forschungsprozess und der Konstruktion von neuen und innovativen Artefakten (Prototypen), die relevante Designprobleme lösen. Designwissenschaftliche Forschung stützt sich auf eine breite Palette von Methoden quantitativer oder qualitativer Natur. In diesem Rahmen wird die Erweiterung durch *Design Thinking* diskutiert, da sich zwischen den Zielen und Methoden viele Überschneidungspunkte ergeben wie z. B. Konstruktion von neuen und innovativen Prototypen die auf die Befriedigung menschlicher Bedürfnisse abzielen und die Bewertung der entworfenen Artefakte durch Beobachtung, Experimentmentale und deskriptive Methoden sowie Tests. Limitationen für die Forschung ergeben sich hingegen in den Auswertungsschleifen, die im *Design Thinking* bisher keinen (Forschungs-)Richtlinien unterliegen (Dolak et al. 2013). Der Modellprozess, wie er hier vorgestellt wird, versucht diese „Lücke" im Bereich der Lebensmittel-Produktentwicklung zu schließen, indem (Forschungs-)Standards und Methoden in die Methode des *Design Thinking* eingebunden werden.

5.4.2.2 Überschneidungen zwischen studentischem Vorgehen und *Design Thinking*

Das Vorgehen der Studierenden ähnelt in Teilen der *Design Thinking* Methode. Dies zeigt sich unter anderem in der allgemeinen Herangehensweise der Studierenden an die physische Produktentwicklung, welche diese teilweise selber mit Trial-and-Error zusammengefasst haben, was im Design Thinking der Kultur „Fail often and early" entspricht (Uebernickel und Brenner 2016, S. 247) (siehe Tab. 5.1).

Abweichend von dem studentischen Vorgehen zu der hier beschriebenen *Design Thinking* Methode finden sich z. B. in der Phase der Problemdefinition (siehe Abb. 5.5). Wie in Abschn. 5.4.1 beschrieben wurde, kommt die Problemstellung bzw. die Produktidee mit ihrer einzigartigen USP von den Studierenden selbst und nicht von einem Auftraggeber (Uebernickel und Brenner 2016, S. 249). Ausgangspunkt für die Problemstellung bei den Studierenden ist meist eine Grundrezeptur, die in ihren Komponenten bzw. Eigenschaften verändert werden soll, um ein Verbraucherbedürfnis zu befriedigen, beispielsweise um vegane Produktvarianten zu entwickeln, wie ein veganes Pulled Pork Produkt. Allerdings kann das Aufbrechen der Problemstellung, wie z. B. das separate, aber parallele Entwickeln der verschiedenen Komponenten (Pulled Pork Alternative und BBQ-Sauce auf Gemüsebasis) beim Vorgehen der Studierenden beobachtet werden. Dies entspricht dem iterativen Vorgehen beim mehrfachen Durchlaufen des Mikrozyklus, um sicher der Problemlösung anzunähern (Uebernickel und Brenner 2016, S. 248–252).

Das *Needfinding* lässt sich in verschiedenen Schritten sowohl beim studentischen Vorgehen als auch in der zuvor analysierten Literatur finden. Die Konsumentenbedürfnisse können schon bei der Ideengenerierung berücksichtigt worden sein, je nachdem welche Quellen die Studierenden dabei herangezogen haben (Cooper 2010, S. 180; Wegmann 2020, S. 28–42; Devin 2019, S. 14–18). Je nachdem, ob die die Prototypentwicklung begleitenden sensorischen Tests mithilfe von möglichen Konsumenten (Konsumententests, siehe Kap. 4.3 und 4.5) durchgeführt wurden, können auch an dieser Stelle die Kundenbedürfnisse analysiert und berücksichtigt werden.

Der Mikrozyklus des *Design Thinking* Modells sieht als nächsten Prozessschritt ein Brainstorming vor, um Lösungsansätze zu generieren. Aus den Interviews lässt sich zu diesem Punkt nur entnehmen, dass systematisch Parameter verändert und die Auswirkung dieser Veränderung dokumentiert worden ist. Es konnten keine Textpassagen in den Interviews gefunden werden, die darüber Auskunft geben, wie die Studierenden zu dieser Vorgehensweise gekommen sind und wonach sie die einzustellenden Parameter ausgewählt haben.

Parallel zum Vorgehen im Mikrozyklus, wurden in allen Fällen von den Studierenden unterschiedliche Prototypen hergestellt, aber es wurde nicht zwischen niedrig und hochauflösenden Prototypen unterschieden. Ebenfalls, wie bei *Design Thinking* Modell vorgesehen, folgte bei den Studierenden auf jeden fertiggestellten Prototyp ein Test. Wie bereits in der Phase des *Needfinding* dargelegt wurde, wurden die Tests der Prototypen meist innerhalb der Gruppe und nur in einem Fall unter Einbezug von möglichen Konsumenten durchgeführt.

5.4.2.3 Einfügen des *Design Thinking* in den Modellprozess

Eine angepasste Variante des Mikrozyklus aus dem Design Thinking wurde nach der Auswertung des studentischen Vorgehens in den Modellprozess integriert. Angelehnt an die im Mikrozyklus verwendeten Begriffe wird die Phase der physischen Produktentwicklung bzw. Prototypentwicklung im Modellprozess umbenannt in *Prototyping* (siehe Abb. 5.1).

Der Mikrozyklus startet auch im Modellprozess mit der (Re-)Definition des Problems (beispielsweise ausgehend von einer Basisrezeptur, deren Eigenschaften verändert werden sollen, um bestimmte Konsumentenbedürfnisse zu befriedigen). Der Mikrozyklus wurde insofern angepasst, dass die Phase des *Needfinding* als nächster eigenständiger Prozessschritt entfernt worden ist. Die Analyse der Kundenbedürfnisse findet stattdessen bereits zuvor in der Phase der Ideengenerierung statt, sowie in Konzepttests und je nach Gestaltung in der Phase *Testen und Lernen* (siehe Abb. 5.5). Der Perspektive der Kunden- und Menschenorientierung des *Design Thinking* wird auf diese Weise versucht, auch ohne expliziten Prozessschritt im Mikrozyklus gerecht zu werden (Uebernickel und Brenner 2016, S. 245).

Im Anschluss an die Problemdefinition folgt das Generieren der Lösungsansätze (anstatt *Idea und Brainstorming*), jedoch ohne eine spezielle Methode vorzugeben (Uebernickel und Brenner 2016, S. 249). Diese Lösungsansätze sollen im Anschluss, analog zum Mikrozyklus im *Design Thinking,* in der Phase des *Prototyping* systematisch umgesetzt und in der Phase des *Testens und Lernens* ausgewertet werden. In der Phase des Testens können je nach Zielsetzung, Ressourcen und Bedarf die verschiedenen sensorischen Prüfungen eingesetzt werden, wie sie z. B. in Kap. 4 aufgeführt werden.

Anschließend wurde zusätzlich die Phase *Abgleich mit Produktkonzept* (siehe Kap. 8.7) eingefügt. An dieser Stelle kann Bilanz gezogen werden, ob sich die Eigenschaften des Prototypen dem Produktkonzept annähern. Diese Phase bildet dann auch die Basis für die *Redefinition* des Problems. Der Mikrozyklus kann verlassen werden, wenn der Prototyp den Eigenschaften im Produktkonzept entspricht. Der Mikrozyklus kann aber auch verlassen werden, wenn die ermittelten Lösungsansätze erschöpft sind. Eine Möglichkeit ist es dann, das Produktkonzept anzupassen (was ein Wiederholen der nachfolgenden Schritte mit sich führen würde) oder das Projekt abzubrechen.

Das Integrieren der Design Thinking Methode in den *Modellprozess zur Herstellung eines innovativen, marktfähigen Lebensmittelprototypen* ermöglicht flexibles und schnelles Arbeiten in einem iterativen Prozess. Die Prozessschritte in der Phase des *Prototyping* (Phase II, siehe Abb. 5.1) werden so lange durchlaufen, bis eine zufriedenstellende Lösung gefunden worden ist. Ein solches Vorgehen ist geeignet für das Entwickeln neuer Lösungen und somit radikaler Innovationen bzw. originärer Produkte (Scholz und Pastoors 2018, S. 57, 59). Aus diesem Grund wurden ähnliche Optionen für ein iteratives Vorgehen auch an anderer Stelle in den Modellprozess integriert. Das Produktkonzept in Phase I wird z. B. als vorläufige Version verstanden. Ob es einer Anpassung bedarf, kann z. B. nach der Auswertung des Konzepttests (Phase II, Checkpunkt 3) entschieden werden. Eine weitere Möglichkeit besteht darin, das vorläufige Produktkonzept noch einmal nach der Auswertung des Akzeptanztests zu verändern. Kommt es zu einer Veränderung, müssen alle nachfolgenden Schritte wiederholt werden. Außerdem muss entschieden werden, ob die Veränderung so gravierend war, dass auch die Markteinschätzung, welche die Basis für das Produktkonzept bildet, wiederholt oder zumindest überprüft werden muss.

5.5 Förderliche Faktoren für radikale Innovationen

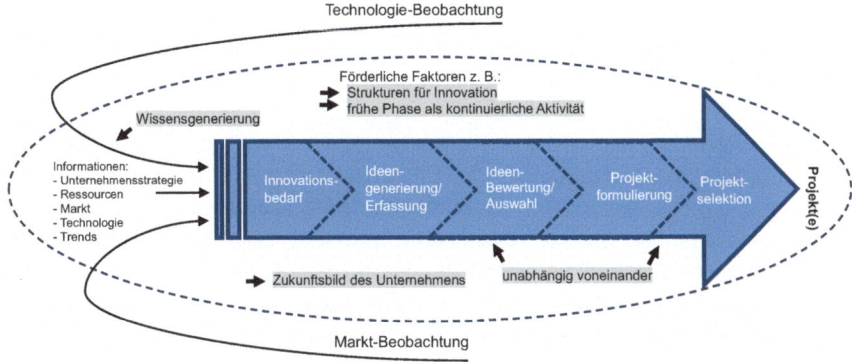

Abb. 5.6 Frühe Phase des radikalen Innovationsprozesses. (Bildquelle: Eigene Darstellung, Quelle: Savioz et al. 2002, S. 393–408)

5.5 Förderliche Faktoren für radikale Innovationen

Bei der Entwicklung originärer Produkte bzw. radikaler Innovationen (siehe Abschn. 2.1.2) spielen auch weitere (förderliche) Faktoren eine Rolle. Savioz et al. (2002) haben untersucht, welche Aufgaben in den frühen Phasen des Entwicklungsprozesses notwendig sind, um radikale Innovationen zu fördern. In ihrem Modell (siehe Abb. 5.6) definieren sie den Innovationsprozess als offenes System, in welches als Input Informationen über technologie- und marktseitige Veränderungen fließen. Die Teilaufgaben bestehen aus der Bestimmung des Innovationsbedarfs, der Ideengenerierung und -erfassung, der Ideenbewertung und -auswahl, der Projektformulierung und der Projektselektion. Bei der Bestimmung des Innovationsbedarfs werden Informationen über den Markt- und den Technologiestand gesammelt und verknüpft.

Auf dieser Basis können dann zielgerichtet Ideen entwickelt werden. Diese bewusste Integration des Informationsbeschaffungsprozesses in die frühe Phase unterscheidet das Prozessmodell für radikale Innovationen von dem für inkrementelle Innovationen. Zudem wurden neun förderliche Faktoren für den radikalen Innovationssprosses in Unternehmen identifiziert:

> **Übersicht**
> (1) Die frühe Phase von Innovationen ist eine kontinuierlich wahrzunehmende Aktivität und ist durch dauerhafte, vom Top-Management geschaffene Strukturen zu initiieren.
> (2) Der Prozess der frühen Phase bedarf kontinuierlicher Lenkungs- und Steuerungsaktivität. Lenkung als eine Grundfunktion des Managements bedeutet, das Unternehmen durch Regelungen und Eingriffe auf

die Zielsetzung auszurichten. Dazu können z. B. Promotoren eingesetzt werden, die den Innovationsprozess aktiv fördern.
(3) Die frühe Phase des Prozesses ist geprägt durch einen Wissensgenerierungsprozess, der am effektivsten ist, wenn die Technologie- und Marktbeobachtung langfristig ausgerichtet ist. Impulse für radikale Innovationen gehen von Technologien oder latenten Kundenbedürfnissen aus, die schwerer zu identifizieren sind als Impulse, die direkt vom Markt kommen und meist zu inkrementelle Innovationen führen.
(4) Wissen über Umfeldtrends und Unternehmenskompetenzen sollten partizipativ in ein gemeinsames (Unternehmens-)Zukunftsbild integriert werden, woraus der Innovationsbedarf des Unternehmens abgeleitet werden kann.
(5) Eine langfristige Unternehmensstrategie ist ebenfalls notwendig zur Ableitung des Innovationsbedarfs, von welchem die Bewertung von Ideen und Projekten abhängt. Dies wird moderiert vom Top-Management.
(6) Eine schneller, von der Projektbewertung losgelöste Ideenbewertung, um auch bei Ablehnung die Motivation aufrechtzuerhalten.
(7) Eine Trennung zwischen Ideen- und Projektbewertung, um die Offenheit gegenüber neuen Ideen nicht einzuschränken.
(8) Die Sicherstellung von ausreichend Ressourcen.
(9) Das System die frühen Phasen des Innovationsprozesses zu managen, sollte nicht mechanistisch werden, um Einseitigkeit in der der Bewertung von Ideen und Projekten zu vermeiden (Savioz et al. 2002, S. 393–408).

5.5.1 Integration der frühen Phasen des radikalen Innovationsprozesses in den Modellprozess

Vergleicht man die von (Abb. 5.6) von Savioz et al. (2002) beschriebenen frühen Phasen des radikalen Innovationsprozesses mit der Phase I des *Modellprozess zur Herstellung eines innovativen, marktfähigen Lebensmittelprototypen* (Abb. 5.1) finden sich zahlreiche Gemeinsamkeiten zwischen den beiden Prozessen. Auch der Modellprozess sieht vor, dass die Ideengenerierung auf Basis einer Markt- und Trendanalyse stattfinden soll. Eine Trendanalyse schließt die Überwachung der Technologieentwicklung mit ein (Herrmann und Huber 2013, S. 57). Zusätzlich werden die Verbraucherbedürfnisse in Betracht gezogen. Dieser Punkt ähnelt stark dem Faktor 3 zur Förderung radikaler Innovationsprozesse bei Savioz et al. (2002) (siehe Abschn. 5.5). Der Faktor 3 greift auf, dass im Zuge dieses Wissensgenerierungsprozesses auch latente Kundenbedürfnisse identifiziert werden, die als Basis für radikale Innovationen verwendet werden können. Im Modell *System Frühe Phase des radikalen Innovationsprozesses* (siehe Abb. 5.7) erfolgt die Technologie- und Marktüberwachung kontinuierlich parallel zum Prozessverlauf. Im Modelprozess ist ein solches paralleles Vorgehen nicht vorgesehen, dafür wird die Marktanalyse nach der

Ideenauswahl und Bewertung in Form des Schritts der Markteinschätzung teilweise wiederholt, spezifiziert und vertieft. Die Ideenbewertung und -auswahl ist nach der Ideengenerierung auch der nächste Schritt im Modell von Savoiz et al. (2002).

Darauf folgt anschließend die Projektformulierung und die Projektselektion. Eine genauere Beschreibung, was die Projektformulierung beinhaltet, wird nicht angegeben. Im Modellprozess erfolgt an dieser Stelle die Erstellung des vorläufigen Produktkonzeptes und dessen Prüfung durch einen Konzepttest. Der Modellprozess schließt dabei nicht explizit aus, dass mehr als eine ausgewählte Idee bzw. ein Produktkonzept einen Konzepttest durchlaufen können, um die endgültige Selektion auf Basis des Konzepttestes durchzuführen. Der Checkpunkt 3, der das Bewerten des Konzepttest vorsieht, schafft grundsätzlich die Struktur für dieses Vorgehen. Im Modellprozess werden analog zu dem sechsten Faktor zur Förderung von radikalen Innovationsprozessen die Bewertung von Ideen und Produktkonzepten getrennt.

5.5.2 Förderliche Faktoren im Zusammenhang mit dem Modellprozess

Die von Savioz et al. (2002) identifizierten Faktoren auf das Vorgehen im Modellprozess anzuwenden, gestaltet sich teilweise als problematisch, da einige auf Unternehmensstrukturen ausgelegt sind. Weder bei den (studentischen) Arbeitsgruppen noch Startups in der Pre-Seed- oder Seed-Phase handelt es sich aber um Unternehmen (Bogott et al. 2017, S. 112; Achleitner 2001, S. 515).

Die Faktoren 1, 2, 4 und 5 beziehen sich auf das entscheidungsbefugte Top-Management in Unternehmen. Diese Faktoren beziehen sich z. B. darauf, dass die frühe Phase des Innovationsprozesses als kontinuierliche Aktivität wahrgenommen und die damit verbundenen Aktivitäten im Hinblick auf die Zielsetzung gesteuert werden. Außerdem kann auf Basis der Trends und der Kompetenzen der Mitglieder ein Zukunftsbild und eine langfristige Strategie erstellt werden. Wenn man davon ausgeht, dass die Arbeitsgruppen bzw. die Mitglieder von Startups in ihrer frühen Phase ebenfalls über den Verlauf ihres Projektes diese Entscheidungsbefugnis haben, können diese eventuell umgesetzt werden. Faktoren, wie das Umsetzen einer langfristigen Strategie, gehen deutlich über den Umfang des Modells hinaus.

Problematisch bleibt der achte Faktor, die Sicherstellung ausreichender Ressourcen. Bei den studentischen Projekten war ein Budget vorgegeben worden. Startups in den frühen Phasen finanzieren sich jedoch häufig noch selbst, weshalb hier keine Aussage über die Budgetierung getroffen werden kann (Savioz et al. 2002, S. 393–408; Bogott et al. 2017, S. 112; Achleitner 2001, S. 515).

Der Faktor 1 (Das Wahrnehmen der frühen Phasen des Innovationsprozesses als kontinuierliche Aktivität (siehe Abschn. 5.5)) kann zudem als ein Denkmuster angesehen werden bzw. stellt ein Aspekt einer Art Kultur dar, wie sie auch mit der *Design Thinking* Methode verbunden wird. Die Kultur im *Design Thinking* besteht aus Denkmustern und Verhaltensweisen (Uebernickel und Brenner 2016, S. 246; Savioz et al. 2002, S. 393–408). Eine solche Kultur kann nicht anhand eines Prozesses abgeleitet werden, aber ihr Vorhandensein und ihre Beschaffenheit kann wahrscheinlich einen Einfluss auf die Nutzung der des Modellprozesses haben bzw. auf den entwickelten Prototypen. Trotz der Überschneidungen mit dem Modell von Savioz et al. (2002) zu den frühen Phasen des Innovationsprozesses, kann der *Modellprozess zur Herstellung eines innovativen, marktfähigen Lebensmittelprototypen* sowohl dazu verwendet werden originäre Lebensmittelprototypen als auch Me-too-Prototypen zu entwickeln. Es bedarf letztendlich der Einschätzung der Anwender, wie innovativ der entwickelte Prototyp ist. Eine Möglichkeit hierzu wäre, den Prototypen nach den von Hauschildt (2005) definierten Kriterien bzw. Dimensionen zu beschreiben (siehe auch Abschn. 2.1). Entsprechend müssten die Fragen gestellt (und beantwortet) werden:

> **Übersicht**
> - Was ist neu?
> - Wie neu?
> - Neu für wen?
> - Wo beginnt, wo endet die Neuerung?

5.6 Marktfähigkeit der entwickelten Prototypen

Wie im Abschn. 2.3 dargestellt worden ist, kann unter *Marktfähigkeit* die Erkennbarkeit des Nutzens durch den Kunden, welcher auch der Anwender ist und die Attraktivität des Produktes durch das Preis-Leistungsverhältnis, verstanden werden. Das Produkt muss zum einen zunächst finanzierbar sein und sich mittelfristig selber tragen, dies kann über die Preisgestaltung gesteuert werden. Zum anderen muss der Nutzen für den Verbraucher deutlich werden, was über die Konsumenten-/Verbraucherakzeptanz überprüft werden kann (Hermann und Huber 2013, S. 205; Biermann und Erne 2020, S. 62–65).

Der *Modellprozess zur Herstellung eines innovativen, marktfähigen Lebensmittelprototypen* (siehe Abb. 5.1) bietet mehrere Ansätze zur Feststellung der Marktfähigkeit des entwickelten Prototypen.

5.6.1 Preisbestimmung anhand des Modelprozesses

Die Preisbestimmung kann z. B. über eine nutzenorientierte Preisbestimmung vorgenommen werden. Diese orientiert sich an dem von den Kunden wahrgenommenen Wert (Nutzen) eines Produktes und somit an dessen maximaler Preisbereitschaft. Diese bestimmt den Preis, den ein Unternehmen für sein Produkt verlangen kann. Preise oberhalb dieser Preisbereitschaft werden nicht vom Kunden akzeptiert. Die persönliche Preisbereitschaft kann direkt über die Befragung des Konsumenten stattfinden. Dabei kann nur die Obergrenze ermittelt werden

(z. B. mit der Frage, wieviel sie für ein genau beschriebenes Produkt zahlen würden) oder die Ober- und die Untergrenzen. Die Untergrenze gibt an, ab welchem Preis ein Produkt nicht gekauft werden würde, weil aufgrund des niedrigen Preises Qualitätszweifel aufkommen. Die Methode der direkten Abfrage zur Bestimmung der oberen und unteren Preisbereitschaft ist sowohl für Produktkonzepte als auch Prototypen geeignet (Homburg 2020, S. 776–777, 798, 1318; Balderjahn 2003, S. 389, 391–392). Da der Modellprozess sowohl eine Konzepttestphase (in Phase II) als auch einen Akzeptanztest vorsieht (in Phase III), kann die nutzenorientierte Preisbestimmung auf Basis einer direkten Abfrage in diese integriert werden.

Des Weiteren kann ein möglicher Preis an den Preisen und dem preisbezogenen Verhalten der Wettbewerber (wirtschaftliches Verhalten, Koalitionsverhalten, Kampfverhalten) angelehnt werden. Bei dieser wettbewerbsorientierten Preisbestimmung werden, wenn der Markt einem Oligopol entspricht (was bei Lebensmitteln häufig der Fall ist), die Preise von zwei weiteren Anbietern (Dyopol) analysiert und bei der eigenen Preisgestaltung berücksichtigt (Homburg 2020, S. 806–807). Der Modellprozess sieht eine Markteinschätzung in Phase I vor, an dieser Stelle kann eine Preiseinschätzung vorgenommen werden.

5.6.2 Indikatoren zur Beurteilung der Marktfähigkeit im Modelprozess

Eine weitere Möglichkeit zur Beurteilung der Marktfähigkeit des Prototypen ist die Anwendung verschiedener Indikatoren und der dazugehörigen Messgrößen, wie sie in Abschn. 2.3 beschrieben werden. Es können Prozess-, Input- und Output-Indikatoren unterschieden werden. Passende Indikatoren können produktspezifisch ausgewählt werden. Indikatoren, die den Output betreffen z. B. die Wiederkäuferrate, können in diesem Fall jedoch nicht angewendet werden, da sie erst nach der Markteinführung erfasst werden und somit über die im Modellprozess behandelten Phasen hinausgehen. Prozessindikatoren, wie die Referenzquote, welche erfasst, wie viele der befragten potenziellen Kunden Interesse an dem Produkt zeigen, können im Rahmen des Konzept- und des Verbraucherakzeptanztests in den Phasen II und III erfasst werden. Input-Indikatoren, wie das Marktpotenzial, das Marktvolumen und die USP, sind explizit in den Schritten *Markteinschätzung* und *vorläufiges Produktkonzept* der Phase I vorgesehen (Biermann und Erne, S. 76–78; Kühnapfel 2021, S. 5–9). Es können also nur zwei von drei möglichen Bereichen erfasst werden. Somit kann über die Indikatoren keine ausgewogene Einschätzung der Marktfähigkeit abgebildet werden.

5.6.3 Möglichkeiten zur Feststellung der Verbraucher-/ Konsumentenakzeptanz im Modelprozess

Als zweiten Aspekt zur Feststellung der Marktfähigkeit kann die Verbraucher- bzw. Konsumentenakzeptanz herangezogen werden. Diese wird im Modellprozess in mindestens zwei Schritten überprüft. In Phase I ist ein Konzepttest vorgesehen, bei welchem die Akzeptanz des Verbrauchers bezogen auf das vorläufig erstellte Produktkonzept geprüft wird. In Phase III wird die Akzeptanz des Prototypen mithilfe eines Akzeptanz- oder Präferenzentest überprüft. Während des *Prototyping* in Phase II können ebenfalls bei Bedarf Verbrauchertests zur Optimierung des Prototypen eingesetzt werden. Der Modellprozess weist zusätzlich in Phase III auf ein mögliches weiteres Vorgehen hin, welches über die Entwicklung des Prototypen hinausgeht. Wenn die Entwicklung des Prototypen nach der Prüfung im Checkpunkt 4 als abgeschlossen eingestuft wird, kann noch ein Markttest folgen um die Marktfähigkeit zu verifizieren, bevor das *Upscaling* in Angriff genommen wird (Biermann und Erne 2020, S. 62; Wegmann 2020, S. 78, 87, 89–95; Uebernickel und Brenner 2016, S. 248–252).

Die Verbraucher- bzw. Konsumentenakzeptanz, als ein Faktor für die Feststellung der Marktfähigkeit, wird mehrfach überprüft. Wird ein Test nicht zufriedenstellend absolviert, besteht die Möglichkeit das vorläufige Produktkonzept oder den Prototypen anzupassen und die nachfolgenden Schritte und Tests zu wiederholen, um sicher zu stellen, dass die möglichen Konsumenten den Produktprototypen akzeptieren.

> **Fragen**
>
> 1. Nenne und beschreibe kurz die 7 Stufen des Produktentwicklungsprozesses in etablierten Lebensmittelunternehmen.
> 2. Aus welchen Teilaufgaben besteht das System der frühen Phasen des radikalen Innovationsprozesses?
> 3. Benenne und Beschreibe kurz die neun förderlichen Faktoren für den radikalen Innovationsprozess in Unternehmen.
> 4. Was ist die Stage-Gate®-Methode? Erkläre diese kurz.
> 5. Was kann unter *Design Thinking* verstanden werden? Inwiefern eignet sich die Methode für die Lebensmittelproduktentwicklung?

Literatur

Achleitner, A. K. (2001): Venture Capital. In: Breuer, R. E. (Hrsg.): Handbuch Finanzierung. Wiesbaden: Gabler Verlag, S. 515. https://doi.org/10.1007/978-3-322-89933-0_20.

Balderjahn, I. (2003): Erfassung der Preisbereitschaft. In: Diller, H.; Herrmann, A. (Hrsg.): Handbuch Preispolitik. Wiesbaden: Gabler Verlag, S. 389, 391–392. https://doi.org/10.1007/978-3-322-90512-3_18.

Biermann, B.; Erne, R. (2020): Nachhaltiges Produktmanagement. Wie Sie Nachhaltigkeitsaspekte ins Produktmanagement integrieren können. Wiesbaden: Springer Fachmedien, S. 62–65, 76–78.

Bogott, N.; Rippler, S.; Woischwill, B. (2017): Phasen von Startups. In: Im Startup die Welt gestalten. Wiesbaden: Springer Gabler, S. 112. https://doi.org/10.1007/978-3-658-14505-7_3.

Bogner, A.; Menz, W. (2002a): Theoretische Konzepte. In: Bogner, A.; Littig, B.; Menz, W. (Hrsg.): Das Experteninterview. Theorie, Methode, Anwendung. Wiesbaden: Springer Fachmedien, S. 37–38.

Bogner, A.; Menz, W. (2002b). Das theoriegenerierende Experteninterview. In: Bogner, A.; Littig, B.; Menz, W. (Hrsg.): Das Experteninterview. Theorie, Methode, Anwendung. Wiesbaden: Springer Fachmedien, S. 7–8.

Bruhn, M. (2019): Verbraucherakzeptanz und Technologieentwicklung (Band 1). In: Handbuch Produktentwicklung Lebensmittel Innovationen (62. Aktualisierungs-Lieferung 2019, Grundwerk Aufl. 2000). Hamburg: Behr`s Verlag.

Buchanan, R. (1992): Wicked problems in design thinking. In: Design Issues, 8. Jg., Nr. 2, S. 5–21.

Cooper, R. G. (2010): Top oder Flop in der Produktentwicklung. Erfolgsstrategien: Von der Idee zum Launch. Weinheim: WILEY-VCH, S. 125, 128–129, 144–160, 151–160, 166–167, 177–179, 180–181, 198.

Devin, B. (2019): Entwicklung neuer Produkte und begleitende Marktforschung (Band 2). In: Handbuch Produktentwicklung Lebensmittel Innovationen (62. Aktualisierungs-Lieferung 2019, Grundwerk Aufl. 2000). Hamburg: Behr's Verlag, S. 1–5, 6–21, 27–30.

Dolak, F.; Uebernickel, F.; Brenner, W. (2013): Design Thinking and Design Science Research. University of St. Gallen: Institut of Information Management.

Friedrichs, J. (2014): Forschungsethik. In: Baur, N.; Blasius, J. (Hrsg.): Handbuch Methoden der empirischen Sozialforschung. Wiesbaden: Springer Fachmedien, S. 76–77.

Freiling, J.; Harima, J. (2024): Entrepreneurship. Gründung und Skalierung von Startups (2. Aufl.). Wiesbaden: Springer Gabler, S. 102.

Grots, A.; Pratschke, M. (2009): Design Thinking – Kreativität als Methode. In: Marketing Review St. Gallen, 26. Jg., S. 18–22.

Hauschildt, J. (2005). Dimensionen der Innovation. In: Albers, S., Gassmann, O. (Hrsg.): Handbuch Technologie- und Innovationsmanagement. Gabler Verlag, Wiesbaden, S. 25, 34. https://doi.org/10.1007/978-3-322-90786-8.

Hellferich, C. (2009): Die Qualität qualitativer Daten (3. Aufl.). Wiesbaden: VS Verlag für Sozialwissenschaften, S. 167–193. https://doi.org/10.1007/978-3-531-91858-7_1.

Hellferich, C. (2022): Leitfaden- und Experteninterviews. In: Baur, N., Blasius, J. (Hrsg.): Handbuch Methoden der empirischen Sozialforschung. Wiesbaden: Springer VS, S. 875–889. https://doi.org/10.1007/978-3-658-37985-8_55.

Herrmann, A., Huber, F. (2013): Produktmanagement. Wiesbaden: Springer Gabler, S. 57, 154, 205. https://doi.org/10.1007/978-3-658-00004-2_1.

Homburg, C. (2020): Marketingmanagement. Strategie – Instrumente – Umsetzung – Unternehmensführung. Wiesbaden: Springer Gabler, S. 776–777, 798, 806–807, 318. https://doi.org/10.1007/978-3-658-29636-0_11.

IDEO (o. D.): Design Thinkng. [Zugriff am 02.02.2025; https://designthinking.ideo.com/].

Jetter, A. (2005): Theorie und Praxis der frühen Produktentstehungsphasen. In: Produktplanung im Fuzzy Front End. Forschungs-/Entwicklungs-/Innovations-Management. Wiesbanden: Deutscher Universitätsverlag. https://doi.org/10.1007/978-3-322-82157-7_5

Kotler, P.; Keller, K. L.; Bliemel. F. (2007): Marketing-Management – Strategien für werkschaffendes Handeln (12. Aufl.). München: Addison-Wesley, S. 441.

Kühnapfel, J.B. (2021): Wie entsteht eine Kennzahl? In: Vertriebskennzahlen. Essentials. Wiesbaden: Springer Gabler, S. 5 – 9. https://doi.org/10.1007/978-3-658-32785-9_2

Meffert, H.; Burmann, C.; Kirchgeorg, M.; Eisenbeiß, M. (2019). Marketing-Mix: Produkt- und programmpolitische Entscheidungen. In: Marketing. Wiesbaden: Springer Gabler. https://doi.org/10.1007/978-3-658-21196-7_5

Meuser, M.; Nagel, U. (2002): ExpertInneninterviews – vielfach erprobt, wenig bedacht. Ein Beitrag zur qualitativen Methodendiskussion. In: Bogner, A.; Littig, B.; Menz, W. (Hrsg.): Das Experteninterview. Theorie, Methode, Anwendung. Wiesbaden: Springer Fachmedien, S. 37, 83–90.

Przyborski, A.; Wohlrab-Sahr, M. (2014): Qualitative Sozialforschung. München: Oldenbourg Verlag, S. 132–133.

Rosemann, M.; Schwegmann, A. (2002): Vorbereitung der Prozessmodelierung. In: Becker, J.; Kugler, M.; Rosemann, M. (Hrsg.): Prozessmanagement. Ein Leitfaden zur prozessorientierten Organisationsgestaltung (3. Aufl.). Berlin, Heidelberg: Springer-Verlag, S. 62, 64–69.

Savioz, P.; Birkenmeier, B.; Brodbeck, H.; Lichtenthaler, E. (2002). Organisation der frühen Phasen des radikalen Innovationsprozesses. In: Die Unternehmung, 56. Jg., Nr. 6, S. 393–408. [Zugriff am 26. November 2023, http://www.jstor.org/stable/24185133].

Scheer, A. W. (1998): Modellierung der Beziehungen zwischen den Sichten (Steuerungssicht). In: ARIS – Modellierungsmethoden, Metamodelle, Anwendungen. Berlin, Heidelberg: Springer-Verlag, S. 128. https://doi.org/10.1007/978-3-642-97731-2_3.

Scholz, U.; Pastoors, S. (2018): Modelle der Produktentwicklung. In: Praxishandbuch Nachhaltige Produktentwicklung. Berlin, Heidelberg: Springer Gabler, S. 56–59. https://doi.org/10.1007/978-3-662-57320-4_6.

Uebernickel, F.; Brenner, W. (2016): Design Thinking. In: Hoffmann, C.; Lennerts, S.; Schmitz, C.; Stölzle, W.; Uebernickel, F. (Hrsg.): Business Innovation: Das St. Galler Modell. Business Innovation Universität St. Gallen. Wiesbaden: Springer Gabler, S. 244–252 https://doi.org/10.1007/978-3-658-07167-7_15.

Wegmann, C. (2020): Lebensmittelmarketing. Wiesbaden: Springer Gabler, S. 18 – 21, 24, 28–46, 48–57, 58–89, 77–87, 89–95. https://doi.org/10.1007/978-3-658-26038-5_1.

6 Phase I: Von der Ideenfindung bis zur Markteinschätzung

▶ Die Phase I des Modelprozesses zur Herstellung eines innovativen, marktfähigen Lebensmittelprototypen bildet die frühe Phase des Produktentwicklungsprozesses ab. Sie behandelt die Schritte von der Ideenfindung, über die Ideenauswahl bis hin zur Markteinschätzung für die ausgewählte Idee. Das Kapitel erläutert die einzelnen Schritte im Detail, gibt Beispiele für Methoden und erklärt den im Modell dargestellten Prozess.

Die Phase I des Modelprozesses zur Herstellung eines innovativen, marktfähigen Lebensmittelprototypen bildet die frühe Phase des Produktentwicklungsprozesses ab und beginnt mit der Ideenfindung (Jetter 2005, S. 58, 80). Diese ist mit der Markt- bzw. Trendanalyse und/oder einem identifizierten Bedürfnis verknüpft (siehe Abb. 6.1). Es folgt die Bewertung der gesammelten Ideen, bei welcher auch Vorversuche durchgeführt und herangezogen werden können. Der Checkpunkt 1 steht für die Auswahl der zu verfolgenden Idee oder Ideen nach einer individuell angepassten Checkliste oder nach einem Scoring-Modell. Gezielt für die ausgewählte Idee oder Ideen wird zunächst eine Markteinschätzung vorgenommen. Diese wird im zweiten Checkpunkt beurteilt. Nur wenn die Markteinschätzung als erfolgversprechend eingestuft wird, wird im Anschluss in Phase II ein vorläufiges Produktkonzept erstellt. Ansonsten wird die Idee bereits in diesem frühen Stadium verworfen. Auf diese Weise soll verhindert werden, dass an wenig erfolgversprechend erscheinenden Ideen festgehalten wird, um unnötige Kosten zu vermeiden (Wegmann 2020, S. 24; Cooper 1990, S. 44–54).

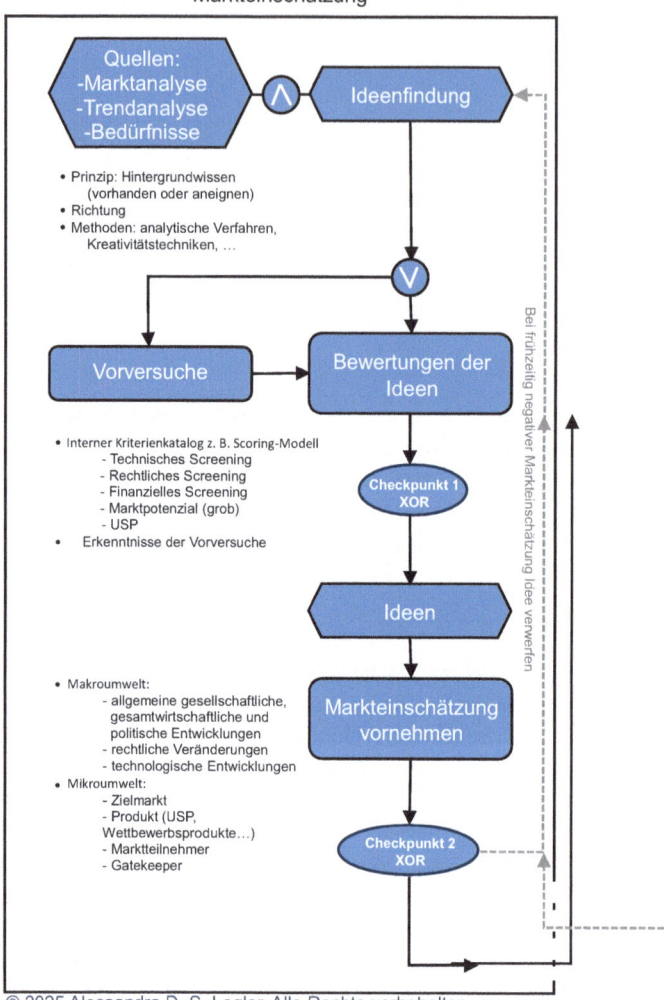

Abb. 6.1 Phase I: Von der Ideenfindung bis zur Markteinschätzung. (Bildquelle: Eigene Darstellung, Quellen: Cooper 2010, Wegmann 2020, Devin 2019, Savoiz et al. 2002, Meffert et al. 2019, Homburg 2020, Jetter 2005)

6.1 Prinzip, Methoden, Richtung

Das Infofeld in Abb. 6.1 erweitert den Schritt der Ideenfindung um die Punkte „Prinzip", „Methoden" und „Richtung". Diese drei Punkte sollten bei der Ideenfindung zusätzlich beachtet werden, um ein gezieltes Vorgehen zu ermöglichen.

Das **Prinzip,** welches generell dem Produktentwicklungsprozess zugrunde liegen sollte, ist vorhandenes und erworbenes Hintergrundwissen, welches sich zu Beginn des Produktentwicklungsprozesses über das spezifische Feld angeeignet werden sollte. Dazu zählt Wissen über den Stand der Technologie, Distribution, Wettbewerbsverhältnisse und Größe und Struktur des Marktes (Devin 2019, S. 6–9; Wegmann 2020, S. 28–42). Das Beobachten des technologischen Standes und des Marktes soll das Entwickeln radikaler Innovationen fördern und ist gleichzeitig verknüpft mit den möglichen Quellen für innovative Ideen. Diese können aus einer Markt- und/oder Trendanalyse herrühren oder von identifizierten Bedürfnissen der Verbraucher ausgehen, die der Markt aktuell noch nicht befriedigt. Die Beobachtung des Marktes und insbesondere der dortige Stand der Technologie, sind kein einmaliger Schritt im Produktentwicklungsprozess oder Methode. Vielmehr handelt es sich um eine kontinuierliche Aufgabe, welche den gesamten Prozess begleiten sollte, um rechtzeitig auf einen sich verändernden Markt reagieren zu können (siehe Abschn. 5.5) (Savioz et al. 2002, S. 393–408).

Der Punkt „**Richtung**" bezieht sich auf eine übergeordnete Entscheidung, die vor oder zu Beginn der Ideengenerierung getroffen wird. Es sollte möglichst früh die Entscheidung fallen, ob die Ideensuche völlig frei, oder ob eine bestimmte Strategie für ein neues Produkt zu verfolgen ist. Existiert bereits eine Einigkeit über eine Strategie, wird gleich zu Beginn eingegrenzt, in welchem Bereich gezielt nach Ideen gesucht werden soll (Cooper 2010, S. 177–179; Wegmann 2020, S. 28–42; Cooper 2010, S. 177–179). Diese Eingrenzung kann sich beispielsweise:

> **Übersicht**
> - auf einen Trend beziehen, z. B. ein proteinreiches Produkt,
> - auf eine Lebensmittelkategorie, wie z. B. ein Convenience-Produkt, Backwaren, ein Tiefkühlprodukt oder ein Erfrischungsgetränk,
> - auf eine Zielgruppe, z. B. Käufer von Bio-Produkten,
> - oder eine Kombination aus mehreren Kategorien.

Der Punkt „**Methoden**" soll dazu anregen bei der Ideenfindung, aber auch allen weiteren Schritten im Produktentwicklungsprozess, ebendiese gezielt einzusetzen. Es können zur Ideenfindung beispielsweise bestimmte Fragestellungen eingesetzt werden, wie z. B.:

„Welche Veränderungen ergeben sich bei den Kundenbedürfnissen und Wertschöpfungsketten?",

„Welche neuen Chancen können sich aus diesen Veränderungen […] ergeben, um unsere Kunden erfolgreicher zu machen?" oder

„Bestehen Chancen, die Kundenbedürfnisse besser zu erfüllen oder Vorteile aus der sich wandelnden Umgebung zu ziehen?" (Cooper 2010, S. 180).

Der Fokus liegt hier auf dem Herausfinden der Kundenbedürfnisse (Cooper 2010, S. 181). Insgesamt stehen eine Vielzahl an analytischen Methoden und

Kreativitätstechniken zur Verfügung, die man gezielt zur Ideenfindung nutzen kann (siehe auch Abschn. 6.2). Nicht nur bei der Ideenfindung, sondern für jeden Schritt im Produktentwicklungsprozess gilt es passende Methoden auszuwählen.

6.2 Ideenfindung: Marktanalyse, Trendanalyse und identifizieren von Bedürfnissen

Bei der Ideenfindung können Unternehmen auf eine Vielzahl an internen Quellen (Vorschläge aus verschiedenen Abteilungen) und externen Quellen (z. B. Kunden, Mitbewerber, beauftragte Experten und Institute) zurückgreifen (siehe Tab. 6.1).

6.2.1 Bedürfnisanalyse

Eine der naheliegendsten Quellen für eine Produktidee können nicht befriedigte Bedürfnisse sein. Ein Bedürfnis ist ein Gefühl des Mangels, welches eine Person empfindet, verbunden mit dem Bestreben, dies zu beseitigen. Bedürfnisse gelten entsprechend als Antriebskräfte menschlichen Handelns. Die Möglichkeit zur Befriedigung der verschiedenen Bedürfnisse und welche Wünsche und Interessen sich daraus ergeben, unterliegt fast immer kulturellen Einflüssen. Zunächst muss zur Bedürfnisbefriedigung ein Mangel wahrgenommen werden, dieses wird dann interpretiert und es folgt eine Handlung zur Bedürfnisbefriedigung. Wird z. B. ein Gefühl von Hunger (ein Mangel) wahrgenommen, erfolgt eine Handlung (z. B. der Gang zum Kühlschrank und die Zubereitung einer Mahlzeit) um das wahr-

Tab. 6.1 Quellen für Produktideen

(Unternehmens-)Interne Quellen	(Unternehmens-)Externe Quellen

• Vorschläge aus verschiedenen Abteilungen
  – Forschung und Entwicklung
  – Vertrieb
  – Marketing
  – Planung
  – Produktion
  – Außendienstmitarbeiter
• Kundendienst (Kundenanfragen, Kundenbeschwerden)
	• Kunden, potenzielle Kunden
	• (Zwischen-)Händler
	• Beauftragte Forschungsinstitute, Berater, Experten befragen
	• (Technische) Publikationen
	• Mitbewerber/Konkurrenz beobachten z. B. auf Messen
	• Neuheiten auf anderen Märkten
	• Universitäten z. B. Abschlussarbeiten unterstützen
	• Technologische Entwicklung
	• Unverlangte Vorschläge

Quellen: Cooper 2010, S. 198; Bruhn 2019, S. 136, Homburg 2020, S. 610

Quellen in dieser Form stehen einem neuen Startup meist (noch) nicht zur Verfügung. Stattdessen stehen eine Vielzahl an analytischen Methoden (z. B. Marktanalyse, Trendanalyse) und/oder Kreativen Methoden (Kreativitätstechniken wie die Konfrontationsmethode) zur Ideenfindung zur Verfügung (siehe Abb. 6.2). Diese können nach Bedarf auch kombiniert werden.

genommene Bedürfnis zu befriedigen. Die Auswahl des Gerichts kann von einer Verknüpfung von Geschmack und Gefühlen beeinflusst werden – z. B. wird ein Kindheitsgericht (Milchreis), welches mit Geborgenheit verknüpft wird, zubereitet, wenn diese Geborgenheit gerade zum Wohlfühlen fehlt (Methfessel und Schöler 2020, S. 4–5).

Es gibt verschiedene Theorien und Darstellungsweisen zur menschlichen Bedürfnisbefriedigung. Eine Reihenfolge, in welcher Menschen ihre Bedürfnisse befriedigen, wird in der Bedürfnispyramide von Maslow veranschaulicht. Die dringlichsten Bedürfnisse (physische Bedürfnisse wie Nahrung und Kleidung) gilt es demnach zuerst zu stillen und Bedürfnisse, die mit der Selbstverwirklichung zusammenhängen, zuletzt (Maslow 1975, S. 358–379; Kotler et al. 1999, S. 28). An dieser Darstellung bzw. Theorie wird jedoch viel Kritik geübt, z. B., dass nach Maslow eine Obergrenze für die Bedürfnisbefriedigung existiert und danach die Über-Befriedigung als unangenehm erlebt werden würde (Taormina und Gao 2013, S. 155–177; Wahba und Bridwell 1976, S. 212–240). Trotz teilweise sehr grundlegender Kritik, wird das Modell noch immer zur Darstellung menschlicher Bedürfnisse in Bereichen wie dem Marketing oder der Ernährungsberatung verwendet, wo die Bedürfnispyramide auf das Themenfeld „Essen" angewandt wird (siehe Abb. 6.3) (siehe z. B. in Broda 2005, S. 151 oder BZfE 2022, S. 28).

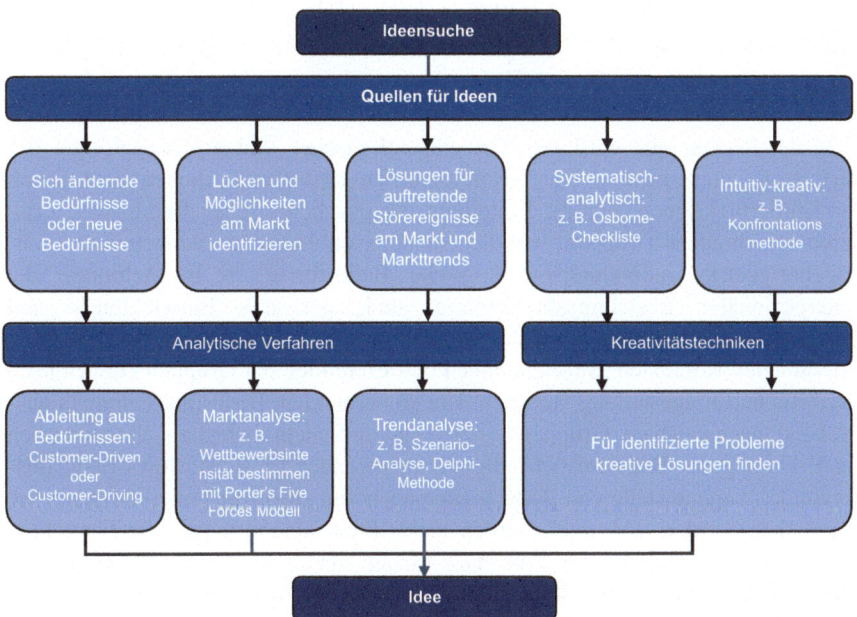

Abb. 6.2 Quellen für innovative Produktideen. (Bildquelle: Eigene Darstellung, Quellen: Wegmann 2020, S. 30; Day 1994, S. 39; Herhausen und Schögel 2016, S. 216–217; Hennig-Thurau 2004, S. 699–722; Herrmann und Huber 2013, S. 51–53; Schröder 2022, S. 188–193, 247–250)

Abb. 6.3 Bedürfnispyramide nach Maslow in Bezug auf das Themenfeld „Essen, Nahrung". (Bildquelle: Eigene Darstellung, modifiziert, nach BZfE 2022, S. 28)

In der Psychologie wird zwischen physiologischen und psychologischen Bedürfnissen unterschieden. Die physiologischen Bedürfnisse dienen dem Erhalt der Körperfunktionen. Für die Einteilung der psychologischen Bedürfnisse existieren verschiedene Gruppen, wie die „sozialpsychologischen Bedürfnisse" (z. B. Zugehörigkeit), „individualpsychologische Bedürfnisse" (z. B. Achtung), die „interpersonalen Beziehungsbedürfnisse" und „personale Entwicklungs- und Wachstumsbedürfnisse". Außerdem gibt es Bedürfnisse in sozialen und weiteren individuellen Kontexten. Bezeichnungen und Einteilung der Gruppen können nach Disziplin und Fragestellung variieren. Um zu vermeiden, Bedürfnisse in nicht ausreichend nachweisbare Gruppen einzuteilen und nicht belegbare Triebtheorien zur Erklärung der Bedürfnisbefriedigung anzuwenden (z. B. Maslows Bedürfnispyramide), kann anstelle von Bedürfnissen auch von „Motiven" oder „Motivation" gesprochen werden. „Motive" werden nicht direkt als Antriebskräfte betrachtet, sondern als „Richtungsgeber", die dazu dienen materielle und immaterielle Objekte zu finden, die man zur Bedürfnisbefriedigung nutzt.

Der Weg zwischen dem Gefühl des Mangels bis hin zu dem konkreten Bedarfsobjekt ist nicht so direkt, wie einige Triebtheorien implizieren, denn es gibt Bedürfnisse, die sich gegenseitig „aushelfen". Viele Alltagshandlungen sind dazu geeignet verschiedene Bedürfnisse, wenn auch nur kurzfristig, zu bedienen (also sich gegenseitig „aushelfen"). Ein bestimmtes Ernährungskonzept z. B. kann nicht nur Hunger befriedigen, sondern auch Symbol eines bestimmten Lebensstils sein (z. B. eine vegane Ernährung wird auch mit einer gesunden und nachhaltigen Lebensweise assoziiert) (Pilař et al. 2021; Fallmann und Widhalm 2022, S. 222–223; Methfessel und Schöler 2020, S. 4–7). Gerade essen und Emotionen sind eng miteinander verflochten und Essen kann als Ersatzbefriedigung für Emotionen, besonders positive Emotionen, eingesetzt werden (Macht 2005, S. 304–308). Bedürfnisse können auch miteinander konkurrieren, z. B. Appetit oder Hunger und der Wunsch nach Gewichtsverlust (abnehmen). Wird zur Bedürfnisbefriedigung immer häufiger eine Ersatzbefriedigung gesucht, kann dies auch problematische Folgen (wie z. B. Sucht oder eine Essstörung) haben (Vogelbach-Woerner 2000, S. 181–182; Lukic 2020). Eine angemessene Bedürfnisbefriedigung hängt von vielen Einflussfaktoren ab, nicht zuletzt der Fähigkeit des Menschen zu einem reflektierten Handeln (Methfessel und Schöler 2020, S. 7).

Das Analysieren der Kundenbedürfnisse und die Ausrichtung des Unternehmens nach diesen wird auch als **Kundenorientierung** bezeichnet (siehe auch Abschn. 2.3). Alternative Bezeichnungen für diese Vorgehensweise sind *Customer-Driven* oder *Customer-Centric*. Dieses Konzept besitzt im Marketing eine lange Tradition und wird als Erfolgsfaktor angesehen, allerdings gilt der Ansatz inzwischen auch als reaktionär (Gulati 2010, S. 5, Narver und Slatter 1990, S. 21). Die zu enge Orientierung an den aktuellen Kundenbedürfnissen kann dazu führen, dass neue oder sich ändernde Bedürfnisse nicht erkannt werden. Dies wird auch als die *„Tyranny of the Served Marked"* bezeichnet (Hamel und Prahalad 1994, S. 13). Im Idealfall erkennt man frühzeitig die sich verändernden Kundenbedürfnisse und die sich daraus ergebenden Marktchancen (Day 1994, S. 39).

Die Erforschung der Kundenbedürfnisse bzw. sich ändernder Kundenbedürfnisse geschieht durch verschiedene Marktforschungsmethoden. Mögliche Methoden sind die Befragung oder die Beobachtung, sie zählen zu der Primärmarktforschung. Befragungen nehmen in der Primärforschung einen großen Stellenwert ein, da sie sich zum zielgerichteten Sammeln von Informationen eignen. Befragungen können persönlich (z. B. in der Fußgängerzone oder im Supermarkt), schriftlich, telefonisch oder online durchgeführt werden. In jedem Fall ist ein Fragebogen zu erarbeiten, welcher entweder von dem Interviewer auszufüllen ist oder von dem Interviewten. Der Vorteil einer persönlichen Befragung liegt darin, dass Rückfragen möglich sind, sowie ergänzende Beobachtungen und zusätzliche Unterlagen/Material gezeigt werden können. Andererseits können ein hoher Zeitaufwand und eventuell Personalkosten entstehen. Außerdem kann der Interviewer Einfluss auf die Beantwortung der Fragen nehmen. Zudem ist in der persönlichen Befragung keine Anonymität gegeben, was dazu führen kann, dass bei sensiblen Themen die Antworten eventuell „nicht ehrlich" ausfallen. Diese Nachteile entstehen bei einer schriftlichen oder einer Online-Befragung nicht, allerdings gibt es keine Kontrolle der Befragungssituation, was zu einem verfrühten Abbruch führen könnte oder zu Fehlinterpretationen des Teilnehmenden (der keine Möglichkeit hat Nachfragen zustellen).

Eine weitere Methode der primären Marktforschung ist die „Beobachtung". In der Feldbeobachtung wird das (Einkaufs-)Verhalten und die Reaktionen der beobachteten Personen analysiert und Rückschlüsse daraus gezogen. In der Regel werden Befragung und Beobachtung nicht strikt voneinander getrennt, sondern miteinander verknüpft. Bei einer Befragung gibt es die Möglichkeit beispielsweise auch die spontanen Reaktionen beobachtet und zu notieren (Broda 2005, S. 109–113).

Eine alternative Betrachtungsweise der Kundenorientierung ist der *Customer-Driving* Ansatz. Dieser wird definiert als „understand customers needs and wants better than they do and creating products and/or services that will satisfy their latent needs" (Marion 2007, S. 108). Das Ziel ist es latente Kundenbedürfnisse zu wecken, welches sich aus deren verändertem Verhalten oder Verlangen ergeben (Herhausen 2011, S. 18). Diese Bedürfnisse zu erkennen gestaltet sich jedoch als schwierig, da Menschen diese nicht unbedingt zum Ausdruck bringen (Ulwick 2005, S. 11). Um Ideen für neue Bedürfnisse bzw. deren Befriedigung zu generieren, sollte man sich von den bestehenden Kundenbedürfnissen abwenden, ohne den Bezug zur Marktentwicklung zu verlieren. Zu diesem Zweck können unter anderem Szenario-Techniken, Trendbeobachtungen und Experten eingesetzt werden (siehe Abschn. 6.2.2) (Herhausen und Schögel 2016, S. 216–217).

6.2.2 Analytische Methoden zur Ideengenerierung

Die **Trendanalyse** beschreibt die systematische Überwachung des Marktes und der Technologieentwicklung mit dem Ziel, neue Trends frühzeitig zu erkennen. Es gibt verschiedene Möglichkeiten Trends zu identifizieren, dazu zählen die Expertenbefragung, Fachzeitschriften und Forschungsberichte (Herrmann und Huber 2013, S. 138, 154). Die Trendanalyse kann in vier Phasen gegliedert werden:

> **Übersicht**
> 1. Auswahl der Umweltfaktoren: Diese sollten für einen spezifischen Bereich ausgewählt werden. Typische Umweltfaktoren sind Konsumentengewohnheiten, Marktstrukturen und Technologien.
> 2. Monitoring: Das Beobachten der ausgewählten Umweltfaktoren.
> 3. Prognose neuer Trends: Dies kann mithilfe verschiedener Methoden, wie z. B. einer **Szenario-Analyse** oder der **Delphi-Methode** vorgenommen werden.
> 4. Einsatz der Trends: Neue Produktideen aus den identifizierten Trends ableiten (Hennig-Thurau 2004, S. 699–722).

6.2.2.1 Szenario-Analyse

Die **Szenario-Analyse** ist eine Methode zur Analyse der globalen Umwelt eines Unternehmens (Linneman und Klein 1985, S. 64–76; von Reibnitz 1996, S. 747–751). Diese Methode zielt darauf ab, möglichst vielfältige Zukunftsentwicklungen

(Szenarien) im Umfeld des Unternehmens zu entwerfen, um anschließend angemessene Gegenmaßnahmen für alle möglichen Zukünfte entwickeln zu können. Die Beschreibung eines Szenarios enthält Informationen über den Endzustand und über die Entwicklung, die aus der Gegenwart zu dieser zukünftigen Situation führt. Die Methode liefert relativ allgemeine Aussagen über zukünftige Entwicklungen und ist daher für die strategische Frühaufklärung geeignet.

Zur Entwicklung des Weges von der Gegenwart bis zu einem möglichen Zukunftsszenario werden drei wichtige Elemente verwendet. Das erste Element sind Trends, diese bezeichnen mögliche Entwicklungstendenzen der Rahmenbedingungen. Das zweite Element sind Störereignisse, diese können die Trends vorübergehend oder endgültig stören. Sie sind von der Umwelt abzuleiten und beschreiben Diskontinuitäten, d. h. Strukturbrüche, bezüglich wichtiger Umweltfaktoren (z. B. Entwicklung einer neuen Technologie oder sich ändernde Gesetzgebung). Das dritte Element sind Gegenmaßnahmen. Diese sind vom Unternehmen selbst zu steuern und beschreiben mögliche Reaktionen des Unternehmens auf Störereignisse. In der Szenario-Analyse entwirft man zudem ein Null-Szenario, also auch Extremszenarien. Das Null-Szenario stellt den Status Quo, also keine auftretende Veränderung dar. Die äußersten möglichen Ränder werden durch Extrem-Szenarien abgegrenzt (Herrmann und Huber 2013, S. 53–57). Die Szenario-Analyse ist zwar zunächst auf bereits gegründete Unternehmen ausgelegt, kann aber durchaus auch für Startups vor der Unternehmensgründung relevant sein. Beispielsweise, wenn Störereignisse für einen Markt frühzeitig zu erkennen sind und dass Startup sich darauf konzentriert, Lösungen für diese zu finden, bevor die etablierten Unternehmen reagieren (siehe Beispiel).

> **Ab 2030 müssen nach**
>
> „den neuen Vorschriften [...] alle Verpackungen (außer Verpackungen aus Leichtholz, Kork, Textilien, Gummi, Keramik, Porzellan und Wachs) strengen Anforderungen an die Recyclingfähigkeit genügen. Es werden auch Mindestziele für den Rezyklatanteil von Kunststoffverpackungen und Mindestziele für das Recycling von Verpackungsabfällen nach Gewichtsprozent vorgegeben. Bis 2029 müssen 90 % aller Einweggetränkebehälter aus Kunststoff und Metall (mit bis zu drei Litern Inhalt) getrennt gesammelt werden (im Rahmen von Pfandsystemen oder mithilfe anderer Verfahren, die dafür sorgen, dass dieses Ziel erreicht wird)" (Europäisches Parlament 2024).

Diese angekündigte Änderung der Gesetzgebung im Bereich der (Lebensmittel-)Verpackung kann für viele Unternehmen der Lebensmittelbranche ein Störereignis darstellen, da etablierte Verpackungsmaterialien eventuell nicht mehr eingesetzt werden können. Es könnten höhere Kosten auf die Unternehmen zukommen, Unsicherheiten beim Erhalt des gewünschten und etablierten Produktschutzes (was sich auf das MHD oder Verbrauchsdatum auswirken könnte) und technische Problematiken bei der Abfüllung der Produkte in neue Materialien. Etablierte Unternehmen, sowohl Hersteller als auch Anwender/Verarbeiter, sind demnach wahrscheinlich gezwungen neue Verpackungsmaterialien zu entwickeln bzw. zu verwenden. Aus dieser Umwälzung des

Marktes können sich Chancen für neue Ideen/Produkte/Unternehmen ergeben. In diesem Beispiel würden also die Szenarien nicht für das Umfeld eines bestimmten Unternehmens entworfen werden, sondern für einen abzugrenzenden Markt und wie sich dieser durch ein Störereignis verändern könnte. ◄

6.2.2.2 Delphi-Methode

Die **Delphi-Methode** ist eine systematische Form der mehrstufigen Expertenbefragung und dient der Prognose von Umweltfaktoren und -entwicklungen (Kepper 2000, S. S. 159–202). Sie wird in einem breiten Spektrum an Einsatzgebieten angewendet (Bildungswesen, Tourismus, Betriebswirtschaftliche Anwendungen, Politik und Gesundheitswesen) und kann in verschiedene Typen klassifiziert werden (Häder und Häder 1998). Seeger 1979 unterscheidet z. B. in das

- Zielfindungs-Delphi,
- Problemfindungs-Delphi,
- Maßnahmen- und Strategieplanungs-Delphi
- und das Ideenbewertungs- und Ideenfindungs-Delphi (Seeger 1979).

Generell werden bei der Delphi-Methode Experten nach dem Eintreffen bestimmter Zukunftsereignisse oder nach der Beurteilung von Entwicklungstrends gefragt. Ziel ist es, realistische Prognosen zu erhalten, wobei das Verfahren auf den individuellen und intuitiven Urteilen der Experten basiert. Es wird davon ausgegangen, dass Experten in ihrem Fachgebiet über besonders detaillierte Kenntnisse verfügen und deshalb zukünftige Entwicklungen gut einschätzen können. Durch einen Rückkopplungsprozess im Verfahren soll eine realistische Prognose ermittelt werden können. Zum Schluss ermöglichen die zusammengefassten Ergebnisse aller Experten den Befragten eine Überprüfung bzw. ein Vergleich ihrer Annahmen. Die wiederholte Befragung soll so die Spannbreite der Expertenmeinungen verringern (Herrmann und Huber 2013, S. 51–53).

Ablauf der Delphi-Methode:
1. Identifizierung des Untersuchungsobjekts (z. B. Auswirkungen der Gesundheitsmarktreform).
2. Auswahl und Kontakt von Experten in diesem Bereich (z. B. Ärzte, Gesundheitspolitiker, Pharmavertreter), die Anzahl ist abhängig vom Untersuchungsziel.
3. Fachexperten geben Prognosen über die Entwicklung des interessierenden Bereichs in (meist) schriftlicher Form ab.
4. Zusammenfassen der Antworten
5. Zusammenfassung wird Experten erneut vorgelegt, diese sollen ihre Prognose vor diesem Hintergrund erneut überdenken (extreme bzw. unrealistische Prognosen eliminieren).

6. Zusammenfassen der modifizierten Ergebnisse, diese werden den Experten erneut vorgelegt (2- bis 3-maliges wiederholen dieses Vorgehens)
7. Im Idealfall wird als Ergebnis eine einheitliche Gruppenmeinung erzielt (Herrmann und Huber 2013, S. 51–53).

Die Delphi-Methode in der hier vorgestellten Form ist relativ aufwendig und setzt voraus, dass Kontakte zu möglichen Experten bestehen oder aufgebaut wird. Sollte dies für ein Startup in seinen frühen Phasen nicht möglich sein, bietet sich an, nach von Experten zu einem Thema veröffentlichten Statements, Artikeln, Interviews usw. zu suchen und diese hinsichtlich getätigter Prognosen auszuwerten und miteinander zu vergleichen.

6.2.2.3 Marktanalyse

Die **Marktanalyse** ist kein einheitlich definierter Begriff. Sie kann sich auf die Analyse des relevanten, zuvor abgegrenzten Zielmarktes bzw. auf die Mikro-Umwelt des Unternehmens beziehen. Sie umfasst meist (1) allgemeine Marktcharakteristika wie z. B. das Marktvolumen, Marktwachstum, (2) die Analyse der Wettbewerber und Wettbewerbssituation (z. B. die Wettbewerbsintensität, Verhalten der Konkurrenz) und (3) die Analyse der Nachfrager/Kunden (Herrmann und Huber 2013, S. 57; Homburg 2020, S. 515). Diese Punkte sind Beispielsweise auch Teil einer (Marketing-)Situationsanalyse (Meffert et al. 2019, S. 270).

(1) Bei der Marktanalyse wird zunächst der relevante Zielmarkt, für welchen ein Produkt entwickelt werden soll, abgegrenzt. Als Abgrenzungskriterien dienen beispielsweise (auch in Kombination) konkurrierende Anbieter, Produkte, Nachfrager und Produkte (siehe Abschn. 1.3.4) (Homburg 2020, S. 4). Für diesen definierten Markt sind zunächst die allgemeinen Marktcharakteristika, wie z. B. das Marktvolumen, das derzeitige Marktwachstum, das geschätzte zukünftige Wachstum und die Gewinnsituation der aktuellen Anbieter zu bestimmen.
(2) Eine Methode die Wettbewerbsintensität auf dem Zielmarkt zu ermitteln ist die Branchenanalyse, welche auch als Fünf-Kräfte-Modell von Porter (1980) bzw. *Porter's Five Forces* bekannt ist. Das Modell *Porter's Five Forces* betrachtet vier die Wettbewerbsintensität beeinflussende Faktoren. Die Intensität hängt in dem Modell ab von der Verhandlungsmacht der Abnehmer, der Bedrohung durch neue Anbieter, der Verhandlungsmacht der Lieferanten und der Bedrohung durch Substitutionsprodukte oder -dienstleistungen (Homburg 2020, S. 525).

Die Verhandlungsmacht der Abnehmer hängt mit deren Anzahl am Markt zusammen. Auf dem Lebensmittelmarkt sind beispielsweise die Abnehmerkonzentration (Oligopol) im Einzelhandel zu berücksichtigen, wenn ein Vertrieb des Produktes in Supermärkten oder Diskountern angestrebt wird – siehe hierzu auch Abschn. 1.3.2 (Homburg 2020, S. 525, 806–807; Mihr 2023). Diese geht zudem einher mit einer Gatekeeping-Funktion der Diskounter und Supermärkte (Abschn. 1.3.3), die beeinflusst, welche Produkte den Nachfragern und potenziellen Nachfragern tatsächlich angeboten werden (Fuller 2011, S. 12; Meffert et al. 2019, S. 51).

Die Bedrohung durch neue Anbieter hängt unter anderem durch sogenannte Eintrittsbarrieren ab. Dazu zählen der eventuell schwierige Zugang zu Vertriebskanälen, was beispielsweise in direkten Zusammenhang mit der Gatekeeping-Funktion von Supermärkten/Diskountern als Absatzmittler steht. Des Weiteren spielt auch die Markentreue von Kunden eine Rolle. Diese wird von verschiedensten Faktoren beeinflusst. Dazu zählt auch der *Overchoice*-Effekt. Wenn Kunden eine zu große Vielfalt an konkurrierenden Marken vorfinden, die ein sehr ähnliches Produkt anbieten, kann dies dazu führen, dass der Kauf entweder abgebrochen oder auf die bekannte Marke zurückgegriffen wird (Olbrich et al. 2021). Berücksichtigt werden sollten auch die Kostenvorteile etablierter Anbieter. Diese müssen, wenn sie ähnlich Produkte bereits produzieren, gewisse Investitionen nicht mehr tätigen, bzw. können Kosten aufgrund ihrer Erfahrungen und dadurch entstandener Lerneffekte (Erfahrungskurvenmodell) einsparen (Homburg 2020, S. 478–479, 525).

Die **Wettbewerbsanalyse** kann sich auch auf das **Produktangebot der Wettbewerber** beziehen. Dafür wird zu Beginn ein Überblick über die Produkte der Wettbewerber zusammengestellt, etwa durch das Anlegen einer Sortimentspyramide. Die Sortimentspyramide wird üblicherweise für die Sortimentsplanung genutzt. Sie strukturiert das Sortiment im Einzelhandel hierarchisch in Sortimentsebenen, wobei die Ebene „Sorte" an der Spitze der Pyramide die spezifischste darstellt (siehe Abb. 6.4). Die Analyse der Wettbewerbsprodukte wird dann gezielt auf einer ausgewählten Aggregationsebene der Sortimentspyramide durchgeführt. Auf diese Weise aufgezeigte Lücken im Angebot, können dann durch ein neues Produkt geschlossen werden (Wegmann 2020, S. 36–37).

Eine weitere Möglichkeit eine „Lücke" im Angebot der Wettbewerbsprodukte zu finden ist es, die noch nicht besetzten Plätze im bestehenden Angebot im Markt zu finden. Hierzu kann man eine Gap-Analyse vornehmen. Diese versucht noch nicht im Markt angebotene Kombinationen verschiedener Lösungsansätze zu finden. Dafür werden die angebotenen Produkte nach zwei verschiedenen Attributen und deren Ausprägungen entlang von zwei Achsen systematisch aufgeschlüsselt. Die zwei Achsen sind mit den vorgefundenen Varianten der Attribute zu beschriften und mit weiteren möglichen Lösungen, die bisher noch nicht angeboten werden. Kreativitätsmethoden (siehe Abschn. 6.2.3) können dabei helfen neue Lösungen zu finden (Wegmann 2020, S. 37–38).

Die Tab. 6.2 zeigt ein Beispiel für eine GAP-Analyse für die verschiedenen Angebotsformen von Direktsäften. Das Attribut 1 unterscheidet die verschiedenen Verpackungsformate. Tetrapacks und Glasflaschen (1 L) sind üblicherweise im Einzelhandel zu finden, andere Verpackungsoptionen wie z. B. Dosen (0,33 L) sind hingegen nicht üblich, während Portionsflaschen (0,2 L) für wenige Sorten (z. B.

Abb. 6.4 Beispiel für eine Sortimentspyramide. (Bildquelle: Eigene Darstellung, Quelle: Henning und Schneider 2018)

Tab. 6.2 Beispiel GAP-Analyse für Angebotsformen von Direktsaft

Attribute 1: Verpackung Attribute 2: Sorte(n)	Tetrapack (1 L)	Tetrapack (0,5 L)	Dose 0,33 L	Glasflasche 1 L	Mehrweg Flasche 1 L	Mehrwegflasche 0,7 L	Mehrwegflasche 0,2 L	Andere Angebotsform
Apfelsaft, naturtrüb	✓			✓	✓	✓		
Orangensaft	✓	✓		✓	✓		✓	
Traubensaft	✓			✓	✓			
Birnensaft	✓			✓	✓	✓		
Birnen-Apfel-saft	✓			✓	✓	✓		
Multivitamin-Saft	✓	✓		✓	✓	✓		
Streuobst-Saft	✓			✓				
(mögliche weitere Sorte)								

Quelle: verändert nach Wegmann 2020, S. 38

Orangensaft) gekühlt bei den Smoothies angeboten werden. Das Attribut 2 unterscheidet die verschiedenen aktuell angebotenen Sorten. Die Attribute sind beliebig nach Bedarf zu verändern. Denkbar wären auch Auslobungen wie „Bio" oder „Regional". In dem Beispiel wurden im Einzelhandel angebotene Varianten, die bei der GAP-Analyse gefunden worden sind zunächst nur mit einem Haken markiert. Detaillierter wird die Analyse, durch das Notieren zusätzlicher Informationen über die Wettbewerbsprodukte (Marke, eventuell Inverkehrbringer, Bezeichnung).

(3) Die Analyse der Nachfrager/Kunden kann anhand folgender Leitfragen erfolgen:

> **Übersicht**
> - „Wer sind die Kunden im Markt?"
> - „Welche Kundensegmente lassen sich im Markt unterscheiden?"
> - „Welche grundlegenden Bedürfnisse haben die Kunden?"
> - „Wie werden sich die grundlegenden Bedürfnisse der Kunden verändern?"
> - „Welche Veränderungen im Kundenverhalten sind zu erwarten?"
>
> Homburg 2020, S. 515.

Die Frage danach, wer die Kunden am Markt sind, kann über das Festlegen einer Zielgruppe beantwortet werden. Die Frage ist verknüpft mit den eventuell vorhandenen Kundensegmenten und ob sich diese unterscheiden lassen. Kundensegmente sind Untergruppen der Kunden/Nachfrager und möglichen Kunden/Nachfrager (siehe auch Abschn. 1.3). Die Kundensegmente unterscheiden sich in einem Merkmal, wie z. B. dem Preis, den sie bereit sind für ein Produkt oder eine Dienstleistung zu bezahlen. Um mehrere Kundensegmente anzusprechen, können daher verschiedene Versionen eines Produktes angeboten werden, die der jeweiligen Kundenforderung angepasst ist. Bei digitalen Produkten bietet man daher häufig kostenlose Probeversionen und kostenpflichtige Vollversionen an (Meffert et al. 2019, S. 538). Die Bedürfnisse der Kunden zu ermitteln ist eventuell möglich über eine Bedürfnisanalyse (z. B. mit Methoden der primären Marktforschung) (siehe Abschn. 6.2.1) und die sich verändernden Bedürfnisse und Veränderungen im Kundenverhalten durch Methoden wie die **Szenario-Analyse** oder der **Delphi-Methode** (Abschn. 6.2.2.2 und 6.2.2.3).

6.2.3 Kreativitätsmethoden

Zur gezielten Ideenfindung werden auch Kreativitätsmethoden eingesetzt. Grob sind diese in intuitiv-kreativen Methoden und die systematisch-analytischen Methoden einzuteilen. Diese weisen zwei unterschiedliche Herangehensweisen zur

Problemlösung auf. Intuitiv-kreative Methoden funktionieren nach den Prinzipien der Assoziation, der Analogie und Vergleichsbildung (Brainstorming, Brainwriting, Konfrontationsmethode, Osborn-Checkliste) und fördern dabei sprunghaftes Denken. Die systematisch-analytischen Methoden hingegen sollen das Denken planvoll lenken (Traut-Mattausch und Kerschreiter 2012, S. 269).

6.2.3.1 Probleme analysieren

Kreativitätsmethoden werden häufig zur Lösung eines bereits erkannten Problems eingesetzt, da sie für die originelle Lösungsfindung geeignet sind. Ein Problem beschreibt einen gegenwärtigen, unerwünschten IST-Zustand, mit einem oder mehreren Hindernissen auf dem Weg zu einem Ziel, und einen erwünschten SOLL-Zustand. Die mit dem Problem einhergehenden Hindernisse können dabei nicht, oder nur unzureichend, mit bewährten Lösungen überwunden werden (Schröder 2022, S. 29–30).

Die Lösung eines Problems beginnt in der Regel nicht mit einer klaren Aussage über das Problem, sondern im Erkennen des Problems, seiner Definition und der gedanklichen Darstellung (Pretz et al. 2003, S. 3). Psychologen haben den Problemlösungsprozess in Form eines Zyklus, bestehend aus fünf Phasen, die der Problemlöser durchlaufen muss, beschrieben (siehe Abb. 6.5).

Nicht alle Problemlösungsprozesse erfordern das Durchlaufen aller Phasen in dieser Reihenfolge. Flexibilität ist für das erfolgreiche Lösen von Problemen notwendig. Die Schritte werden als Zyklus dargestellt, weil nach einem Durchlauf in der Regel ein neues Problem zum Vorschein kommt – dann sind die Schritte zu wiederholen.

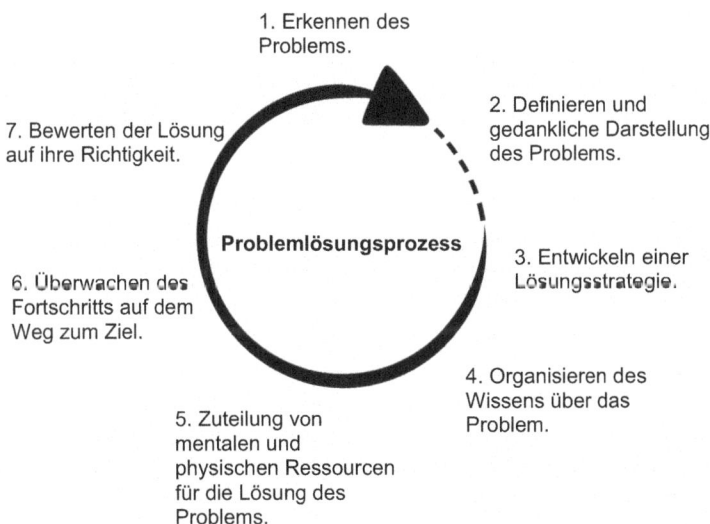

Abb. 6.5 Problemlösungsprozess. (Bildquelle: Eigene Darstellung, Quelle; Pretz et al. 2003, S. 3, unter Verwendung eines Vektors von freepik.com)

Kreativitätsmethoden sollen in Problemlösungsprozessen die kreative Denkweise anregen, konformes Denken vermeiden und Denkblockaden überwinden helfen.

Einfachere Probleme (sogenannte „Suchprobleme") können häufig durch Versuch und Irrtum (d. h. praktisches Ausprobieren) gelöst werden. Komplexen Analyse- und Konstellationsproblemen muss man hingegen meist systematisch zerlegen und analysieren. Sie setzen sich häufig aus Teilproblemen zusammen, die zunächst einzeln zu lösen sind und später aufeinander abgestimmt und zusammengefügt werden müssen. Man beginnt mit dem Stellen von Analysefragen, wie z. B.:

Übersicht
- In welche Teilbereiche kann das Problem zerlegt werden?
- Welche Bereiche hängen zusammen?
- Was sind die Ursachen des Problems/der Teilprobleme?
- Welche Erschwernisse gibt es bei der Lösungsfindung?
- Welche Informationen werden zur Lösungsfindung benötigt?
- Welche gegenwärtigen Möglichkeiten können genutzt werden?
- In welchen Bereichen sollte nach Lösungsansätzen gesucht werden?
- Wer kann bei der Lösungsfindung unterstützen?

Die Antworten werden gesammelt und dann beispielsweise in Mind-Maps visualisiert. Eine weitere Möglichkeit Probleme zu analysieren sind Methoden wie der Morphologische Kasten (Abschn. 8.4) und der Problemlösungsbaum. Nachdem das Ausgangsproblem analysiert und erfasst worden ist, wird dieses umformuliert bzw. spezifiziert. Als Ausgangspunkt des Problemlöseprozesses kann das Hauptziel des selbigen verwendet werden. Dieses wird dann zu einer Frage für die Ideensuche umformuliert (Schröder 2022, S. 73–75, 77, 79–80, 84).

Von dem Ausgangsproblem zur Suchfrage:
1. Ausgangsproblem identifiziert: Es werden keine Milkshakes mit Zitrusfruchtanteil im Kühlregal angeboten.
2. Ausgangsproblem analysieren: Säure und Enzyme in (bestimmten) Zitrusfrüchten können Milch zum Gerinnen bringen bzw. erzeugen im Produkt einen bitteren Beigeschmack (Ursache des Problems).
3. Umformulieren des Ausgangsproblems: Milch-Misch-Getränke (Milchshakes) werden nicht mit einem Zitrusfruchtanteil angeboten, da die Zitrusfrüchte die Milch zum Gerinnen bringen können bzw. einen bitteren Beigeschmack erzeugen können.
4. Hauptziel: Einen stabilen (kein Gerinnen, kein bitterer Beigeschmack) Milchshake mit Zitrusfruchtanteil entwickeln, welcher im Kühlregal im Einzelhandel angeboten werden kann.

5. Frage für die Ideensuche: Welche Zitrusfrüchte sind für den Einsatz in einem Milch-Misch-Getränk geeignet bzw. können Zitrusfrüchte entsprechend vorbehandelt werden, um ein Gerinnen der Milch zu verhindern? ◄

6.2.3.2 Intuitiv-kreative Methoden – Brainstorming und Reizwortanalyse

Das **klassische Brainstorming** ist eine der am häufigsten angewendeten kreativen Methoden, da es kaum Kosten verursacht und einfach anzuwenden ist. Es ist allerdings an ehesten zur Lösung weniger komplexer und klar definierter Problemstellungen geeignet. Empfohlen werden Gruppen von bis zu zwölf Teilnehmern, die interdisziplinär besetzt sind und in keinen hierarchisch hemmenden Verhältnissen zueinanderstehen. Ziel ist es zunächst möglichst viele Ideen zu entwickeln und diese erst anschließend kritisch zu beurteilen. Dabei gelten vier Verhaltensregeln, die Kreativitätsblockaden abbauen und konformes Denken vermeiden sollen:

1. **Keine Kritik:** Ideenproduktion und Ideenbeurteilung werden klar getrennt. In der Phase der Ideenproduktion ist frei und ungehindert eine möglichst große Anzahl an Ideen und Gedanken zu äußern und zu sammeln. Das uneingeschränkte Annehmen (Kritik/Killerphrasen wie z. B. „Unsinn" usw. sind verboten) und visualisieren der Ideen soll als positive Verstärkung dienen.
2. **Quantität vor Qualität:** Es sind möglichst viele Ideen zu formulieren, um die Chance zu erhöhen, dass eine passende/gute dabei ist.
3. **Fantasie freien Lauf lassen:** Es sollen verrückte Ideen assoziiert werden um gänzlich neue Ansätze für Lösungen zu entwickeln.
4. **Wechselseitige Assoziationsketten:** Gruppensynergieeffekte sind zu nutzen, durch das Aufgreifen und Weiterentwickeln von Ideen und Gedanken (Herrmann und Huber 2013, S. 158–159; Traut-Mattausch und Kerschreiter 2012, S. 269–270; Schröder 2022, S. 144–145).

Vorgehen beim Brainstorming:
1. Beschreiben des Problems. Dieses sollte ggf. analysiert und umformuliert werden oder es wird eine Suchfrage formuliert (siehe Abschn. 6.2.3).
2. Aufgaben und/oder Definition des Problems der Gruppe vorstellen. Die Brainstorming-Regeln vorstellen.
3. Einen Moderator und einen Protokollanten bestimmen. Die Ideen sind vom Protokollanten für alle sichtbar zu visualisieren (z. B. auf einem Flip-Chart).
4. In der Ideengenerierungsphase (ca. 20 min.) sollte nichts den Ideenfluss bremsen. Der Moderator achtet auf das Einhalten der Brainstormingregeln und kann bei Bedarf neue Impulse durch weitere Fragen setzen.

> 5. Nach einer kurzen Pause eventuell neu in der Pause entstandene Ideen aufnehmen, dann prüfen der Verwendbarkeit der gesammelten Vorschläge. Teilideen können kombiniert und weiter ausgearbeitet werden.
> 6. Detailliertere Bewertung der Ideen und Auswahl der besten Vorschläge (Herrmann und Huber 2013, S. 158–159; Traut-Mattausch und Kerschreiter 2012, S. 269–270; Schröder 2022, S. 144–145).

Neben dem klassischen Brainstorming haben sich viele verwandte Methoden gebildet, wie die **Methode 653**. Es handelt sich um eine strukturiertere Methode als das Brainstorming, welche das Prinzip verfolgt, dass Ideen weitere Ideen anregen. Daher schreiben bei der **Methode 653** die **6** Teilnehmer jeweils **3** Ideen in **5 min** auf. Dann rotieren die Formulare und innerhalb von weiteren 5 min schreiben alle Teilnehmer erneut 3 Ideen unter die bereits vorhandenen Ideen. Es kann sich auch um Erweiterungen oder Variationen der bereits vorhandenen Ideen handeln. Nach einigen Runden können die Zeitintervalle nach Bedarf angepasst werden. Prinzipiell gelten dieselben Regeln wie beim Brainstorming (Traut-Mattausch und Kerschreiter 2012, S. 271–272).

Die **Reizwortanalyse,** eine Konfrontationsmethode, kann bei festgefahrenen Problemen zum Einsatz kommen. Typischerweise wird sich bei Konfrontationsmethoden mit Inhalten auseinandergesetzt, die zunächst nichts mit dem ursprünglichen Problem zu tun haben. Um zu verhindern, dass die Problemlösenden voreingenommen bestimmten Lösungsschemata gegenüber sind und dadurch Lösungsansätze übersehen, sind die bekannten Sachverhalte zu verfremden (Traut-Mattausch und Kerschreiter 2012, S. 269). Dies ist möglich durch z. B. eine Reizwortanalyse, einer Abwandlung der klassischen Synektik. Einzelpersonen können diese ebenfalls durchführen. Dabei handelt es sich um einen problemunabhängigen Verfremdungsprozess, bei dem ein „Force-Fit" der Merkmale eines beliebigen Reizwortes auf das zuvor definierte Problem angewendet wird. Alternativ können anstelle eines Reizwortes auch Bilder verwendet werden (visuelle Synektik) (Traut-Mattausch und Kerschreiter 2012, S. 274–275). Typische Einsatzgebiete der Reizwortanalyse sind die Entwicklung von Entwürfen, der Produktplanung, der Planung von Serviceleistungen und der Suche nach Slogans, Werbebotschaften und Produktnamen (Schröder 2022, S. 187–188).

> **Ablauf der Reizwortanalyse:**
> 1. Das Problem wird beschrieben und dabei ggf. analysiert und umformuliert.
> 2. Es wird eine Suchfrage gestellt und Spontanlösungen werden gesammelt und visualisiert.
> 3. Anschließend wählen die Teilnehmer 5 bis 10 Reizwörter nach dem Zufallsprinzip aus (z. B. durch das spontane Aufschlagen eines Lexikons

oder Katalogs). Ist ein Wort zu abstrakt, ist es durch ein anderes zu ersetzen. Die Reizwörter können aus problemnahen oder problemfernen Bereichen ausgewählt werden.
4. Die Analyse der Reizwörter erfolgt nach ihren speziellen Merkmalen, Funktionen, ihrer Struktur, ihrem Nutzen und ihrer Form, in welcher sie im Alltag vorkommen. Die Antworten werden stichwortartig notiert.
5. Es folgt der „Force Fit". Aus den Antworten sind Lösungsideen abzuleiten, in dem folgende Fragen gestellt und die Antworten visualisiert werden:
   – „Wie können die Informationen zur Lösung des Problems genutzt werden?"
   – „Wie kann die Information/die Informationen verändert werden, so dass sie zur Lösung führen?"
6. Die gesammelten Lösungsideen werden zum Schluss bewertet und passende Alternativen ausgewählt. Auch die zu Beginn gesammelten Spontanlösungen können bewertet werden.
7. Wird sich für eine Lösung entschieden, kann diese im Detail ausgearbeitet werden (Schröder 2022, S. 188–193).

6.2.3.3 Systematisch-analytische Methoden – Osborn-Checkliste

Liegt bereits eine Idee vor, die jedoch nicht als kreativ genug angesehen wird, kann die **Osborn Checkliste** angewendet werden (siehe Abb. 6.6). Diese Methode wird in der Produktentwicklung eingesetzt, um Produkte zu verbessern oder neu zu gestalten. Die Checkliste enthält Reizfragen, die die Ideensuche anregen sollen. Typische Fragen sind:

> **Übersicht**
> - Was kann man verändern/vergrößern/verkleinern/ersetzen (Form, Bedeutung, Farbe, Geschmack…)?
> - Was kann man anders verwenden (zu einem anderen Zweck, an einer anderen Stelle)?
> - Was kann man kombinieren (mit anderen Ideen verbinden)?
> - Was kann man umstellen (Reihenfolge ändern, Ursache und Wirkung umdrehen)?
> - Was kann man umkehren (Gegenteil, Spiegelbild der Idee)?
> - Was kann man hinzufügen/ausbauen (zusätzlich/fremde Elemente)?
> - Was kann man transformieren (Konsistenzen ändern, ausdehnen)?
> - …

Die Fragen sind nach Bedarf anzupassen (Herrmann und Huber 2013, S. 157–158; Schröder 2022, 247–248).

Datum: XX.XX.XXXX	
Gegenwärtiger Zustand: Fertige Mails-Tortillas, relativ Geschmacksneutral	
Ziel: Ansprechende Geschmacksvariationen	
Was kann man an Mais-Tortillas…	
…verändern?	Farbe, Form, Geschmack, Zubereitung
…vergrößern?	Durchmesser, Stärke/dicke, Anzahl in der Packung, Multipack
…verkleinern?	Durchmesser, Stärke/Dicke, Anzahl in der Packung
…ersetzen?	Teile des Maismehls, Runde Form durch eckige Form
…anders Verwenden?	Rezeptideen: statt Pfannkuchen für Lachsröllchen, statt Lasagne-Platten für geschichtete Aufläufe
…miteinander kombinieren?	Maismehl mit Rote-Beete-Pulver, Tomatenpulver, getrockneten Oliven, getrockneten Kräutern usw. teilweise austauschen
…umkehren?	Anstatt eines Fertigproduktes eine Backmischung anbieten, die beliebig vom Geschmack her angepasst werden kann
…umstellen?	Statt die Tortilla im Geschmack zu verändern schon geschmacksgebende Soßen beigeben
…hinzufügen/ausbauen?	Sets zusammenstellen mit Gewürzen, Soßen, Rezeptheft usw.
…transformieren?	Maismehl durch Zutaten mit hohem Ballaststoffgehalt ersetzen um Ballaststoffquelle ausloben zu können (z. B. Mehl aus Hülsenfrüchten)

Abb. 6.6 Beispiel für die Anwendung einer Osborne-Checkliste. (Bildquelle: Eigene Darstellung, Quelle: Schröder 2022, S. 247–249)

Anwendung der Osborne-Checkliste

1. Beschreiben des gegenwärtigen Zustandes: Im Supermarkt/Einzelhandel werden nur Tortillas (fertig zum Verzehr) angeboten, die größtenteils aus Maismehl, Wasser und Salz bestehen und relativ wenig Geschmack aufweisen.
2. Ziel der Ideensuche: Tortillas (fertig zu Verzehr) in ansprechenden Geschmacksvarianten anbieten/herstellen.

3. Alle Teilnehmer füllen die Osborne-Checkliste aus – die Abb. 6.6 zeigt ein Beispiel für Mais-Tortillas. Die Antworten können stichwortartig oder auch in Skizzen und Abbildungen erfolgen.
4. Abschließend werden alle Antworten bewertet und die besten Ideen ausgewählt (Schröder 2022, S. 247–250). ◄

6.3 Vorversuche

Die Phase I des Modellprozesses schlägt nach der „Ideengenerierung" zusätzlich zur „Bewertung der Ideen" optional den Punkt **„Vorversuche"** vor (siehe Abb. 6.1).

Dieses Vorgehen weicht von dem in der Literatur über Produktentwicklung beschriebenen Prozess ab. Dort herrscht weitgehende Einigkeit darüber, dass zu der frühen Phase der Produktentwicklung die Schritte „Nachforschung (Preliminary Investigation)", „Ideengenerierung und -bewertung" und eine „Konzept-/Produktdefinition bzw. -planung" zählen (Jetter 2005, S. 58, 80). Diese Schritte folgen jedoch dem Vorgehen in etablierten Unternehmen, wo der Produktentwicklungsprozess meist auf die Entwicklung inkrementeller Innovationen (kleinschrittige Veränderungen/Verbesserungen bereits bestehender Produkte) ausgelegt ist (siehe Kap. 1 und Abschn. 1.1).

Der Verlauf der frühen Phasen des Innovationsprozesses bei radikalen bzw. originären Ideen unterscheidet sich jedoch von inkrementellen Innovationen. Diesen frühen Phasen, meist chaotisch ablaufende Phasen, werden auch als *fuzzy front end* oder kurz FFE bezeichnet. Zu ihnen zählen unter anderem das Identifizieren von Möglichkeiten *(opportunity identification assesment)* und die Ideengenerierung *(idea generation)* (Cooper und Kleinschmidt 1994, S. 381–396; Savioz et al. 2002, S. 397).

Der Innovationsprozess bei inkrementellen Innovationen inkludiert idealerweise einen standardisierten Ansatz, der Ordnung und Vorhersagbarkeit in die frühen Phasen bringt. Dies führt zu einer schnelleren Entscheidungsfindung auf der einen Seite, aber auch zu einer Reduktion des Innovationsgrades auf der anderen Seite. Die frühen Phasen, um Radikalität im Innovationsprozess nicht einzuschränken, dürfen daher nicht zu mechanistisch werden, um eine Einseitigkeit in der Bewertung von Ideen und Projekten zu vermeiden. Stattdessen ist eine ausreichende Offenheit zu gewährleisten (Khurana und Rostenthal 1998, S. 57–59, 67, 79; Savioz et al. 2002, S. 395, 405).

Zu diesem Zweck können Vorversuche geeignet sein. Dieses Vorgehen wurde auch bei den Studierenden des Masterstudienganges Food Research and Development beobachtet (siehe Abschn. 5.4). Diese nutzten Vorversuche um …

> **Übersicht**
> - unbekannte Rohstoffe sensorisch kennenzulernen,
> - unbekannte (Aroma-)Kombinationen und deren Verwendbarkeit zu testen,
> - die möglichen Problematiken, die sich bei der physischen Entwicklung ergeben könnten frühzeitig zu erfassen und
> - generell den Schwierigkeitsgrad bei der physischen Entwicklung einschätzen zu können.

Dieses Vorgehen wird auch in der Theorie des *Design-Thinking* (sieh auch Abschn. 5.4.2) angewendet. Dort wird nach dem Prinzip vorgegangen, Fehler möglichst früh im Projektverlauf zu machen und daraus zu lernen. Dadurch sollen widersprüchliche Anforderungen und nichtzutreffende Annahmen zur Lösung Problemstellung zügig ausgeschlossen werden. Das Wort „Fehler" ist im *Design-Thinking* dabei positiv besetzt. Fehler zu machen soll mit einem Lernprozess verbunden sein, indem aus den Abweichungen zwischen Ergebnis und (Kunden-)Anforderungen gelernt wird (Uebernickel und Brenner 2016, S. 246–247).

6.4 Bewertung der Ideen und Checkpunkt 1

Bevor eine Idee mit dem entsprechenden Ressourcenaufwand weiterverfolgt wird, sollte diese auf ihr Potenzial hin überprüft werden. Erfolgreiche Unternehmen orientieren sich bei der Projektauswahl meistens an klar definierten strategischen Zielen, wie eine Untersuchung von Cooper, Edgett und Kleinschmidt zeigt (Cooper et al. 2002, S. 361–390). Da ein Unternehmen im Fall von Startups in ihren frühen Phasen jedoch noch nicht gegründet worden ist und daher eine strategische Ausrichtung wahrscheinlich noch nicht vorliegt, ist dieses Vorgehen nur bedingt umsetzbar. In etablierten Unternehmen kann sich zudem auch eine konträre Auswahlstrategie finden, das sogenannte *Managerial Judgement* – bei welchem sich die zuständigen Manager teilweise nach ihrem Bauchgefühl oder zumindest nach nicht-nachvollziehbaren Kriterien für eine Idee entscheiden. Gründe dafür sind unter anderem, dass Manager dazu neigen sich in komplexen Feldern unter Zeitdruck eher auf ihre Intuition zu verlassen, als auf eine sorgfältige Analyse oder den Einsatz analytischer Methoden zur optimalen bzw. einer rationalen Entscheidungsfindung (Jetter 2005, S. 84–85; Rode 1997). Ein weiterer Punkt ist die sogenannte *Principal-Agent*-Problematik. Es kann zu Interessenkonflikten zwischen Managern (Agenten) und Eigentümern oder anderen Stakeholdern (Prinzipalen) kommen. Manager könnten Entscheidungen treffen, die ihren eigenen Interessen dienen, aber nicht unbedingt denen des Unternehmens oder der Stakeholder. Dieses Problem wird insbesondere im Kontext von Nonprofit-Organisationen diskutiert, wo klare Eigentümerstrukturen oft fehlen (Wolfbauer 2006). Außerdem neigen Manager zu *Overconfidence,* also dazu, ihre eigenen Fähigkeiten oder die Genauigkeit

6.4 Bewertung der Ideen und Checkpunkt 1

Tab. 6.3 Checkliste Produktidee

Kriterien	ja	Nein
Marktfähigkeit		
• Listbarkeit	☐	☐
Rechtliche Bewertung		
• USP bewerbbar	☐	☐
• Novel-Foods-VO unkritisch	☐	☐
Technische Realisierbarkeit		
• Eigenentwicklung möglich	☐	☐
• Eigenproduktion möglich	☐	☐
• Zutaten verfügbar	☐	☐
Strategiekonformität		
• Passt zur Innovations strategie	☐	☐
• Markenkomptabilität	☐	☐
• Sozialverträglichkeit	☐	☐
• Umweltverträglichkeit	☐	☐

Quelle: Wegmann 2020, S. 54

ihrer Informationen zu überschätzen, was zu riskanten oder schlecht informierten Entscheidungen führen kann (Neckermann 2020, S. 392–409).

Diese Bewertung der gesammelten Ideen kann gleichzeitig bei der Auswahl einer Idee helfen, wenn mehrere zur Verfügung stehen. Eine schnelle und wenig aufwendige Methode zur Bewertung ist eine interne **Checkliste**, wie sie Wegmann (2020) vorschlägt (siehe Tab. 6.3).

Nach dem Vorschlag von Wegmann (2020) wird eine Idee bereits ausgeschlossen, wenn auch nur ein Punkt negativ bewertet wird. Es handelt sich bei sämtlichen aufgeführten Punkten daher um Muss-Kriterien (Wegmann 2020, S. 54–55). Die in der Abb. 6.2 aufgeführten Kriterien bewerten eine Idee aus der Sicht eines etablierten (Lebensmittel-)Unternehmens:

- Listbarkeit → Gemeint ist der Verkauf im Lebensmitteleinzelhandel (Supermarkt/Diskounter), dagegen sprechen z. B. mangelnde Lager- und Transportfähigkeit und eine zu kurze Haltbarkeit.
- USP bewertbar → Die (siehe Abschn. 2.2.2) sollte auslobbar sein, also beworben werden können. Wird ein Produkt beispielsweise als Alleinstellungsmerkmal mit *High Protein* beworben, muss die Rezeptur dies im Einklang mit der Health-Claims-Verordnung zulassen (siehe Abschn. 3.6.3).
- Novel-Foods-Verordnung unkritisch → Das Kriterium bezieht sich darauf, dass das Produkt selber nicht als neuartiges Lebensmittel erst zugelassen werden muss, bzw. die Rezeptur keine derartigen Zutaten enthält, um den Kosten- und Zeitaufwand gering zu halten (sieh Abschn. 3.5.2).

- Eigenentwicklung/Eigenproduktion möglich → Sollte ein Unternehmen ein Produkt mit der vorhandenen Infrastruktur nicht selber entwickeln und produzieren können muss abgewogen werden, ob sich eine Kooperation mit einem anderen Unternehmen kostentechnisch lohnen würde.
- Zutaten verfügbar → Es sollte sichergestellt sein, dass die benötigten Zutaten zum gewünschten Zeitpunkt in der benötigten Qualität zu einem vertretbaren Preis verfügbar sind. Bei Rohstoffen wie Kakao spielen unter anderem Erntemenge und Nachfrage eine Rolle bei der Preisentwicklung. Die Erntemenge hängt von verschiedensten Faktoren ab, wie dem Wetter, Krankheiten der Pflanzen, Kosten für Land, Pestizide, Dünger und Transport. Bei einer Tafel Schokolade (Kakaogehalt 30 %) macht der Anteil des Roh-Kakaos jedoch nur 7,4 % der Kosten aus. Die restlichen Kosten stehen entlang der Wertschöpfungskette durch Transport, Zwischenhändler, Verarbeiter (z. B. Vermahler oder Hersteller der Rohkakaomasse) und Steuern (Hütz-Adams 2018). Z
- Strategiekonformität → Verfolgt ein Unternehmen eine bestimmte Strategie (z. B. nur vegane Bio-Produkte), sollte die Produktidee diese strategische Grundausrichtung spiegeln. Ähnlich verhält es sich bei der Markenkompabilität. Ist die Zuordnung zu einer Marke bereits entschieden, sollte die Produktidee dazu passen (Wegmann 2020, S. 54–55).

Andere Autoren schlagen für eine Checkliste Bewertungskriterien vor, die Marktbezogen sind (z. B. das Marktvolumen), Kundenbezogen (z. B. die Bedürfniserfüllung), Konkurrenzbezogen (z. B. Anzahl der Wettbewerber), Handelsbezogen (Handelsmacht) oder Umweltbezogen (gesellschaftliche und Umwelt-Bedenken) (Herrmann und Huber 2013, S. 163–164).

Eine weitere Möglichkeit Produktkonzepte anhand zuvor festgelegter Kriterien zu beurteilen sind **Scoringmodelle.** Bei der Checkliste wie sie bei Wegmann (2020) vorgeschlagen wird, führt bereits ein nicht erfülltes Kriterium zum Ausschluss einer Idee. Ein Scoringmodell hingegen berücksichtigt den Grad, zu dem ein Produktkonzept die Kriterien erfüllt. Die Kriterien können zudem unterschiedlich gewichtet werden. Nach der Beurteilung der Kriterien und der Vergabe eines Wertes (z. B. zwischen 1 bis 10) ist ein Gesamtwert zu berechnen. Die Anwendung eines Scoringmodells ist flexibel und wird wegen seiner Einfachheit häufig angewendet. Zu beachten ist bei der Anwendung, dass Auswahl, Gewichtung und Beurteilung der Kriterien einer gewissen Subjektivität unterliegt (Homburg 2020, S. 622–623).

Sowohl bei einer Checkliste als auch bei der Anwendung eines Scoringmodells sind die Kriterien passend für das Unternehmen auszuwählen. Für ein Startup in seinen frühen Phasen (wie in Abschn. 1.2 vorgestellt worden ist) können die Kriterien ebenfalls entsprechend angepasst werden. Da in den frühen Phasen wahrscheinlich weder eine Produktionsstätte zur Verfügung steht, noch eine etablierte Marke oder Unternehmensstrategie, bietet es sich an zunächst den Schwerpunkt auf die Innovativität der Produktidee zu richten. Die in Abschn. 2.1 vorgestellte

Definition von Innovation (qualitativ neuartige Produkte oder Verfahren, die sich gegenüber einem Vergleichszustand merklich unterscheiden) könnte daher als ein Kriterium angewendet werden (Hauschildt et al. 2016, S. 3–5). Wenn festgestellt worden ist, dass die Idee grundsätzlich innovativ ist, könnte man diese noch nach den von Hauschildt vorgeschlagenen Dimensionen klassifizieren (Hauschildt 2005, S. 26).

Andere häufig angewendete Kriterien sind ebenfalls passend für den Stand des Startups und dessen Ziele anzupassen. Dass berühren der Novel-Food-Verordnung muss z. B. kein automatisches Ausschlusskriterium sein (Wegmann 2020, S. 54–55), sondern kann zur Innovativität der Produktidee beitragen. Bei der Beurteilung des Kriteriums gilt es dann zu entscheiden, ob der damit einhergehende Aufwand positiv (mehr Punkte) oder negativ (weniger Punkte) zu bewerten ist. An dieser Stelle wird auch der subjektive Charakter der Methode deutlich, weshalb diese immer kritisch betrachtet werden sollte (Homburg 2020, S. 622–623). Ein Beispiel für die Anwendung eines solchen Scoring-Modells zeigt die Abb. 6.7. In diesem Beispiel wird das Scoring-Modell für die Produktidee „Kartoffelschalenmehl" verwendet.

Sowohl die Checkliste als auch das Scoring-Modell werden ohne tiefer gehende Recherche durchgeführt und sind daher ohne großen Aufwand anzuwenden (Cooper 2010, S. 150–151; Wegmann 2020, S. 53–55).

6.5 Markteinschätzung und Checkpunkt 2

Nach der Auswahl einer Idee ist spezifisch zu dieser eine detaillierte Markteinschätzung vorzunehmen. Der Begriff wird von Cooper (2010) übernommen. Die Markteinschätzung ist ähnlich wie die Marktanalyse kein einheitlich definierter Begriff. In der Literatur wird analog im Produktentwicklungsprozess auch von einer Marketinganalyse (Witt 1996) oder einer Situationsanalyse (Devin 2019, Meffert et al. 2019) gesprochen. Unabhängig von den Begrifflichkeiten überschneiden sich inhaltlich viele der vorgeschlagenen Elemente.

Bei Cooper (2010) werden Marktgröße und Potenzial analysiert sowie die mögliche Marktakzeptanz. Bei Witt (1996) wird eine Beschreibung und Analyse des Zielmarktes und des dort herrschenden Wettbewerbes (z. B. Marktvolumen, Absatzprognose, Anbieteranalyse, Medien- und Werbeanalyse, Verbraucheranalyse) durchgeführt. Bei Devin (2019) findet eine Analyse der Größe und Struktur des Marktes, Wettbewerbsverhältnisse, Verbraucherinformationen und Stand der Produkttechnologien statt (Cooper 2010, S. 151–153; Witt 1996, S. 45–46; Devin 2019, S. 6–9, Meffert et al. 2019, S. 270). Bei allen genannten Quellen werden Elemente aus der Markt-, Trend- und Situationsanalyse verwendet (Herrmann und Huber 2013, S. 57, 154; Homburg 2020, S. 515–528).

Entsprechend flexibel und passend zur Ausgangssituation ist die Markteinschätzung vorzunehmen und passende Elemente auszuwählen. Diese sollten die Makro- und die Mikro-Umwelt der Idee abbilden.

			Punktwert	Gewichtu	Gewichteter
Beurteilungskriterium	Nein	Ja + beschreiben/benennen	(0 bis 10)	ng	Punktwert
Ist die die Idee innovativ?					
Handelt es sich um eine neuartige Zweck-Mittel-Kombination?	☐	☒ Ja, noch kein vergleichbares Produkt auf dem Markt (neues Mittel)	4	10 %	0,4
Kann die Innovation vom Verbraucher war genommen werden?	☐	☒ Ja, weil noch kein Kartoffelschalenmehl im Handel, aber nicht alle könne Balssatstoffgehalte einschätzen	6	10 %	0,6
Marktsituation:					
(Anzahl an) Wettbewerbern/Wettbewerbsprodukten	☐	☒ Keine direkten, aber Ballstoffreiche Mehle (Vollkorn) und Zusätze wie Kleie, Flohsamenschalen usw.	1	5 %	0,05
Wettbewerbsvorteil	☐	☒ Keine direkte Konkurrenz, aber viele Alternativen um selben Zweck zu erreichen	3	5 %	0,15
USP					
USP vorhanden?	☐	☒ Ja, günstiger als viele Alternativen und regional	6	5 %	0,3
USP auslobbar?	☐	☒ Ja	4	5 %	0,2
Lebensmittelrechtliche Aspekte					
Novel-Food (Gesamtes Produkt/Zutat)	☒	☐ Nochmal prüfen lassen vom Fachverband	0	10 %	0
(Health) Claim	☐	☒ Ballaststoffreich (Nährwertbezogene Aussage	6	5 %	0,3
Rechtlicher Schutz des Produktkonzeptes	☒	☐ Nein	0	5 %	0
Weitere Aspekte					
Technische Realisierbarkeit (Lohnabfüller, Aufbau eines Betriebs, Finanzierung…)	☐	☒ Möglichkeit über Partnerunternehmen, Herstellung im Labormaßstab wahrscheinlich	9	20 %	1,8
Möglichkeit des Vertriebs (Einzelhandel/Listung, Direktvertrieb, Großhandel, B to B, Partner Unternehmen…)	☐	☒ Listung im Einzelhandel Möglich	8	10 %	0,8
Umweltverträglichkeit (vergleichsweise niedriger CO2-Fußabdruck, Recyclingfähigkeit, Reduzierung Food-Waste, Regional…)	☐	☒ Im vergleich zu importierten Alternativen (Chiasamen) bessere CO_2-Bilanz (wahrscheinlich), Reduzierung Industrie Nebenströme	8	10 %	0,8
Gesamt-Punktewert			(max. 120)	100 %	**5,4**
Bewertungsskala: 0 – 3 = schlecht; 4 – 7 = mittel; 8 – 10 = gut, Nein = 0					

Abb. 6.7 Beispiel für die Bewertung einer Idee durch ein Scoring-Modell. (Bildquelle: Eigene Darstellung, Quellen: Hauschildt 2005, S. 26; Hauschildt et al. 2016, S. 3–5; Homburg 2020, S. 624)

6.5.1 Makro-Umwelt

Bei der Betrachtung der Makro-Umwelt sind die globalen Umweltfaktoren zu analysieren und so die strategische Ausgangssituation zu bestimmen. Dazu wird zunächst der aktuelle Stand gesellschaftlichen, gesamtwirtschaftlichen, politischen, rechtlichen und technologischen Bereich bezogen auf die Produktidee beschrieben. Hierzu können folgende Leitfragen verwendet werden:
Welche…

- …allgemeinen gesellschaftlichen Entwicklungen,
- …gesamtwirtschaftlichen Entwicklungen,
- …politischen Entwicklungen,
- …rechtlichen Veränderungen,
- …technologischen Entwicklungen

sind für die Produktidee relevant?

Die Frage nach der allgemeinen gesellschaftlichen Entwicklung bezieht sich auf die Veränderung allgemeiner Werte, Einstellungen und gesellschaftlicher Normen. Berücksichtigt werden Aspekte wie Arbeit, Freizeit, Konsum, Umweltschutz, Ernährung und Gesundheit sowie Familie und Partnerschaft (Homburg 2020, S. 504, 506–507). Um diese Fragen zu beantworten ist es möglich eine Trendanalyse, wie sie in Abschn. 6.2.2 beschrieben wird, anzuwenden.

6.5.2 Mikro-Umwelt

Die Mikro-Umwelt bezieht sich auf den relevanten Zielmarkt für die Produktidee, welchen es zu analysieren und zu beschreiben gilt. Es handelt sich also um eine Marktanalyse, wie sie in Abschn. 6.2.2.3 beschrieben wird. Dabei werden die allgemeinen Marktcharakteristika (wie z. B. das Marktvolumen) bestimmt, die Wettbewerber, die Wettbewerbssituation (z. B. die Wettbewerbsintensität, Verhalten der Konkurrenz) und die Nachfrager/Kunden analysiert (Herrmann und Huber 2013, S. 57; Homburg 2020, S. 515).

Sollten Teilbereiche der Markteinschätzung bereits bei der Ideenfindung vorgenommen worden sein, wird diese an dieser Stelle des Prozesses spezifiziert, aktualisiert, vertieft und vervollständigt.

> **Mögliche Aspekte einer Markteinschätzung**
> **Makro-Umwelt**
>
> - allgemeinen gesellschaftlichen Entwicklungen (Funktionen von Lebensmitteln (Abschn. 2.2), Bedürfnisanalyse (Abschn. 6.2.1), Trends (Abschn. 1.4)

- gesamtwirtschaftlichen Entwicklungen (z. B. Veränderungen im Kaufverhalten von Lebensmitteln)
- politischen Entwicklungen (z. B. staatliche Förderung)
- rechtlichen Veränderungen (z. B. geänderte Gesetze und Verordnungen (sieh auch Abschn. 3.5 und 6.2.2.1)
- technologischen Entwicklungen (z. B. neue Verpackungsmöglichkeiten, Verarbeitungsverfahren)

Mikro-Umwelt

- Zielmarkt (Abschn. 1.3.4)
    - Zielmarkt definieren
    - Marktvolumen, aktuelles und zukünftiges Marktwachstum
- Produkt
    - USP (Abschn. 2.2.2)
    - Wettbewerbsprodukte/Substitutionsprodukte (Abschn. 1.3.4) (Preisniveau, Angebotsform, Sorten, Bekanntheit…)
    - Produktlebenszyklen (Abschn. 1.5)
- Marktteilnehmer (Abschn. 1.3.1, 1.3.2)
    - Aktuelle und potenzielle Anbieter (Strategie der Wettbewerber, Stärken und Schwächen, mögliche Ein- und Austritte aus dem Markt)
    - Absatzmittler (aktueller Stand, mögliche Veränderungen)
    - Absatzhelfer
    - Nachfrager
    Zielgruppe (Bedürfnisse, Kaufkraft, Einstellung…)
    Mögliche Veränderung der Kundenbedürfnisse
    Kundensegmente
- Gatekeeper (Abschn. 1.3.3)
    - Wenn vorhanden, mögliche Strategie zum Umgang

(Quellen: Meffert et al. 2019, S. 270; Homburg 2020, S. 515)

6.6 SWOT-Analyse

Die Bewertung der vorgenommenen Markteinschätzung stellt im Modellprozess den **Checkpunkt 2** dar (siehe Abb. 6.1). Hierzu kann beispielsweise eine SWOT-Analyse *(Strength – Weaknesses – Opportunities – Threats)* angewendet werden. Die SWOT-Analyse ist Teil der strategischen Marketingplanung und häufig auch ein Teil der Situationsanalyse eines Unternehmens. Analysiert wird die Ausgangssituation und die sich daraus ergebenden marktorientierten Problemstellungen. Das Ergebnis ist eine Aufstellung der wichtigsten externen Chancen und Risiken sowie die korrespondierenden Stärken und Schwächen des Unternehmens bzw. der

Produktidee. Es ist möglich die SWOT-Analyse in sechs Schritten durchzuführen (Bruhn 2019, S. 43–47; Büschken und von Thaden 2000, 570–571; Umbach 2022, S. 277–278):

(1) **Erfassung der relevanten externen Einflussgrößen**
Die Einflussgrößen können quantitative und qualitative Faktoren sein. Quantitative Faktoren sind z. B. die Zahl der Konkurrenten oder die Entwicklung des Marktvolumens. Qualitative Faktoren z. B. die Technologiedynamik oder die Rechtslage, die Vergangenheitsentwicklung, die erwartete Entwicklung, Markttendenzen und Trends.

(2) **Erstellen der Chancen-Risiken-Analyse**
Die Entwicklungstendenzen und Einflussfaktoren sind im zweiten Schritt dahingehend zu bewerten, ob sich aus ihnen Chancen- oder Risikopotenziale ergeben. **Chancen** können eine identifizierte Lücke in der Sortimentspyramide sein, noch nicht befriedigte, latente Kundenbedürfnisse oder sich ändernde Rahmenbedingungen am Markt (z. B. neue gesetzliche Vorschriften, die dazu führen, dass bestehende Produkte überarbeitet oder vom Markt genommen werden müssen). **Risiken** können angekündigte/absehbare Bedrohungen, z. B. neu eingeführte Zölle und andere Handelsbarrieren oder im Gegensatz Handelsabkommen, die zuvor geschütze Märkte öffnen, sein. Diese können möglicherweise zu einer Stagnation oder Schrumpfung des Marktes führen durch Preisverfall, neue Konkurrenz aus dem Ausland, technologische oder ökologische Entwicklungen, Substitutionsprodukte, Preissteigerungen bei Rohstoffen, rechtliche Entwicklungen usw.

(3) **Erfassung relevanter interner Einflussgrößen**
Interne Einflussgrößen können die Kompetenzen/Qualifikationen der beteiligten Teilnehmer an der Produktentwicklung und die ihnen zur Verfügung stehenden Ressourcen sein, solange noch kein Unternehmen gegründet worden ist.

(4) **Erstellung der Stärken-Schwächen-Analyse**
Zur Erstellung der Stärken-Schwächen-Analyse muss zunächst ein Hauptkonkurrent bzw. ein direktes Konkurrenzprodukt identifiziert werden. Die Analyse erfolgt dann im direkten Vergleich zur Produktidee. Die zuvor herausgearbeiteten internen relevanten Einflussgrößen und die Konkurrenz sind dann auf ihre **Stärken** (Faktoren, die im Vergleich zum Wettbewerb eine Nutzung der Marktchancen bzw. eine Umgehung von Marktrisiken ermöglichen) und **Schwächen** zu prüfen.

(5) **Verknüpfen externer Chancen und Risiken mit internen Stärken und Schwächen**
Die Schritte zwei und vier sind in einer **SWOT-Matrix** zusammenzuführen. Dadurch werden die externen Chancen und Risiken den Stärken und Schwächen gegenübergestellt. Auf Basis dieser Gegenüberstellung ist eine **Bewertung** im Hinblick auf deren Relevanz vorzunehmen. Die Tab. 6.2 zeigt beispielhaft, wo die Stärken und Chancen (Feld a) liegen und welche identi-

Tab. 6.4 SWOT-Analyse für das fiktive Beispiel eines veganen High-Protein-Brotaufstrichs

Interne Faktoren \ Externe Faktoren	**Chancen:** - Preisbereitschaft in der Zielgruppe - Wachsender Markt - Im Trend (vegan, Gesundheit, High-Protein)	**Risiken:** - Schnelle Me-too-Produkte (kein Patentschutz möglich) durch etablierte Hersteller (können günstiger anbieten/produzieren)
Stärken: - Keine direkte Konkurrenz (vegane Aufstriche) - Wenig indirekte Konkurrenz	**(a) Stärken – Chancen** - Marktführerschaft in der Zielgruppe, abschöpfen der Preisbereitschaft nutzen	**(b) Stärken – Risiken** - zu Beginn hohen Einstiegspreis/Gewinne (und mögliche Investoren) nutzen um eigene Produktion aufzubauen
Schwächen: - Hohe Herstellungskosten (zunächst Lohnabfüllung) - Empfindliche Lieferkette (Kühlung) - Gatekeeper im Einzelhandel	**(c) Umwandlungsstrategie** - Weitere Trends wie Regional usw. nutzen um hohen Preis zu rechtfertigen und spezifische Zielgruppen anzusprechen - Innovativität zu Beginn nutzen um Gatekeeper zu überzeugen	**(d) Verteidigungsstrategie** - schnelle Produkt-/Portfoliodiversifikation um der Konkurrenz voraus zu sein - schnelle Etablierung einer prominenten Marke mit hohem Qualitätsstandard zur Kundenbindung

fizierten Risiken durch die herausgearbeiteten Stärken neutralisieren lassen (Feld b) und welche Chancen, die sich aus der Umwelt ergeben, bisher nicht genutzt worden sind, weil dafür bisher Ressourcen/Kompetenzen (Stärken) fehlen (Feld c). Vorteilhaft ist es, wenn Risiken in Chancen umgewandelt und Schwächen eliminiert werden können, um die Chancen zu nutzen. Das Feld d zeigt die Risiken auf, die aufgrund der noch vorhandenen Schwächen als problematisch einzuschätzen sind. Auf dieser Basis ist dann entsprechend eine Verteidigungsstrategie zu entwickeln.

(6) **Definieren der zentralen Problemstellung**

Aus den Ergebnissen der vorgenommenen Bewertung in der SWOT-Matrix ist in einem letzten Schritt die Problemstellung des Vorhabens in wenigen Sätzen abzuleiten. Für das Beispiel welches in Tab. 6.4 abgebildet ist, könnte die Problemstellung wie folgt formuliert werden:

> Ein Startup soll auf der Basis der Idee eines veganen High-Protein-Brotaufstriches gegründet werden. Es handelt sich um einen wachsenden Markt im Konsumgüterbereich. Das Produkt entspricht den aktuellen Trends (vegan, High-Protein), ist für die Konkurrenz aber auch leicht kopierbar und wahrscheinlich nicht zu schützen. Es könnte daher schnell günstigere Me-too-Produkte am Markt geben. Daher sollte schnell eine Marke mit hohem Qualitätsversprechen etabliert werden, die für eine starke Kundenbindung in der Zielgruppe mit hoher Preisbereitschaft sorgt.

Anhand der Markteinschätzung und z. B. einer SWOT-Analyse gilt es dann die Entscheidung zu treffen, mit der Produktidee fortzufahren, oder diese anzupassen, um Chancen am Markt optimal zu nutzen oder Risiken besser zu umgehen. Anschließend kommt es zur Erstellung des vorläufigen Produktkonzeptes (siehe Abb. 6.1).

> **Fragen**
>
> 1. Aus welchen Quellen können Ideen für Produkte stammen?
> 2. Beschreibe den Unterschied zwischen dem *Customer-Driven* und dem *Customer-Driving* Ansatz.
> 3. Welche analytischen Verfahren und welche Kreativitätstechniken können zu Ideenfindung eingesetzt werden?
> 4. Welchen Vorteil bietet das Scoring-Modell gegenüber einer Checkliste bei der Bewertung von Produktideen?

Literatur

Broda, S. (2005): Marketing-Praxis. Ziele, Strategien, Instrumentarien (2. Aufl.). Wiesbaden: Springer Fachmedien, S. 151, 109–113, 194–195.

Bruhn, M. (2019): Marketing. Grundlagen für Studium und Praxis (14. Aufl.). Wiesbaden: Springer Gabler, S. 35, 43–47, 136, 141, 143.

Bundeszentrum für Ernährung (BZfE) (2022): Die Bedürfnispyramide in der Ernährungsberatung. In: Ernährung im Fokus. In: Zeitschrift für Fach-, Lehr- und Beratungskräfte, Sonderausgabe (1), S. 26–28.

Büschken, J.; von Thaden, C. (2000): Produktvariation, -differenzierung und -diversifikation. In: Albers, S., Herrmann, A. (Hrsg.): Handbuch Produktmanagement. Wiesbaden: Gabler Verlag, S. 570–571. https://doi.org/10.1007/978-3-663-05717-8_24.

Cooper, R.; Eooeti, S.; Kleinschmidt, E. (2002): Portfolio management for new product development: results of an industry practice study. In: R&D Management, 31. Jg., Nr. 4, S. 361–390.

Cooper, R. G. (2010): Top oder Flop in der Produktentwicklung. Erfolgsstrategien: Von der Idee zum Launch. Weinheim: WILEY-VCH, S. 125, 128–129, 144–160, 151–160, 166–167, 177–179, 180–181, 198.

Day, G. S. (1994): The capabilities of market-driven organizations. In: J Marketing, 58. Jg., Nr. 4, S. 37–52.

Devin, B. (2019): Entwicklung neuer Produkte und begleitende Marktforschung (Band 2). In: Handbuch Produktentwicklung Lebensmittel Innovationen (62. Aktualisierungs-Lieferung 2019, Grundwerk Aufl. 2000). Hamburg: Behr`s Verlag, S. 6–30.

Europäisches Parlament (2024): Neue EU-Vorschriften: weniger Verpackungen, mehr Wiederverwendung und Recycling. Pressemitteilung 24-04-2024 – 13:08, 20240419IPR20589. [Zugriff am 01.12.2024, https://www.europarl.europa.eu/pdfs/news/expert/2024/4/press_release/20240419IPR20589/20240419IPR20589_de.pdf].

Fallmann, K.; Widhalm, K. (2022): Pflanzenbetonte Ernährung und Nachhaltigkeit. In: Paediatr. Paedolog, 57 Jg, S. 222–224. https://doi.org/10.1007/s00608-022-01010-y.

Fuller, G. E. (2011): New food product development, 3. Aufl. Boca Raton: CRC Press, S. 12.

Gulati, R. (2010): Reorganize for Resilience: Putting Customers at the Center of Your Business. Boston: Harvard Business School Press, S. 5.

Häder, M.; Häder, S. (1998): Neuere Entwicklungen bei der Delphi-Methode: Literaturbericht II. (ZUMAArbeitsbericht, 1998/05). Mannheim: Zentrum für Umfragen, Methoden und Analysen -ZUMA-. [Zugriff am 11.01.2025, https://nbn-resolving.org/urn:nbn:de:0168-ssoar-200515].

Hamel, G.; Prahalad, C. K. (1994): Competing for the Future. Boston: Harvard Business School Press.

Hauschildt, J.; S. Salomo; Schultz, C.; Kock, A. (2016): Innovationsmanagement (6. Aufl.). München: Franz Vahlen Verlag, S. 3–5.

Hauschildt, J. (2005). Dimensionen der Innovation. In: Albers, S., Gassmann, O. (Hrsg.): Handbuch Technologie- und Innovationsmanagement. Wiesbaden: Gabler Verlag, S. 26. https://doi.org/10.1007/978-3-322-90786-8.

Hennig-Thurau, T. (2004): Planungs- und Entwicklungsprozess von Markenartikeln. In: Bruhn, M. (Hrsg.): Handbuch Markenführung. Kompendium zum erfolgreichen Markenmanagement (2. Aufl.). Wiesbaden: Gabler, S. 699–722.

Henning, A.; Schneider, W. (2018): Sortimentspyramide. In. Gabler Wirtschaftslexikon. [Zugriff am 26.03.2025; https://wirtschaftslexikon.gabler.de/definition/sortimentspyramide-44505/version-267815].

Herhausen, D. (2011): Understanding proactive customer orientation: Construct development and managerialimplications. Wiesbaden: Gabler Springer, S. 18.

Herhausen, D.; Schögel, M. (2016): Customer-Driving Marketing: Neue Kundenbedürfnisse wecken. In: Hoffmann, C.; Lennerts, S.; Schmitz, C.; Stölzle, W.; Uebernickel, F. (Hrsg.): Business Innovation: Das St. Galler Modell. Business Innovation Universität St. Gallen. Wiesbaden: Springer Gabler, S. 216–217. https://doi.org/10.1007/978-3-658-07167-7_13.

Herrmann, A., Huber, F. (2013): Produktmanagement. Wiesbaden: Springer Gabler, S. 51–59, 138, 154, 163–164. https://doi.org/10.1007/978-3-658-00004-2_1.

Homburg, C. (2020): Marketingmanagement. Strategie – Instrumente – Umsetzung – Unternehmensführung. Wiesbaden: Springer Gabler, S. 4, 478–479, 504, 506–507, 515–528, 610, 622–624, 806–807, https://doi.org/10.1007/978-3-658-29636-0_11.

Hütz-Adams, F.; Schneeweiß, A. (2018): Preisgestaltung in der Wertschöpfungskette Kakao-Ursachen und Auswirkungen. In: Hütz-Adams, F.; Schneeweiß, A. (Hrsg.): Preisgestaltung in der Wertschöpfungskette Kakao-Ursachen und Auswirkungen. Bonn: Deutsche Gesellschaft für internationale Zusammenarbeit (GIZ) GmbH.

Jetter, A. (2005): Theorie und Praxis der frühen Produktentstehungsphasen. In: Produktplanung im Fuzzy Front End. Forschungs-/Entwicklungs-/Innovations-Management. Wiesbaden: Deutscher Universitätsverlag, S. 58, 80, 84–85. https://doi.org/10.1007/978-3-322-82157-7_5.

Kepper, G. (2000): Methoden der Qualitativen Marktforschung. In: Herrmann, A.; Homburg, C. (Hrsg.): Marktforschung (2. Aufl.). Wiesbaden: Gabler, S. 159–202.

Khurana, A.; Rosenthal, S. R. (1998): Towards Holistic "Front Ends" In New Product Development. In: Journal of Product Innovation Management, 15. Jg., Nr. 1, S. 57–79. https://doi.org/10.1111/1540-5885.1510057.

Kotler, P.; Armstrong, G.; Saunders, J.; Wong, V. (1999): Grundlagen des Marketing (2. Aufl.). München: Markt + Technik, S. 28.

Linneman, R.; Klein, H. (1985): Using Scenarios in Strategic Decision Making. In: Business Horizons, 28. Jg., Nr. 1, S. 64–74.

Lukic, K. (2020): Emotionales Essen und Übergewicht–eine qualitative Analyse (Doctoral dissertation, Hochschule für angewandte Wissenschaften Hamburg).

Macht, M. (2005): Essen und Emotion1. In: Emotion, 1. Jg., Nr. 2, S. 304–308.

Marion, G. (2007): Customer-Driven or Driving the Customer? Exploitation Versus Exploration. In: Saren, M., Maclaran, P., Goulding, C., Elliott, R., Shankar, A., Catterall, M. (Hrsg): Critical Marketing: Defining the Field. Oxford: Butterworth-Heinemann, S. 99–113.

Maslow, A. H. (1975): Motivation and Personality. In: Levine, F. M. (Hrsg.): Theoretical Readings. In Motivation: Perspectives on Human Behavior. Chicago, S. 358–379.

Meffert, H.; Burmann, C.; Kirchgeorg, M.; Eisenbeiß, M. (2019): Marketing. Grundlagen marktorientierter Unternehmensführung. Konzepte – Instrumente – Praxisbeispiele (13. Aufl.). Wiesbaden: Springer Gabler, S. 51, 270, 515, 538. https://doi.org/10.1007/978-3-658-21196-7_5.

Methfessel, B.; Schöler, H. (2020): „Bedürfnisse "–Vorbemerkungen zu einem häufig genutzten Begriff. In: HiBiFo–Haushalt in Bildung und Forschung, 9. Jg., Nr. 1, S. 4–7.

Mihr, R. (2023): Edeka wächst. Rewe holt auf. In: Lebensmittelpraxis, Nr. 05, S. 28–31.

Narver, J.C.; Slater, S. F. (1990): The effect of a market orientation on business profitability. In: J Marketing, 54. Jg.; Nr.: 4, S. 20–35.

Neckermann, J. (2020): Over-Confidence Bias in strategischen Entscheidungsprozessen: Entstehung, Konsequenzen und Lösungsansätze. In: Junior Management Science, 5. Jg, Nr. 3, S. 392–409.

Olbrich, R.; Springer-Norden, M.; Brüggemann, P. (2021): Der Einsatz von Produktdifferenzierung – ein neues Messinstrumentarium zur Messung von Markentreue. Fernuniversität in Hagen, Fakultät für Wirtschaftswissenschaft. https://doi.org/10.13140/RG.2.2.26713.24164.

Pilař, L.; Stanislavská, L. K.; Kvasnička, R.; Hartman, R.;Tichá, I. (2021): Healthy Food on Instagram Social Network: Vegan, Homemade and Clean Eating. In: Nutrients, 13. Jg., Nr. 6. https://doi.org/10.3390/nu13061991.

Porter, M. E. (1980): Competitive Strategy. Free Press.Cooper, R. G.; Kleinschmidt, E. J. (1994): Determinants of Timelines in Product Development. In: Journal ofProduct Innovation Management, Vol. 11(5), S. 381.

Pretz, J. E.; Naples, A. J.; Sternberg, R. J. (2003): Recognizing, Defining, and Representing Problems. In: Davidson, J. E.; Sternberg, R. J (Hrsg.): The Psychology of Problem Solving, Cambridge: Cambridge University Press, S. 3.

Rode, D. (1997): Managerial Decision Making. Normative and Descriptive Interactions. Pittsburgh: Carnegie Mellon University, Department of Social and Decision Sciences.

Savioz, P.; Birkenmeier, B.; Brodbeck, H.; Lichtenthaler, E. (2002): Organisation der frühen Phasen des radikalen Innovationsprozesses. In: Die Unternehmung, 56. Jg., Nr. 6, S. 393–408. [Zugriff am 26. November 2023, http://www.jstor.org/stable/24185133].

Schröder, M. (2022): Heureka ich hab`s gefunden! Kreativitätstechniken, Problemlösungen & Ideenfindung (2. Aufl.). Prof. Balzert-Stiftung Dortmund, S. 29–30, 73–75, 77, 79–80, 84, 187–193, 247–250. https://doi.org/10.18420/LB-Heureka.

Seeger, Th. (1979): Die Delphi-Methode. Expertenbefragungen zwischen Prognose und Gruppenmeinungsbildungsprozessen; überprüft am Beispiel von Delphi Befragungen im Gegenstandsbereich Information und Dokumentation. Freiburg: HochschulVerlag, Diss.

Taormina, R. J.; Gao, J. H. (2013): Maslow and the motivation hierarchy: Measuring satisfaction of the needs. American Journal of Psychology, 126. Jg., Nr. 2, S. 155–177.

Traut-Mattausch, E.; Kerschreiter, R. (2012): Kreativitätstechniken. Angewandte Psychologie für das Projektmanagement: Ein Praxisbuch für die erfolgreiche Projektleitung, S. 269–275.

Uebernickel, F.; Brenner, W. (2016): Design Thinking. In: Hoffmann, C.; Lennerts, S.; Schmitz, C.; Stölze, W.; Uebernickel, F. (Hrsg.): Business Innovation: Das St. Galler Modell. Business Innovation Universität St. Gallen. Wiesbaden: Springer Gabler, S. 246–247. https://doi.org/10.1007/978-3-658-07167-7_15.

Ulwick, A. W. (2005): What Customers Want: Using Outcome-Driven Innovation to Create Breakthrough Products and Services. New York City: Mc Graw-Hill.

Umbach, G. (2022): Die SWOT-Analyse. In: Erfolgreich im Pharma-Marketing. Wiesbaden: Springer Gabler, S. 277–278. https://doi.org/10.1007/978-3-658-37013-8_22.

Vogelbach-Woerner, V. (2000): Ess-Störungen. In: Beiglböck, W.; Feselmayer, S.; Honemann, E. (Hrsg.): Handbuch der klinisch-psychologischen Behandlung. Wien: Springer, S. 181–182. https://doi.org/10.1007/978-3-7091-3768-0_16.

Von Reibnitz, U. (1996): Szenario-Technik. In: Schulte, C. (Hrsg.): Lexikon des Controlling, München: Oldenbourg, S. 747–751.

Wahba, M. A.; Bridwell, L. G. (1976): Maslow reconsidered: A review of research on the need hierarchy theory. In: Organizational behavior and human performance, 15. Jg., Nr. 2, S. 212–240.

Wegmann, C. (2020): Lebensmittelmarketing. Wiesbaden: Springer Gabler, S. 18–21, 24, 28–57, 77–87. https://doi.org/10.1007/978-3-658-26038-5_1.

Witt, J. (1996): Produktinnovation: Entwicklung und Vermarktung neuer Produkte. München: Vahlen, S. 45–46.

Wolfbauer, J. M. (2006): Die Strategische Rolle von Governance-Organen in Nonprofit Organisationen. Rotterdam: Erasmus Universität.

Phase II: Vom vorläufigen bis zum vollständigen Produktkonzept

7

▶ Die Phase II des Modelprozesses zur Herstellung eines innovativen, marktfähigen Lebensmittelprototypen behandelt die Erstellung des Produktkonzeptes. Die in der Phase I generierte und ausgewählte Idee wird bei der Erstellung des vorläufigen Produktkonzeptes detailliert ausgearbeitet. Dieses beinhaltet, dass die Idee in eine Produktbeschreibung mit definierter Zielgruppe, USP usw. detailliert ausgearbeitet wird. Unter anderem werden auch der Zielmarkt und die Produktpositionierung in diesem Schritt bestimmt. Es folgt das Testen des Konzeptes und basierend auf den Ergebnissen der Konzepttests die Entscheidung, ob die Produktidee in die nächste Phase überführt wird.

Die Phase II des Modelprozesses zur Herstellung eines innovativen, marktfähigen Lebensmittelprototypen dient der Erstellung und Testung des Produktkonzeptes, welches auf der in Phase I generierten und ausgewählten (Produkt-)Idee basiert. Das Produktkonzept dient dazu die Idee greifbar zu machen (für potenzielle Kunden und den Entwickler selber) und stellt eine konsumentengerechte Verbalisierung der Produktidee dar (Geschka und Zirm 2014, S. 90; Langbehn 2010, S. 352). Das erstellte Produktkonzept wird im Modelprozess zunächst als vorläufig betrachtet, da vor der Prototypentwicklung zunächst noch Konzepttests vorgesehen sind. Durch die Konzepttests wird überprüft, ob das erstellte Konzept und die Wünsche und Erwartungen der Zielgruppe bzw. (potenzieller) Kunden übereinstimmen und ob die Produktpositionierung auf Zustimmung in der Zielgruppe stößt (Cooper 2002, S. 233; Pepels 2008, S. 271; Schubert 1991, S. 102). Dazu wird in den Konzepttests die Reaktion auf eine verbale Beschreibung des Produktes oder auf ein Produktmodell getestet (Meffert et al. 2019, S. 436). Die Ergebnisse des Konzepttests werden dann im dritten Checkpunkt (sieh Abb. 7.1) bewertet. Hier kann es zu vier unterschiedlichen Szenarien kommen.

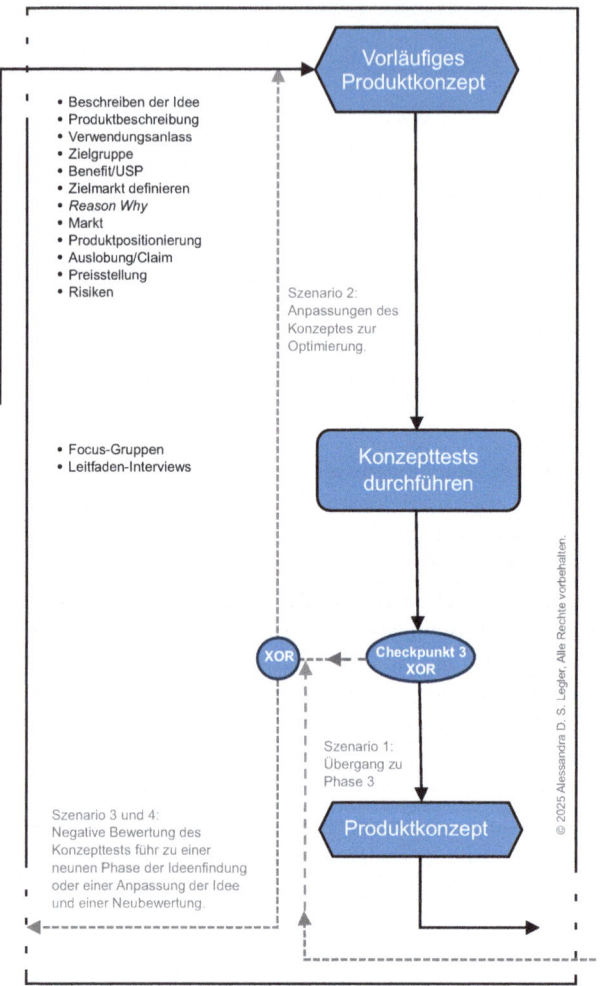

Abb. 7.1 Phase II: Vom vorläufigen bis zum vollständigen Produktkonzept. (Bildquelle: Eigene Darstellung, Quellen: Quellen: Cooper 2010; Wegmann 2020; Devin 2019; Savioz et al. 2002; Meffert et al. 2019, Homburg 2020; Jetter 2005; Bruhn 2019)

1. Szenario 1: Optimal
   Das Konzept kann unverändert oder mit einer minimalen Anpassung/Optimierung in Phase III überführt werden (Prototypentwicklung).
2. Szenario 2: Optimierung
   Eine Optimierung/Anpassung wird vorgenommen und ein weiterer Konzepttest zur Bestätigung durchgeführt.
3. Szenario 3: Neuaufstellung
   Die Bewertung des Konzepttests fiel weitestgehend negativ aus, es gibt aber Optimierungsansätze. An der Idee wird daher grundsätzlich festgehalten, aber

mit größeren Modifikationen. Die Markteinschätzung (Phase I, Abb. 5.1 und 6.1) wird daher wiederholt und alle nachfolgenden Schritte erneut durchlaufen.
4. Szenario 4: Verwerfen der Idee
Die Bewertung des Konzeptes fiel weitestgehend negativ aus und es gibt keine Optionen zu Optimierung. Die Idee und somit auch das Konzept werden daher verworfen. Die Ideenfindung startet erneut.

7.1 Erstellen des Produktkonzeptes

Mit der Erstellung des Produktkonzeptes wird die Produktidee definiert. Das Produktkonzept kann unterschiedliche Detaillierungsgrade, von einer Seite bis zu einem ausführlichen Kompendium, aufweisen. Was das Produktkonzept bzw. die Produktdefinition an einzelnen Punkten enthält kann je nach Konzeption unterschiedlich ausfallen. Es definiert z. B. produktbezogene Eigenschaften und Marketingentscheidungen. Dazu zählen unter anderem Funktionalität, (angestrebte) Zielgruppe, Nutzen/USP, Produkteigenschaften, Design, Zutaten, Positionierung und Verwendung (Foley 2012, S. 243; Lord 2008, S. 93–94; Biermann und Erne 2020, S. 139; Homburg 2020, S. 621; Herrmann und Huber 2013, S. 97–99; Bruhn 2019, S. 141). Wegmann (2020) schlägt – teilweise zusätzlich – folgende Punkte im Bereich der Lebensmittel vor (Wegmann 2020, S. 141–142):

> **Übersicht**
> - Beschreibung der Idee (in wenigen Sätzen)
> - Zielgruppe definieren
> - *Benefit/USP* (Nutzen aus Sicht des Verbrauchers)
> - *Reason Why* (die Begründung, warum der Benefit aus Sicht des Verbrauchers auch zutrifft)
> - Verwendung/Verwendungsanlass (Konsum zu bestimmten Anlässen und/oder Zeitpunkten)
> - Produktbeschreibung (Beschreibung der physischen Ausgestaltung des Produktes u. a. Inhaltsstoffe, Rezepturanweisungen, Form, Geschmackvarianten, Verpackungsart und -form und mögliche Verpackungsgestaltung)
> - Auslobung und Ansatzpunkte für einen möglichen Claim (festlegen, was beworben werden kann/soll, ggf. mögliche rechtlicher Einschränkungen)
> - Markierung (unter welcher Marke das Produkt in den Verkehr gebracht werden soll)
> - Markt (Nennung von Wettbewerberprodukten, deren Preis und Positionierung, Abgrenzung der eigenen Produktidee)
> - Preisstellung (möglicher Verkaufspreis) und Wirtschaftlichkeitsrechnung
> - Risiken (spezifische Risiken z. B. rechtliche Gegebenheiten, Wettbewerbssituation usw.)

Diese Aspekte hängen teilweise zusammen bzw. voneinander ab. Die Produktpositionierung wird beispielsweise anhand von Produktmerkmalen vorgenommen, die auch Teil der USP sind (Kotler et al. 2016, S. 297–320). Produkte können in ihren Eigenschaften sehr komplex sein und die USP für die Zielgruppe daher schwierig zu bestimmen. Zur Positionierung eines Produktes wird beispielsweise eine zweidimensionale Positionierungsanalyse vorgenommen. Diese Methode kann man anwenden, wenn es nur zwei wesentliche entscheidende Kriterien für den Kauf gibt. Die Kriterien lassen sich durch eine KANO-Analyse (sieh Abschn. 7.1.1) oder eine Conjoint-Analyse ermitteln (Homburg 2020, S. 440–452). Anschließend sucht man gezielt nach Wettbewerbsprodukten am Markt, welche diese oder substituierende Kriterien ähnlicher Art aufweisen. Die Wettbewerbsprodukte und die eigene Produktidee werden dann auf dem Positionierungskreuz platziert (Kotler et al. 2016, S. 297–320). Die Abb. 7.3 zeigt ein entsprechendes Beispiel. In diesem wird optisch sichtbar, in welchem Segment sich die aktuellen Wettbewerber platziert haben und wo noch Lücken bestehen, die besetzt werden können.

7.1.1 KANO-Methode – Was ist dem potenziellen Käufer wirklich wichtig?

Bei der Beschreibung der USP werden die Merkmale der Idee herangezogen, welche diese von den Wettbewerbsprodukten unterscheiden (siehe auch Abschn. 2.2.2). Sich nur von den Wettbewerbsprodukten zu unterscheiden bedeutet jedoch nicht automatisch, ein Bedürfnis des potenziellen Käufers zu erfüllen. Herausfinden, welche Merkmale den Nachfrager zum Kauf anregen, kann man beispielsweise mit der Kano-Methode. Das Kano-Modell dient zur Ermittlung der funktionalen Eigenschaften, die aus Sicht des Konsumenten grundlegend für den Leistungskern eines Produktes sind. Das Modell unterscheidet dabei zwischen Basis-, Leistungs- und Begeisterungsanforderungen (Zanger 2000, S. 116–119).

Die **Basisanforderungen** stellt das sogenannte *„Must-Be"* dar. Es handelt sich um die als Standards angesehenen Kriterien, die ein Produkt unbedingt erfüllen sollte. Einerseits führt die Nicht-Erfüllung zu hoher Unzufriedenheit, andererseits kann eine Erfüllung dieser Kriterien jedoch keine Begeisterung auslösen. Von einem Smartphone wird z. B. erwartet, dass es eine Kamera-Funktion aufweist. Das bloße Vorhandensein animiert aber nicht unbedingt zum Kauf. Im Gegensatz dazu verhält sich die Zufriedenheit bei der **Leistungsanforderung** dagegen proportional zur Anforderungserfüllung. Weist die Smartphone-Kamera-Funktion besondere Features, Linsen, Apps, eine hohe Auflösung usw. auf, steigert dies die Zufriedenheit.

Leistungsanforderungen sind dementsprechend spezifisch, gut messbar und häufig technisch. Als dritte Kategorie unterscheidet man noch die **Begeisterungs- oder auch Profilierungsanforderungen.** Diese werden vom Kunden nicht erwartet und auch meistens nicht explizit formuliert, üben jedoch einen starken Effekt auf die Zufriedenheit aus und führen im Gegensatz zu den Basis-Anforderungen bei Nicht-Erfüllung nicht zu Unzufriedenheit (Kano 1984, S. 39–48; Herrmann und Huber 2013, S. 170).

Die Klassifikation der Kundenanforderungen kann bedeutsame Hinweise für die Produktgestaltung liefern, denn aus der Unterteilung in Basis-, Leistungs- und Begeisterungsanforderungen können Prioritäten für die Produktentwicklung resultieren. Sind die Basisanforderungen zufriedenstellend erfüllt, sollten man in diese nicht weiter Entwicklungsarbeit und somit Ressourcen investieren. Stattdessen gilt es die Leistungs- und Begeisterungsanforderungen zu ermitteln und zu gewichten, da von diesen ein beachtlicher Effekt auf die Zufriedenheit ausgeht. Dieses Vorgehen hilft dabei zu vermeiden, dass bei der Entwicklung der Fokus auf Produkteigenschaften liegt, die vom potenziellen Kunden nicht gewollt oder preislich nicht honoriert werden. Die KANO-Methode ist hilfreich bei dem Abschätzen des Einflusses der Kundenanforderungen auf die Kundenzufriedenheit, Prioritäten für die Produktentwicklung abzuleiten, der Entwicklung maßgeschneiderter Produkte für spezifische Kundensegmente und der Schaffung von Wettbewerbsvorteilen (Broda 2005, S. 194–195).

Das Kano-Modell wird zudem bei Patt-Situationen in der Produktkonzeption herangezogen, wenn sich zwei Kriterien aus technischen oder Kostengründen nicht gleichzeitig realisieren lassen. Dann wird jener Anspruch zu berücksichtigen, welcher den größten Einfluss auf die Kundenzufriedenheit aufweist. Soll ein Dessert-Produkt beispielsweise einen süßen Geschmack aufweisen und gleichzeitig keine Süßstoffe o. ä. enthalten, kann mit der Kano-Methode ermittelt werden, welche Produkteigenschaft bei der Zielgruppe die größere Zufriedenheit auslöst. Dies wird auch als *„trade off"* bezeichnet (Matzler et al. 2006, S. 317–339).

Die KANO-Methode ist relativ aufwendig in der Durchführung (siehe Abschn. 6.6.3) und eignet sich vorrangig für komplexe Produkte mit vielen unterschiedlichen Features. Außerdem wird, um die KANO-Methode erfolgreich einsetzen zu können, eine repräsentative (Kunden-)Stichprobe benötigt. Diese Form der Kundenbefragung birgt das Risiko, je nach Auswahl der Befragten, unterschiedliche Ergebnisse zu erzielen, wenn die Stichprobe nicht repräsentativ gewesen ist. Die Zeitkomponente ist ebenfalls zu beachten, da sich Kundenanforderungen schnell ändern können (Broda 2005, S. 194–195). In Abschn. 7.1.2 wird beispielhaft eine KANO-Analyse durchgeführt.

7.1.2 Beispiel für ein Produktkonzept

In der Tab. 6.2 wurde anhand des Beispiels eines veganen High-Protein Brotaufstriches bereits eine SWOT-Analyse durchgeführt. Dieses Beispiel wird an dieser Stelle wieder aufgegriffen und ein mögliches Produktkonzept erstellt:

(1) Beschreibung der Idee
Herstellung eines gesunden, Protein-Brotaufstrichs auf der Basis von Hülsenfrüchten (unter anderem gelbe Erbsen) und Erbsenprotein (regionale Rohstoffe und Produktion, wenn möglich) in den Sorten „natur" und

„Gartenkräuter". Das Produkt ist konzipiert für das Kühlregal. Es werden 150 g in einem recyclefähigen, wiederverschließbaren Glasbehälter angeboten (Abb. 7.3).

(2) Produktbeschreibung

Es handelt sich um eine möglichst glatte Streichcreme (ähnlich wie Humus). Die Sorte „Natur" ist beige-farben, die Sorte „Gartenkräuter" beige-farben mit getrockneten, dunkelgrünen Kräutern. Beide Sorten sollen in runden, recyclingfähigen 150 g Gläsern, die wiederverschließbar sind, angeboten werden. Auf der Verpackung kann man noch zusätzliche Tipps (z. B. „auch lecker als Dipp") angeben.

(3) Markierung

Als mögliche Marken-Namen kommen „Erbsenstark" (engl. pea-strong), „Protein-Frühstückchen" o. ä. infrage.

(4) Verwendung/Verwendungsanlass

Die alltägliche Verwendung als Brotaufstrich (z. B. zum Frühstück) ist möglich oder die Verwendung als Dip für Snacks oder Gemüsesticks.

(5) Zielgruppe definieren

Die Zielgruppe lebt vorrangig in urbanen Gegenden (Stadt/Vorstadt) und zählt zur Mittelschicht mit ausgeprägtem Gesundheits- und Umweltbewusstsein. Es werden nicht gezielt Menschen mit einer veganen Ernährungsweise oder Sportler angesprochen. Lebensmittel, denen Zucker zugesetzt wird, werden gemieden, vegane Lebensmittel/Lebensmittelalternativen hin-

Abb. 7.2 Erster Entwurf des Beispiel-Produktes „veganer Protein-Brotaufstrich". (Bildquelle: Eigene Darstellung)

gegen bewusst ausgewählt. Die Zielgruppe definiert sich über die Ernährung und ist bereit für diese Produkte eine Preiskategorie, die über dem Durchschnitt von vergleichbaren Produkten liegt, in Kauf zu nehmen (siehe auch Abschn. 4.5.1.4 Zielgruppe/Verbraucherstichprobe).

(6) Benefit/USP
Der einzigartige Nutzen aus Sicht des Verbrauchers (siehe auch Abschn. 2.2.2 Unique Selling Proposition) besteht darin, dass das Produkt im Vergleich zu anderen Brotaufstrichen keinen zugesetzten Zucker und deklarationspflichtige Zusatzstoffe enthält, fettarm und vegan ist und der Protein-Gehalt ausgelobt werden kann. Zudem besteht die Möglichkeit – je nach Definition – Zutaten und Herstellung regional zu gestalten. Um die USP zielgruppengerecht zu formulieren und gezielt die Basisanforderungen abzudecken, die Leistungsanforderungen zu erfüllen und eine Begeisterungsanforderung zum Abgrenzen zur Konkurrenz herauszustellen, wird eine KANO-Analyse der genannten Produkteigenschaften nach Herrmann und Huber (2013) durchgeführt:

1. **Identifikation von Produktanforderungen:**
Mithilfe von qualitativen Kunden-Interviews werden segmentspezifische Produktanforderungen ermittelt. In diesem Fall hat die Auswertung ergeben, das folgende Eigenschaften eine Rolle spielen könnten:
   - High-Protein
   - Proteinquelle
   - Regionale Herkunft
   - „gesund" (spezifiziert als „ohne zugesetzten Zucker", „ohne Zusatzstoffe" *(clean-labeling)*, „fettarm")
   - Vegan
   - Vegetarisch
2. **Konstruktion eines Fragebogens:**
Für jede im ersten Schritt identifizierten Produkteigenschaften werden zwei Fragen mit jeweils fünf Antwortmöglichkeiten formuliert. Bei der ersten Frage ist das Merkmal bzw. die Eigenschaft vorhanden (funktionale Frage). Bei der zweiten Frage nicht (dysfunktionale Frage). Die Antwortmöglichkeiten sind vorgegeben und lassen bei der Auswertung die Einteilung in Basis-, Leistungs- und Begeisterungsanforderungen zu.

Beispiel

Wenn die Streichcreme vegan ist, das…

(a) …würde mich freuen.
(b) …setze ich voraus.
(c) …ist mir egal.
(d) …könnte ich eventuell in Kauf nehmen.
(e) …würde mich sehr stören.

Wenn die Streichcreme nicht vegan ist, das...

(1) ...würde mich freuen.
(2) ...setze ich voraus.
(3) ...ist mir egal.
(4) ...könnte ich eventuell in Kauf nehmen.
(5) ...würde mich sehr stören. ◄

3. **Durchführung der Interviews:**
   Mithilfe des Fragebogens kann z. B. eine schriftliche Befragung durchgeführt werden.
4. **Auswerten und Interpretieren der Interviews/Fragebögen**
   Die Antworten werden in eine Kano-Matrix eingetragen (siehe Tab. 7.1). Zu jeder Produkteigenschaft sind beide Fragen zu beantworten. Wird auf die funktionale Frage „das würde mich sehr freuen" und auf die dysfunktionale Frage „das ist mit egal" geantwortet, ergibt sich aus der Kombination in der Kano-Matrix die Kategorie A *(Attractive)*, eine Begeisterungsanforderung. Das bedeutet, dass die Existenz dieses Produktmerkmals die Zufriedenheit erheblich erhöht, wohingegen das Nicht-Vorhandensein die Zufriedenheit nicht entscheidend vermindert. Zur Auswertung wird der Prozentsatz, wie viele Teilnehmer eine Eigenschaft als Basis-, Leistungs- oder Begeisterungsanforderungen ansehen, ermittelt (Herrmann und Huber 2013, S. 170–172).

Die Auswertung bei 30 Teilnehmer*innen hat ergeben, dass „vegan" eine Begeisterungsanforderung darstellt, wohingegen „vegetarisch" eine Basisanforderung ist. Die Auslobung als „Proteinquelle" und eine Assoziation mit einer „gesunden" Rezeptur (nach der vorgestellten Definition) wird mehrheitlich als Leistungsan-

Tab. 7.1 Kano-Matrix

Antworten	Dysfunktionale Frage				
Funktionale Frage	Würde mich sehr freuen	Setze ich voraus	Das ist mir egal	Könnte ich in Kauf nehmen	Würde mich sehr stören
Würde mich sehr freuen	Q	A	A	A	O
Setze ich voraus	R	I	I	I	M
Das ist mir egal	R	I	I	I	M
Könnte ich in Kauf nehmen	R	I	I	I	M
Würde mich sehr stören	R	R	R	R	Q

A(ttractive) = Begeisterungsanforderung
M(ust be) = Basisanforderung
R(everse) = entgegengesetzt
O(ne dimensional) = Leistungsanforderung
Q(uestionable) = fragwürdig
I(ndifferent) = indifferent
Quelle: verändert nach Herrmann und Huber 2013, S. 172, zitiert nach Bailom et al. 1996, S. 121

7.1 Erstellen des Produktkonzeptes

forderung gesehen, wohingegen die Eigenschaft „*High-Protein*" isoliert vorangingg als „*indifferent*" bewertet wird. Selbes gilt für die mögliche Eigenschaft „regional". Daher werden für die Positionierungsanalyse die Eigenschaften „vegan" und „gesund" verwendet. Diese Eigenschaften stellen entsprechend auch die USP der Produktidee dar. Die Eigenschaften „*High-Protein*" und „regional" werden hingegen nach der KANO-Analyse bei der Entwicklung nicht weiterverfolgt.

(7) Reason Why
Die Begründung, warum der Benefit aus Sicht des Verbrauchers auch zutrifft, liegt darin, dass die zu deklarierenden Nährwerte die Auslobungen, „fettarm", „Proteinquelle" und „ohne zugesetzten Zucker und Zusatzstoffe" ermöglichen. Diese werden mit dem Attribut „gesund" assoziiert. Die vegane Rezeptur wird mit einem entsprechenden Label beworben. Sowohl die Nährwerte als auch die Auslobungen sind für den Kunden auf dem Produkt zu sehen. In der Positionierungsanalyse wird deutlich, dass kein anderes Wettbewerbsprodukt diese Eigenschaftenkombination aufweist.

(8) Markt
Die Analyse des (Ziel-)marktes ist nach Ablauf des Modelprozesses (Abb. 6.1) bereits erfolgt (siehe Abschn. 6.5) und kann für das Produktkonzept an dieser Stelle zusammengefasst, vervollständigt oder wenn nötig in einzelnen Punkten wiederholt oder vertieft werden. Die Tab. 7.2 zeigt beispielhaft eine Analyse der Wettbewerbs- und Substitutionsprodukte am Zielmarkt. Da der Konsumgütermarkt durch kurze Produktlebenszyklen und einen hohen Wettbewerbsdruck (Preiskämpfe, Me-too-Produkte usw.) geprägt wird, gilt es diese regelmäßig zu aktualisieren, um bei der Produktentwicklung auf Veränderungen am Markt reagieren zu können (Bruhn 2019, S. 35). Diese Analyse kann im nächsten Punkt für die Produktpositionierung als Grundlage dienen.

Tab. 7.2 Beispielhafte Analyse der Wettbewerbs- und Substitutionsprodukte für Brotaufstriche

Wettbewerbsprodukte	Eigenschaften					
Marke	Art/Typ	Sorte(n)	Auslobung/Claim	Gebindegröße	Preis pro 100 g	Preis
Bresso	Streichcreme, vegetarisch, Frischkäse-Basis	Mit Kräutern aus der Provence	Eigener Anbau in der Provence	150 g	1,19 €	1,79 €
Bresso	Streichcreme, vegetarisch, Frischkäse-Basis	Leichter Genuss mit Joghurt	8 % Fett	150 g	1,53 €	2,29 €
Rewe Bio+vegan	Humus, vegan, Kichererbsen-Basis	natur	Bio, vegan	200 g	1,00 €	1,99 €
…						

(9) Produkt Positionierung
Die Positionierungsanalyse in Abb. 7.3 wurde für Marken/Produkte vorgenommen, die bei einem Lebensmittel-Einzelhändler angeboten werden. Als die beiden kaufentscheidenden Kriterien und ihre jeweilige „Opposition" wurden „vegan" und „nicht-vegan" (horizontale Achse) und „gesund" vs. „konventionell" (vertikale Achse) ermittelt. Für die Unterscheidung vegan/nicht vegan gibt es in diesem Fall keine Abstufungen, außer es wird zusätzlich in konventionell (omnivor z. B. mit Seelachs), vegetarisch (z. B. Streichcreme auf Frischkäsebasis, Eier-Salat) und vegan (z. B. Streichcreme auf Kichererbsen-Basis) unterschieden. Das Kriterium „gesund" bezieht sich auf den Gehalt an Fett und zugesetztem Zucker, sowie Zusatzstoffen in den Produkten. Die Analyse zeigt, dass in Relation zu den Wettbewerbsprodukten die „Nische" vegan/gesund mit besonderem Fokus auf Inhaltsstoffe wie zugesetzter Zucker und Fett bisher noch nicht besetzt ist.

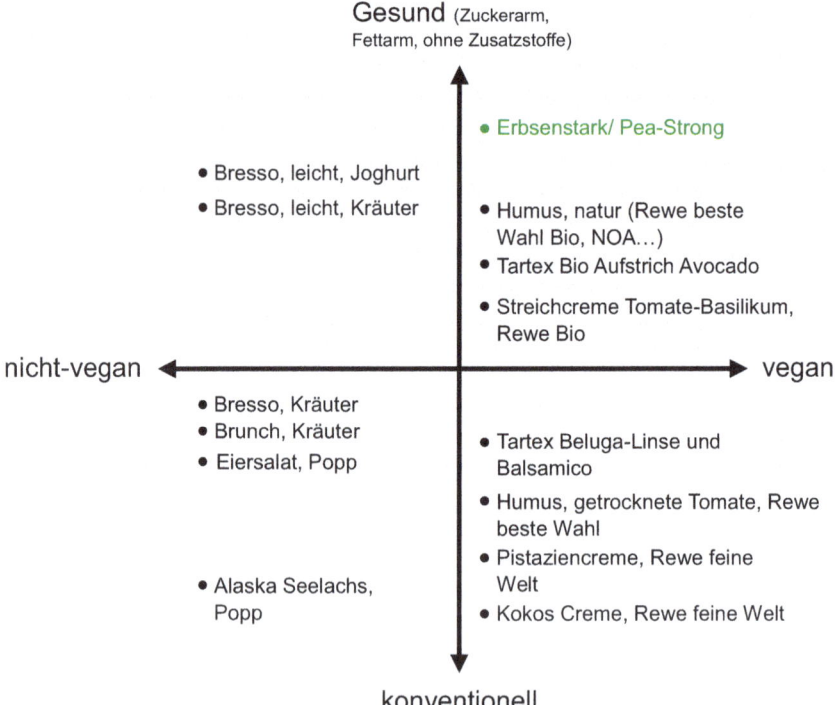

Abb. 7.3 Beispiel für eine Positionierungsanalyse für Brotaufstriche. (Bildquelle: Eigene Darstellung)

(10) Auslobung und Claim
Die Eigenschaften „vegan", „fettarm" und „ohne zugesetzten Zucker und Geschmacksverstärker" sollen auslobbar sein, wobei die dafür geltenden rechtlichen Bedingungen der Health-Claims-VO (Verordnung (EG) Nr. 1924/2006) zu berücksichtigen sind (siehe Abschn. 3.6.3 Claims und Slogan). Das bedeutet, dass das Produkt weniger als 3 g Fett pro 100 g enthalten muss, dem Produkt keine Mono- oder Disaccharide (z. B. Glucose, Fruktose, Maltose, Sacharose) oder eine andere Zutat mit süßender Wirkung (natürliche Fruchtsüße, Fruchtsirup) zugesetzt wird. Als Proteinquelle darf das Produkt ausgelobt werden, wenn mindestens 12 % des gesamten Brennwerts (der Kalorien) des Produkts aus dem enthaltenen Protein stammen.
Um das Nicht-Vorhandensein von Zusatzstoffen bewerben zu können, darf die Rezeptur bzw. die Herstellung keine Lebensmittelzusatzstoffe nach Art. 3 der Verordnung (EG) Nr. 1333/2008 beinhalten. Es handelt sich dabei um Stoffe, die in der Regel weder selbst als Lebensmittel verzehrt noch als charakteristische Lebensmittelzutat verwendet und dem Lebensmittel aus technologischen Gründen zugesetzt werden (z. B. Süßungsmittel, Farbstoffe, Konservierungsstoffe, Säuerungsmittel, Emulgatoren usw.).

(11) Preisstellung und Wirtschaftlichkeitsrechnung (möglicher Verkaufspreis):
Hierzu sind Wirtschaftlichkeitsanalysen wie z. B. die Investitionsrechnung (z. B. eine Break-Even-Analyse) heranzuziehen. Dies können zum Erreichen ökonomischer Ziele (Absatz, Umsatz, Gewinn, Deckungsbeitrag) beitragen (siehe auch Abschn. 2.3 Marktfähigkeit) (Bruhn 2019, S. 143). Dieser Punkt ist an dieser Stelle noch nicht ausführlich und abschließend zu bearbeiten, da ohne endgültige Rezeptur und Prototypen kein Rückschluss auf mögliche Herstellungskosten gezogen werden kann. Stattdessen ist es eventuell möglich an dieser Stelle Rohstoffpreise und mögliche Herstellungskosten (Lohnabfüller, Produktionsanlagen) zu ermitteln. Ähnlich wie die Markteinschätzung gilt es diesen Punkt über den ganzen Prozess hinweg kontinuierlich im Blick zu behalten, zu vertiefen und zu aktualisieren.

(12) Risiken
Risiken können den Markt (z. B. der Idee ähnliche Produkte die von den Wettbewerbern noch während des eigenen Entwicklungsprozesses auf den Markt gebracht werden) oder das Produkt betreffen. Dabei kann es sich um Risiken in der Rohstoffbeschaffung oder -qualität handeln oder um leicht verderbliche/empfindliche Rohstoffe oder Prototypen. Das hier gewählte Beispiel ist ein Lebensmittel ohne Konservierungsstoffe, welches gekühlt aufbewahrt wird. Um eine hygienische Herstellung und eine angemessene Haltbarkeit zu gewährleisten, gilt es daher vorsorglich eine gute Herstellungspraxis (GMP) zu etablieren und Produkteigenschaften wie z. B. den pH-Wert zu berücksichtigen (siehe Abschn. 8.6.3).

7.2 Konzepttests

Konzepttests haben nicht zwingend das fertige Produkt oder einen Prototyp zum Gegenstand, sondern zunächst das Produktkonzept (Meffert et al. 2019, S. 436). Ziel ist es Schwächen frühzeitig zu identifizieren und das Produktkonzept dahingehend noch zu optimieren, bevor es zur kostenintensiven physischen Produktentwicklung kommt (Erichson 2000, S. 394). Die Tests sollen das Risiko minimieren, dass später ein erfolgloses Produkt entwickelt wird, indem überprüft wird, wie die generelle Idee für das Produkt in der Zielgruppe ankommt. Die Einschätzung des Verbrauchers beugt zudem Betriebsblindheit und Begeisterung von Experten für am Markt nicht akzeptierte Ideen vor (Wegmann 2020, S. 77–78). Für die Konzepttests wird das Produktkonzept zunächst verbal beschrieben oder visualisiert (Meffert et al. 2019, S. 136). Häufig verwendete Methoden sind z. B. Gruppendiskussionen unter der Leitung eines Moderators oder Einzelbefragungen z. B. mithilfe eines Fragebogens (Homburg 2020, S. 623). Gruppendiskussionen bestehen meist aus 8 bis 10 Teilnehmern, die die Stärken und Schwächen des Konzeptes diskutieren (Herrmann und Huber 2013, S. 208–209). Diese Methoden sind meist qualitativ auszuwerten und können ein breites Spektrum an Informationen liefern. Sie sagen aber nicht unbedingt etwas über den möglichen quantitativen Markterfolg (Homburg 2020, S. 623) aus. Befragungen können auch in Form persönlicher Interviews vorgenommen werden oder unter Verwendung von Internet-Panels. Diese Methode hat die Vorteile, dass sie eine große Zielgruppe schnell erreicht und kostengünstig ist. Nachteilig ist hingegen, dass eine Kontrolle, wie die Antworten zustande gekommen sind, fehlt und dass neue Konzeptideen nicht unbedingt geheim gehalten werden können. Bei standardisierten Fragebögen ist außerdem eine statistische (quantitative) Auswertung möglich (Wegmann 2020, S. 79–80).

Produktkonzepte kann man auf verschiedene Arten visualisieren bzw. vorstellen. Sie können sachlich, verbal beschrieben werden, ohne Werbeaspekte einzubeziehen. In diesem Fall wird nur das reine Konzept, ohne den werblichen Anteil überprüft. Es kann aber auch eine werbliche Beschreibung erfolgen – entsprechend mit den Werbeaspekten. Diese Variante ist realitätsnäher, kann aber auch zu unrealistischen Erwartungen führen. Die Vorstellung des Konzeptes (graphisch) zu unterstützen ist z. B. möglich durch Storyboards. Eine weitere Möglichkeit wäre der unterstützende Einsatz von Vorführmodellen bzw. Verpackungsdummies zur Visualisierung des Konzeptes neben der rein textbasierten Beschreibung (Wegmann 2020, S. 78–80).

Konzepttests können folgende Aspekte berücksichtigen (Erichson 2000, S. 394–395):

> **Übersicht**
> - Verständlichkeit und Kommunizierbarkeit: Ist das Produktkonzept klar, glaubhaft und kann es in einfacher Form vermittelt werden?
> - Vorteilhaftigkeit und Einzigartigkeit: Ist ein USP im Auge des Kunden vorhanden?

- Preisbeurteilung und Wertschätzung: Welchen Preis hält die Zielgruppe für angemessen?
- Likes und Dislikes: Welche Aspekte gefallen und missfallen der Zielgruppe?
- Kaufbereitschaft und Kaufabsicht: Kann auf einer 5-stufigen verbalisierten Skala ermittelt werden (Kaufe (a) ganz bestimmt, (b) wahrscheinlich, (c) unentschieden, (d) wahrscheinlich nicht, (e) bestimmt nicht).
- Kaufhäufigkeit und Kaufmenge: Wie oft und in welcher Menge würde das Produkt gekauft werden.

7.2.1 Gruppendiskussionen: Fokus-Gruppen

Moderierte Gruppendiskussionen in sogenannten Fokus-Gruppen sind ein effizientes und kostengünstiges Instrument in der kommerziellen Markt- und Meinungsforschung. Verstärkt zum Einsatz kam diese Methode der US-amerikanischen Marketing-Forschung erstmals in den 1970er Jahren. Sie eignet sich, um schnell und kostengünstig Geschmäcker, Präferenzen, Einstellungen u. ä. von Konsumenten zu erforschen (Littig und Wallace 1997).

Eine Fokus-Gruppe besteht aus 6–12 Personen, die unter kontrollierten Bedingungen über ein bestimmtes Thema diskutieren. Durch die geringe Gruppengröße ist keine Repräsentativität zu erwarten. Das Gruppendesign zielt vielmehr auf das Abbilden eines speziellen Segmentes der Zielgruppe ab, welches für den Marktforschungsgegenstand von Interesse ist. Zu viel Homo- als auch Heterogenität sind bei der Gruppenzusammenstellung zu vermeiden. Fokussiert ist die Diskussion in dem Sinne, dass den Teilnehmerinnen in Bezug auf das zur Diskussion stehende Thema eine spezifische Erfahrung gemeinsam ist, z. B. das Auseinandersetzen mit einem (visualisierten) Produktkonzept und/oder die gemeinsame Abarbeitung eines speziellen Fragenkatalogs. Typischerweise wird die Diskussion protokolliert oder aufgezeichnet. Es besteht zudem die Möglichkeit, die Diskussion online durchzuführen. Ziel ist es möglichst viele unterschiedliche Meinungen zu dem vorgegebenen Thema sowie verschiedene Facetten des Themas zur Sprache zu bringen und nicht eine einheitliche Meinung o. ä. zu erzielen (Littig und Wallace 1997; Homburg 2020, S. 288–290).

Die Fokus-Gruppendiskussionen basieren auf der Idee, dass bei Gruppengesprächen wertvolle gruppendynamische Effekte entstehen, die dazu führen, dass die Teilnehmerinnen ehrlich ihre Meinung zu einem Thema äußern, da sie den Reaktionen anderer Personen unmittelbar ausgesetzt sind. Zudem wird davon ausgegangen, dass die Äußerung von Meinungen in einer Gruppe den Alltagserfahrungen näher ist als die isolierte Formulierung von Meinungen in einem Einzelinterview. Von Vorteil ist zudem, dass Fokus-Gruppendiskussionen erheblich kostengünstiger, flexibler und weniger zeitaufwendig sind als repräsentative Umfragen. Sie eignen sich dafür, in relativ kurzer Zeit ein möglichst breites Spektrum von Meinungen, Ansichten und Ideen über bestimmte Themenbereiche

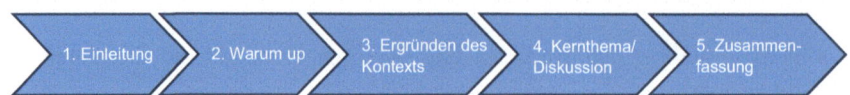

Abb. 7.4 Fünf Phasen der Fokusgruppen-Diskussion. (Bildquelle: Eigene Darstellung, Quellen: Kühn und Koschel 2018, S. 93–116; Flick 2014)

bzw. Produkte zu erhalten (Berekoven et al. 2006, S. 96–97). Die Analyse der Diskussionen zielt zudem darauf ab, typische Muster der Argumentation, Einstellung usw. zu ermitteln, die Hinweise für die Verallgemeinerung auf breitere Bevölkerungsgruppen enthalten. Es wird außerdem, im Gegensatz zu standardisierten Erhebungen, einen offeneren und tieferen Zugang zu Einstellungen ermöglicht, da die Teilnehmer*innen nicht durch vorgegebene Antwortkategorien beschränkt werden. Außerdem findet keine Beeinflussung durch den Interviewer statt, wie im (qualitativen) Interview. Stattdessen findet eine Interaktion innerhalb der Diskussionsgruppe und mit dem/der Moderatorin statt. Zu den Aufgaben des Moderators zählt daher die Aufrechterhaltung eines guten Gesprächsklimas und die Kanalisierung von Konflikten. Die Diskussion soll geleitet und darüber hinaus für eine möglichst breite Beteiligung der Teilnehmerinnen am Gespräch gesorgt werden (Littig und Wallace 1997; Homburg 2020, S. 288–290).

Ein Ablauf für eine Gruppendiskussion gliedert sich typischerweise in fünf Phasen (siehe auch Abb. 7.4):

> **Übersicht**
> (1) Einleitung: Moderierender, Protokollant usw. stellen sich vor, erklären den Ablauf und spätestens an dieser Stelle muss die Zustimmung der Teilnehmenden z. B. für Film-/Tonaufnahmen eingeholt werden.
> (2) Warm-up: Der Moderierende erläutert Ziel und Hintergrund der Diskussionsrunde und verdeutlicht, dass jede Meinung geäußert werden kann, um eine angenehme Diskussionsatmosphäre zu schaffen. Die Teilnehmenden stellen sich vor.
> (3) Ergründen des Kontexts: Der Einstieg in die Diskussion erfolgt über weiter gefasste Fragen, die sich am täglichen Leben orientieren. Diese sollte leicht zu beantworten sein um die Teilnehmenden zu aktiven Beiträgen zu motivieren. Eine andere Möglichkeit des Einstiegs ist die allgemeine Diskussion über ein für das Konzept relevantes Thema (z. B. welche Produkteigenschaften als gesundheitsrelevant eingestuft werden). Auf diese Weise soll verhindert werden, dass die Teilnehmenden schon zu Beginn eine festgelegte Meinung zu dem Produktkonzept fassen.
> (4) Kernthema/Diskussion: Erst an dieser Stelle erfolgt die Konzeptvorstellung. Dies kann mit Storyboards, Verpackungsdummies o. ä. unter-

> stützt werden. Zu dem vorgestellten Konzept werden dann möglichst offene Fragen gestellt, z. B.:
> „Wann könnte man dieses Produkt verwenden bzw. konsumieren?",
> „Wie innovativ finden Sie die vorgestellte Produktidee?",
> „Wer würde Ihrer Meinung nach ein solches Produkt kaufen?",
> „Was gefällt Ihnen an der Produktidee?" oder
> „Vermissen Sie etwas an dem Produkt?".
> In Kombination mit einem Fragebogen können sich die Teilnehmenden auch zunächst individuell mit dem Konzept auseinandersetzen, bevor es in die Diskussion geht.
> (5) Zusammenfassung: Abschließend fasst der Moderierende die Meinungen der Teilnehmenden noch einmal zur Kontrolle zusammen. Zusätzlich können die Fragestellungen noch erweitert werden, um sicherzustellen, dass in der Diskussion aufgekommene Ideen und Aspekte, die noch nicht explizit genannt worden sind, aufgenommen werden (z. B.: „Haben Sie abschließend noch einen Hinweis für den Hersteller?") (Kühn und Koschel 2018, S. 93–116; Flick 2014).

Die Auswertung der Gruppendiskussion mit denselben Methoden erfolgt wie die Auswertung von Einzelinterviews (siehe Abschn. 7.2.3).

7.2.2 Tiefen-Interview

Alternativ zu der Diskussion in einer Fokus-Gruppe können auch (qualitative) Tiefen-Interviews geführt werden. Diese eignen sich dann, wenn eine gewisse Vertrauensbeziehung zu dem Befragten benötigt wird, um eine gesteigerte Aussagewilligkeit, spontanen Äußerungen und damit entsprechend vielfältigen Einsichten in die Denk-, Empfindungs- und Handlungsweise der Interviewten zu erzielen. Tiefen-Interviews ermöglichen dem Interviewenden eine gewisse Anpassung an die Individualität des Interviewten, was die benötigte Vertrauensbeziehung fördert. Die im Einzelfall angepassten Fragen und Frageabfolge verbessert insbesondere die Chancen, auch halb bewusste und heikle Probleme anzusprechen (Berekoven et al. 2006, 95).

Das Tiefeninterview basiert auf der Annahme, dass dem Interviewten bestimmte Sachverhalte, z. B. Wirklichkeitskonstruktionen, nicht bewusst sind, weshalb er diese auch nicht beschreiben kann. In der Interviewsituation wird systematisch Material erhoben, welches Rückschlüsse auf Unbewusstes erlaubt und die unterschwelligen Triebkräfte der Verbraucher bei ihren Entscheidungen freilegt (Bohnsack et al. 2003, S. 158). Im Tiefen-Interview werden keine Verhaltensweisen erfasst, sondern Einstellungen, Images, Verhaltensmotiven, Barrieren und Blockaden ermittelt (Schub von Bossiazky 1992, S. 87). Der Einsatz eignet sich daher für Motiv- und Einstellungsstudien (z. B. zur Preiswahrnehmung), Markenpräferenzen, bestimmtem Kauf- und Verwendungsverhalten, Kaufhemmnissen und Usability-Studien im Rahmen der Produktentwicklung, sowie zur Durchführung von Produktkonzepttests oder Werbetests (Berekoven et al. 2006, S. 95).

Das Tiefeninterview ist keine standardisierte Methode, vielmehr gibt es verschiedene Auslegungen dazu, was unter diesem zu verstehen ist. Teilweise wird das Tiefen-Interview durch die Form der Auswertung charakterisiert, z. B. wenn der Forschende auf der Suche nach Bedeutungsstrukturen in dem erhobenen Material ist, weshalb dieses vor dem Hintergrund bestimmter theoretischer Vorstellungen interpretiert wird (z. B. der Psychoanalyse) (Lamnek 2005, S. 371). Eine weitere Form der Abgrenzung zu anderen Interview-Formen ist die spezifische Durchführung unter Verwendung eines Leitfadens. Leitfaden- und Tiefeninterviews werden manchmal daher gleichgesetzt (Mayer 2004, S. 36–40). Unter dem Begriff sind auch all jene Interviewformen zusammengefasst, die nicht standardisiert und quantitativ auswertbar sind (Bogner und Menz 2002, S. 17).

Leitfadeninterviews sind eine verbreitete qualitative Methode, um Daten zu erzeugen. Die Charakterisierung erfolgt darüber, dass die Interviewführung über einen zuvor erstellten Leitfaden geführt wird. Dadurch grenzen sie sich von *narrativen, monologischen Interviews* ab, die auf einen solchen verzichten und versuchen, z. B. biographische Erfahrungsausschnitte durch eine ununterbrochene Erzählung zu erfassen (Helfferich 2022, S. 875–876). Bei der Durchführung von (Leitfaden-)Interviews sind folgende Punkte zu beachten:

> **Übersicht**
> (1) Die Gestaltung der Interviewsituation als Gestaltung der Datenerhebung: Hiervon hängen die Güte und Brauchbarkeit der erhobenen Daten ab. Bei der Gestaltung der Interviewsituation sind folgende Punkte zu beachten:
> – der Ort (soll ungestörte Aufmerksamkeit sicherstellen und gute Akustik für die Tonbandaufnahme),
> – die angesetzte Zeit (genügend einplanen, Interviews können länger dauern als angekündigt),
> – die Sitzanordnung (idealerweise Tisch und Stühle über Eck oder schräg gegenüber, eine frontale Sitzordnung kann bedrohlich wirken),
> – die Begrüßungs- und Einführungsworte (erläutern des Vorgehens, Fragen vorab klären),
> – Getränke, die angeboten werden sollen, sollten bereit stehen
> – und generell ist in der Eingangsphase eine offene und freundliche Atmosphäre herzustellen und die Bereitschaft, an einem Interview teilzunehmen, zu würdigen (Helfferich 2009, S. 177).
> (2) Die Gestaltung der am Interview beteiligten Rollen: Die Interviewsituation konstituiert ein asymmetrisches und komplementäres Rollenverhältnis – von Interviewendem und Interviewtem. Der Interviewende

spricht den zu Interviewenden in einer spezifischen Rolle an. Die interviewte Person ihrerseits deutet das Setting, die eigene Rolle und ihr Verhältnis zur interviewenden Person, ordnet dies ein und gestaltet die Situation durch ihre eigenen Äußerungen aus (Helfferich 2022, S. 875–876).

(3) Die Vorbereitung der Interviews: Bei der Durchführung von (Leitfaden-)Interviews sollte die Vorbereitung, die Erstellung eines Protokollbogens für den Interviewenden sowie ein Informationsblatt, eine Einwilligungserklärung und eine Visiten- oder Kontaktkarte für den Interviewten beinhalten. Zudem sollte der Umgang mit der verwendeten Technik zuvor erprobt und die Aufnahmequalität überprüft werden (Helfferich 2009, S. 177–178).

(4) Das Erstellen des Leitfadens: Der in Leitfadeninterviews verwendete Leitfaden ist eine vorab vereinbarte und systematisch angewandte Vorgabe zur Gestaltung des Interviewablaufs, dessen Gestaltung auf bewussten methodologischen Entscheidungen beruht. Es gibt verschiedene Möglichkeiten, einen solchen anzulegen, er enthält aber immer als optionale Elemente (Erzähl-)Aufforderungen, explizit vorformulierte Fragen, Stichworte für frei formulierbare Fragen und/oder Vereinbarungen für die Handhabung von dialogischer Interaktion für bestimmte Phasen des Interviews. Bei der Erstellung wird das Prinzip verfolgt „So offen wie möglich, so strukturierend wie nötig". Das soll erlauben, bei aller grundsätzlicher Offenheit, den Interviewablauf in einem gewissen Maß zu steuern. Daraus ergibt sich ein Spektrum, in welchem Leitfäden ausgestaltet werden können. Dies reicht von Leitfäden mit sehr zurückhaltenden Vorgaben bis zu stark strukturierten Leitfäden. Stark strukturierte Leitfäden enthalten eine Liste von Fragen zu konkreten inhaltlichen Aspekten und sind dazu geeignet, Orientierung an konkreten Informationen zu Inhalten zu geben. Für eine starke Strukturierung spricht, dass das, was angesprochen wird, für die Forschung relevant ist. Die Befragten werden dazu angeregt, sich zu den vorgegebenen Aspekten zu äußern, auch wenn diese für sie subjektiv nicht relevant sind und sie sich ohne die Aufforderung nicht dazu geäußert hätten. Außerdem wird durch die standardisierten Fragen die Vergleichbarkeit und somit die Auswertung der Interviews vereinfacht. Bei dieser besteht die Herausforderung darin, verallgemeinernde Ergebnisse aus der Vielfalt an individuellen Aussagen zu generieren. Damit Interviews innerhalb eines Forschungsprojektes vergleichbar sind, wird in der Regel ein Leitfaden entwickelt und bei allen Interviews verwendet. Der Leitfaden wird zudem schriftlich festgehalten (Helfferich 2022, S. 876, 881–882).

Leitfäden sind nach dem vier-schrittigen Prinzip *sammeln, prüfen, sortieren und subsumieren (SPSS)* zu erstellen. Dabei sind zunächst alle Fragen zu sammeln, die im Zusammenhang mit dem Forschungsgegenstand von

Interesse sind. Anschließend werden die Fragen geprüft und in ihrer Anzahl reduziert. Es gilt alle Fragen zu eliminieren, die nur Fakten abfragen. Diese sind stattdessen in einem separaten Informationsfragen (z. B. Alter, Ausbildung) zu erfassen. Die restlichen Fragen sind dahingehend zu prüfen, ob sie den Besonderheiten des Forschungsgegenstandes Rechnung tragen. Also ob die subjektive Sicht, die im Interview geäußert wird, retroperspektive Deutungen erheben kann. Anschließend sind Fragen auszuschließen, die nur bereits Bekanntes bestätigen sollen und solche, die aus einer subjektiven Perspektive nicht beantwortet werden können (z. B. die Überprüfung theoretischer Zusammenhänge). Im nächsten Schritt sind die Fragen zu sortieren, z. B. nach einem zeitlichen Ablauf, wenn um eine Erzählung in einer zeitlichen Dimension gebeten wird. Abschließend werden die Fragen unter Erzählimpulsen subsumiert, die dazu geeignet sein sollen, dass der Interviewte die Fragen im besten Fall durch den Impuls beantwortet, ohne dass sie explizit gestellt worden sind (Helfferich 2009, S. 182–185)

7.2.3 Fokus-Interview

Fokus-Interviews sind Leitfaden-Interviews bei welchen der Leitfaden modifiziert worden ist. Ziel ist eine Eingrenzung der Offenheit für alle möglichen Äußerungen und den Fokus auf das Forschungsinteresse zu richten. Typisch für diese Form des Interviews ist daher die zentrale Einführung eines spezifischen Stimulus zu Beginn. Das kann ein Film, eine Radiosendung, ein gelesener Text, ein erlebtes Ereignis oder ein Experiment sein (Helfferich 2014, S. 568–569). Wird diese Interview-Form als Konzepttest in der Produktentwicklung gewählt, stellt der Stimulus dann das Vorstellen des Produkt-Konzeptes dar.

Ziel des Interviews ist es auszuleuchten, wie diese Situation subjektiv empfunden und wahrgenommen worden ist. Das Fokus-Interview basiert auf der Methode der Fokus-Gruppen. Auch hier soll das subjektive Erleben der Stimulussituation die Erhebung von Daten möglich machen. Der Leitfaden soll dabei helfen, dass die Interviewten immer wieder auf den Fokus zurückgeführt werden. Sehr offene und unstrukturierte Fragen beim Einstieg sind dafür vorgesehen, die Äußerungen des Erlebten nicht einzuschränken. Es folgen unstrukturierte oder halbstrukturierte Fragen, die konkrete Erinnerungen einer zurückliegenden Situation heranführen sollen oder die Gefühle, Wahrnehmungen und Bedeutungen der Stimulussituation ansprechen. Stark strukturierende und die Antwortmöglichkeiten einschränkender Fragen sollten generell vermieden werden. Für problemzentrierte Interviews eignen sich weitere Interviewpassagen mit offen-dialogisch gestaltet, spontanen Nachfragen (Helfferich 2014, S. 568–569).

7.3 Auswertung von Gruppendiskussionen und Interviews

Sowohl bei der Gruppendiskussion als auch bei den Tiefeninterviews werden zur Auswertung die dabei entstehenden (durch Transkription der Aufnahmen) Texte oder Protokolle verwendet und mithilfe von Methoden wie der qualitativen Inhaltsanalyse ausgewertet. Die qualitative Inhaltsanalyse ist dazu geeignet große Material- bzw. Informationsmengen zu bewältigen und dabei qualitativ-interpretativ zu bleiben, weshalb auch latente Sinngehalte erfasst werden können (Mayring und Fenzl, 2014 S. 543). Dabei wird streng regelgeleitet vorgegangen und keine freien Interpretationen kreiert. Hilfreich dabei ist es zunächst Zuordnungsregeln festzulegen:

- *Kodiereinheit* (festgelegt wird der minimalste Textbestandteil, der ausgewertet werden darf, z. B. die semantische Einheit, Wort, Satz usw., und die einer Kategorie zugeordnet werden kann);
- *Kontexteinheit* (bestimmt wird, welche Informationen für die einzelne Kodierung herangezogen werden dürfen z. B. Satz, Absatz, Interviewantwort, ganzes Interview, Zusatzkontextmaterial) und
- *Auswertungseinheit* (definiert wird die Materialportion, der ein Kategoriensystem gegenübergestellt wird (ganzes Material, Materialteile, Mehrfachkodierungen usw.).

Diese Zuordnungsregeln sind dann bei der Zuordnung von Textstellen zu bestimmten Kategorien zu beachten. Wird bei der Auswertung in einem ersten Durchlauf festgestellt, dass die Regeln angepasst werden müssen, ist dies möglich – letztendlich gilt es aber das gesamte Material aber nach denselben Regeln zu bearbeiten. Die Kategorien sind vor der Erhebung der Daten (deduktives Vorgehen) oder nach der Erhebung der Daten durch Orientierung am Material (induktives Vorgehen) zu entwickeln (Mayring und Fenzl 2014, S. 546). Die Kategorien sind zu definieren und aus dieser Definition dann die Kodierregeln abzuleiten. Hilfreich ist es zudem ein Beispiel anzugeben. In Tab. 7.3 ist ein Beispiel abgebildet für die Kategorie-bildung zur Auswertung von Textdaten, welche bei Fokus-Interviews zur Überprüfung des Produktkonzeptes erhoben worden sind. Es können auch Über- und Unterkategorien gebildet werden. Ein Beispiel für einen Kodierleitfaden findet sich bei Ulich et al. (1985). Zudem wird vor der Auswertung festgelegt, wie mit der Zuordnung von Textstellen zu unterschiedlichen Kategorien und Mehrfachnennungen im Text umzugehen ist. Im Anschluss wird zwischen verschiedenen Techniken der qualitativen Inhaltsanalyse zur weiteren Auswertung gewählt, beispielsweise der „Zusammenfassenden Inhaltsanalyse", der „Explikation", oder der „Strukturierenden Inhaltsanalyse" (Mayring und Fenzl, 2014, S. 545–556).

Tab. 7.3 Beispiel zur Kategorie-bildung zur Auswertung von Textdaten, welche bei Fokus-Interviews zur Überprüfung des Produktkonzeptes erhoben worden sind

Kategorie	Definition	Ankerbeispiel	Kodierregeln
„Likes" am Produktkonzept	Aspekte und Eigenschaften des Konzeptes, welche mit positiven Gefühlen und Assoziationen verbunden werden	„Vegane Produkte sind generell gesünder als tierische Produkte."	Uneingeschränkte positive Bewertung eines Aspektes/ einer Eigenschaft. Diese muss nicht zwingend begründet sein
„Dislikes am Produktkonzept"	Aspekte und Eigenschaften des Konzeptes, welche mit negativen Gefühlen und Assoziationen verbunden werden	„Vegane-Ersatzprodukte schmecken mir generell nicht." „Vegane-Ersatzprodukte können eine Alternative sein, aber sie enthalten zu viel Chemie."	Deutliche Ablehnung eines Aspekts oder einer Eigenschaft (auch unbegründet) oder latente, aber eingeschränkte Zustimmung (dann begründet)
Preis	Der Preis im Einzelhandel, den der Befragte bereit wäre für 150 g des Produktes zu zahlen	„Bei 1,99 würde ich es ausprobieren, aber nicht mehr als 2 €."	Es wird ein konkreter Preis oder eine Preisspanne genannt

Quelle: angelehnt an Ulich et al. 1985

Fragen

1. Welche Komponenten kann ein Produktkonzept enthalten?
2. Zu welchem Zweck kann die KANO-Methode eingesetzt werden?
3. Welchen Zweck haben Konzepttests?
4. Welche Methoden können bei Konzepttests herangezogen werden?

Literatur

Bailom, F.; Hinterhuber, H. J.; Matzler, K.; Sauerwein, E. (1996): Das Kano-Modell der Kundenzufriedenheit. In: Marketing Zeitschrift für Forschung und Praxis, S. 117–126

Berekoven, L.; Eckert, W.; Ellenrieder, P. (2006): Marktforschung. Methodische Grundlagen und praktische Anwendung (11. Aufl.). Wiesbaden: Springer-Verlag, S. 95, 96–97.

Biermann, B.; Erne, R. (2020): Nachhaltiges Produktmanagement. Wie Sie Nachhaltigkeitsaspekte ins Produktmanagement integrieren können. Wiesbaden: Springer Fachmedien, S. 139.

Bohnsack, R.; Marotzki, W.; Meuser, M. (Hrsg.) (2003): Hauptbegriffe Qualitativer Sozialforschung. Opladen: Leske + Budrich (im Erscheinen), S. 158.

Bogner, A.; Menz, W. (2002): Expertenwissen und Forschungspraxis: die modernisierungstheoretische und die methodische Debatte um die Experten. Zur Entführung in ein unübersichtliches Problemfeld. In: Bogner, A.; Littig, B.; Menz, W. (Hrsg.): Das Experteninterview. Theorie, Methode, Anwendung. Wiesbaden: Springer Fachmedien, S. 17.

Bruhn, M. (2019): Marketing. Grundlagen für Studium und Praxis (14. Aufl.). Wiesbaden: Springer Gabler, S. 35, 141, 143.

Broda, S. (2005): Marketing-Praxis. Ziele, Strategien, Instrumentarien (2. Aufl.). Wiesbaden: Springer Fachmedien, S. 194–195.
Cooper, R. G. (2010): Top oder Flop in der Produktentwicklung. Erfolgsstrategien: Von der Idee zum Launch. Weinheim: WILEY-VCH.
Cooper, R. (2002): Top oder Flop in der Produktentwicklung Erfolgsstrategien: Von der Idee zum Launch, Weinheim: Wiley- VCH Verlag GmbH), S. 233.
Devin, B. (2019): Entwicklung neuer Produkte und begleitende Marktforschung (Band 2). In: Handbuch Produktentwicklung Lebensmittel Innovationen (62. Aktualisierungs-Lieferung 2019, Grundwerk Aufl. 2000). Hamburg: Behr's Verlag.
Erichson, B. (2000): Verfahren zur Prüfung von Produktkonzepten. In: Sönke, A.; Herrmann, A. (Hrsg.): Handbuch Produktmanagement. Strategieentwicklung – Produktplanung – Organisation – Kontrolle. Wiesbaden: Springer Fachmedien, S. 394–395.
Flick, U. (2014): An introduction to qualitative research (5. Aufl.). Thousand Oaks.
Foley M. (2012): Tool to refine and screen product ideas in new product development. In: Beckley J.; Paredes D.; Lopetcharat K. (Hrsg.): Product innovation toolbox: a field guide to consumer understanding and research. Ames: Wiley-Blackwell, S. 243.
Geschka, H.; Zirm, A. (2014): Innovationsmanagement 100 Fragen – 100 Antworten. Düsseldorf: Symposion Publishing GmbH, S. 90.
Helfferich, C. (2022): Leitfaden- und Experteninterviews. In: Baur, N., Blasius, J. (Hrsg.): Handbuch Methoden der empirischen Sozialforschung. Wiesbaden: Springer VS, S. 875–882. https://doi.org/10.1007/978-3-658-37985-8_55.
Helfferich, C. (2014): Strukturierung und Rollenzuweisung als Aspekte der Interviewgestaltung. In: Baur, N.; Blasius, J. (Hrsg.): Handbuch Methoden der empirischen Sozialforschung. Wiesbaden: Springer VS, S. 568–569.
Helfferich, C. (2009): Die Qualität qualitativer Daten (3. Aufl.). Wiesbaden: VS Verlag für Sozialwissenschaften, S. 177–178, 182–185. https://doi.org/10.1007/978-3-531-91858-7_1.
Herrmann, A., Huber, F. (2013): Produktmanagement. Wiesbaden: Springer Gabler, S. 97–99, 170–172, 208–209. https://doi.org/10.1007/978-3-658-00004-2_1.
Homburg, C. (2020): Marketingmanagement. Strategie – Instrumente – Umsetzung – Unternehmensführung. Wiesbaden: Springer Gabler, S. 440–452, 621, 623, 288–290. https://doi.org/10.1007/978-3-658-29636-0_11.
Jetter, A. (2005): Theorie und Praxis der frühen Produktentstehungsphasen. In: Produktplanung im Fuzzy Front End. Forschungs-/Entwicklungs-/Innovations-Management. Wiesbaden: Deutscher Universitätsverlag. https://doi.org/10.1007/978-3-322-82157-7_5.
Kano, N. (1984): Attractive Quality and Must-be Quality. In: Journal of the Japanese Society for Quality Control, Nr. 4, S. 39–48.
Kotler, P.; Keller, K. L.; Brady, M.; Goodman, M.; Hansen, T. (2016): Marketing Management (3. Aufl.). Pearson: Harlow, S. 297–320.
Kühn, T.; Koschel, K.V. (2018): Gruppendiskussionen (2. Aufl.). Wiesbaden: Springer VS, S. 93–116. https://doi.org/10.1007/978-3-658-18937-2.
Langbehn, A. (2010): Praxishandbuch Produktentwicklung, Frankfurt am Main: Campus Verlag GmbH), S. 352.
Lamnck, S. (2005): Qualitative Sozialforschung. Lehrbuch (4. Aufl.). Weinheim-Basel: Beltz, S. 371.
Littig, B.; Wallace, C. (1997): Möglichkeiten und Grenzen von Fokus-Gruppendiskussionen für die sozialwissenschaftliche Forschung (Reihe Soziologie/Institut für Höhere Studien, Abt. Soziologie, 21). Wien: Institut für Höhere Studien (IHS), Wien. https://nbn-resolving.org/urn:nbn:de:0168-ssoar-222022.
Lord, J.B. (2008): Food product concepts and concept testing. In: Brody, A.L.; Lord, J.B. (Hrsg.): Developing new food products for a changing marketplace (2. Aufl.). Boca Raton: CRC Press, S. 91–118.
Mayer, H. O. (2004): Interview und schriftliche Befragung (2. Aufl.) München: Wissenschaftsverlag, S. 36–40.

Matzler, K.; Sauerwein, E.; Stark, C. (2006): Methoden zur Identifikation von Basis-, Leistungs- und Begeisterungsfaktoren. In: Hinterhuber, H.; Matzler, K. (Hrsg.): Kundenorientierte Unternehmensführung (5. Aufl.). Wiesbaden: Gabler, S. 317–339.

Meffert, H.; Burmann, C.; Kirchgeorg, M.; Eisenbeiß, M. (2019): Marketing. Grundlagen marktorientierter Unternehmensführung. Konzepte – Instrumente – Praxisbeispiele (13. Aufl.). Wiesbaden: Springer Gabler, S. 136, 346. https://doi.org/10.1007/978-3-658-21196-7_5.

Mayring, P. Fenzl, T. (2014): Strukturierung und Rollenzuweisung als Aspekte der Interviewgestaltung. In: Baur, N.; Blasius, J. (Hrsg.): Handbuch Methoden der empirischen Sozialforschung. Wiesbaden: Springer VS, S. 543, 545–556.

Pepels, W. (2008): Marktforschung Verfahren, Datenauswertung, Ergebnisdarstellung, Düsseldorf: Symposion Publishing GmbH, S. 271.

Savioz, P.; Birkenmeier, B.; Brodbeck, H.; Lichtenthaler, E. (2002): Organisation der frühen Phasen des radikalen Innovationsprozesses. In: Die Unternehmung, 56. Jg., Nr. 6.[Zugriff am 26. November 2023,http://www.jstor.org/stable/24185133]

Schubert, B. (1991): Entwicklung von Konzepten für Produktinnovationen mittels Conjoint Analyse. Stuttgart: Carl Ernst Poeschel Verlag GmbH, S. 102.

Schub von Bossiazky, G. (1992): Psychologische Marketingforschung: qualitative Methoden und ihre Anwendung in der Markt-, Produkt- und Kommunikationsforschung. München, S. 87.

Ulich, D.; Haußer, K.; Mayring, P.; Strehmel, P.; Kandler, M.; Degenhardt, B. (1985): Psychologie der Krisenbewältigung. Weinheim: Beltz.

VERORDNUNG (EG) Nr. 1333/2008 des Europäischen Parlaments und des Rates vom 16. Dezember 2008 über Lebensmittelzusatzstoffe.

VERORDNUNG (EG) NR. 1924/2006 des Europäischen Parlaments und des Rates vom 20. Dezember 2006 über nährwert- und gesundheitsbezogene Angaben über Lebensmittel.

Wegmann, C. (2020): Lebensmittelmarketing. Wiesbaden: Springer Gabler, S. 77–80, 141–142. https://doi.org/10.1007/978-3-658-26038-5_1.

Zanger, C. (2000): Leistungskern. In: Sönke, A.; Herrmann, A. (Hrsg.): Handbuch Produktmanagement. Strategieentwicklung – Produktplanung – Organisation – Kontrolle. Wiesbaden: Springer Fachmedien, S. 116–119.

Phase III: Vom Prototypen bis zum innovativen, marktfähigen Produkt

8

▶ Das Kapitel behandelt die physische Umsetzung des Produktkonzeptes in einen oder mehrere Prototypen. Vorgegangen wird dabei im iterativen Durchlaufen eines Mikrozyklus, wie er auch im *Design Thinking* vorkommt. Es folgen abschließende Tests zur Ermittlung der Mindesthaltbarkeit und der Verbraucherakzeptanz. Im Anschluss wird zusätzlich ein Ausblick auf ein mögliches weiteres Vorgehen bezüglich Markttests und den hygienischen Grundlagen zu Upskalierung des Prozesses gegeben.

Nachdem das Produktkonzept vervollständigt und durch Konzepttests geprüft worden ist, kann in der Phase III des Modellprozesses zur Herstellung eines innovativen, marktfähigen Lebensmittelprototypen mit dem *Prototyping* begonnen werden, also der physischen Umsetzung des Produktkonzeptes in einen oder mehrere Prototypen.

Die Methode des *Prototyping*, wie sie im Modelprozess vorgeschlagen wird, orientiert sich am Mikrozyklus des *Design Thinking* wie ihn Uebernickel und Brenner 2016 beschreiben (siehe auch Abschn. 5.4.2) und gliedert sich in fünf Phasen. Der Prozess wird iterativ durchlaufen, bis der Abgleich des Prototypen mit dem Produktkonzept (Checkpunkt 4) erfolgreich ist oder keine weiteren Lösungsansätze vorhanden sind (siehe dazu auch Grots und Pratschke 2009, S. 18–22; Uebernickel und Brenner 2016, S. 244–246). Stimmen Prototyp und Produktkonzept überein, das bedeutet, dass alle Soll-Eigenschaften umgesetzt wurden und dass die Funktion der Erwartung entspricht, sind abschließende Tests zur Verbraucherakzeptanz durchzuführen (Wegmann 2020, S. 86–89; Devin 2019, S. 27–30; Cooper 2010, S. 148–160). Kann das Konzept nicht zufriedenstellend in einem Prototyp umgesetzt werden, wird in Phase II zum Checkpunkt 3 zurückgekehrt und entschieden nach welchem Szenario (2. Optimierung, 3. Neuaufstellung oder 4. Verwerfen der Idee) der Prozess fortgeführt wird.

Da der zu entwickelnde Prototyp am Ende des Prozesses marktfähig (siehe auch Abschn. 2.3.1 und 2.3.2) sein soll, damit zu einem späteren Zeitpunkt die Produktion hochskaliert und das Produkt am Markt eingeführt werden kann, sollte man bereits in der Phase des *Protoyping* eine „gute Hygiene- und Herstellungspraxis" berücksichtigen. Dies empfiehlt sich zum einen, da die Prototypen im Zuge von sensorischen Tests von den Testern konsumiert werden und zum anderen, da die Verarbeitung zu den Faktoren zählt, welche die Mindesthaltbarkeit (MHD) des Lebensmittels beeinflussen. Diese wird direkt im Anschluss an die Prototypenentwicklung ermittelt (Krämer 2021, S. 2–14).

8.1 Der Mikrozyklus des Protoyping

Der Modelprozess sieht für die physische Entwicklung der Prototypen einen Mikrozyklus des Prototyping vor, welcher am Mikrozyklus der *Design Thinking* Methode, wie sie bei Uebernickel und Brenner 2016 beschrieben wird, angelehnt ist (siehe Abb. 8.1).

Der Mikrozyklus, wie er in Abb. 5.6 dargestellt wird, wurde für den Modellprozess angepasst (siehe auch Abschn. 5.4.2.3 bzw. Abb. 8.1). Dieser sieht für das Entwickeln des Prototypen die Phasen:

- (Re-)Definition des Problems,
- Lösungsansätze generieren,
- Prototyping,
- Testen und Lernen
- und den Abgleich mit Produktkonzept

vor. Das zuvor entwickelte Produktkonzept muss also zunächst in ein „Problem" übersetzt werden. Dies geschieht in „Vorbereitungsphase" auf den Mikrozyklus. Dieser startet dann mit der Phase des (Re-)Definierens des Problems. Die Phasen des Mikrozyklus gehen fließend ineinander über und eine scharfe Trennung ist nicht unbedingt möglich, weshalb diese, besonders in ihrer Abfolge, eher als Orientierung zum Vorgehen gedacht sind.

8.1.1 Zwei Klassen von Problemen

Es kann zwischen zwei Klassen von Problemen (siehe auch Abschn. 6.2.3.1) unterschieden werden: *gut definierten* Problemen und *schlecht definierten* Problemen. Gut definierte Probleme sind solche, deren Ziele, Lösungswege und Hindernisse auf der Grundlage der gegebenen Informationen klar sind (z. B. das Problem, wie man den Preis eines Verkaufsartikels berechnet, ist gut definiert). Ein gut definiertes

8.1 Der Mikrozyklus des Protoyping

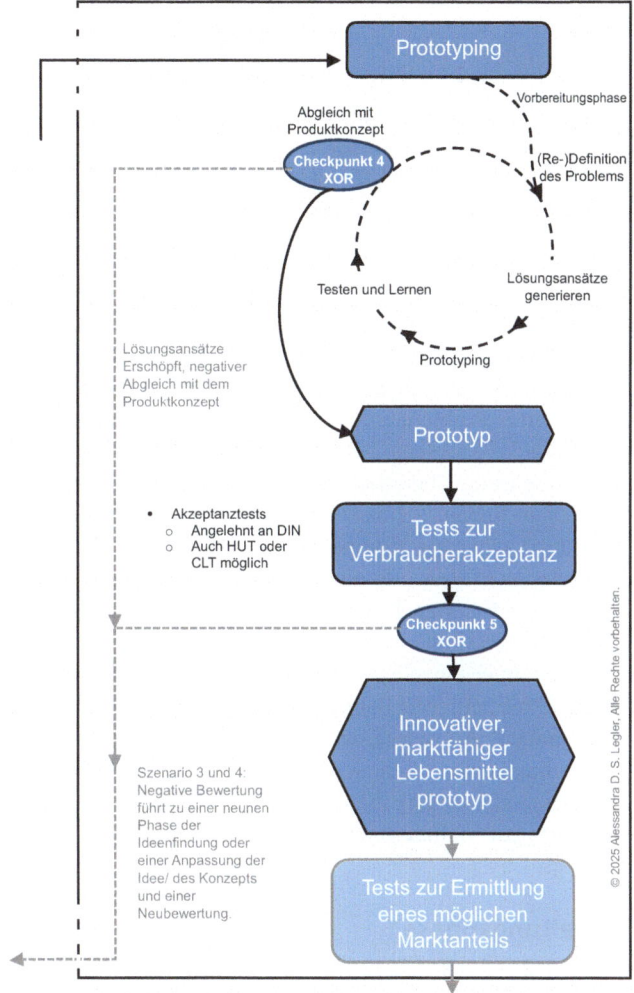

Abb. 8.1 Phase II: Vom Prototypen bis zum innovativen, marktfähigen Produkt. (Bildquelle: Eigene Darstellung, Quellen: Cooper 2010; Wegmann 2020; Devin 2019; Uebernickel und Brenner 2016; Savioz et al. 2002; Meffert et al. 2019; Homburg 2020; Jetter 2005; Bruhn 2019)

Problem kann in eine Reihe kleinerer Probleme zerlegt werden und wird dann z. B. mit einer Reihe von rekursiven Operationen gelöst (Pretz et al. 2003, S. 6).

Bei schlecht definierten Problemen gibt es keinen klaren Weg zur Lösung und es fehlt oft auch eine klare Problem- bzw. Aufgabenstellung, was die Problemdarstellung schwierig macht. Die Problemdarstellung umfasst die Art und Weise, in der die Informationen über ein Problem mental organisiert sind. Die Organisation besteht aus vier Teilen:

> **Übersicht**
> 1. Beschreibung des Ausgangszustands des Problems
> 2. Beschreibung des Zielzustands
> 3. Zulässige Operatoren
> 4. Beschränkungen

Ein Problem kann auf verschiedene Arten z. B. verbal oder visuell dargestellt werden. Zur Lösung des Problems kann auch eine alternative oder die Generierung einer neuen Darstellung erforderlich sein, um einen Lösungsweg zu finden. Beispielsweise kann es bei dem Problem „den Weg zu finden" unter Umständen einfacher sein, einer Karte zu folgen, als eine Wegbeschreibung zu lesen (Pretz et al. 2003, S. 6).

Ein unklar definiertes Problem kann erst lösbar werden, nachdem sich intensiv mit der Formulierung des Problems befasst worden ist. Bleibt der Weg zur Lösung unscharf, können mehrere Überarbeitungen der Problemdarstellung notwendig sein, um einen Weg zu finden. Schlecht definierte Probleme lassen sich auch nicht einfach in eine Reihe kleinerer Komponenten aufteilen. Bevor ein Lösungsweg gefunden wird, erfordern diese oft eine radikale Veränderung der Darstellung. Im Gegensatz zu gut definierten Problemen können sie zudem zu mehr als einer „richtigen" Lösung führen (Pretz et al. 2003, S. 3–4).

Das Problem, wie man einen „gesunden Brotaufstrich" herstellt, ist z. B. ein schlecht definiertes Problem. Wie definiert man „gesund"? Welche Eigenschaften sollte das Produkt haben? An wen richtet sich das Produkt? Die in Abschn. 8.2 beschriebene Vorbereitungsphase dient der Vorbereitung der Problemdefinition durch eine intensive Auseinandersetzung mit den bereits vorhandenen Informationen, um mit einem möglichst „gut" definierten Problem in den Mikrozyklus zu starten.

8.1.2 Vorbereitungsphase

Bei der *Design Thinking* Methode gehen der (Re-)Definition des Problems je nach Autor noch andere Phasen voraus. Freiling und Harima (2024) beschreiben beispielsweise zunächst eine Phase des „Einfühlens". Bei dieser wird ausschließlich explorativ vorgegangen. Ziel ist es, sich in die potenziellen Nutzer hineinzuversetzen und sie im Kontext des Problems zu verstehen. Während sich traditionelle Marktforschung auf das konzentriert, was der Kunde sagt, versuchen wir in der Einfühlen-Phase zusätzlich unausgesprochene und versteckte Wünsche, Bedürfnisse und Begierden zu identifizieren. […] Ziel der Einfühlen-Phase ist es, so viele Informationen wie möglich zu sammeln, um ein annähernd vollständiges Bild zu erhalten. Dazu gehören physische und emotionale Bedürfnisse der potenziellen Kunden. Auch ihre Gewohnheiten, Ansichten, Wünsche oder Fragen, was ihnen im Leben wichtig ist, sollten ermittelt werden. Ziel ist es also zu erkunden, wie sie an Dinge herangehen und warum sie es auf diese Weise tun (Freiling und Harima 2024, S. 114).

Im Modelprozess, wie er hier beschrieben wird, hat die Analyse der Kundenbedürfnisse entweder bereits im Phase I stattgefunden (siehe Abschn. 6.2.1) oder, wenn keine Bedürfnisanalyse bei der Ideenfindung zum Einsatz gekommen ist, im Rahmen des Konzepttests (siehe Abschn. 7.2). Die dort vorgeschlagenen Interview-Techniken zählen auch zu den typischen im *Design Thinking* Prozess eingesetzten Methoden (Vgl. Freiling und Harima 2024, S. 116; Uebernickel und Brenner 2016, S. 249–250).

Vor der (Re-)Definition des Problems, also dem Einstieg in den Mikrozyklus, findet zunächst, wie im *Design Thinking*-Prozess bei Freiling und Harima 2024 beschrieben, eine Vorbereitungsphase statt. Im Team wird dabei ein gemeinsames Verständnis von Aufgabenstellung und Problemraum entwickelt und beides eingegrenzt. Ziel ist es, das Problem möglichst gut zu definieren. Dabei hilft die Beantwortung von folgenden drei Fragestellungen:

- Wie gut ist der Problemkontext bekannt?
- Wie komplex sind die Zusammenhänge?
- Wie viel Zeit steht bis zum Abschluss des Projektes zur Verfügung?

Die Beantwortung gibt Rückschlüsse darauf, wie eng die Aufgabenstellung und das Problem eingegrenzt werden müssen. Nicht zu stark zu Beginn einzugrenzen sind wenig verstandene Probleme oder ein komplexer Problemraum. Hier sollte die Ausgangsfragestellung offener ausfallen. Außerdem besteht bei einer zu eng gesetzten Aufgabenstellung die Gefahr, dass ein falsch verstandenes oder problematisch eingegrenztes Problem nicht zu einer für den Kunden relevanten Lösung führt. Eine zu weit gefasste Aufgabenstellung hingegen kann es erschweren im Team ein gemeinsames Aufgabenverständnis zu erlangen und einen geeigneten Startpunkt zu finden (Freiling und Harima 2024, S. 111–112).

> **Vorbereitung in der Prototyping Phase: Veganer-Proteinaufstrich**
>
> Problemkontext:
>
> - Kein Off-Flavour durch das zugesetzte Protein (Erbse)
> - Cremige Konsistenz ohne hohe Fettzugabe
> - Nährwerte sollen Auslobung „Proteinquelle" erlauben
> - Produkt soll vom Verbraucher als „gesund" (möglichst keine deklarationspflichtigen Zusatzstoffe, kein zugesetzter Zucker, niedriger Fettgehalt, Proteinquelle) wahrgenommen werden
>
> Zusammenhänge
>
> - Auslobung „Proteinquelle" hängt vom Anteil des Brennwertes aus dem enthaltenen Protein am Gesamtbrennwert ab (min. 12 %)
> - Cremigkeit und Fettgehalt hängen zusammen, d. h. verbesserte Cremigkeit verschiebt Herkunft des Brennwertes ungünstig

- Fett und Zucker sind Geschmacksträger, zu hoher Einsatz wirkt sich negativ auf Proteinanteil aus dem Brennwert aus
- Keine Zusatzstoffe können sich auf die Konsistenz (Entmischung ohne Emulgatoren) und das MHD (kein Zusatz von chemischen Konservierungsstoffen, kein Zuckerzusatz) auswirken

Zeitrahmen

- Beschaffung von Rohstoffen (z. B. Erbsenprotein)
- Bestimmung des MHD
- … ◄

Als nächstes sollte definiert werden, welches Problem der Ausgangspunkt ist und welche Personengruppen es betrifft (diese müsste sich mit der Zielgruppe decken, siehe auch Abschn. 4.5.1.4). Aus diesen Informationen wird dann eine erste Leitfrage formuliert und eventuell gewünschte Resultate erarbeitet. In diesem Zuge können dann auch erste allgemeine Lösungsvorschläge eingebracht, Informationen zum Problemkontext und zu möglichen Barrieren gesammelt werden. Darauf basierend wird eine erste Aufgabenstellung entwickelt. Die Abb. 8.2 fasst die Vorbereitung zusammen:

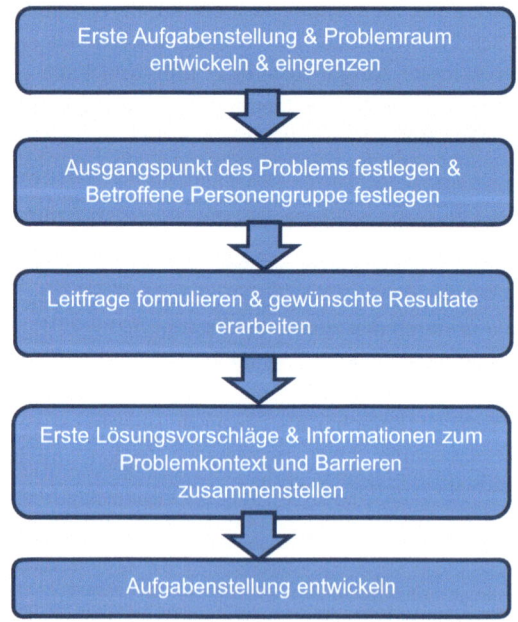

Abb. 8.2 Vorbereitungsphase vor dem Einstieg in den Mikrozyklus des Prototyping. (Bildquelle: Eigene Darstellung, Quelle: Freiling und Harima 2024, S. 111–112)

Die zu Beginn formulierte Ausgangsfrage (Leitfrage) ist häufig entweder zu weit oder zu eng gefasst und passt manchmal auch nicht gut zum Problem. Durch das Iterationsprinzip des *Design Thinkings* wird allerdings ermöglicht bei einem erneuten Durchlauf durch den Mikrozyklus, die Aufgabenstellung den neuen Erkenntnissen anzupassen. Der Mikrozyklus stellt daher den Kern des *Design Thinking* dar (Freiling und Harima 2024, S. 111–112; Uebernickel und Brenner 2016, S. 249) (sieh auch Abschn. 5.4.2). Bei diesem Vorgehen wird sich durch schrittweise wiederholte Prozessdurchläufe (Mikrozyklen) der schlussendlichen Lösung angenähert. Damit besteht die Möglichkeit, auf Grundlage der sich verändernder Erkenntnisse, die Zwischenergebnisse an neue Gegebenheiten anzupassen und zu testen (Schindlholzer et al. 2011, S. 31).

Vorbereitung in der Prototyping Phase: Veganer-Proteinaufstrich

(Ausgangs-)Leitfrage:
Welche Komponenten könnte eine Rezeptur für einen cremigen, veganen Brotaufstrich mit zugesetztem Erbsenprotein enthalten, bei welcher min. 12 % des Brennwertes auf das enthaltene Protein entfallen?
Gewünschte Resultate:

- Keine chemischen Zusatzstoffe, zugesetzter Zucker
- Kein off-Flavour
- Proteinquelle
- Cremige Textur

Mögliche Barrieren

- Zu kurzes MHD durch wegfallende Konservierungsmöglichkeiten
- Textur ist abhängig von Inhaltsstoffen/Zutaten wie z. B. Fett
- Qualität des Erbsenproteins (tatsächliche Proteinkonzentration, Beigeschmack, Textur/Löslichkeit) ◄

8.2 Definition des Problems

Die Definition eines Problems bildet den Ausgangspunkt des Mikrozyklus und stellt für das Team eine Art Challenge dar. In typischen *Design Thinking*-Projekten wird die Challenge von Auftraggeber gestellt. Eine möglichst lösungsneutral formulierte Challenge ist z. B. typisch für St. Galler *Design Thinking*-Projekte. Dabei wird Raum für Fragen und bislang unentdeckte Aspekte gelassen (Brown und Wyatt 2010, S. 33).

Das in Phase II erstellte Produktkonzept entspricht bei der Definition des Problems dem gewünschten SOLL-Zustand (siehe auch Abschn. 6.2.3.1). Dass das Produkt noch nicht entwickelt worden ist, entspricht dem unerwünschten

IST-Zustand (Schröder 2022, S. 29–30). Zur Definition des Problems wurden Ziele, mögliche Lösungswege und damit verbundene Hindernisse in der Vorbereitungsphase ermittelt (Abschn. 8.2) (Pretz et al. 2003, S. 6).

Im *Design Thinking* Prozess wie er bei Freiling und Harima (2024) beschrieben wird, werden in der Definieren-Phase alle gesammelten Informationen und Erkenntnisse (1) zusammengetragen, (2) analysiert, (3) synthetisiert und am Ende auf einen finalen Standpunkt verdichten. Ziel ist es, das individuell gelernte aus der Vorbereitung, das entspricht im Modelprozess der Phase I, II und der Vorbereitung auf den Mikrozyklus, in Gruppenwissen zu überführen. Es wird folgendermaßen vorgegangen:

> **Übersicht**
> (1) Sammeln und Teilen
>   – wichtige Informationen, Erkenntnisse und Zitate einzeln auf Klebezettel o. ä. schreiben/skizzieren
>   – vorstellen der Notizen/Skizzen
>   – erste Kategorisierung des Gelernten auf z. B. Stellwänden, Whiteboard, Flipcharts o. ä.
>   – spezifische und anschauliche Beschreibungen (6 W-Fragen „wer, was, wann, wo, warum und wie") helfen
>   – Team-Mitglieder machen Notizen und stellen Fragen
>   – Ziel: Mithilfe der gesammelten Informationen während des gesamten Prozesses immer wieder aus dem eigenen Blickwinkel ausbrechen und die Dinge aus einer anderen Perspektive betrachten
> (2) Synthetisieren und Analysieren
>   – sortieren der Informationen und finden von gemeinsamen Themen
>   – individuales analysieren der Informationen um Beziehungen und Muster zu erkennen
>   Punkte die häufiger auftauchen
>   konsistente Beschreibungen innerhalb des Problemkontextes
>   Überraschendes
>   sich widersprechende Erkenntnisse
>   – Methoden wie die *Mind-Map, Journey Map* und *Why-How Laddering* (siehe Abschn. 8.2.1–8.2.3) können eingesetzt werden
>   – herausgearbeitete Themen teilen und diskutieren
>   – bisheriges Kategoriesystem kann umgeworfen werden
>   – gemeinsam herausgearbeitete Themen und Muster für den weiteren Verlauf in kurze Erkenntnis-Sätze umformulieren
> (3) Kondensieren und Standpunkt definieren
>   – gesammelte und analysierte Informationen noch weiter kondensieren
>   – definieren des Standpunktes der Nutzergruppe

8.2 Definition des Problems

> - dafür kann eine fiktive Persona mit spezifischen Problemen gebildet werden
> - Überraschungen und Erkenntnisse mit der Persona verbinden
> - Herausarbeiten, was das Leben der Persona mit Blick auf den Problemkontext entscheidend verbessern würde (Standpunkt, keine Lösung)
> - Typisches Schema um Standpunkt zu formulieren: „Persona X benötigt Y, um Bedürfnis Z zu befriedigen, da überraschende Erkenntnis A vorliegt (Freiling und Harima 2024, S. 120–123)".

Im abschließenden Schritt wird auf der Basis des definierten Standpunktes eine Reihe von sog. „Wie könnten wir" (WKW)-Fragen entwickelt, die auf ebendiesen eingehen oder ihn in kleinere Teile zerlegen. Diese sollen Struktur geben und gleichzeitig möglichst viele Antworten und Lösungen zulassen. Es können mithilfe der WKW-Fragen auch Annahmen hinterfragt, positive Aspekte des Problemkontextes verstärkt und negative abgemildert werden. Ziel ist es möglichst viele dieser Fragen zu bilden (Freiling und Harima 2024, S. 123).

> **Mögliche „Wie könnten wir"- Fragen am Beispiel des veganen Proteinbrotaufstrichs:**
>
> - Wie könnten wir feststellen, ob das Produkt vom Konsumenten als „gesund" wahrgenommen wird?
> - Wie könnten wir den Herstellungsprozess gestalten, damit der Brotaufstrich ein MHD von mindestens 3 Monaten erhalten kann?
> - Wie könnten wir vorgehen, um eine möglichst beliebte Textur/Konsistenz des Produktes zu ermitteln? ◄

Mit diesem Stand kann in die nächste Phase des Mikrozyklus (Lösungsansätze generieren) übergegangen werden, wo weitere Ideen zur Problemlösung entwickelt werden.

8.2.1 Why-How-Laddering

Während der Phase des (Re-)Definieren des Problems sollten die beiden Fragewörter „warum" und „wie" häufig gestellt werden. Die Warum-Wie Leiter *(Why-How Laddering)* kann eingesetzt werden, um die unterschiedlichen Nutzerbedürfnisse herauszuarbeiten und einen Weg der Umsetzung zu finden, der sinnvoll ist. „Warum"-Fragen dienen dazu die herausgearbeiteten Kundenbedürfnisse zu hinterfragen und die „wie"-Fragen, dazu die benötigten Umsetzungsschritte zu formulieren (Freiling und Harima 2024, S. 122).

Vorgehen beim *Why-How-Ladddering:*

> **Übersicht**
> 1. Identifizieren und notieren einiger aussagekräftiger Benutzerbedürfnisse
> 2. Stellen der „Warum?"-Frage. Zum Beispiel: Warum sollte ein Benutzer „eine Verbindung zwischen einem Produkt und dem Prozess, der es herstellt, sehen wollen?", weil der Benutzer „die Gewissheit braucht, dass das Produkt seiner Gesundheit nicht schadet, indem er seine Herkunft versteht."
> 3. Zweites stellen der „Warum?"-Frage, ausgehend von demselben Bedürfnis
> 4. Ziel: An einem bestimmten Punkt ein sehr allgemeines, abstraktes Bedürfnis erreichen, wie z. B. „das Bedürfnis, gesund zu sein" (Spitze der Leiter)
> 5. Stellen der „Wie?"-Frage zum Erhalt von Ideen, wie die Bedürfnisse befriedigt werden können.
>
> (Design thinking bootleg by d.school at Stanford University (a) o. D.)

8.2.2 Journey Mapping

Das *Journey Mapping* oder *Customer Journey* soll das Team in die Position eines Kunden oder Nutzers von Produkten und Dienstleistungen versetzen. Die Methode wurde ursprünglich im Marketing zur Analyse des Kundenentscheidungsverhaltens bei einem Kaufprozess eingesetzt. Beim Einsatz im Rahmen des *Design Thinking* kann auch ein gesamter Tagesablauf des Nutzers in Bezug auf die Problemstellung aufgezeichnet und visualisiert werden. Die bereits gewonnenen Informationen sind im Zuge dessen um weitere Lebensaspekte (typische Verhaltensmuster und Angewohnheiten) des Nutzers zu ergänzen. Diese Informationen können dazu verwendet werden im Projektverlauf Rückschlüsse auf die Anforderungen an ein Produkt oder eine Dienstleistung ziehen zu können (Uebernickel und Brenner 2016, S. 255).

Eine *Journey Map* ist daher ein Werkzeug, um einen Prozess in seine beweglichen Teile zu zerlegen und die verschiedenen Bereiche mit potenziellen Erkenntnissen zu beleuchten.

Vorgehen beim Erstellen einer *Journey Map*:

> **Übersicht**
> 1. Wählen eines zu untersuchenden Prozesses. Zum Beispiel die morgendliche Frühstücksroutine des ausgewählten Nutzers (Grundlage können Beobachtungen oder Interviews sein)
> 2. Erstellen einer Karte dieses Prozesses, in der jeder Schritt erfasst wird
> 3. Organisieren der Daten auf eine sinnvolle Art und Weise, z. B. in einer Zeitleiste

4. Suchen nach Mustern und Anomalien, einzelne Ereignisse mit einem größeren Rahmen verbinden, Verknüpfung einer Beobachtung mit bereits vorhandenem Wissen (kann zu einer sinnvollen Erkenntnis führen)

(Design thinking bootleg by d.school at Stanford University (a) o. D.)

8.2.3 Mind Mapping

Das *Mind Mapping* ist eine Methode bzw. Visualisierungstechnik um eine Gesamtübersicht über ein Problem und seine Bestandteile, gewonnene Lösungsideen, Probleme und ihre Beziehungen untereinander zu erhalten. Die Informationen werden an Haupt- und Unteräste geschrieben und hierarchisch strukturiert. Die verschiedenen Gliederungsebenen sind z. B. durch Farben, Bilder und Symbole hervorzuheben. Typische Einsatzbereiche sind unter anderem in der Problemanalyse, Konzeptentwicklung und Wissensmanagement. Die Erstellung ist von sowohl von einzelnen Personen oder aber auch in Gruppenarbeit möglich. Das Thema steht dabei immer im Zentrum. Die Visualisierung kann auf einem Blatt Papier, Tafeln, Flipcharts, Whiteboards usw. erfolgen (Schröder 2022, S. 125–127).

Beim Erstellen einer *Mind Map* kann wie folgt vorgegangen werden:

> **Übersicht**
> 1. Das Thema ins Zentrum „rücken", indem es in der Mitte des Blatts o. ä. geschrieben wird. Es kann sich um eine Suchfrage, Halbsatz, Schlüsselbegriff oder als Skizze handeln.
> 2. Beiträge werden erfasst und strukturiert indem diese auf leicht geschwungene Linien, die in der Mitte vom Thema aus beginnen und zu den Seitenrändern auslaufen, geschrieben werden. Es werden Haupt- und Seitenäste für verschiedene Gliederungsebenen angelegt.
> 3. Die Übersichtlichkeit kann verstärkt werden z. B. durch das Nutzen verschiedener Farben. Wichtige Inhalte werden z. B. farblich oder die Position hervorgehoben. Die Reihenfolge kann durch Nummerierung der Äste oder das Anlegen im Uhrzeigersinn vorgegeben werden.
> 4. Beziehungen zwischen Punkten können durch Linien aufgezeigt werden.
> 5. Erweiterungen sind möglich, wenn sich abzeichnet, dass sich ein Thema herausbildet, welches nicht mehr in die begonnene *Mind Map* passt. Die entsprechende Stelle kann markiert und eine neue *Mind Map* begonnen werden, die mit der alten über die Markierung verlinkt wird.
> 6. Die Ideenproduktion kann durch das Einfügen leerer Äste, z. B. an leeren Stellen, angeregt werden (Schröder 2022, S. 127–129) (Abb. 8.3).

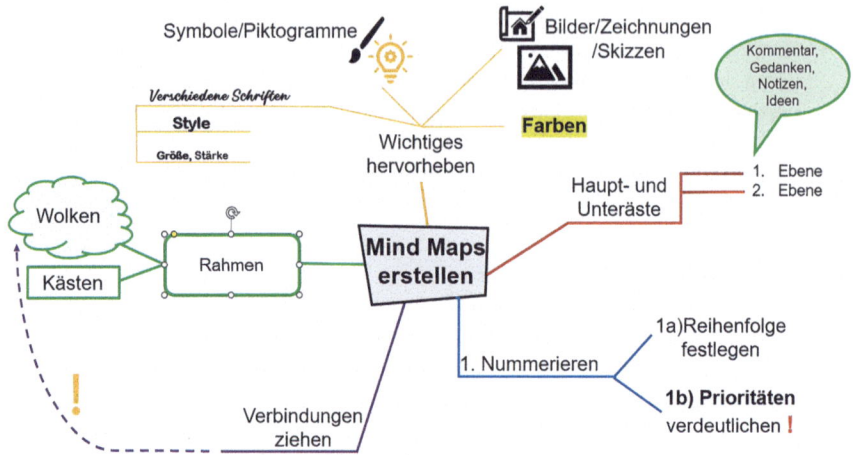

Abb. 8.3 Beispiel für eine *Mind-Map*. (Bildquelle: Eigene Darstellung, ähnlich bei Schröder 2022, S. 125)

8.3 Re-Definition des Problems

Wird der Mikrozyklus ein weiteres Mal durchlaufen, weil der erste Durchgang nicht das gewünschte Ergebnis gebracht hat oder ist es absehbar, dass die aktuelle Problemdefinition mit keinen kreativen Lösungswegen in Verbindung gebracht werden kann, ist es auch möglich das Problem zu Re-Definieren.

Bei jedem neuen Durchlauf durch den Mikrozyklus wird die Problembeschreibung verfeinert und in Teilfragen aufgebrochen oder die Problemdefinition korrigiert. Die Korrektur der Problemstellung ermöglicht die Erkenntnisgewinne aus dem vorherigen Durchlauf des Mikrozyklus in die Fragestellung mit einfließen zu lassen. Wird beispielsweise in der Testphase (z. B. durch Kundeninterviews) festgestellt, dass die ursprünglich formulierte Fragestellung überhaupt nicht relevant war, kann die Ausgangsfragestellung komplett überarbeitet werden (Uebernickel und Brenner 2016, S. 249).

Eine Umkehr, Neu-Definition oder Re-Definition des Problems kann dabei helfen, dieses kreativ zu lösen (Pretz et al. 2003, S. 3–4). Ein Beispiel für eine solche Re-Definition kann am „Problem" der steigenden Anzahl an Einpersonenhaushalten in Deutschland verdeutlicht werden. Seit 1991 ist der Anteil der Single-Haushalte tendenziell gestiegen auf 17 Mio., dies entspricht einem Anteil von rund 41,1 % aller Haushalte (Turulski 2024). In Single-Haushalten werden beispielsweise Aufschnitt-Packungen aus der Kühlung in kleineren Einheiten gekauft als in Mehrpersonenhaushalten. Ein Grund dafür ist der Wunsch nach mehr Auswahl bei einer gleichzeitig begrenzten Haltbarkeit der Produkte – werden mehrere verschiedene große Packungen gekauft, drohen diese zu verderben. Eine erste

Definition des Problems könnte sein, dass die Packungsgrößen zu groß sind für Einpersonenhaushalte. Die Packungsgröße könnte also verkleinert werden. Die Hersteller können aber die größeren Einheiten zu günstigeren Preisen anbieten als kleinere Packungsgrößen und der Preisdruck in der Branche ist hoch. Eine Umkehr des Problems wäre, dass die Anzahl der Haushaltsmitglieder zu klein ist für die Packungsgröße beim Wunsch nach mehr Auswahl. Diese Umkehr lässt nun zu, dass Problem zu Re-Definieren: Die Packungsgröße wird beibehalten, aber es wird eine Auswahl an verschiedenen Sorten Aufschnitt darin angeboten und kein sortenreinreiner Aufschnitt. Gelöst wird das Problem nicht so, wie es ursprünglich formuliert, sondern so wie es später neu konzipiert wurde.

8.4 Lösungsansätze generieren

Nach der (Re-)Definition des Problems im Mikrozyklus des Modelprozesses (Abb. 8.1) folgt der Schritt des Generierens von Lösungsansätzen. Dazu kann unter anderem die Methode des *Mind Mappings* oder des Brainstormings herangezogen werden, wie sie in Abschn. 8.2.3 bzw. 6.2.3.2 beschrieben wird. Ein Brainstorming zur Ideengenerierung kann z. B. auf Basis der zuvor generierten „WKW"-Fragen (siehe Abschn. 8.3) stattfinden. Dies unterscheidet den Mikrozyklus im Modelprozess vom Mikrozyklus im *Design Thinking* wie er bei Uebernickel und Brenner 2016 vorgesehen ist. Dort wird das Brainstorming nicht als Methode verstanden, sondern als Prozessschritt. Ziel hingegen bleibt dasselbe: So viele neue Lösungsansätze zu generieren wie möglich (Uebernickel und Brenner 2016, S. 250; Freiling und Harima 2024, S. 124–125).

Eine weitere mögliche Methode zum Generieren von Lösungsansätzen ist der „Morphologische Kasten". Diese Methode kann sowohl in der Phase I zur Ideengenerierung für eine Produktidee, als auch zum Finden von Lösungsansätzen beim Prototyping verwendet werden. Dabei wird ein Problem in seine einzelnen Bestandteile zerlegt und die wichtigsten, lösungsrelevanten Parameter in eine Tabelle eingetragen. Anschließend sucht man neue Ideen für die unterschiedlichen Ausprägungen der einzelnen Parameter. Diese stellen gewonnene Lösungselemente dar und sind ebenfalls in der Tabelle zu erfassen. Zum Schluss kann man die Lösungselemente systematisch miteinander kombinieren. Diese Methode wird auch bei der Suche nach neunen Produkten, Verfahren und Prozessen eingesetzt bzw. eignet sich überall dort, wo mittels einer Kombination von verschiedenen Lösungselementen eine neue Gesamtlösung geschaffen werden soll. Elementar für das erfolgreiche Durchführen der Methode ist die Festlegung der Parameter. Dabei handelt es sich um Lösungskomponenten, die unterschiedliche Ausprägungen haben können. Die ausgewählten Parameter sollten hochgradig lösungsrelevant sein, für alle Ausprägungen gelten und voneinander logisch unabhängig sein (um sicher zu stellen, dass die Ausprägungen der Lösungselemente miteinander kombinierbar sein können). Bei der Suche nach geeigneten Parametern können folgende Fragen gestellt werden (Schröder 2022, S. 258–260):

> **Übersicht**
> - „Welche Komponenten spielen bei der Lösungsentwicklung eine wichtige Rolle?"
> - „Welche Elemente sollen ganz neugestaltet werden?"
> - „Was muss unbedingt verändert werden?"
>
> (Schröder 2022, S. 260)

Es können z. B. drei Ausprägungen für jeden Parameter gesucht werden. Diese sollten sich deutlich voneinander unterscheiden, konkret sein oder konkretisiert werden können und zur Erfüllung der Lösungsanforderung beitragen. Fragen, die bei der Suche nach Ausprägungen hilfreich sein können sind z. B.: „Wie können wir die einzelnen Komponenten ausgestalten?" oder „Welche Variationen sind denkbar? Ein Beispiel für einen Morphologischen Kasten ist in Tab. 8.1 abgebildet. Nachdem Parameter und deren Ausprägung eingetragen worden sind, kombiniert man aus Zeilen und Spalten die Ausprägungen zu möglichst vielen Lösungsvarianten. Diese sind im Anschluss zu diskutieren (Schröder 2022, S. 260–261).

Die Auswahl der vielversprechendsten Ideen zur Problemlösung ist demokratisch möglich. Alternativ sind die Ideen nach zuvor gebildeten Kategorien (z. B. Rationalität der Idee, Kreativität, unerwarteter Ansatz usw.) sortiert worden und werden dann innerhalb dieser Kategorien ausgewählt (Freiling und Harima 2024, S. 124–125).

Tab. 8.1 Erstellen des Morphologischen Kastens am Beispiel des Protein-Brotaufstrichs

Parameter	Ausprägung 1	Ausprägung 2	Ausprägung 3
Geschmack	Natur (nach den Zutaten)	Maskierung des Eigengeschmacks durch Aromatische Zutaten (z. B. Sonnenblumenkerne)	Maskierung des Eigengeschmacks durch Gewürze
Zutaten	Zugesetztes Erbsenprotein	Zutaten mit natürlich hohem/ausreichend Proteingehalt für Auslobung	Wenig Kohlenhydrate und Fett (Brennwert aus anderen Komponenten)
Haltbarkeit	Pasteurisieren	Trocken-Mischung zum selber anrühren	Steril-Abfüllung
Gesund	Zusätzliche Auslobung des Ballaststoffgehalts (natürlich vorkommend)	Zusätzliche Auslobung von Spurenelementen (zugesetzt)	Auslobung der enthaltenen Fettsäurezusammensetzung

Quelle: Schröder 2022, S. 258–262

8.5 Prototyping

Wie unterscheidet sich ein Produkt von einem Prototyp? Ein Prototyp ist ein Modell zur Erprobung und Demonstration von Funktionen (DIN 199-1:1985) bzw. eine erste Version eines Produkts, die zur Validierung genutzt wird (ISO 9000:2015). Es handelt sich also um kein fertiges Produkt, sondern eine Vorstufe zur Finalisierung, die dazu dient Funktionen, Design oder Machbarkeit zu überprüfen. Im Verlauf einer Produktentwicklung können eine Vielzahl an Prototypen entstehen, da in der Phase des Prototyping die zuvor generierten Lösungsansätze in Form von Prototypen umgesetzt werden. Dies entspricht dem *Design Thinking* Prinzip „Make it tangible" und hat zum Ziel sämtliche Ergebnisse und Prototypen greifbar, also physisch und real, zu machen. Dadurch wird die Komplexität des Problems besser beherrschbar. Dieses Prinzip gilt auch für nicht physisch vorhandene Dinge wie Dienstleistungen oder Prozesse, die z. B. mithilfe von „Storytelling" begreifbarer gemacht werden können. Die materielle Darstellung in Form von Prototypen schafft zudem ein Kommunikationsmedium mit dem Kunden, um diesen in frühen Entwicklungsphasen testen zu können (Uebernickel und Brenner 2016, S. 248 251).

Prototyping und Testen sind im Prozess eng miteinander verflochten, wobei das Ziel der Prototyp-Entwicklung und das Testen dieser Prototypen sich beim Fortschreiten des Projektes verändert. Typisch für die ersten Durchläufe im Mikrozyklus ist es, dass hinsichtlich Zeit und Aufwand nur soweit entwickelt wird, dass der Prototyp ein sinnvolles Feedback durch den Kunden erzeugt und neue Ideen fördert (Brown 2008, S. 84). Besonders in frühen Phasen eines *Design Thinking* Projektes steht das Einbeziehen der zukünftigen Endnutzer des Produkts im Vordergrund, um Ideen für die Lösung des Problems zu finden. Greifbare Prototypen sollen im Endnutzer eigene Ideen hervorrufen, die in späteren Ideenfindungsphasen mit genutzt werden können (Uebernickel und Brenner 2016, S. 251). Am Anfang können daher sehr schnelle Iterationsschleifen zwischen dem Prototypenbau und der Testen-Phase durchgeführt werden. Zu diesem Zeitpunkt existieren noch viele einzelne, fragmentierte Elemente der Idee und viele offene Fragen, weshalb es sinnvoll sein kann, eine größere Anzahl an Prototypen weiterzuverfolgen. Entsprechend sind viele verschiedene Versuchsmodelle zu entwickeln, welche direkt im Anschluss dem potenziellen Nutzern vorzustellen sind. Der Prototyp wird daraufhin direkt auf Basis der gemachten Erfahrung überarbeitet oder auch komplett neu konstruiert (Freiling und Harima 2024, S. 128).

In späteren Durchläufen des Mikrozyklus hingegen wird mithilfe der Prototypen die technische Realisierbarkeit und Produzierbarkeit geprüft (Uebernickel und Brenner 2016, S. 251). Statt Prototypen als Komplettlösungen zu bauen, sollten einzelne Variablen identifiziert und prototypisiert werden. Dies hilft vor allem bei der Identifizierung von hilfreichen und obsoleten Elementen, die dann entsprechend weiter- oder eben nicht weiterverfolgt werden (Freiling und Harima 2024, S. 128). Ein Critical Funktion Prototyp (CFP) z. B. dient dazu kritische

Funktionen bei Lösung eines Problems auszutesten. Im Fokus steht dabei das Testen einzelner Produkteigenschaften (Uebernickel und Brenner 2016, S. 253).

> **Critical Funktion Prototyp (CFP)**
>
> Das Ziel ist es, vegane und glutenfreie Ravioli zu entwickeln.
> Ein Nudelteig besteht z. B. aus Hartweizengrieß, Vollei, Salz und Wasser. Die Zutaten Hartweizengrieß (enthält Gluten) und Vollei (tierischen Ursprungs) müssen daher durch vegane, glutenfreie Alternativen ersetzt werden. Diese Alternativen müssen dem Teig für die Verarbeitung und später dem Geschmack bestimmte Eigenschaften geben. Daher werden verschiedene glutenfreie Mehle zur Teigbereitung ausprobiert (CFPs) und deren Eigenschaften (z. B. Dehnbarkeit und Reißfestigkeit bei der Verarbeitung, Mundgefühl nach dem Garen) getestet. Die spätere Geschmacksrichtung, Form und Portionsgröße spielen an dieser Stelle bei der Entwicklung und Testung der CFPs noch keine Rolle. ◄

Ein finaler Prototyp zeichnet sich hingegen dadurch aus, dass er für den Kunden die wichtigsten Produktelemente erfahrbar macht. Somit liefert er sämtliche relevante Informationen für die anschließende kommerzielle Entwicklung (Uebernickel und Brenner 2016, S. 254).

> **Finaler Prototyp**
>
> Der finale Prototyp für das Produkt vegane, glutenfreie Ravioli sollte alle wichtigen Produktelemente enthalten. Dazu zählen z. B. eine ausgelobte Füllung bzw. die Geschmacksrichtung, eine definierte Portionsgröße, eine festgelegte Form und die sichere Funktionalität. Der finale Prototyp sollte nach den gegebenen Hinweisen vom Verbraucher zubereitet bzw. verwendet werden können. Dabei sollte der Verbraucher den veganen, glutenfreien Ravioli-Prototypen so verwenden können, als ob es sich um ein Produkt handelt, welches bereits im Einzelhandel zu kaufen gibt. Dadurch kann der Kunde die Produktelemente „Zubereitung" bzw. „Verwendung" und „Geschmack" durch die finalen Prototypen erfahren. ◄

8.5.1 Exploratorisches und konfirmatorisches Vorgehen

Das Entwickeln und Testen von verschiedenen Prototypen hat immer einen experimentellen Charakter. Daher sollten Grundlagen des Experimentdesigns und der guten wissenschaftlichen Praxis berücksichtigt werden, um zielgerichtet und valide entwickeln zu können. Zunächst kann zwischen einem exploratorischen und einem konfirmatorischen Vorgehen unterschieden werden. Ein exploratorisches Vorgehen zeichnet sich durch relative Ergebnisoffenheit aus. Es eignet sich dazu Sachverhalte herauszufinden und daraus neue Hypothesen zu entwickeln. Ein exploratorisches Vorgehen kann mit viel Aufwand und großen Datenmengen verbunden sein, weil zu Beginn noch nicht feststeht, wo sich interessante Unterschiede ergeben können (Magin 2014, S. 244). Wird beispielsweise ein veganer, glutenfreier Nudelteig entwickelt, kann in einer Rezeptur zunächst eine große Bandbreite an glutenfreien Mehlen und Stärken (aus Mais, Kartoffel, Tapioka, Reis ....) auf ihr Verhalten bei der Verarbeitung, beim Zubereiten und ihre sensorischen Eigenschaften getestet werden.

Bei einem konformistischen Vorgehen gibt es bereits zu Beginn der Phase des Protoyping eine Hypothese, die durch das Erstellen der Prototypen und Testen dieser be- oder widerlegt werden kann (Magin 2014, S. 244). Beispielsweise kann man überprüfen, ob bestimmte Laktobazillen, die auch zur Herstellung von Naturjoghurt aus Kuhmilch verwendet werden, sich dazu eignen eine Pflanzenmilch zu fermentieren um das Fermentationsprodukt anschließend zu einer veganen Frischkäsealternative zu verarbeiten.

8.5.2 Validität, Reliabilität und Objektivität

Unabhängig davon, wie in der Prototyping- und Testphase vorgegangen wird, sollten das Arbeiten immer nach den drei Prinzipien „Validität", „Reliabilität" und „Objektivität" erfolgen.

Validität bedeutet, dass tatsächlich das Beabsichtigte gemessen wird und die Ergebnisse der Realität entsprechen bzw. glaubwürdig sind. Werden Proben von Lebensmitteln bei einem Verbrauchertest, der feststellen soll, welcher von zwei Proben bzw. Prototypen beliebter ist, beispielsweise nicht ausreichend anonymisiert und die Teilnehmenden können den Markenhersteller erkennen, kann infrage gestellt werden, ob ein Produkt tatsächlich aufgrund seiner sensorischen Eigenschaften beliebter gewesen ist, oder ob Zustimmung oder Ablehnung der erkannten Marke einen Einfluss auf das Ergebnis gehabt haben (Spence 2015, S. 1–16). Ist es hingegen das Ziel festzustellen, ob ein Prototyp gegen eine bekannte Marke gut abschneiden kann (der Markeneinfluss also bewusst mit in den Test einbezogen wird), wird der Markenname im Test bewusst bekannt gegeben (Derndorfer 2023, S. 23). Bei der Entwicklung der Prototypen kann es zur Sicherstellung der Validität des Vorgehens hilfreich sein Positivkontrollen und/oder Negativkontrollen, wie sie Abschn. 8.5.5 beschrieben werden, durchzuführen.

Das Prinzip der Reliabilität bezieht sich auf die Verlässlichkeit der Ergebnisse und deren Reproduzierbarkeit. Kann ein Prototyp nach dem gleichen Bauplan noch einmal nachgebaut werden? Funktioniert er dann auf dieselbe Weise und gleicht gut? Liefern Tests mit dem nachgebauten Prototyp immer ein vergleichbares Ergebnis? Gelingt die Herstellung eines Lebensmittelprototypen nur einmal, ist dieser später nicht seriell umzusetzen. Im Bereich der Lebensmittel kann man in dieser Hinsicht allerdings immer mit einer gewissen Schwankungsbreite rechnen, da es sich um Naturprodukte handelt, die in ihrer Qualität variieren können. Beispielsweise ist die Verfügbarkeit mancher Rohstoffe ernteabhängig. Wird außerhalb der Saison mit diesem gearbeitet, kann sich die Qualität durch die Lagerung verändert haben. Dies gilt auch für importierte Früchte wie Avocados und

Mangos, die erst in Europa in speziellen Reifekammern nachgereift werden. In Europa existieren bisher keine einheitlichen Qualitätsstandards für z. B. die Reife dieser Früchte, was zum einen eine systematische Nachreifung erschwert und zum anderen die Auswahl von Früchten mit einem einheitlichen Reifegrad zur Weiterverarbeitung (Mempel et al. 2022). Abgesehen davon, dass die sensorischen Attribute der Früchte vom Reifegrad abhängen, wirkt dieser sich auch auf die Zusammensetzung der Inhaltsstoffe und somit der Nährwerte aus (Matissek 2019, S. 802–807).

Objektivität in der Vorgehensweise soll sicherstellen, dass keine ungewollten Einflüsse durch involvierte Personen entstehen. Ungewollte Einflüsse können von kognitiven Verzerrungen (sog. *„Biases"*) herrühren – wann diese auftreten und wie man versuchen kann diese abzumildern ist in Abschn. 8.5.6 beschrieben.

8.5.3 Prototyping als Laborexperiment

Das Fertigen von (Lebensmittel-)Prototypen kann den Charakter eines Laborexperimentes haben, wenn z. B. Zusammenhänge zwischen verschiedenen Variablen vermutet und dann entsprechend überprüft werden sollen. Diese Zusammenhänge können in Form von Arbeitshypothesen formuliert und dann in Experimenten überprüft werden. Bei der Planung der Experimente sind folgende Punkte zu beachten (Völzke et al. 2013; Woisetschläger et al. 2007, S. 546–554.):

- Unabhängige Variablen (Ursachen, Bedingungen): Sie haben einen Einfluss bzw. eine Wirkung auf die abhängigen Variablen und werden systematisch verändert.
- Die abhängigen Variablen (zu messende Größen): Sie spiegeln die Wirkung der unabhängigen Variablen wider.
- Störvariablen/Kontrollvariablen (weitere Größen): Sie haben wie die unabhängigen Variablen einen Einfluss auf die abhängigen Variablen. Werden im Experiment durch Gleichhaltung oder Messung kontrolliert, handelt es sich um Kontrollvariablen.
- Messzeiten: Legen fest, wie die abhängige Variable operationalisiert und gemessen werden (Dauer, Anzahl, Intervalle der Messung).
- Messwiederholung: Dienen der Reliabilität der Messung. Ein einzelnes Experiment oder eine Messung kann fehlerhaft und das Ergebnis damit zufällig sein. Um eine belastbare Aussage treffen zu können, müssen Messungen bzw. Experimente daher wiederholt werden.

Die vermuteten Zusammenhänge können entweder als Null-Hypothese oder als Arbeitshypothese bzw. Forschungshypothese/Forschungsfrage formuliert werden. Die Forschungshypothese geht von einem positiven Zusammenhang aus und ist in einem Experiment zu bestätigen. Die Null-Hypothese hingegen geht von einem negativen Zusammenhang aus und kann eventuell im Experiment widerlegt werden (Magin 2024, S. 120–121).

Planung eines Laborexperimentes zu veganen und glutenfreien Ravioli

Ziel: Zunächst soll ein im gegarten Zustand elastischer, reisfester veganer und glutenfreier Nudelteig entwickelt werden.

Hypothese: Die glutenfreie, vegane Rezeptur basierend auf Maismehl, Reisstärke und Salz lässt sich zu einem ausrollbaren Teig verarbeiten, der nach dem Garen in Wasser eine elastische, reißfeste Textur aufweist.

Null-Hypothese (alternativ): Die glutenfreie, vegane Rezeptur basierend auf Maismehl, Reisstärke, Wasser und Salz lässt sich zu einem ausrollbaren Teig verarbeiten, der nach dem Garen in Wasser **keine** elastische, reißfeste Textur aufweist.

Unabhängige Variablen (Ursachen, Bedingungen):

- Zusammensetzung der Rezeptur
- Kochzeit/Garzeit
- Dicke des ausgerollten Teiges

Abhängigen Variablen (zu messende Größen):

- Konsistenz des rohen Teiges
- Konsistenz des gekochten Teiges

Störvariablen/Kontrollvariablen (weitere Größen):

- Menge des Kochwassers (abmessen)
- Temperatur des Kochwassers (überprüfen mit Thermometer)
- Raumtemperatur, Luftfeuchtigkeit

Messzeiten:

- Knetzeit für den Teig
- Kochzeit/Garzeit

Messwiederholung:

- Z. B. 2× unter gleichen Bedingungen Experiment wiederholen ◄

8.5.4 Protokollieren und Dokumentieren

Ergebnisse, wie z. B. der Geschmack, die Farbe oder die Konsistenz eines Lebensmittel produkt-Prototypen, können schwierig sein zu reproduzieren, wenn nicht alle Versuchsparameter dokumentiert worden sind. Ein unerwartetes, vielleicht sehr positives, Ergebnis bei einem Versuch, ist nicht das Resultat des Zufalls, sondern kann zielgerichtet in die Entwicklungsarbeit integriert und systematisch fortgeführt werden, solange der Versuch vollständig dokumentiert worden ist (Kremer und Bannwarth 2014, S. 59). Besonders wenn man zu Beginn eines Projektes viele unterschiedliche Ansätze bei der Entwicklung verfolgt, sollten diese Versuche und die Ergebnisse dokumentiert werden. Diese Daten helfen bei der Auswahl eines Ansatzes, den es sich lohnt, weiter zu verfolgen oder der Zielgruppe vorzustellen und sich ein erstes Feedback einzuholen. Im späteren Verlauf ist es möglich über die Dokumentation die Parameter zielgerichtet zu verändern und dadurch die vermuteten Zusammenhänge zwischen den Variablen zu überprüfen.

Zu einer vollständigen Dokumentation gehören Motive, Ziele, Methoden und Ergebnisse von Experimenten. Die vollständige Protokollierung (z. B. in einem Protokollbuch) der Experimente zählt zu den wesentlichen Teilen des professionellen Arbeitens. Ein Versuchsprotokoll bildet alle Teilschritte des experimentellen Arbeitens ab und hält alle entscheidenden Schritte des gesamten experimentellen Tuns fest. Wird eine „Kladde" (Skizzenheft) verwendet, wird sinnvollerweise ein Inhaltsverzeichnis aller Einzelexperimente mit Titel, Datum, Versuchsnummer und Seitenzahl zu Beginn angelegt. Das erleichtert das gezielte Auffinden bestimmter Daten (Kremer und Bannwarth 2014, S. 59–60).

Ein Versuchsprotokoll sollte folgende Punkte enthalten:

Übersicht
- Kopfteil: Enthält Ordnungskriterien z. B. Aufgabenstellung, Teilnehmende/Protokollant/Durchführende, Anlass, Zeit und Ort eines Versuchs und eventuell Versuchsnummer oder Seriennummer.
- Themenformulierung: Hilft bei der Einordnung eines Ergebnisses in ein Gesamtvorhaben.
- Einleitung: Kurze Erläuterung der Fragestellung, des Versuchshintergrunds oder des Erwartungshorizonts (Warum wurde das Experiment durchgeführt?)
- Materialliste: Alle benötigten und verwendeten Materialien und Zutaten/Rohstoffe. Bei den Zutaten, besonders wenn sich diese aus mehreren Rohstoffen zusammensetzen, sollte die Zusammensetzung und der Hersteller notiert werden. Der Hersteller könnte zukünftig das Produkt verändern, was einen Einfluss auf die eigene Entwicklung haben könnte. Oder man muss auf einen alternativen Hersteller zurückgreifen, weil das ursprüngliche Produkt nicht mehr verfügbar gewesen ist. In diesem Fall sollte man ein möglichst in der Zusammensetzung vergleichbares Produkt auswählen. Hilfreich ist auch die Spezifikation der Rohstoffe oder von verwendeten zusammengesetzten Zutaten. Diese enthält weitere Informationen über z. B. Beschaffenheit (Aussehen, Geschmack usw.), Mindesthaltbarkeitsdatum (MHD), Allergene, mögliche Kreuzkontaminanten, Herkunft, Nährwerte, technische Hilfsstoffe (werden bei der

Zusammensetzung auf der zutatenliste nicht ausgelobt), physikalische Angaben, Dosierempfehlung usw. (Thorn 2010, S. 204)
- Skizzen: Von (eigens) entwickelten Versuchsapparaturen wird die Zusammensetzung aller Einzelteile in einer beschrifteten Skizze festgehalten. Notiert werden Art, Größe (Volumina) der Apparaturenteile und zusätzlich eingesetzte technische Hilfsmittel (Heizung, Kühlvorrichtungen, Rührgeräte u. a.). Der genauere Versuchsaufbau kann auch mit einer Kamera festgehalten werden.
- Versuchsdurchführung und Versuchsablauf: Protokollieren aller handwerklichen Einzelschritte als Ablaufprotokoll (zeitliche Abfolge der Versuchsdurchführung mit genauen Zeitangaben).
- Beobachtungs- und/oder Messergebnisse: Sollten passend festgehalten werden, z. B. tabellarisch, als Fotografien, beschreibend oder zusätzlich in Skizzen.
- Rohdaten: Aus Geräteablesung, Aufzeichnung von Spektren oder sonstige Datenträger, Einzelauflistungen qualitativer Befunde oder sonstige Beobachtungen.
- Auswertung der Ergebnisse: Darunter fällt z. B. die Umrechnung bzw. Umformung der Rohdaten in Standardgrößen unter Angabe der einzelnen Rechenschritte. Das kann z. B. der rechnerisch ermittelte Gehalt an Protein, bestimmten Vitaminen oder sonstigen Inhaltsstoffen einer Rezeptur sein, wenn es das Ziel ist bei diesen einen bestimmten Gehalt zu erreichen.
- Ergebnisdiskussion und den Schlussfolgerungen: Ist die kritische Bewertung der Versuchsergebnisse im Vergleich z. B. zu vorherigen Versuchen, bekannten Standards, Aussagegrenzen und Fehlerbetrachtung einer Messung. In der Fehlerbetrachtung werden etwaige methodische Unzulänglichkeiten des eingesetzten Verfahrens sowie vermutete bzw. tatsächliche Versuchsfehler festgehalten (z. B. Fehler beim Abwiegen von Zutaten, Rechenfehler, nicht korrekt funktionierende Geräte, Logikfehler im Versuchsaufbau…). Sinnvoll an dieser Stelle kann es sein die Versuchsergebnisse bzw. die Diskussion mit der im direkten Zusammenhang stehenden Literatur abzugleichen. Das kann der Abgleich mit Vorschriften und Anforderungen aus Verordnungen, Leitsätzen oder Labeln sein, wenn diese für das Ziel des Experiments eine Rolle spielen oder mit (Fach)Literatur, welche die Ergebnisse entweder bestätigt oder widerlegt. Gibt die für das Experiment oder Ergebnis relevante Literatur Hinweise darauf, dass das Ergebnis anders hätte ausfallen müssen, kann eine Fehleranalyse im eigenen Experiment durchgeführt werden. Es bietet sich an, das Ergebnis durch eine Wiederholung zu bestätigen oder das abweichende Ergebnis im Zusammenhang mit den Parametern des Experimentes zu erklären (Magin 2024, S. 99–101).

(Kremer und Bannwarth 2014, S. 60–61).

8.5.5 Positivkontrollen und Negativkontrollen

Ziel eines Experimentes kann es sein, wie in Abschn. 8.5.1 beschrieben, vermutete Zusammenhänge zwischen verschiedenen Variablen zu überprüfen. „Wenn A auf eine bestimmte Weise verändert wird, dann passiert B" ist beispielsweise eine Aussage über eine kausale Wirkung. Wird ein erwartetes Ergebnis erzielt, muss dies aber nicht unbedingt an dem vermuteten Zusammenhang der beiden Variablen liegen. „Eine Korrelation zwischen zwei Variablen ist eine notwendige, aber keine hinreichende Voraussetzung für kausale Abhängigkeiten" (Bortz 1989, S. 288). Nur, weil eine Korrelation zwischen A und B beobachtet werden kann, kann daraus nicht geschlossen werden, dass in einer komplexen Welt A tatsächlich B beeinflusst, ob der Zusammenhang von anderen Variablen ausgelöst wird oder sogar nur rein zufällig ist. Ein bekanntes Beispiel ist die Korrelation von Geburten und der lokalen Storch-Population. Für Europa ergibt sich hierbei eine Korrelation von 62 % (Matthews, 2000, S. 36–38). Trotzdem ist keine Kausalität gegeben, der Storch bringt nicht die Kinder, vielmehr ist die Geburtenrate in ländlichen Regionen, wo Störche nisten, höher. Das Mitführen geeigneter Kontrollen hilft dabei zu beurteilen, ob tatsächlich der erwartete Vorgang in dem Experiment abgelaufen und die Ergebnisse aussagekräftig sind. Die Kontrollansätze werden teilweise parallel zu den Testansätzen mitgeführt oder vor beziehungsweise hinterher, wenn über Kontrollen abgesichert werden soll, dass die Testmaterialien sich in der gewünschten und erwarteten Weise verhalten haben (Magin 2014, S. 90).

Das nicht nur eine (eventuell zufällige) Korrelation zwischen zwei Variablen besteht, sondern wahrscheinlich ein kausaler Zusammenhang, kann z. B. über eine Negativkontrolle festgestellt werden. Mit dieser überprüft, ob die vorgenommene Veränderung, möglicherweise nicht verantwortlich ist für das Resultat, sondern auch ohne diese Veränderung zustande gekommen wäre. Zu diesem Zweck wird im Experiment parallel ein zweiter Testansatz angelegt, in dem nur ein einziger Faktor verändert wird (Magin 2024, S. 92–93).

Beispiel für eine Negativkontrolle: Entwicklung eines veganen Ersatzproduktes für Frischkäse

Das vegane Ersatzprodukt für Frischkäse soll bei der Herstellung fermentiert werden. Der Fermentationsprozess soll, ähnlich wie bei der konventionellen Herstellung von Frischkäse ausgehend von tierischer Milch, zur Konsistenz beitragen. Deswegen wird die vegane Rezeptur mit Milchsäurebakterien versetzt und für 24 h bei 30°C fermentiert. Anschließend wird die Masse in einem Käsetuch abgehangen. Nach dem Abtropfen der Flüssigkeit bleibt eine streichfähige, cremige Masse im Käsetuch zurück. Dieser Zusammenhang kann versucht werden über die Korrelation der Variablen zu erklären: Das Zugeben von Milchsäurebakterien und Fermentieren des Ansatzes hat zu der Konsistenz der Probe geführt. Zu überprüfen ist, ob dieser Zusammenhang auch kausal besteht, z. B. über eine Positivkontrolle. Es wird gleichzeitig ein zweiter Test durchgeführt, in welchem die Rezeptur nicht mit Milchsäurebakterien versetzt wird. Alle anderen Parameter bleiben unverändert – die Probe wird trotzdem für 24 h bei 30 °C fermentiert und anschließend abgehangen. Dann werden die beiden Ergebnisse miteinander verglichen. Ist die Kontrollprobe ohne Milchsäurebakterien weicher oder sogar flüssig geblieben, weist dies darauf hin, dass die Milchsäurebakterien im ersten Ansatz tatsächlich zur Texturbildung beigetragen haben. Sind beide Ergebnisse von der Textur her vergleichbar ist zu vermuten, dass ein anderer Faktor bzw. Faktoren (z. B. das Abhängen, wobei die flüssige von der festen Phase getrennt wird) zu dem Ergebnis beigetragen haben. ◄

Eine Positivkontrolle kann dazu eingesetzt werden, um zu überprüfen, ob eine Variable korrekt bzw. wie erwartet funktioniert (Magin 2024, S. 92–93). Dazu muss die Wirkweise bekannt sein. Milchsäurebakterien beispielsweise setzten beim Fermentieren von Milch den enthaltenen Milchzucker in Milchsäure und geringe Mengen Alkohol um (Matissek 2019, S. 739). Die verwendete Milch oder die verwendeten Behältnisse/Geräte könnte aber auch bereits mit anderen Mikroorganismen, z. B. Hefen, kontaminiert sein, was zu einer alkoholischen Gärung führen würde (Matissek 2019, S. 739). Um sicher zu stellen, dass der Fermentationsvorgang ausschließlich von den zugesetzten Milchsäurebakterien herrührt, kann ein zweiter Ansatz mitlaufen gelassen werden, ohne ebendiese. Kommt es in der Positivkontrolle zu keiner Gärung ist dies ein Hinweis darauf, dass keine mikrobielle Verunreinigung in dieser Hinsicht vorlag.

8.5.6 Arbeitshypothesen und Bias

Teil der Planung eines Experimentes ist auch die Erwartung eines bestimmten Ergebnisses. Diese ist notwendig, um ein Experiment gut zu durchdenken. Allerdings kann die Erwartung an das Eintreten eines bestimmten Ereignisses/Ergebnisses zu Voreingenommenheit, einem sog. „Bias" führen. Beispielsweise wird ein Aroma oder eine Farbe als intensiver eingeschätzt, weil dies so erwartet wird. Erwartungshaltung beeinflusst das Ergebnis, weil erwartungsgemäße Ergebnisse „viel schöner" empfunden werden als Ergebnisse, die der Erwartung nicht entsprechen (Magin 2024, S. 96). Biases sind eine Neigung, unter bestimmten Umständen, aufgrund von kognitiven Faktoren fehlerhafte Schlüsse zu ziehen. Bei einem „Bias" handelt es sich um eine kognitive Verzerrung. Dies sind systematische Fehler in der Wahrnehmung, dem Denken, Erinnern und Urteilen von Menschen. Von einem heuristischen Bias wird gesprochen, wenn dieser aus Heuristiken entstehen, welche sich aus evolutionären oder informationsverarbeitenden Einschränkungen bildeten (Haselton et al. 2015, S. 724–746).

Heuristik beschreibt ein analytisches Vorgehen, um mit begrenzten Informationen und wenig Zeit eine Lösung zu generieren oder eine wahrscheinliche Aussage zu treffen. Heuristiken können auch als „gedankliche Abkürzungen" charakterisiert werden. Diese Lösungen sind nicht perfekt, Ziel ist es vielmehr möglichst effizient und mit wenig Ressourcen eine Entscheidung vereinfacht und schnell zu treffen. Dieses Vorgehen ist evolutionär bedingt, da die kognitiven Ressourcen von Menschen limitiert sind, nutzen sie häufig Heuristiken, um (unnötige) Anstrengungen zu vermeiden und schnell zu einer annehmbaren Lösung zu kommen. Aus diesem Grund sind Heuristiken anfällig dafür, von kognitiven Vorurteilen beeinflusst zu werden (Stangl, 2019; Tversky und Kahnemann 1975, S. 141–162; Kahnemann 2012).

Beispiel für einen Bias ist beispielsweise der Sichtbarkeitsbias. Die Beurteilungen werden beeinflusst von farbigen, dynamischen oder anderen sich abhebenden Stimuli, welche disproportional Aufmerksamkeit auf sich ziehen (Kahneman, 2012). Bei Personen spricht man hingegen von dem „Halo-Effekt". Dieser Bias besteht darin, dass von bekannten, besonders hervorstechenden Eigenschaften einer Person (z. B. Aussehen oder körperliche Attraktivität) auf unbekannte Eigenschaften geschlossen wird. Der Effekt funktioniert dabei in zwei Richtungen: besonders positive Eigenschaften bzw. Informationen werden dazu genutzt auf weitere positive Eigenschaften einer Person zu schließen, durch bekannte negative Eigenschaften oder Informationen dagegen wird auf weitere negative Eigenschaften geschlossen (Hickmann und Lawrence 2010, S. 265–276; Gräf und Unkelbach 2016, S. 290–310; Nisbett und Wilson 1977, S. 250–256). Biases, die in der Beurteilung verschiedener Prototypen oder bei der Verkostung verschiedener Lebensmittel-Proben zum Tragen kommen können, sind unter anderem der Primäreffekt und der Referenzeffekt. Diese zählen zu den seriellen Positionseffekten. Diese beschreiben, dass eine Person Eindrücke über- oder unterbewertet, je nachdem, in welcher Reihenfolge der Präsentation (Kahneman, 2012). Der Primäreffekt löst einen groben, aber direkten Eindruck aus und die Betrachtung der nachfolgenden Begriffe erfolgt im Vergleich zu diesem. Dies gilt für Informationen, die innerhalb eines kurzen Zeitraums präsentiert werden. Bei Wahlen wird dieser Bias beispielsweise beobachtet. An erster Stelle gelistete Kandidaten erhalten deswegen einen größeren Anteil der Stimmen (Koppel und Steen, 2004, S. 267–281). Aus diesem Grund ist die Reihenfolge, in welcher Proben bei einem sensorischen Test den Teilnehmenden präsentiert werden, auch zu variieren (siehe Abschn. 4.5.1.4). Werden Informationen zu einem späteren Zeitpunkt nachgeliefert, spielt der Referenzeffekt eine größere Rolle. Dieser beschreibt, dass später eingehende Informationen einen größeren Effekt auf Menschen haben als frühere Informationen, da diese im Kurzzeitgedächtnis leichter verfügbar sind. Später eingehende Informationen werden daher stärker gewichtet.

In der Wissenschaft führen kognitive Verzerrungen dieser Art zum sog. *Publication bias* – positive Ergebnisse werden eher publiziert als negative. Dies führt zu einer unausgewogenen Berichterstattung in der Wissenschaft und so zu einer Fehleinschätzung der wissenschaftlichen Realität. Die Ursache für *Publication bias* liegt in der Mentalität der Forscher und an den Erwartungen der Gesellschaft an die Wissenschaft (Dubben und Beck-Bornholdt 2004). Nur das zu sehen, was erwartet worden ist, hat einen massiven Einfluss darauf, wie valide die Ergebnisse letzten Endes sind. Um einer verzehrten Interpretation der Ergebnisse vorzubeugen, ist die eigene Beobachtung immer zu hinterfragen. Eine mögliche Strategie zur Vermeidung eines Bias bei der Auswertung ist die Verblindung von Daten/ Proben/Prototypen. Aber auch schon bei der Planung eines Experimentes ist es möglich zu versuchen einem Bias vorzubeugen, indem zusätzlich zur Forschungshypothese (die den eigenen Erwartungen entspricht) auch die Null-Hypothese (die den Erwartungen entgegensteht) aufgestellt wird. Beide Möglichkeiten zum Ausgang des Experiments sind dadurch präsent. Außerdem sind vor der Durchführung schriftliche Auswertungskriterien festzulegen, die im Nachhinein nicht mehr verändert werden (Magin 2024, S. 97–98).

8.6 Testen und Lernen

Als letzten Schritt im Mikrozyklus wird der entwickelte Prototyp getestet. Je nachdem um welchen Typ Prototyp es sich handelt, muss ein passender Test bzw. eine passende Testmethode ausgewählt werden. Beispielsweise das Testen der Textureigenschaften eines Prototypen oder von Teilen eines Prototypen kann erfolgen durch das:

> **Übersicht**
> - Bestimmung von Eigenschaften mittels (Labor-)Geräten (z. B. Texturanalysegerät),
> - Prüfen der Funktionalität für die weitere Verarbeitung/Zubereitung, oder
> - Quantifizieren/Beschreiben von Eigenschaften mittels sensorischer Tests (innerhalb des Teams, Sensorikpanel oder Verbrauchertests (auch Dienstleister).

Beispielsweise hängt die technologische Funktionalität eines Lebensmittels unter anderem eng mit seinen rheologischen Eigenschaften zusammen. Rheologie ist die Wissenschaft, die alle Zusammenhänge bei der Deformation von Stoffen untersucht, einschließlich der Gesetzmäßigkeiten, die die Viskosität von Flüssigkeiten und pastösen Stoffen beeinflussen (Lexikon der Ernährung 2001). Rheologische Eigenschaften eines Lebensmittels beschreiben das Fließ- und Deformationsverhalten eines Lebensmittels unter mechanischer Belastung. Sie bestimmen, wie sich ein Lebensmittel unter Einwirkung von Kräften verhält, z. B. beim Rühren, Kauen oder Schlucken (Bylund 2003). Wichtige rheologische Eigenschaften, welche die Textur eines Lebensmittels betreffen sind seine:

> **Übersicht**
> - Elastizität (Formrückstellung, z. B. wenn man auf eine Brotkrume drückt und diese in die anfängliche Form zurückkehrt),
> - Viskosität (Zähflüssigkeit, der Widerstand gegen das Fließen – Honig ist hochviskos (zäh) und Wasser niedrigviskos (dünnflüssig),

- Plastizität (bleibende Verformung, wenn Butter geformt wird und die Gestalt behält)
- Thixotropie (zeitabhängige Viskositätsänderung – wenn Ketchup geschüttelt wird, wird dieser in Bewegung dünnflüssiger und kehrt in Ruhe zu seiner ursprünglichen Konsistenz zurück) und
- Dilatanz (gegenteiliger Effekt zur Thixotropie – wenn eine Flüssigkeit durch Bewegung zähflüssiger wird wie z. B. Stärke-Wasser-Gemische) (Figura 2021, S. 139–164).

Das Fließverhalten spielt beispielsweise bei Emulsionen wie Mayonnaise oder Suspensionen wie Fruchtsäfte mit Fruchtfleisch eine große Rolle in der Entwicklung und Produktion. Diese Eigenschaften lassen sich mit einem Rheometer oder Viskosimeter messen, können aber auch sensorisch beurteilt werden. Für die Texturanalyse von Lebensmitteln ist die ISO-Norm 11036:2020 („Sensorische Analyse – Methodik – Texturprofil") maßgeblich. Diese Norm beschreibt eine standardisierte Methode zur Erstellung von Texturprofilen für Lebensmittel (sowohl feste als auch halbfeste und flüssige Produkte) sowie für Non-Food-Produkte wie Kosmetika. Sie legt fest, wie sensorische Eigenschaften wie Härte, Elastizität oder Viskosität systematisch erfasst und bewertet werden können (Lexikon der Ernährung 2001; Ludger 2021, S. 188; ISO-Norm 11036:2020).

Wann welche Art von Test und der damit einhergehende Aufwand verbunden notwendig ist, hängt von dem Stand des Projekts und dem verfolgten Ziel ab. Wird ein Critical Funktion Prototyp (CFP) getestet (Abschn. 8.5), kann dies innerhalb des beteiligten Teams geschehen, wenn es z. B. das Ziel ist, zunächst eine gewisse Funktionalität (wie im Beispiel mit der veganen, glutenfreien Pasta) herzustellen, die benötigt wird um ein Prototyp soweit zu entwickeln, dass er potenziellen Nutzern vorgestellt werden kann. Dabei sind die zuvor für das Prototyping beschriebenen Prinzipien und Vorgehensweisen auch für das Testen anzuwenden. Die Tests sollten valide, reliabel und objektiv gestaltet und ausgewertet (Abschn. 8.5.2), *Biases* vermieden (Abschn. 8.5.6) und die Ergebnisse sorgfältig dokumentiert werden (Abschn. 8.5.4).

Sobald es zur Bewertung eines Prototyps und eventuell zu einer Richtungsentscheidung für die weitere Entwicklung kommt, empfiehlt es sich hingegen, Testmethoden auszuwählen, welche die potenziellen Nutzer mit einbeziehen. Dies ist notwendig, um ein Verständnis dafür zu entwickeln, welche Eigenschaften des Produktes den Nutzer begeistern oder von ihm abgelehnt werden und was die Beweggründe für die jeweilige Entscheidung sind (Uebernickel und Brenner 2016, S. 251–252). Diese Informationen können auch schon bei sehr rudimentären Prototypen hilfreich sein, da in den Gesprächen mit potenziellen Verbrauchern über etwas Konkretes, wie einen Prototypen, es den Befragten leichter fällt das Konkrete weiter zu präzisieren oder aber Alternativen und Varianten vorzuschlagen. Dieses Vorgehen steht im Sinne des *Human-Centered-Design,* wo diese Feedbackrunden dazu dienen das Wissen, die Erfahrung und Intuition der Menschen mit aufzunehmen, um neue Ideen entstehen zu lassen (Grots und Pratschke 2009).

Im Bereich der Lebensmittel kann zu diesem Zweck zwischen verschiedenen Verbrauchertests zurückgegriffen werden. Je nach Testdesign können diese mehr oder weniger aufwendig ausfallen. Wenn schnelle Iterationsschleifen kurz aufeinanderfolgen, ist es daher auch möglich sensorische Schnellmethoden einzusetzen, wie in Abschn. 4.6 beschrieben. Die CATA-Methode *(Check all that apply)* eignet sich unter anderem, um in Kombination mit hedonischen Beliebtheitstests beliebte Geschmacksrichtungen zu ermitteln (Seuß-Baum et al. 2022, S. 10), um Proben grob zu charakterisieren oder relative Vergleiche in Bezug auf andere Proben herzustellen (Derndorfer 2023, S. 103–105). Die relative Präferenz zwischen zwei oder mehreren Produkten zu überprüfen ist hilfreich, wenn aus mehreren Prototypen der vielversprechendsten ausgewählt werden soll. Sensorische Tests, welche die Verbraucherpräferenz zwischen z. B. zwei finalen Prototypen untersuchen, sind der Paarvergleichs- (bei 2 Produkten) oder ein Rangordnungstest (bei mehr als 2 Produkten, siehe Abschn. 4.5). Die Präferenz ist nicht mit der Akzeptanz gleichzusetzen. Bei Präferenztests wird ermittelt, welches Produkt gegenüber anderen bevorzugt wird. Das bevorzugte Produkt muss aber nicht notwendigerweise eine hohe Beliebtheit aufweisen. Alle verglichenen Produkte können als schlecht und nur das eine präferierte Produkt als weniger schlecht beurteilt werden (Derndorfer 2023, S. 116–17, 23; Dürrschmid 2010, S. 1–6; DIN EN ISO 11136:2020-11).

8.6.1 Tests zur Ermittlung der Mindesthaltbarkeit für einen Lebensmittelprototypen

Lebensmittel können durch unterschiedliche Faktoren für den menschlichen Verzehr unbrauchbar werden. Tests, wie lange ein Lebensmittel verzehrsfähig ist, sollten daher direkt am Anschluss an die Prototypenentwicklung erfolgen. Dabei zu betrachten sind im Zusammenhang das Produkt, der (Herstellungs-)Prozess und die Verpackung (Krämer 2021, S. 2–14).

Das Mindesthaltbarkeitsdatum oder bei leicht verderblichen Lebensmitteln das Verbrauchsdatum, zählen, bis auf einige Ausnahmen, zu den Pflichtangaben, mit welchen ein Lebensmittel gekennzeichnet werden muss (§ 3 Abs. 1 LMKV). Das MHD ist kein letztes Verkaufs- oder Verzehrsdatum, sondern der Zeitpunkt zu dem das Lebensmittel unter angemessenen Aufbewahrungsbedingungen seine spezifischen Eigenschaften behält (§ 7 Abs. 1 LMKV). Das bedeutet, dass das Lebensmittel (mindestens) bis zu diesem Zeitpunkt seine gewünschten sensorischen, mikrobiologischen, chemischen und physikalischen Eigenschaften beibehält und somit sicher zu verzehren ist.

Hersteller dürfen das MHD frei bestimmen, allerdings enttäuscht ein falsch festgelegtes MHD die Erwartungen des Verbrauchers und gefährdet im schlimmsten Fall dessen Gesundheit.

Bei der Vergabe des MHDs kann man sich zunächst an ähnlichen Produkten orientieren, die der Betrieb bereits herstellt. Wenn noch keine Erfahrung mit einem Produkt besteht, kann sich auch an den vergebenen MHDs bei Konkurrenzprodukten auf dem Markt orientiert werden. Als ersten Indikator zur Orientierung schlägt Piringer (1993) folgende Zeiträume für bestimmte Produktgruppen vor:

> **Übersicht**
> - Leicht verderbliche Produkte (2 bis 30 Tage) z. B. Milchprodukte, frische Backwaren, Frischfleisch, Geflügel, Fisch, frisches Obst und Gemüse (gekühlt oder tiefgekühlt)
> - Begrenzt haltbare Produkte (30 bis 90 Tage) z. B. Obst-/Gemüsesäfte oder Konserven (pasteurisiert)
> - Lagerstabile Produkte (90 Tage bis 3 Jahre) z. B. Vollkonserven, Tütensuppen, Knäckebrot (trocken oder sterilisiert)

Unbegrenzt haltbare Produkte sind beispielsweise Salz und Zucker (Piringer 1993, S. 21–22).

Die chemische und mikrobiologische Beschaffenheit am Ende des gewählten MHDs kann von (Auftrags-)Laboren durchgeführt werden. Selbiges gilt für die sensorische Beschaffenheit. Diese kann jedoch, wenn auf entsprechend geschulte Prüfpersonen zurückgegriffen werden kann, auch vom Unternehmen selbst durchgeführt werden. Die DIN 10968: 2003-12 (Sensorische Prüfung – Ermittlung und Überprüfung der Mindesthaltbarkeit von Lebensmitteln) legt eine Reihe von sensorischen Prüfungen fest, die zur Ermittlung des sensorischen MHDs verwendet werden können.

8.6.1.1 Chemische, physikalische, sensorische und mikrobiologische Stabilität

Bei der Ermittlung der Mindesthaltbarkeit sind die chemische, physikalische und die mikrobiologische Stabilität des Prototypen innerhalb eines gesetzten Zeitraumes zu betrachten. Diese Aspekte hängen eng mit den sensorischen Eigenschaften des Lebensmittelprototypen zusammen und deren Grad der (sensorischen) Veränderung beeinflusst größtenteils die Haltbarkeitsdauer (Krämer 2021, S. 2–14; Heiss und Eichner 1995, S. 23).

Die physikalische Stabilität bezieht sich z. B. auf das „Aufrahmen" von Milchprodukten (die Fettphase setzt sich an der Oberfläche ab), die Synärese bei stichfestem Joghurt (Wasser setzt sich ab) oder die Retrogradation bei Gebäck (wird hart und trocken) (Krämer 2021, S. 2–14).

Die mikrobiologische Stabilität hängt mit dem mikrobiologischen Verderb zusammen. Mikrobieller Verderb kann durch Bakterien, Hefen und Schimmelpilzen ausgelöst werden. Mikroorganismen dienen aber auch teilweise der Produktion einer Reihe von Lebensmitteln, z. B.:

Übersicht
- Lactobacillen zur Fermentation von Milch oder Gemüse für Produkte wie Joghurt und Sauergemüse,
- Acetobacter zur Essigherstellung, Hefen für alkoholische Getränke sowie Hefeteige,
- Schimmelpilze u. a. für Salamiwürste, Edelschimmelkäse und Sojasauce.

Ein humanpathogenes (den Menschen krankmachendes) Bakterium ist *Clostridium botulinum*. Es zählt zu den gefährlichsten sporenbildenden Bakterien. Die Sporen können unter Bildung von Toxinen (u. a. Botulinustoxin A) auskeimen. Botulinustoxin A, ist mit einer minimalen tödlichen Dosis bei einmaliger Aufnahme von 0,00003 µg pro kg Körpergewicht die Substanz mit der höchsten akuten Toxizität, die bekannt ist. Weitere in Lebensmitteln vorkommende pathogene Bakterien sind u. a. *Salmonellen, Listeria monocytogenes* und *Staphylokoccus aureus*. Hefen und Schimmelpilze sind typische Verderbniserreger. Zahlreiche Schimmelpilze sind aber auch in der Lage Mykotoxine – vielfach leberschädigende oder kanzerogen wirksame Substanzen – zu bilden. Zu diesen zählen die Aflatoxine, Ochratoxin A, Patulin, Zearalenone, Trichotecene u. a. (Perco 2010, S. 1150–1151).

Die chemische Stabilität bezieht sich auf qualitative Veränderungen von Lebensmitteln die durch chemische Umsetzungen bedingt werden. Diese hängen in hohem Maße von den Umgebungsbedingungen und der Zusammensetzung des Lebensmittels ab. Die Geschwindigkeit qualitätsverändernder Reaktionen im Lebensmittel wird hauptsächlich von der Reaktionsfähigkeit und den Konzentrationen der Reaktionspartner, von der Anwesenheit katalytisch oder hemmend wirkender Bestandteile, Temperatur und Wassergehalt bestimmt (Heiss und Eichner 1995, S. 23). Chemische Umsetzungen, die ein Lebensmittel ungenießbar machen können, sind beispielsweise unerwünschte Zersetzungsprozesse der lebensmitteleigenen Stoffe (z. B. durch Enzyme wie z. B. die Polyphenoloxidasen, die zur Bräunung von angeschnittenem Obst führen, Lipasen, die Fette zersetzen oder Oxidationsprozesse, die durch den Sauerstoff in der Luft in Gang gesetzt werden) (Perco 2010, S. 1150).

8.6.1.2 Faktoren, die sich auf die Haltbarkeit eines Lebensmittels auswirken

Wie schnell ein Lebensmittel verdirbt, hängt von extrinsischen (äußeren) und intrinsischen (inneren) Faktoren ab. Die in Abb. 8.4 aufgeführten Faktoren gelten allgemein für alle Lebensmittel. Zur Ermittlung der Haltbarkeit kann produktspezifisch überprüft werden, welche Faktoren im individuellen Fall möglicherweise welchen Einfluss haben. Einige Faktoren können die Haltbarkeit verkürzen, andere wiederum diese begünstigen und auch verlängern (z. B. Reifeprozess bei Käse). Deshalb muss bei jedem Produkt der Einfluss der Faktoren bei der Fest-

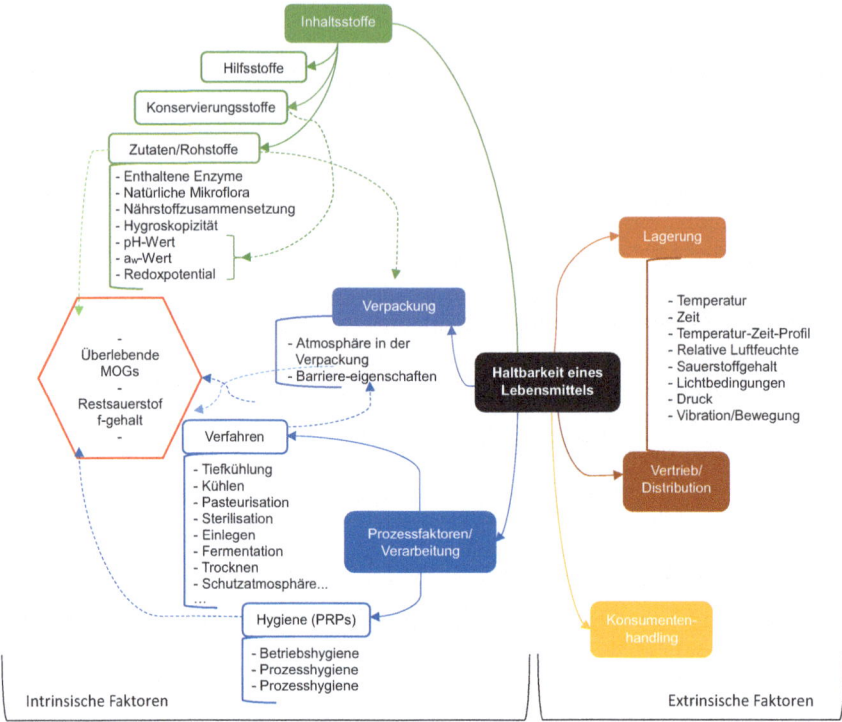

Abb. 8.4 Intrinsische und extrinsische Faktoren welche die Haltbarkeit beeinflussen. (Bildquelle: Eigene Darstellung, Quellen: Krämer 2021, S. 2–14; Dendorfer et al. 2021, S. 3–11; Figura 2021, S. 26–27; Heiss 2004; Heiss und Eichner 1995)

legung des MHDs berücksichtigt werden. Beispielsweise wird die Haltbarkeit von Kartoffeln von negativ wirkenden Faktoren wie z. B. enzymatischen Reaktionen begrenzt, da diese zu qualitativen Veränderungen führen wie Erweichung der Textur und Toxinbildung (Krämer 2021, S. 2–14).

Dass die in Abb. 8.4 aufgeführten Faktoren ambivalent betrachtet werden müssen, zeigt sich gut am Beispiel der Temperatur. Hohe Temperaturen bei der Verarbeitung, z. B. bei Sterilisationsprozessen, führen zum Abtöten von Mikroorganismen und trägt so zur Verlängerung der Haltbarkeit bei. Hohe Temperaturen bei der Verarbeitung können aber auch zu unerwünschten Maillard-Reaktionen (Bräunungsreaktionen) oder einer ungewollten Veränderung des Geschmackprofils führen (z. B. kann die Hitzebehandlung von Milch den „frischen" Milchgeschmack hin zu einem Koch-Milchgeschmack verändern). Bestimmte Temperaturen födern die mikrobielle oder enzymatische Aktivität, was erwünscht sein kann (z. B. bei Fermentationsprozessen, Reifung von Fleisch) oder unerwünscht (mikrobieller Verderb, enzymatisch katalysierte Prozesse wie die enzymatische Bräunung bei Obst) (Heiss und Eichner 1995, S. 26–32).

8.6.1.3 Ausgewählte intrinsische Faktoren für die Haltbarkeit

Weitere wichtige intrinsische Faktoren für die Haltbarkeit eines Lebensmittels sind die Wasseraktivität, der pH-Wert und die Hygroskopizität.

▶ **Wasseraktivität a_w** Über einer wässrigen Lösung bei einer gegebenen Temperatur liegt der Dampfdruck p im Bereich zwischen null und dem Sättigungsdampfdruck p_s von Wasser bei dieser Temperatur. Ist die Lösung in einem geschlossenen Gefäß und der Dampfdruck im Gasraum des Gefäßes kann der Anstieg des Dampfdrucks bis zu einem Gleichgewichtswert p beobachtet werden. Die Höhe des Wertes p hängt davon ab, wie „frei" die Wassermoleküle der Lösung sind. Wechselwirkung mit gelösten Substanzen schränken ihre „Freiheit" ein, dann ist der Gleichgewichtsdampfdruck geringer. Der Gleichgewichtsdampfdruck wird daher als Indikator für die Freiheit (auch: Reaktivität, Aktivität) der Wassermoleküle einer Lösung genutzt. Der relative Dampfdruck, also der Quotient aus Dampfdruck p und Sättigungsdampfdruck p_s über der Lösung wird als Wasseraktivität der Lösung bzw. des Produktes/Lebensmittels bezeichnet: $aw = p/p_0$ (Abb. 8.5).

Die Wasseraktivität hat ihren Maximalwert $a_w = 1$ bei keiner Einschränkung durch Wechselwirkungen mit gelösten Substanzen oder wenn die Lösung aus reinem Wasser besteht (Figura 2021, S. 2–3).

Die **Wasseraktivität** ist eine der entscheidenden technologischen Größen für die Lagerstabilität von Lebensmitteln. Enzymaktivität, Wachstumsgeschwindigkeit von Mikroorganismen und auch die Reaktionsgeschwindigkeit nichtenzymatischer Reaktionen (Bräunungsreaktionen) hängen stark von der Wasseraktivität ab. Die Haltbarkeit von Lebensmitteln erhöht sich meistens mit Senkung der Wasseraktivität. Bei Lebensmitteln mit einem niedrigen a_w-Wert ist jedoch manchmal eine schnelle

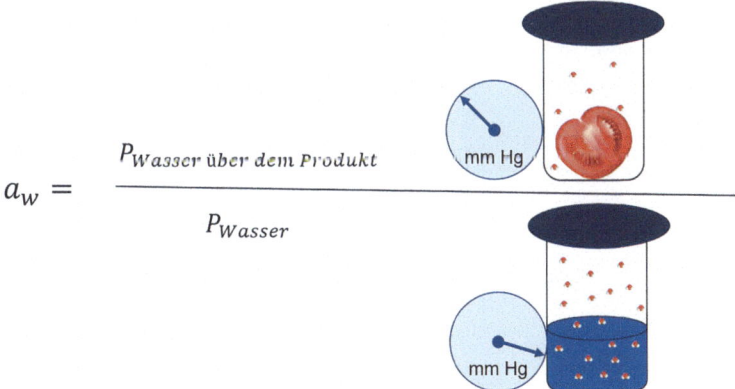

Abb. 8.5 Symbolische Darstellung der Wasseraktivität eines Produktes. (Bildquelle: Eigene Abbildung mit Vektoren von freepik.com)

Fettoxidation zu beobachten, die dann die Haltbarkeit begrenzt. Das Senken der Wasseraktivität ist möglich durch Trocknung, gefrieren oder den Zusatz von Substanzen mit einem hohen Wasserbindungsvermögen (Salze, Zucker usw.) (Richter 2010, S. 321, Heiss und Eichner 1995, S. 34). Die Tab. 8.2 zeigt beispielhaft die a_w-Werte einiger Lebensmittel und die Tab. 8.3 die benötigte Wasseraktivität für das Wachstum ausgewählter Mikroorganismen. Lebensmittel, die einen a_w-Wert aufweisen, der einem Mikroorganismus zum Wachstum ausreicht, begünstigt in dieser Hinsicht dessen Vermehrung. Der pH-Wert eines Lebensmittels nimmt jedoch ebenfalls Einfluss auf das mikrobielle Wachstum und somit die Haltbarkeit.

Der **pH-Wert** ist eine dimensionslose Maßzahl, die den Säure- oder Basengehalt einer Lösung beschreibt. Er gibt die Konzentration der Wasserstoffionen (H^+-Ionen) in einer wässrigen Lösung an (Lexikon der Biologie 1999). Lebensmittel können grob eingeteilt werden in:

Tab. 8.2 Durchschnittliche a_w-Werte ausgewählter Lebensmittel

Lebensmittel	a_w-Wert
Getreidemehl	0,75
Honig	0,75
Salami	0,78
Geräucherter Schinken	0,84
Hartkäse	0,92
Leberwurst	0,96

Quelle: Matissek 2019, S. 68

Tab. 8.3 Minimale a_w- und pH-Werte für das Wachstum von ausgewählten Mikroorganismen

Mikroorganismen	Minimaler a_w-Wert	Minimaler pH-Wert
Bakterien	0,91–0,95	4,5–4,0
Clostridium botulinum Typ E	0,96	5,2–5,0
Bacillus cereus	0,95	4,9
Clostridium botulinum A, B	0,95	4,5
Salmonella	0,95	4,5–4,0
Lactobacillus	0,94	4–3,8
Listeria monocytogenes	0,93	5,6
Staphylococcus aureus	0,86	4,0 (4,8 bei Toxinbildung)
Hefen	0,94–0,87	4,0–3,0
Osmotolerante Hefen	0,65–0,60	4,0–3,0
Schimmelpilze	0,93–0,80	4,0–2,0
Xerotolerante Schimmelpilze	0,78–0,60	4,0–2,0

Quelle: Krämer 2010, S. 512

> **Übersicht**
> - Schwach saure bis neutrale Produkte: pH 4,5 bis 7 (z. B. Fleisch, Fisch, Geflügel, Milch, Erbsen, Bohnen, Kartoffeln, Karotten),
> - Saure Produkte: pH < 4,5 (z. B. Apfel, Birnen, Pfirsiche, Tomaten, Konfitüren, Fruchtsäfte, Joghurt), und
> - sehr saure Produkte mit einem pH-Wert zwischen 2,5 und 3,5 (z. B. Zitronen, Rhabarber, Ananas, viele Beerenfrüchte, Sauerkraut (Heiss und Eichner 1995, S. 90).

Die meisten Bakterien benötigen zum Wachstum ein a_w-Minimum zwischen 0,91–0,95 und hohen pH-Wert zwischen mind. 4,0 und 4,5. Pilze und Hefen sind wesentlich toleranter gegenüber niedrigen a_w- und pH-Werten (Krämer 2010, S. 512).

Die **Hygroskopizität** kennzeichnet die Eigenschaft eines Materials, Wasser aus der umgebenden Gasphase aufzunehmen. Hygroskopizität von Stoffen kann chemische, physikalische und mikrobiologische Veränderungen in einem Produkt auslösen. Diese Eigenschaft ist bei Lebensmitteln daher eher unerwünscht, da Wasseraufnahme aus der Umgebungsluft eventuell zu Qualitätsverlusten führt. Qualitätsmerkmale wie die:

- Knackigkeit von Backwaren,
- die Fließeigenschaften von Pulvern, oder
- die Haltbarkeit

nehmen ab. Pulverförmige, hygroskopische Lebensmittel können durch Wasseraufnahme außerdem klebrig oder klumpig werden, was Anhaftungen oder Blockaden in Rohrleitungen oder Dosiereinrichtungen begünstigt (Figura 2021, S. 26–27).

8.6.1.4 Ausgewählte extrinsische Faktoren für die Haltbarkeit

Extrinsische Faktoren, die sich auf die Haltbarkeit auswirken, sind unter anderem die Herstellungs-/Lagertemperatur und der Produktschutz durch die Primärverpackung. Die (Lager-)Temperatur für ein Produkt passend auszuwählen, um dessen Haltbarkeit zu optimieren, ist ein Zusammenspiel zwischen intrinsischen und extrinsischen Faktoren. Um die mikrobiologische Stabilität von Lebensmitteln sicher zu stellen, empfiehlt es sich eigentlich deren Lagerung bei Temperaturen knapp über dem Gefrierpunkt, denn ab +3 °C können diese sich bereits doppelt so schnell und bei ca. +6 °C dreimal so schnell vermehren (Heiss 2004, S. 550). Je nach Lebensmittel bzw. Lebensmittelkategorie wirkt sich die Lagertemperatur jedoch ungünstig auf bestimmte intrinsische Faktoren aus. Bei Frischgebäck beispielsweise weist die Retrogradation der Stärke zwischen 0 und 4 °C ein Maximum auf (Heiss 2004, S. 552). Backwaren werden in diesem Temperaturbereich also besonders schnell „Altbacken". Bei der Retrogradation gibt die Stärke des Mehls die gebundenen/eingelagerten Wassermoleküle teilweise wieder ab und geht in einen kristallinen Zustand über. Die beim Zubereitungs- und Backvorgang verkleisterte Stärke bildet sich zurück von einem gelösten, stark gequollenen Zustand in einen unlöslichen, entquollenen Zustand. Das führt zu einer veränderten Textur (sprödere Konsistenz) (Matissek 2019, S. 315). Auch das Tiefgefrieren von Lebensmitteln kann sich qualitativ negativ auswirken. Das Gefrieren von empfindlichen Lebensmittel wie z. B. Fischen kann deren Haltbarkeit zwar um ein Vielfaches verlängern, aber auch zu Problemen führen. Werden Fische im Ganzen gefroren, aufgetaut und dann filetiert, kann das sogenannte „gaping" auftreten. Dabei kommt es zum Aufreißen und zur Lückenbildung zwischen den Fischsegmenten. Werden hingegen Fischfilets eingefroren, tritt dieses Problem nicht auf (Heiss und Eichner 1995, S. 180).

Eine sorgfältige, nach den „Bedürfnissen" des Produktes, ausgewählte Primärverpackung, kann den Einfluss verschiedener extrinsischer Faktoren auf intrinsische Faktoren minimieren. Verpacken ist das wichtigste Kriterium zur Qualitätserhaltung bei Lebensmitteln (neben kühlen), da es zum Schutz vor atmosphärischen Einflüssen beiträgt. Lebensmittel haben völlig unterschiedliche Anforderungen an die Verpackung hinsichtlich der:

- Wasserdampfbarriere,
- Sauerstoffbarriere,
- des Aromaschutzes und
- des Schutz vor (UV)Licht (Heiss und Eichner 1995, S. 563).

Die Primärverpackung von Lebensmitteln kann funktionelle Barrieren für die verbesserte Haltbarkeit der Produkte enthalten. „Eine funktionelle Barriere ist eine Mehrschichtverpackungsstruktur, bei der eine Schicht den Massentransferprozess einer migrierenden Substanz durch die Verpackung in das Lebensmittel verhindert oder verzögert" (BLL 2019, S. 6–22). Die Verpackung muss zudem lebensmittelverträglich sein. Typische Barriere-eigenschaften sind keine oder sehr geringfügige Durchlässigkeit von Gasen (z. B. Sauerstoff), Dämpfen (z. B. Wasserdampf) und Aromen. Die Durchlässigkeit wird beschrieben durch die „Permeation", also den molekularen Stofftransport von flüssigen und gasförmigen Substanzen durch nicht poröse Körper (Loeffler-Kamann 2024). Eine Wasserdampfbarriere ist beispielsweise der wichtigste Faktor für wasserarme Lebensmittel (z. B. Trockenprodukte wie Backmischungen). Diese können verschieden hygroskopisch sein. Ein ausreichender Schutz ist bereits durch Monokunststoffe unterschiedlicher Wasserdampfdichtigkeit zu erreichen. Eine Sauerstoffbarriere kann zur Verzögerung der Fettoxidation (z. B. in Milchpulver, Fettpulver, Nüsse, Saaten, Getreide mit Keim (Vollkorn Haferflocken) und des Vitaminabbaus beitragen. Gute Sauerstoffbarriere bieten Glas, Metall, Aluminium- und Kunststoffverbunde (Heiss und Eichner 1995, S. 564). Meistens handelt es sich bei Verpackungsmaterialien mit guten Barriere-eigenschaften um nicht ausreichend recyclingfähige Verbundfolien bzw. Materialien, da die Barriere-eigenschaften durch den makromolekularen Aufbau der Polymere bedingt sind, welche sich nicht ausreichend von Papier und anderen schichten des Verbandmaterials trennen lassen. Auf dem Markt waren 2021 59,2 % aller Verbundmaterialien für Verpackungen auf Papierbasis weniger als 90 % recyclingfähig. Dazu zählen Materialien wie Papiere, die mit Nassfestmitteln oder Imprägniermitteln behandelt wurden, fast vollständig beidseitig entweder beschichtete oder metallisierte Papiere und viele Papier/Kunststoff-Verbunde (Loeffler-Kamann 2024; Schüler und Wilhelm 2023).

▶ **Recyclingfähigkeit** „Der Begriff Recyclingfähigkeit eines Produkts beschreibt dessen Fähigkeit als Abfall, durch eine entsprechende getrennte Erfassung, Sortierung und anschließende abfalltechnische Aufarbeitung wieder in ein wiederverwendbares Produkt rückgeführt werden zu können. Ziel ist, durch die Steigerung der Recyclingfähigkeit Neuware (Primärmaterial) durch Sekundärrohstoffe (Rezyklate) zu ersetzen, um die Ressourcenschonung und die damit einhergehende Kreislaufwirtschaft voranzutreiben" (Fredriksson et al. 2021).

8.6.1.5 Sensorische Tests zur Ermittlung des MHDs

Bei der Ermittlung des MHDs für ein Produkt bzw. ein Prototyp kann grundsätzlich zwischen zwei Methoden unterschieden werden: der direkten Methode (RSLT – *Real Shelf Life Test*) und der indirekten Methode (ASLT – *Accelerated Shelf Life Test*).

Der RSLT *(Real Shelf Life Test)* beschreibt einen Lagertest unter definierten Bedingungen für eine definierte Zeitperiode und Überprüfungen in einem definierten Zeitintervall. Die definierte Zeitperiode umfasst mindestens die zu erwartende Haltbarkeit. Ein sensorischer Test zur Ermittlung des MHDs wird in Abschn. 4.4.6 beschrieben.

Der ASLT *(Accelerated Shelf Life Test)* ist ein beschleunigter Alterungstests oder Methoden zur Prognostizierung von Alterungsmodellen. Mit Alterungsmodellen lässt sich beispielsweise das mikrobiologische Wachstum, der zeitabhängige Verlust von Vitaminen, der Abbau eines Farbstoffes oder die Bildung von Bräunungsprodukten berechnen (Krämer 2021, S. 2–14; Heiss und Eichner 1995, S. 25).

Ein Alterungstest lässt sich beschleunigen, indem die Lagerungstemperatur erhöht wird, wodurch eine beschleunigte Alterung des Produktes erfolgt und somit die Lagerzeit und Testdauer reduziert werden kann (Krämer 2021, S. 2–14). Der ASLT beruht auf der Van't-Hoff-Regel bzw. RGT-Regel (Reaktionsgeschwindigkeits-Temperatur-Regel) die den Zusammenhang zwischen Temperatur und Reaktionsgeschwindigkeit chemischer Reaktionen beschreibt. Die Regel besagt, dass sich die Reaktionsgeschwindigkeit bei einer Erhöhung der Temperatur von 10°C auf das Doppelte bis Dreifache erhöht. Dies gilt für nahezu alle chemischen und physiologischen Reaktionen und erlaubt somit eine grobe Abschätzung/Prognose von Reaktionszeiten. Daher kann die Van't-Hoff-Regel zumindest theoretisch zugrunde gelegt werden, um beschleunigte Lagerversuche durchzuführen. Wird beispielsweise die übliche Lagerungstemperatur eines Lebensmittels bei 20°C Raumtemperatur angenommen und der ASLT bei 30°C durchgeführt, erreicht das Lebensmittel sein Haltbarkeitsende in der halben Zeit oder weniger (Derndorfer et al. 2021).

Das führt zu einer deutlichen Zeitersparnis, insbesondere bei Produkten mit langem *Shelf life*. Allerdings wird durch die forcierte Lagerung auch riskiert Prozesse in Gang zu setzen, die unter realen Lagerungsbedingungen nicht erfolgen würden. Diese „neuen" Reaktionen können in Folge weitere Qualitätsveränderungen auslösen, z. B. einen Vitaminabbau oder Maillard-Reaktionen (nichtenzymatische Bräunungsreaktionen) was unter realen Bedingungen nicht oder nicht in dieser Geschwindigkeit/Intensität stattgefunden hätte (Krämer 2021, S. 2–14; Heiss und Eichner 1995, S. 31–32). Das Prognostizieren des MHDs mittels beschleunigter Lagerung ist daher eher als eine grobe Schätzung anzusehen. Auf dieser Basis kann ein temporär festgelegtes MHD mit entsprechendem zeitlichen Sicherheitspolster vorläufig vergeben werden. Letztendlich muss es jedoch mit dem realen MHD und direkten Methoden (RSLT) […] abgeglichen werden (Derndorfer et al. 2021).

Die Abb. 8.6 zeigt beispielhaft den Verlauf der Veränderung eines Produktes in einem RSLT und einem ASLT. Beide Lagertests wurden zu demselben Zeitpunkt mit derselben Produktionscharge (d. h. dieselben Rohstoffe, Verarbeitung, Verarbeitungsbedingungen usw.) angelegt. Die Proben für den ASLT werden in einem Klimaschrank bei 30°C und 75 % Luftfeuchte gelagert und die für den RSLT in einem Raum in welchem eine konstante Temperatur von 20°C (±2°C) herrscht und die relative Luftfeuchte überwacht wird. Im Mittel liegt diese bei der Auswertung bei 55 %. Alle 4 Wochen findet eine sensorische Auswertung der Proben

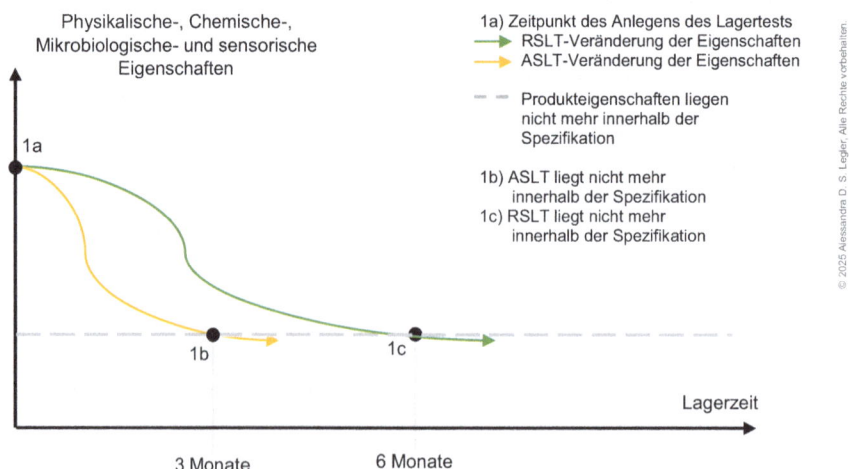

Abb. 8.6 Beispielhafter Verlauf eines RSLT und ASLT für ein Produkt. (Bildquelle: Eigene Darstellung)

statt. Theoretisch sollten die Proben des ASLT nach 3 Monaten Abweichungen in ihren Eigenschaften aufweisen, die beim RSLT erst nach 6 Monaten feststellbar sind. In der Abb. 8.6 liegen die Proben des ASLT deswegen bereits nach 3 Monaten nicht mehr innerhalb der Spezifikation, die des RSLT nach 6 Monaten.

In dem Beispiel findet zu Beginn der Lagertest im Verhältnis zur Lagerdauer die größte Veränderung im Produkt statt (der vergleichsweise starke Abfall der Kurve innerhalb der ersten 1,5 bzw. 3 Monate). Dies muss nicht immer der Fall sein. Chemische Veränderungen des Produktes beispielsweise, die durch ein Enzym katalysiert werden – z. B. die enzymatische Bräunung – laufen mit einer konstanten Reaktionsgeschwindigkeit ab, solange eine konstante Menge des Enzyms vorliegt und dieses mit Substrat gesättigt ist (Heiss und Eichner 1995, S. 24). Das bedeutet, dass die chemisch-qualitative Veränderung weitestgehend kontinuierlich ablaufen würde.

Hängt die chemische Veränderung hingegen mit der mikrobiellen Aktivität zusammen, wie z. B. die Bildung biogener Amine, korreliert die Bildung mit der mikrobiellen Aktivität und zu welchem Zeitpunkt diese stattfindet. Wird das Wachstum der Bakterien nicht durch z. B. Konservierungsstoffe begrenzt, verläuft dieses eine zeitlang exponentiell, bis die stationäre und die Absterbephase erreicht werden (siehe Abb. 8.7). Dabei werden Lebensmittelinhaltsstoffe durch die Bakterien metabolisiert (ebenfalls enzymatische Reaktionen), wobei verschiedenste Reaktionsprodukte, unter anderem auch biogenen Amine, entstehen können (Matissek 2020, S. 40, 374; Beutling 1996; Brandis-Heep, S. 57–58). In diesem Fall würde es zu einem starken Anstieg der chemischen Veränderung im Produkt bzw. zu einem starken Qualitätsverlust innerhalb eines sehr kurzen Zeitraums kommen, ähnlich wie er in Abb. 8.6 dargestellt wird. Lebensmittel, die innerhalb kürzester Zeit durch Bakterien wie *Escherichia coli* für den menschlichen Konsum unbrauchbar werden, sind unter anderem Blattsalate und Kräuter, besonders wenn sie in grünen Smoothies verarbeitet worden sind (BfR 2017).

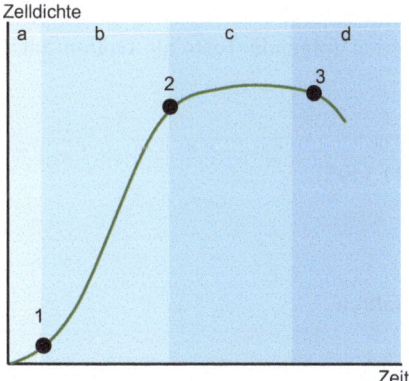

Abb. 8.7 Idealtypische Wachstumskurve von Bakterien. (Bildquelle: Eigene Darstellung, Quelle: Brandis-Heep, S. 58; Steinbüchel et al. 2013, S. 33–34)

▶ **Biogene Amine** Diese zählen zu den Biotoxinen. Dabei handelt es sich um toxikologisch relevante Stoffe, die von z. B. von Mikroorganismen (unter anderem Bakterien), Pilzen, Algen, und Pflanzen produziert werden. Manche dieser Stoffe sind nur für bestimmte Arten toxisch, weil sie ganz spezifische Stoffwechselfunktionen beeinflussen, andere zeichnen sich durch einen artenübergreifenden Wirkungsmechanismus aus.

Laktobazillen beispielsweise, die bei der Herstellung mancher Lebensmittel benötigt werden, können im Verlauf der Fäulnisreaktionen auf Fleisch zur Bildung biogener Amine beitragen.

Bei Sauerkraut trägt die Milchsäuregärung zur Haltbarkeit bei, da die Laktobazillen aus dem Milchzucker der Milch den Metaboliten Milchsäure bilden. Auf Fleisch hingegen können sie und andere Mikroorganismen Proteine abbauen, sodass in der Folge unter anderem biogenen Amine entstehen. Dazu zählen Tyramin (aus Tyrosin), Cadaverin (aus Lysin) und Putrescin (aus Ornithin). Diese bilden neben Phenol, Kresol, Skatol, Indol, Ammoniak und Schwefelwasserstoff die sog. Leichengifte (Ptomaine) (Matissek 2020, S. 40, 374; Beutling 1996).

Zu einer sehr schnellen Qualitätsveränderung kann es auch in Produkten kommen, die einen hohen Anteil (mehrfach) ungesättigter Fettsäuren aufweisen. Hier wird die Haltbarkeit vorrangig durch autokatalytische Reaktionen wie die Fettoxidation begrenzt. Diese zeichnet sich durch eine langsam ablaufende Induktionsperiode aus, die durch katalytische oder hemmende Bestandteile/Zusätze beschleunigt oder verzögert werden kann. Sobald die Radikalkettenreaktion einmal in Gang gesetzt worden ist, läuft sie autokatalytisch exponentiell ab. Der Zusatz von Vitamin E (Tocopherol) kann die Induktionsphase verlängern, der Kontakt mit Katalysatoren, wie z. B. die Verunreinigung mit Schwermetallionen, hingegen diese verkürzen (Heiss und Eichner 1995, S. 24–25; Matissek 2019, S. 177–178, 181). Wann es zu der schnellen qualitativen Veränderung im Produkt kommt hängt in diesem Fall davon ab, wie lange die Induktionsperiode verlängert bzw. der Start der Radikalkettenreaktion hinausgezögert werden kann, wie in Abb. 8.8 dargestellt wird.

Sowohl RSLT als auch ASLT können mit sensorischen Tests ausgewertet werden. In der DIN ISO 16779:2018-05 werden folgende Tests als Option zur Ermittlung des MHDs angegeben:

- Dreiecksprüfung (siehe ISO 4120),
- paarweise Vergleichsprüfung (siehe ISO 5495),
- Duo-Trio-Prüfung (siehe ISO 10399),
- Beschreibende Prüfungen,
- Hedonische Prüfungen
- Kombination der angegebenen Prüfverfahren

Beschreibende Prüfungen werden angewendet, wenn die Veränderung einer oder mehrerer charakteristischer Merkmalseigenschaften das Ende der Mindesthaltbarkeit definiert und bei sehr inhomogenen Produkten. Für hedonische Prüfungen

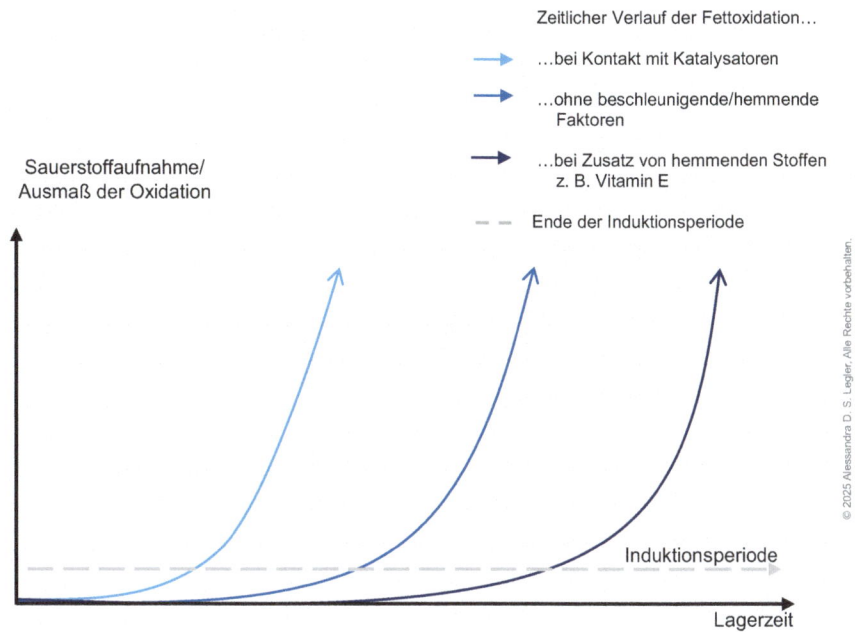

Abb. 8.8 Verlauf der Fettoxidation unter verschiedenen Einflüssen. (Bildquelle: Eigene Darstellung, Quellen: Heiss und Eichner 1995, S. 24–25; Matissek 2019, S. 177–178, 181)

ist eine ausreichend große Verbrauchergruppe erforderlich und die Durchführung sollte nur erfolgen, bis eine definierte Akzeptanzgrenze unterschritten wird (DIN ISO 16779:2018-05).

Lagertests generell finden üblicherweise unter optimalen Bedingungen statt, die aber in der Praxis nie zutreffen. Aufgrund zahlreicher Transportwege und unterschiedlicher Lagerbedingungen im Handel und in den Endverbraucher-Haushalten unterliegt ein Produkt z. B. auch unterschiedlichen Temperaturen, Lichteinwirkungen o. a. Einflüssen. Diese Bedingungen müssten eigentlich in (beschleunigten) Lagertests nachempfunden werden, was nach DIN ISO 16779:2018 auch zu berücksichtigen ist. Üblicherweise findet die Durchführung beschleunigte Lagerversuche aber bei konstanter Temperatur statt. Es gilt daher, „je größer die Differenz zwischen den untersuchten und empfohlenen Lagerbedingungen ist, umso unsicherer ist die Vorhersage der Produkteigenschaften unter empfohlenen Lagerbedingungen" (Derndorfer et al. 2021, S. 1–12). Wenn unterschiedlich erhöhte Lagertemperaturen untersucht werden, kann dies die Aussage verbessern. In der Praxis sind nicht nur der Vorhersagewert zu berechnen, sondern auch die Unsicherheit der Vorhersage. Diese wird typischerweise mittels Konfidenzintervallen quantifiziert. Ohne die Bestimmung von Konfidenzintervallen kann es zum Treffen von falschen Entscheidungen kommen (Derndorfer et al. 2021, S. 1–12).

Je nachdem, wann in einem Produkt die Qualitätsveränderungen während des ASLTs zu erwarten sind, schlägt die DIN ISO 16779:2018-05 unterschiedliche Prüfstufen (Zeitpunkte, an denen das Produkt im Verlauf des ASLTs getestet wird) vor:

> **Übersicht**
> - Produkte unbekannter Mindesthaltbarkeit werden diesbezüglich geschätzt und in Intervallen von 0, 50, 60, 80, 90, 100, 110 und 125 oder 150 % des geschätzten Zeitraums geprüft;
> - Produkte, in welchen die qualitative Veränderung in der Anfangsphase des ASLTs zu vermuten sind, werden nach 0, 10, 25, 50, 75, 100 und 125 % des angesetzten Zeitraums geprüft und
> - Produkte, wo die Veränderung überwiegend in der Endphase der Mindesthaltbarkeit erwartet werden, werden nach 0, 50, 65, 80, 90, 100, 110 und 125 oder 150 % des festgelegten Zeitraums geprüft (DIN ISO 16779:2018-05).

8.6.2 Checkpunkt 4: Abgleich mit dem Produktkonzept

Ziel des iterativen Durchlaufens des Mikrozyklus ist die Annäherung des Prototypen an das in Phase II erstellte Produktkonzept (Kap. 7). Nach jeder Schleife bzw. Testphase sind daher die Ergebnisse mit den Vorgaben aus dem Produktkonzept abzugleichen und die Differenzen zu analysieren. Diese Differenzen stellen die Basis zur Re-definition des Problems dar (Abschn. 8.3). Der Mikrozyklus kann verlassen werden, wenn entweder der Prototyp nach der Testphase keine beanstandungswürdigen Defizite mehr aufweist bzw. das Produktkonzept zufriedenstellend umsetzt oder keine zielführenden Lösungsansätze mehr gefunden worden können bzw. diese abgearbeitet wurden. Wenn dies der Fall ist, wird in die Phase II des Modelprozesses zurückgekehrt und das vorläufige Produktkonzept modifiziert. Im Anschluss sollten man alle darauffolgenden Schritte erneut durchlaufen. Es besteht auch die Möglichkeit das Projekt an dieser Stelle abzubrechen.

8.7 Tests zur Verbraucherakzeptanz

Ist das Produktkonzept erfolgreich in einem oder mehreren Prototypen umgesetzt, wird dieser zum Abschluss auf seine Akzeptanz durch den Verbraucher getestet. Die Verbraucherakzeptanz ist ein elementarer Bestandteil der Marktfähigkeit (Abschn. 2.3 und 2.3.1) eines Produktes. Dabei wird die sensorische Beliebtheit von den Produkten bei den Konsumenten ermittelt. Diese ist „absolut" und zeigt als wie gut oder schlecht ein Produkt empfunden wird (Derndorfer 2023, S. 117).

Die Verbraucherakzeptanz zu ermitteln ist möglich mit Hilfe von „Akzeptanzprüfungen, zur Messung der Intensität des Genusses beim Konsum" (DIN EN ISO 11136:2020-11). Es wird versucht, „ein Maß für die intuitive, gesamtheitliche Empfindung bei Konfrontation mit dem Produkt zu gewinnen, indem verschiedene Skalen angeboten werden, auf denen diese Empfindungen abgebildet werden können" (Dürrschmid 2010, S. 1–6). Akzeptanztests zählen zu den hedonischen Prüfungen, wobei die subjektive Wahrnehmung von Produkten (gut oder schlecht) durch ungeschulte Konsumenten ermittelt wird (Derndorfer 2023, S. 116).

Ein solcher abschließender Konsumententest kann nach DIN durchgeführt werden, um belastbare Ergebnisse zu erzielen. Die einzige nach DIN beschriebene Art der Akzeptanzprüfung ist die **Bewertungsprüfung.** Diese Prüfung wird in diesem Fall als Verbraucherstudie durchgeführt. Die allgemeinen Bedingungen zur Durchführung einer solchen Studie (Ort, Verbraucherstichprobe, Probenauswahl und Zubereitung usw. sind in Abschn. 4.2 und 4.5 beschrieben).

Bewertungsprüfungen können unterteilt werden nach Art der Antwortskala, die bei der Beurteilung der Proben verwendet wird (strukturiert oder nicht strukturiert, numerisch, semantisch oder piktographisch sein (ISO 4121 und nach der Anzahl der Proben, die vom Verbraucher zu bewerten sind (DIN EN ISO 11136:2020-11):

> **Übersicht**
> - Einzelbewertung: Jeder Verbraucher bewertet ein einziges Produkt (streng monadische Vorlage).
> - Bewertung mehrerer Produkte hintereinander: Ein Verbraucher erhält mehrere Produkte einzeln und nacheinander, die in einer oder mehreren Sitzungen bewertet werden. Er erhält keinerlei Informationen über bereits bewertete Produkte oder hierzu gegebene Antworten und es muss sichergestellt werden, dass er nicht auf die Bewertung eines vorherigen Produktes zurückgreifen kann (sequentielle monadische Vorlage). Dies ist die gängigste Form, da sie weniger kostenintensiv ist als die streng monadische Vorlage (Einzelbewertung).
> - Bewertung mehrerer Produkte gleichzeitig: Ein Verbraucher erhält mehrere Produkte gleichzeitig und die Bewertungen, die sie für andere Produkte abgegeben haben, dürfen eingesehen werden (komparative Vorlage). Diese neigt dazu Unterschiede zwischen Produkten überspitzt darzustellen, und den Vergleich zwischen Studien schwierig gestaltet, wenn die Prüfbedingungen nicht streng identisch sind (DIN EN ISO 11136:2020-11)

Bei einem Akzeptanztest wird lediglich die Gesamtakzeptanz von Produkten erfragt und/oder separate Akzeptanzen von Aussehen, Geruch, Geschmack etc. Zur Auswertung sind die Mittelwerte der Ergebnisse zu berechnen. Die Verbraucherstichprobe sollte aus min. 100 Konsumenten bestehen und richtet sich unter anderem nach der Homogenität der Zielgruppe (soll das Produkt alle Bevölkerungsgruppen ansprechen oder ein schmales Segment?). Bei objektiven, sensorischen Prüfungen sind die Proben immer zu verblinden (codiert), hedonische Tests können sowohl blind als auch unter Bekanntgabe der Marke erfolgen (Derndorfer 2023, S. 117).

Eine weitere Möglichkeit ist das Durchführen von spontanen Akzeptanztests. Dabei beurteilt die Testperson eine relativ geringe Menge der Prüfprobe rasch und intuitiv aus dem Bauch heraus soll zusätzlich zur Gesamtakzeptanz der Produkte auch die Akzeptanz einzelner sensorischer Merkmale (z. B. Flavour, Aussehen, Textur…) beurteilt werden, dann wird die Beurteilung der Gesamtakzeptanz an den Anfang des Tests gestellt, um zu verhindern, dass die Konsumenten in eine analytische Prüfsituation gedrängt werden. Spontane Akzeptanztests eigenen sich besser für Produkte mit sehr einfachen, leicht zugänglichen, wenig komplexen sensorischen Profilen. Komplexere Produkte neigen dazu in diesen Tests besser abzuschneiden als bei realitätsnaher Verzehrsweise mit größerer Verzehrsmenge. Testmethoden wie der Dauerakzeptanztest ermöglichen für solche Produkte eine realistischere Prüfweise (Dürrschmid 2010, S. 1–6).

Beim Dauerakzeptanztest wird das Produkt von den Prüfpersonen über eine gewisse zeitliche Dauer hin (Tagen bis zu Wochen) beurteilt. Beispielsweise ein Erfrischungsgetränk (0,5 L) wird von den Verbrauchern über 24 Tage hinweg täglich konsumiert und beurteilt. Zusätzlich zu der Beliebtheit kann auch die tatsächliche Verzehrmenge abgefragt und als Parameter der hedonischen Akzeptanz gewertet werden. Problematisch bei diesem Test kann sein, dass Verbraucher dazu tendieren das Produkt unabhängig von ihren Empfindungen immer gleich zu beurteilen. Dies kann man verhindern, indem die Proben „verblindet" werden, etwa durch die (fälschliche) Information, dass Produkte sich „leicht aber eventuell auch stärker" voneinander unterscheiden können. Auf diese Weise haben die Prüfpersonen die Möglichkeit ihre Beliebtheitsurteile schwanken zu lassen, sodass über die Zeit hin eine ab- oder zunehmende Beliebtheit von Produkten abgebildet werden kann. Eine abnehmende Beliebtheit kann darin begründet sein, dass eine Aversion gegenüber dem Produkt erst langsam wahrgenommen wird und in die Beurteilung einfließt. Ein weiterer Grund könnte auch eine zu geringe sensorische Komplexität sein, die über die Zeit hin zu sensorischer Langeweile führt (Dürrschmid 2010, S. 1–6).

Diese Akzeptanztests kann man z. B. auch in Form von *Home Use Tests* (HUT) durchführen. Beim HUT werden die Produkte zu Hause im gewohnten Umfeld konsumiert. Ein Vorteil ist darin begründet, dass der Verkostungsprozess im häuslichen Umfeld die Produktwahrnehmung durch kein ungewohntes Setting beeinflusst. Die Daten können zudem in den meisten Fällen digital erhoben werden, was die Durchführung und Datenauswertung sehr effizient macht. Der Nachteil besteht darin, dass der Befragungs- und Verkostungsprozess seitens der Projektleitung nicht so genau kontrolliert werden können. Um ein möglichst korrektes Ergebnis der Befragung zu gewährleisten, ist der Test durch verständliche und sehr detaillierte Instruktionen für die Konsumenten zu begleiten (Aegler und Schneider-Häder 2021, S. 2–12).

8.8 Checkpunkt 5 und Ausblick

Die Bewertung eines oder mehrerer Akzeptanztests stellt den Checkpunkt 5 im Modellprozess dar. Eine positive Bewertung des Tests bzw. des Prototypen durch die Verbraucher dient als abschließender Indikator dafür, dass der Prototyp marktfähig ist und upskaliert und am Markt eingeführt werden kann. Inwiefern der Prototyp als innovativ einzustufen ist, hängt von den in Abschn. 2.1 beschriebenen Dimensionen von Innovation ab. Wird der Prototyp vom Verbraucher nicht akzeptiert, besteht auch hier wieder die Möglichkeit zum vorläufigen Produktkonzept zurückzukehren und dieses anzupassen oder das Projekt endgültig zu verwerfen.

8.8.1 Ausblick: Markttests

Die Einführung am Markt wird vom dem hier vorgestellten Modelprozess zur Herstellung eines innovativen, marktfähigen Lebensmittelprototypen nicht mehr abgedeckt. Als weitere Zwischenstufe vor der Markteinführung besteht noch die Möglichkeit weiterer Tests zur Sicherstellung der Marktfähigkeit des Produktes.

Das Produkt bzw. der Prototyp können auf ihre Marktfähigkeit auf einem Testmarkt oder in einem Testmarktsimulator überprüft werden. Ein Testmarktsimulator dient dazu, den Adoptionsprozess für ein innovatives Produkt bei einer repräsentativen Stichprobe aus der Zielgruppe des Produktes zu simulieren und eine Prognose über den wahrscheinlichen Marktanteil des Produktes zu liefern. Das Verfahren ist mehrstufig und startet mit einer Befragung der Konsumenten zu ihren Präferenzen und Gewohnheiten. Anschließend werden diese mit der Werbung für das Testprodukt konfrontiert. In einer simulierten Einkaufssituation können sie dann zwischen verschiedenen Produkten wählen und diese, eventuell zuhause, testen. Es folgt eine weitere Befragung zu Einstellung und Präferenzen. Aus den erhobenen Daten lassen sich Aussagen über das Erst- und Wiederkaufsverhalten ableiten, die anschließend zur Erstellung der Prognose des zu erwartenden Marktanteils des neuen Produktes herangezogen werden (Homburg 2020, S. 624–625; Meffert et al. 2019, S. 439–440).

Die Marktanteilprognose kann durch das Modell von Parfitt und Collins (1968) ermittelt werden. Der Marktanteil ergibt sich dabei rechnerisch aus der Erstkaufrate (Penetrationsrate), der Wiederkaufrate (Bedarfsdeckungsrate) und der relativen Kaufintensität. Bei einer Erstkaufrate von 0,4 (40 % der Teilnehmer tätigen einen Versuchskauf) und einer Wiederkaufrate von 0,3 (Teilnehmer, die einen Erstkauf getätigt haben, decken zukünftig 30 % ihres Bedarfs mit diesem neuen Produkt) ergibt sich eine Marktanteilschätzung von 12 % ($0{,}4 \times 0{,}3 = 0{,}12$). Zuzüglich kann noch die Kaufintensität ermittelt werden. Die relative Kaufintensität ergibt sich aus dem durchschnittlichen Kaufvolumen des Käufers mit dem durchschnittlichen Kaufvolumen der Produktkategorie am Markt. Wird ermittelt, dass Personen, die das neue Produkt nutzen einen 20 % höheren Bedarf haben als der Durchschnitt der Nachfrager im Markt, ergibt sich eine relative Kaufintensität von

1,2. Das erhöht die Marktanteilschätzung auf 14,4 % $(0{,}12 \times 1{,}2 = 0{,}144)$ (Parfitt und Collins 1968, S. 86–107).

Eine weitere Möglichkeit ist es, das Produkt auf einem Testmarkt anzubieten. Dabei kann zwischen:

> **Übersicht**
> - Mini-Testmärkten (z. B. lokal beschränkte Testmärkte von Marktforschungsinstituten),
> - Storetests (probeweiser Verkauf in ausgewählten Handelsgeschäften),
> - lokalen Testmärkten (z. B. ein oder mehrere Städte) und
> - regionalen Testmärkten (ein regional abgegrenztes, aber für das ganze Land repräsentatives Testgebiet, z. B. ein Bundesland)
>
> unterschieden werden. Es handelt sich dabei um klassische Feldexperimente. Um dies sicher zu stellen, muss der Testmarkt verschiedenen Anforderungen genügen. Beispielsweise sollte er die sozioökonomische und demografische Schichtung der potenziell angestrebten Zielgruppe abdecken und die Wettbewerbssituation sollte die des Gesamtmarktes spiegeln. Bei den verschiedenen Testmarkvarianten stehen verschiedene Erkenntnisinteressen im Mittelpunkt bzw. es können unterschiedliche Fragestellungen untersucht werden. Bei den Storetests kann z. B. das Nachfrageverhalten am *Point of Sale* (PoS) unter realen Bedingungen überprüft werden. Ein regionaler Testmarkt kann teilweise Auskunft über die tatsächlich zu erwartende Handelsakzeptanz geben und dadurch auch die voraussichtliche Distribution abbilden. Dort können auch unterschiedliche Marketing-Konzepte ganzheitlich auf ihre Wirksamkeit hin geprüft werden. Allerdings zählt dieser Testmarkt auch zu den kosten- und zeitintensivsten (Herrmann und Huber 2013, S. 217–219, 230; Meffert et al. 2019, S. 437–439).

8.8.2 Ausblick: Rechtliche Anforderungen an die hygienische Herstellung von Lebensmitteln

Soll ein Lebensmittel am Markt eingeführt werden, unterliegt die Herstellung und Distribution bestimmten Standards und Regularien, die insbesondere die hygienische Herstellung und die Sicherheit des Lebensmittels für den Verbraucher betreffen. Auch wenn diese bei der Entwicklung primär teilweise noch keine Rolle gespielt haben, ist spätestens bei der Upskalierung auf die Einhaltung bzw. Umsetzung zu achten.

In der Basisverordnung (EG) 178/2002 ist festgelegt, dass die Verantwortung für die Lebensmittelsicherheit beim Lebensmittelunternehmer liegt (siehe auch Abschn. 3.1.1 und 3.1.2) Es wird zudem ein „hohes Schutzniveau" für den Verbraucher bei Lebensmitteln gefordert. Die Verordnungen

8.8 Checkpunkt 5 und Ausblick

- (EG) Nr. 852/2004 über Lebensmittelhygiene,
- (EG) Nr. 2023/2006 über gute Herstellungspraxis für Materialien und Gegenstände, die dazu bestimmt sind, mit Lebensmitteln in Berührung zu kommen,
- (EG) Nr. 853/2004 mit spezifischen Vorschriften für Lebensmittel tierischen Ursprungs,
- (EG) Nr. 854/2004 mit Vorschriften über die amtliche Überwachung von Erzeugnissen tierischen Ursprungs und
- (EG) Nr. 2073/2005 über mikrobiologische Kriterien in Lebensmitteln

spezifizieren die Aufgaben und den Verantwortungsbereich der Lebensmittelunternehmer zusätzlich. Die Verordnungen werden noch zusätzlich ergänzt durch nationale Vorschriften.

Die VO (EG) Nr. 852/2004 über Lebensmittelhygiene legt in Art. 1 Grundsätze, die zu berücksichtigen sind, fest:

a) „Die Hauptverantwortung für die Sicherheit eines Lebensmittels liegt beim Lebensmittelunternehmer."

b) „Die Sicherheit der Lebensmittel muss auf allen Stufen der Lebensmittelkette, einschließlich der Primärproduktion, gewährleistet sein."

c) „Bei Lebensmitteln, die nicht ohne Bedenken bei Raumtemperatur gelagert werden können, insbesondere bei gefrorenen Lebensmitteln, darf die Kühlkette nicht unterbrochen werden."

d) „Die Verantwortlichkeit der Lebensmittelunternehmer sollte durch die allgemeine Anwendung von auf den HACCP-Grundsätzen beruhenden Verfahren in Verbindung mit einer guten Hygienepraxis gestärkt werden."

e) „Leitlinien für eine gute Verfahrenspraxis sind ein wertvolles Instrument, das Lebensmittelunternehmern auf allen Stufen der Lebensmittelkette hilft, die Vorschriften der Lebensmittelhygiene einzuhalten und die HACCP-Grundsätze anzuwenden."

f) „Auf der Grundlage wissenschaftlicher Risikobewertungen sind mikrobiologische Kriterien und Temperaturkontrollerfordernisse festzulegen."

g) „Es muss sichergestellt werden, dass eingeführte Lebensmittel mindestens denselben oder gleichwertigen Hygienenormen entsprechen wie in der Gemeinschaft hergestellte Lebensmittel."

Die Lebensmittelhygiene-Verordnung gilt für alle Lebensmittelunternehmen und ist daher allgemein gehalten. Konkretisiert werden Anforderungen in branchenbezogene „Leitlinien für eine gute Lebensmittelhygienepraxis" (Art. 7–9 VO (EG) Nr. 852/2004). Die Leitlinien sollen die Umsetzung in den Betrieben erleichtern. Beispielsweise gibt es Leitlinien für das Bäcker- und Konditorenhandwerk, für die Fruchtsaftindustrie, für Selbstbedienungswarenhäuser usw. (Neuhaus 2010, S. 132).

Diese Grundsätze gelten zwar nicht für „die Primärproduktion für den privaten häuslichen Gebrauch" (das private Kochen zu Hause für den eigenen Bedarf) und „die direkte Abgabe kleiner Mengen von Primärerzeugnissen durch den Erzeuger an den Endverbraucher oder an lokale Einzelhandelsgeschäfte, die die Erzeugnisse unmittelbar an den Endverbraucher abgeben", sind aber bei der Konzeption eines Produktes, welches eventuell am Markt eingeführt werden soll, (teilweise) bereits zu berücksichtigen. Besonders die hygienische Herstellung und die richtigen Lagerbedingungen für Prototypen, die von Testern verkostet oder für die Ermittlung der Haltbarkeit verwendet werden, sollten schon bei der Entwicklung eine Rolle spielen.

8.8.2.1 Gute Hygienepraxis/Basishygienemaßnahmen

Die „Gute Hygiene Praxis" (GHP) beinhaltet eine Reihe grundlegender Präventionsmaßnahmen und Bedingungen wie beispielsweise die angemessene Reinigung und Desinfektion und die persönliche Hygiene, die auf allen Stufen der Lebensmittelkette angewendet werden, um sichere und geeignete Lebensmittel gewährleisten zu können. Sie umfasst drei Bereiche: Den strukturellen Bereich (z. B. Vorrichtungen, technische Anlagen und Ausrüstung), den operationellen Bereich (Arbeitsabläufe, Handhabung von Lebensmitteln) und das persönliche Verhalten (persönliche Hygiene) (Amtsblatt der Europäischen Union 2022/C 355/01). Die GHP schließt daher unter anderem auch die.

> **Übersicht**
> - „Gute Herstellungspraxis" (Good Manufacturing Practice, GMP) mit ein, welche die richtigen Arbeitsmethoden beinhaltet (z. B. richtige Dosierung der Zutaten, angemessene Verarbeitungstemperatur, Prüfung der Sauberkeit und Unversehrtheit der Verpackungen), sowie
> - „Gute landwirtschaftliche Praxis" (Good Agricultural Practices, GAP) (beispielsweise die Verwendung von Wasser angemessener Qualität, Rein-Raus-System in der Tierhaltung),
> - „Gute Produktionsverfahren" (Good Production Practice, GPP),
> - „Gute Vertriebspraxis" (Good Distribution Practice, GDP) und die
> - „Gute Handelspraxis" (Good Trading Practice, GTP) mit ein (Amtsblatt der Europäischen Union 2022/C 355/01).

GHP sind zusammengefasst alle Basishygienemaßnahmen (engl. *prerequisite programs* kurz PRPs) und bilden die Grundlage der (betrieblichen) Hygiene. Damit bilden sie die Voraussetzung für eine wirksame Umsetzung der HACCP-Grundsätze (siehe Abschn. 8.8.2.3) (Amtsblatt der Europäischen Union 2022/C 355/01). PRPs legen unter anderem die vorgeschriebenen Anforderungen an die Betriebshygiene, räumliche und technische Ausstattung, Personalhygiene, Reinigung und Desinfektion, Produkthygiene, Hygiene bei Transport und Lagerung, Temperaturkontrolle, Abfallentsorgung, Schädlingsbekämpfung, Trinkwasserhygiene, sowie die Vermeidung von Kreuzkontamination fest. All diese Bereiche sind eng miteinander verflochten (sieh Abb. 8.9) und erfordern jeweils spezifische Maßnahmen zur Einhaltung der Hygiene. Die PRPs sind geeignet, geringe und allgemeine Risiken zu beherrschen. Ein Risiko ist der Schweregrad oder die mögliche Auswirkung der Gefahr in Bezug auf die Wahrscheinlichkeit, mit der die Gefahr (im Enderzeugnis) auftritt, wenn die in spezifischen Kontrollmaßnahmen nicht vor-

8.8 Checkpunkt 5 und Ausblick

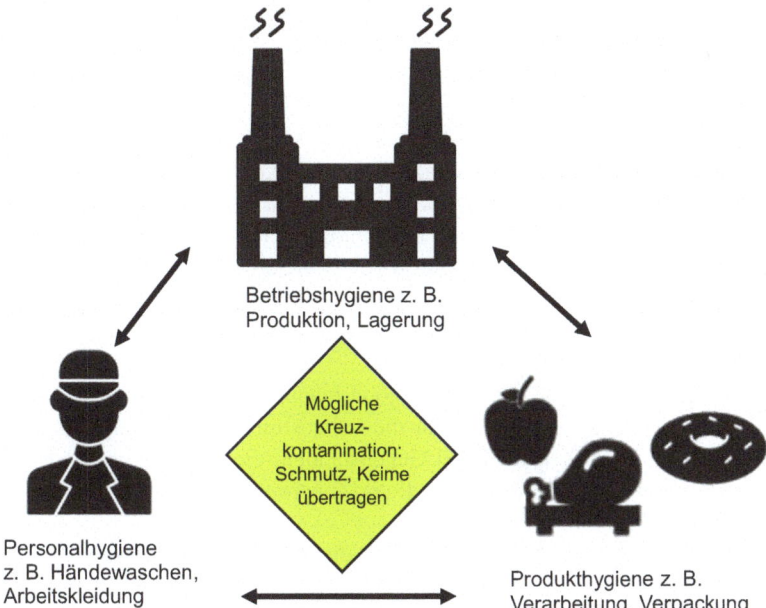

Abb. 8.9 Beispiel für Hygienebereiche in Lebensmittelbetrieben und ihre Berührungspunkte. (Quelle: Eigene Darstellung unter Verwendung von Vektoren von freepik.com)

handen sind oder versagen. Ob ein Risiko gering oder allgemein ist, hängt mit der Wahrscheinlichkeit des Auftretens zusammen, unter Berücksichtigung der korrekt umgesetzten PRPs. Sehr gering ist das Risiko des Auftretens einer Gefahr, wenn es sich bei dieser nur um eine theoretische Möglichkeit handelt und die Gefahr noch nie zuvor aufgetreten ist. Gering ist das Risiko, wenn die Wahrscheinlichkeit, dass die Gefahr infolge des Versagens oder des Fehlens der PRPs auftritt, sehr begrenzt ist. Ein Risiko ist ebenfalls als gering einzuschätzen, wenn die Maßnahmen zur Beherrschung der Gefahr allgemeiner Natur (also PRPs) sind und diese PRPs in der Praxis gut umgesetzt werden (Amtsblatt der Europäischen Union 2016/C 278/01, Anlage 2).

Mittlere und hohe Risiken sind dagegen durch kritische Kontrollpunkte (CCPs) zu kontrollieren (Abschn. 8.8.2.3) (BfR o. D.; Hey und Robatscher 2021).

Typische Beispiele für PRPs sind z. B.:

> **Übersicht**
> - Besonders sorgfältige Reinigung von Ausrüstung und Oberflächen, die mit verzehrfertigen Lebensmitteln in Kontakt kommen, da andernfalls eine unmittelbare Kontamination der Lebensmittel mit *Listeria monocytogenes* möglich ist.

- Strengere Hygieneanforderungen Personal (z. B. Mundmasken) in stark gefährdeten Bereichen (wo beispielsweise verzehrfertige Lebensmittel verpackt werden)
- Eine effiziente Zwischenreinigung, um eine mögliche Kreuzkontamination von z. B. Allergene (Nüsse, Soja, Milch…) zu kontrollieren.
- Steuerung der Reinigung von Gemüse z. B. durch Austauschen des Waschwassers zur Vermeidung mikrobiologischer Kreuzkontaminationen (Amtsblatt der Europäischen Union 2022/C 355/01).

8.8.2.2 Gute Herstellungspraxis

Die „Gute Herstellungspraxis" (GMP: „good manufacturing practice") ist Teil der Qualitätssicherung. Sie gilt sowohl für die Lebensmittelverarbeitung, als auch für die Herstellung von Materialien und Gegenständen, die mit Lebensmitteln in Berührung kommen (z. B. bei der Herstellung/Zubereitung oder in der Funktion als „Primärverpackung").

Bei Materialien und Gegenstände soll die GMP gewährleisten, dass diese in konsistenter Weise hergestellt und überprüft werden, damit sie bestimmten Qualitätsstandards entsprechen. Diese Standards beziehen sich darauf, dass die zur Lebensmittelherstellung verwendeten Gegenstände und Materialien nicht die menschliche Gesundheit gefährden dürfen oder eine „unvertretbare Veränderung der Zusammensetzung der Lebensmittel oder eine Beeinträchtigung ihrer organoleptischen Eigenschaften" herbeiführen (Art. 3 (a) VO (EG) Nr. 2023/2006). Ein Verpackungsmaterial, welches das Lebensmittel direkt berührt, darf beispielsweise dessen Geschmack nicht deutlich negativ beeinflussen, oder Farbe und Konsistenz verändern. Lebensmittelunternehmer sind daher verpflichtet ein

- Qualitätssicherungssystem (Organisation und Dokumentation der Vorkehrungen zur Sicherstellung, dass Materialien und Gegenstände die benötigte Qualität aufweisen) festzulegen und anzuwenden, welches wirksam ist, dokumentiert und dessen Einhaltung gewährleistet wird (Art 3 (b), Art. 5 VO (EG) Nr. 2023/2006) und ein
- Qualitätskontrollsystem (systematische Anwendung der festgelegten Maßnahmen, um die Übereinstimmung von Ausgangs-, Zwischen- und Fertigmaterialien und Gegenständen mit der festgelegten Spezifikation zu gewährleisten) (Art 3 (c), Art. 6 VO (EG) Nr. 2023/2006)

einzuführen und deren Dokumentation zu gewährleisten (Art. 7 VO (EG) Nr. 2023/2006).

8.8.2.3 HACCP-Konzept

Die „Gute Herstellungspraxis in der Lebensmittelverarbeitung" umfasst spezifische Konzepte zur Sicherstellung der Lebensmittelsicherheit. Dazu zählt auch die Gefahrenanalyse und Definition kritischer Kontrollpunkte (engl. *Hazard Analysis and Critical Control Points* bzw. HACCP). Dieses Konzept wird bei der Herstellung, Verarbeitung, Lagerung, dem Transport und Vertrieb von Nahrungsmitteln angewendet und ist eine Voraussetzung für sämtliche EU-Lebensmittelbetriebe. Die EG-Verordnungen Nr. 852, 853 und 854/2004 regeln die obligatorischen Anforderungen an das HACCP-Konzept. Das grundlegende Ziel ist die Eigenkontrolle lebensmittelverarbeitender Betriebe. Es soll die Sicherheit und Unbedenklichkeit der Produkte für den Endverbraucher gewährleisten, sowie präventive Maßnahmen zur Risikovermeidung festlegt werden. Das Konzept basiert auf dem Prinzip „Planen – Durchführen – Prüfen – Handeln" (Hey und Robatscher 2021). Ursprünglich wurde das Konzept von der NASA für Astronautennahrung entwickelt und im Anschluss von der Codex-Alimentarius-Kommission der WHO (*World Health Organization* bzw. Weltgesundheitsorganisation) und der FAO (*Food and Agriculture Organization of the United Nations* bzw. Ernährungs- und Landwirtschaftskommission der Vereinten Nationen) übernommen. Der Codex Alimentarius (Lebensmittelkodex) besteht aus einer Sammlung von Normen die Lebensmittelstandards festlegt, um die Lebensmittelsicherheit zu gewährleisten. Die Codex-Standards haben keine rechtliche Bindung, werden jedoch weltweit anerkannt und auch von der Welthandelsorganisation (*World Trade Organization,* WTO) eingesetzt, wodurch der weltweite Handel unterstützt wird (Matissek 2020, Kap. 3, S. 26, 31).

Das HACCP-Prinzip beinhaltet sieben Grundsätze:

Übersicht
1. Gefahrenanalyse (engl. *Hazard Analysis*):
   Verantwortlichen für die Erstellung und Umsetzung des HACCP-Konzepts im Betrieb benennen und eine Analyse der möglichen Risiken (Hazard Analysis, HA) im Prozess durchführen.
2. Kritische Lenkungspunkte festlegen (engl. *Critical Control Points,* CCPs):
   An diesen Punkten könnten produktbezogene Gefahren für die Gesundheit des Verbrauchers auftreten, z. B. bei Unterbrechung der Kühlkette. Zum Entscheiden, ob an einer Stelle des Prozesses ein CCP vorliegt, kann der Entscheidungsbaum des Codex Alimentarius herangezogen werden.
3. Grenzwerte festlegen (engl. *Critical Limits*):
   Ab wann eine Gefahr besteht, wird durch zuvor festgelegte Grenzwerte definiert. Es wird z. B. festgelegt, welche Temperatur das Lebensmittel während des Prozesses haben muss.
4. System zur Überwachung aufbauen (engl. Monitoring):
   Es wird festgelegt, wann und wie die Einhaltung der Grenzwerte überprüft wird. Beispielsweise wann und mit welchem Hilfsmittel, in diesem

Fall ein geeignetes Gerät zum Messen der Temperatur, die Temperatur des Lebensmittels überprüft wird.
5. Korrekturmaßnahmen festlegen (engl. Corrective Measures):
Die festgelegten Korrekturmaßnahmen müssen angewendet werden, wenn ein Lenkungspunkt nicht mehr beherrscht wird. Dies kann z. B. der Fall sein, wenn bei der Annahme von gekühlten Lebensmitteln durch das Messen der Temperatur festgestellt wird, dass diese nicht die zuvor festgelegte Temperatur aufweisen, sondern beispielsweise deutlich darüber liegen. In diesem Fall könnte die Maßnahme lauten, dass das Lebensmittel (z. B. ein angelieferter Rohstoff für die Produktion) nicht angenommen und zum Hersteller zurückgegeben werden.
6. Verifizierung der Wirksamkeit des HACCP-Systems (engl. Verification):
Es wird überprüft, ob das erarbeitete Kontrollsystem passend und effizient ist. Es wird z. B. überprüft, ob die Temperaturkontrolle mit einem passenden, funktionierenden Gerät durchgeführt wird. Ein Einstech-Thermometer kann beispielsweise für tiefgefrorene Lebensmittel unpassend sein. Außerdem sollte das korrekte Funktionieren des Thermometers sichergestellt werden (z. B. durch Eichen).
7. Dokumentation aller Vorgänge und Aufzeichnungen (engl. Documentation):
Ein zentraler Bestandteil besteht in und der schriftlichen Dokumentation aller festgelegten Grenzwerte und Maßnahmen zur Nachverfolgbarkeit von eventuell auftretenden Abweichungen (Hey und Robatscher 2021; Matissek 2020, Kap. 3, S. 26).

Die Ermittlung kritischer Kontrollpunkte (*critical control points,* CCPs) muss in allen Bereichen der Produktion erfolgen. Hierzu zählen die Rohstoffbeschaffung, einschließlich der Anlieferung, die Lagerung von Ausgangsstoffen, die Produktion von Futtermitteln und deren Lagerung und die Abgabe von Futtermitteln, einschließlich des Transports. Mögliche auftretende Risiken werden unterteilt in.

Übersicht
- Physikalische Gefahren (z. B. Fremdkörper, z. B. Glas, Metallteile, Kunststoffteile),
- Chemische Gefahren (z. B. Allergene, Mykotoxine; Rückstände von Pflanzenschutzmitteln, Arzneimitteln) und
- Biologische Gefahren (Schimmelpilze (insbesondere toxinbildende); Bakterien z. B. Clostridien, Salmonellen; sonstige, wie Endoparasiten und Lagerschädlinge (Amtsblatt der Europäischen Union 2022/C 355/01 5.1

PRPs und CCPs können wie in Tab. 8.4 dargestellt unterschieden werden.

8.8 Checkpunkt 5 und Ausblick

Tab. 8.4 Unterscheidung von PRPs und CCPs

Kriterien zur Unterscheidung	PRPs	CCPs
Umfang	Maßnahmen • wirken sich auf die Sicherheit der Lebensmittel aus und gewährleisten diese • tragen zur Schaffung einer geeigneten Umgebung Beispiel: Hygiene in der Produktion (allgemeine tägliche Reinigung)	Maßnahmen • werden nach Umsetzung der PRPs durchgeführt • direkter Bezug auf ein Lebensmittel/dessen Herstellungsbedingungen • Verhütung der Kontamination/Gefahr im Enderzeugnis bzw. reduzieren auf ein akzeptables Maß Beispiel: Reinigung und Desinfektion aller verwendeten Gegenstände nach der Verarbeitung von Geflügel
Verhältnis zu den Gefahren	• nicht gefahrenspezifisch Beispiel: allgemeine Rückstände nach/während der Produktion	• je nach Gefahr bzw. Gefahrengruppe Beispiel: mögliche Kontamination des Geflügelfleisches mit *Salmonella*
Festlegung	gestützt auf: • Erfahrungswerte • Referenzunterlagen (Leitlinien, wissenschaftliche Veröffentlichungen usw.) • Gefahr oder Gefahrenanalyse Beispiel: Es kann zum Schädlingsbefall kommen, wenn lebensmittelrückstände nicht regelmäßig entfernt werden	• Gestützt auf die Gefahrenanalyse unter Berücksichtigung der PRPs • Produkt- und/oder Prozessspezifisch Beispiel: bei unkritischen Zutaten/Rohstoffen Reinigung der verwendeten Gegenstände/Anlagen mit Reinigungslösung, nach der Verarbeitung von Geflügel zusätzliche Desinfektion
Kriterien		• messbarer Grenzwert Beispiel: VO legt Grenzwerte für *Salmonella* fest
Monitoring	• sofern relevant und machbar Beispiel: Dokumentation der täglichen Reinigung	• Monitoring der Durchführung der Kontrollmaßnahmen (aufzeichnen) Beispiel: regelmäßige mikrobiologische Untersuchung auf *Salmonella*
Kontrollverlust: Korrekturen/Korrekturmaßnahmen	• in Bezug auf die PRPs, wenn relevant Beispiel: Mikrobiologische Verunreinigung durch mangelnde Personalhygiene, d. h. durchführen von Schulungen, Sicherstellen von Hygieneprozessen wie korrektem Händewaschen/-desinfizieren	• Korrekturmaßnahmen in Bezug auf den Prozess • Aufbewahrung der Aufzeichnungen Beispiel: anpassen des Reinigungs-Verfahrens (intensivere oder häufigere Reinigung, desinfizieren, ändern des Desinfektionsmittels, veränderte Kühlung...)
Verifizierung	• planmäßige Prüfung der Durchführung Beispiel: Kontrolle der täglichen Reinigung	• planmäßige Prüfung der Durchführung und Prüfung der erfolgreichen Umsetzung der geplanten Gefahrenbeherrschung Beispiel: Prüfen, ob angepasste Reinigung/Desinfektion durchgeführt wird und prüfen, ob Grenzwerte für *Salmonella* dadurch eingehalten werden

Quelle: Amtsblatt der Europäischen Union 2016/C 278/01, Anlage 2

> **Fragen**
>
> 1) Welche Methoden können zur Definition des Problems (zu Beginn des Mikrozyklus des Prototyping) angewendet werden?
> 2) Welche Schritte sieht der Mikrozyklus des Prototyping im Modelprozess vor?
> 3) Nach welchen drei Grundsätzen sollten Experimente und Tests geplant und durchgeführt werden und was besagen diese?
> 4) Nennen Sie wichtige intrinsische und extrinsische Faktoren, die sich auf die Haltbarkeit von Lebensmitteln auswirken.
> 5) Wodurch unterscheiden sich Akzeptanz- und Präferenztests?

Literatur

Amtsblatt der Europäischen Union (2016): BEKANNTMACHUNG DER KOMMISSION zur Umsetzung von Managementsystemen für Lebensmittelsicherheit unter Berücksichtigung von PRPs und auf die HACCP-Grundsätze gestützten Verfahren einschließlich Vereinfachung und Flexibilisierung bei der Umsetzung in bestimmten Lebensmittelunternehmen (2016/C 278/01).

Amtsblatt der Europäischen Union (2022): BEKANNTMACHUNG DER KOMMISSION zur Umsetzung von Managementsystemen für Lebensmittelsicherheit unter Berücksichtigung von guter Hygienepraxis und auf die HACCP-Grundsätze gestützten Verfahren einschließlich Vereinfachung und Flexibilisierung bei der Umsetzung in bestimmten Lebensmittelunternehmen (2022/C 355/01).

Aegler, S; Schneider-Häder, B. (2021): Sensorische Konsumentenforschung 4.0. Mit innovativen Tools dem Geschmack auf der Spur. In: DLG-Expertenwissen 6/2021. Frankfurt am Main: DLG e. V. Fachzentrum Lebensmittel, S. 2–12.

Beutling, D. (1996): Biogene Amine in der Ernährung. Berlin: Springer Verlag.

BfR (o. D.): Fragen und Antworten zum Hazard Analysis and Critical Control Point (HACCP)-System [Zugriff am 27.01.2025, https://www.bfr.bund.de/cm/350/fragen_und_antworten_zum_hazard_analysis_and_critical_control_point__haccp__konzept.pdf].

BfR (2017): Gras- und Blattprodukte zum Verzehr können mit krankmachenden Bakterien verunreinigt sein. Stellungnahme Nr. 013/2017 des BfR vom 10. Juli 2017. [Zugriff am 23.02.2023; https://www.bfr.bund.de/cm/343/gras-und-blattprodukte-zum-verzehr-koennen-mit-krankmachenden-bakterien-verunreinigt-sein.pdf].

BLL (2019): Leitlinien zur Abschätzung der MOSH/MOAH-Migration aus Verpackungen in Lebensmittel mit dem Ziel der Minimierung. Berlin: Bund für Lebensmittelrecht und Lebensmittelkunde e. V. (BLL), S. 6–22. [Zugriff am 19.02.2025; https://www.lebensmittelverband.de/fileadmin/Seiten/Lebensmittel/Verpackung/Mineraloeluebergaenge/Leitlinie/bll-leitlinie-minimierung-mosh-moah-pdf.pdf].

Bylund, G. (2003): Rheologie. In: Dairy processing handbook. Tetra Pack.

Bortz, J. (1989): Statistik. Für Sozialwissenschaftler (3. Auflage). Berlin: Springer, S. 288.

Brandis-Heep, A. (2020): Isolierung und Kultivierung von Bakterien. In: Störiko, A. (Hrsg.): Methoden der Mikrobiologie. Berlin: Springer Spektrum, S. 57–58.

Bruhn, M. (2019): Marketing. Grundlagen für Studium und Praxis (14. Aufl.). Wiesbaden: Springer Gabler.

Brown, T.; Wyatt, J. (2010): Design thinking for social innovation. In: Stanford Social Innovation Rev, S. 31–35.

Brown, T. (2008): Design thinking. In: Harvard Business Rev, 86. Jg., Nr. 6, S. 84.

Cooper, R. G. (2010): Top oder Flop in der Produktentwicklung. Erfolgsstrategien: Von der Idee zum Launch. Weinheim: WILEY-VCH, S. 148–160.

Derndorfer, E.; Fenkes, A; Krämer, B. (2021): Haltbarkeitstests aus sensorischer Sicht. Teil 2: Beschleunigte Lagertests/ASLT (Accelerated Shelf Life Testing und indirekte Methoden). In: DLG-Expertenwissen, 2021, Nr. 5, Frankfurt am Main, S. 2–12. [Zugriff am 20.02.2025, https://www.dlg.org/fileadmin/downloads/Expertenwissen/lebensmittelsensorik/2021_5_Expertenwissen_Haltbarkeitstests_Teil2_IT.pdf].

Derndorfer, E. (2023): Praxiswissen Lebensmittelsensorik. Berlin: Springer Spektrum, S. 117, 103–105.

Devin, B. (2019): Entwicklung neuer Produkte und begleitende Marktforschung (Band 2). In: Handbuch Produktentwicklung Lebensmittel Innovationen (62. Aktualisierungs-Lieferung 2019, Grundwerk Aufl. 2000). Hamburg: Behr's Verlag, S. 27–30.

Design thinking bootleg by d.school at Stanford University (a) (o. D.): Why-How Laddering. [Zugriff am 09.02.2025; https://pdmethods.com/why-how-laddering/].

Design thinking bootleg by d.school at Stanford University (b) (o. D.): Journey Map. [Zugriff am 09.02.2025; https://pdmethods.com/journey-map/].

Deutsches Institut für Normung e. V. (1985): DIN 199-1: Begriffe für technische Zeichnungen und Stücklisten. DIN Media GmbH.

DIN EN ISO 9000:2015-11 (2015): Qualitätsmanagementsysteme – Grundlagen und Begriffe. Berlin: Beuth Verlag.

Dubben, H. H., & Beck-Bornholdt, H. P. (2004). Unausgewogene Berichterstattung in der medizinischen Wissenschaft: Publication bias. Inst. für Allgemeinmedizin.

Dürrschmid, K. (2010): Sensorische Analyse: Methodenüberblick und Einsatzbereiche. Teil 5: Affektive und hedonische Prüfungen. In: DLG-Expertenwissen 4/2010. Frankfurt am Main: DLG e. V., Ausschuss Sensorik, S. 1–6.

Europäisches Parlament (2024): Neue EU-Vorschriften: weniger Verpackungen, mehr Wiederverwendung und Recycling. Pressemitteilung 24-04-024-13:08, 20240419IPR20589. [Zugriff am 01.12.2024, https://www.europarl.europa.eu/pdfs/news/expert/2024/4/press_release/20240419IPR20589/20240419IPR20589_de.pdf].

Figura, L. (2021): Lebensmittelphysik. Physikalische Kenngrößen – Messung und Anwendung (2. Aufl.). Berlin: Springer Spektrum, S. 2–3, 26–27, 139–164.

Freiling, J.; Harima, J. (2024): Entrepreneurship. Gründung und Skalierung von Startups (2. Aufl.). Wiesbaden: Springer Gabler, S. 101, 111–112,114, 116, 122–125, 128.

Fredriksson, A; Derler, A.; Washüttl, M. (2021): Studie zum Thema „Vergleich der Eignung verschiedener Bewertungssysteme für die Recyclingfähigkeit von Verpackungsmaterialien in Österreich". [Zugriff am 19.02.2025; https://kunststoffe.fcio.at/media/18021/2021-ofi-studie-wko.pdf].

Gräf, M.; Unkelbach, C. (2016): Halo Effects in Trait Assessments Depend on Information Valence Why Being Honest Makes You Industrious, but Lying Does not Make You Lazy. Personality and Sicoal Psychology Bulletin, 42 Jg.; Nr. 3, S. 290–310.

Grots, A.; Pratschke, M. (2009): Design Thinking – Kreativität als Methode. In: Marketing Review St. Gallen, 26. Jg., S. 18–22.

Haselton, M. G.; Nettle, D.; Andrews, P. W. (2015): The evolution of cognitive bias. In: The handbook of evolutionary psychology. John Wiley & Sons, Inc., S. 724–746. https://doi.org/10.1002/9780470939376.ch23.

Herrmann, A., Huber, F. (2013): Produktmanagement. Wiesbaden: Springer Gabler, S. 217–219. https://doi.org/10.1007/978-3-658-00004-2_1.

Heiss, R.; Eichner, K. (1995): Haltbarmachen von Lebensmitteln. Chemische, physikalische und mikrobiologische Grundlagen der Verfahren (3. Aufl.). Berlin Heidelberg New York: Springer-Verlag, S. 23, 26–34, 90, 180, 563–564.

Heiss, R. (2004): Industrielle Lebensmittelkonservierung und der Qualitätserhalt verpackter Lebensmittel. In: Heiss, R. (eds) Lebensmitteltechnologie. Berlin, Heidelberg: Springer, S. 550–552. https://doi.org/10.1007/978-3-642-55577-0_51.

Hey, A. D.; Robatscher, P. (2021): Good Manufacturing Practice in Food Processing. In: Laimburg Journal, Nr. 03/2021.

Hickmann, T. M.; Lawrence, K. E. (2010): The Halo effect of godwill sponsorship versus the pitchfork effect of supporting the enemy. In: Journal of Sponsorship, 3. Jg., Nr. 3, S. 265–276.

Homburg, C. (2020): Marketingmanagement. Strategie – Instrumente – Umsetzung – Unternehmensführung. Wiesbaden: Springer Gabler, S. 624–625. https://doi.org/10.1007/978-3-658-29636-0_11.

Jetter, A. (2005): Theorie und Praxis der frühen Produktentstehungsphasen. In: Produktplanung im Fuzzy Front End. Forschungs-/Entwicklungs-/Innovations-Management. Wiesbaden: Deutscher Universitätsverlag. https://doi.org/10.1007/978-3-322-82157-7_5.

Kahneman, D. (2012): Schnelles Denken, langsames Denken. München.

Koppell, J.; Steen, J. (2004): The effects of ballot position on election outcomes. In: Journal of Politics, 66. Jg., Nr. 1, S. 267–281.

Kremer, P.; Bannwarth, H. (2014): Einführung in die Laborpraxis. Basiskompetenz für Laborneulinge (3. Aufl.). Berlin Heidelberg: Springer Verlag, S. 59–61.

Krämer, B. (2021): Haltbarkeitstests aus sensorischer Sicht. Teil 1: Sensory Shelf Life Testing (SSLT) – Einführung und Methodenüberblick. In: DLG-Expertenwissen (2021), Nr. 4., S. 2–14. [Zugriff am 11.02.2025; https://www.dlg.org/fileadmin/downloads/Expertenwissen/lebensmittelsensorik/2021_4_Expertenwissen_Haltbarkeitstests_Teil1.pdf].

Krämer, J. (2010): Lebensmittelmikrobiologie. In: Frede, W. (Hrsg.): Handbuch für Lebensmittelchemiker. Lebensmittel – Bedarfsgegenstände – Kosmetika – Futtermittel (3. Aufl.). Berlin Heidelberg New York: Springer, S. 512.

Lexikon der Biologie (1999): pH-Wert. Heidelberg: Spektrum Akademischer Verlag. [Zugriff am 15.02.2025; https://www.spektrum.de/lexikon/biologie/ph-wert/51440].

Lexikon der Ernährung (2001): Rheologie. Heidelberg: Spektrum Akademischer Verlag. [Zugriff am 16.02.2025; https://www.spektrum.de/lexikon/ernaehrung/rheologie/7615].

Loeffler-Kamann (2024): Barriere-Kunststoffe. [Zugriff am 19.02.2025; https://wiki.polymerservice-merseburg.de/index.php/Barriere-Kunststoffe].

Ludger, F. (2021): Lebensmittelphysik. Physikalische Kenngrößen – Messung und Anwendung (2. Aufl.). Berlin: Springer Spektrum, S. 188.

Magin, A. (2014): Survival-Guide fürs Life-Science-Studium. Berlin: springer-Verlag, S. 90–98, 99–101, 120–121, 244.

Magin, A. (2024): Einführung in die Laborarbeit: von Laborsicherheit bis Versuchsplanung. In: Survival-Guide fürs Life-Science-Studium. Berlin, Heidelberg: Springer Spektrum. https://doi.org/10.1007/978-3-662-69685-9_1

Matissek, R. (2019): Lebensmittelchemie (9. Aufl). Berlin: Springer Spektrum, S. 68, 315, 739, 802–807.

Matissek, R. (2020): Lebensmittelsicherheit. Kontaminaten – Rückstände – Biotoxine. Berlin: Springer Spektrum, Kapitel 3, S. 26, 31. https://doi.org/10.1007/978-3-662-61899-8.

Matthews, R. (2000): Storks deliver babies (p=0.008). In: Teaching Statistics, 22. Jg., Nr. 2, S. 36–38. https://doi.org/10.1111/1467-9639.00013.

Meffert, H.; Burmann, C.; Kirchgeorg, M.; Eisenbeiß, M. (2019): Marketing. Grundlagen marktorientierter Unternehmensführung. Konzepte – Instrumente – Praxisbeispiele (13. Aufl.). Wiesbaden: Springer Gabler, S. 439–440. https://doi.org/10.1007/978-3-658-21196-7_5.

Mempel, H.; Wittmann, S.; Gürbüz, S. (2022): Abschlussbericht zum Forschungsprojekt „Einsatz von NIR-Food Scannern zur Bestimmung und Optimierung relevanter Qualitätsparameter von Avocado und Mango". QS-Wissenschaftsfond Obst, Gemüse, Kartoffeln. Triesdorf: Weihenstephan University of Applied Sciences.

Neuhaus, A. (2010): Grundlagen und Vollzug der amtlichen Lebensmittelkontrolle in Deutschland. In: Frede, W. (Hrsg.): Handbuch für Lebensmittelchemiker. Lebensmittel – Bedarfsgegenstände – Kosmetika – Futtermittel (3. Aufl.). Berlin Heidelberg New York: Springer, S. 132–133.

Nisbett, R. E.; Wilson, T. D. (1977): "The halo effect: Evidence for unconscious alteration of judgments. In: Journal of Personality and Social Psychology. 35. Jg., Nr. 4, S. 250–256. https://doi.org/10.1037/0022-3514.35.4.250. hdl:2027.42/92158. S2CID 17867385.

Parfitt, J. W.; Collins, D. (1968): A Model for the Prediction of Market Share. In: Journal of Marketing Research, 5. Jg., Nr. 4, S. 431–438.

Perco, A. (2010): Lebensmitteltechnologie. In: Frede, W. (Hrsg.): Handbuch für Lebensmittelchemiker. Lebensmittel – Bedarfsgegenstände – Kosmetika – Futtermittel (3. Aufl.). Berlin Heidelberg New York: Springer, S. 1150–1151.

Piringer, O.G. (1993). Verpackungen für Lebensmittel: Eignung, Wechselwirkungen, Sicherheit. Weinheim: Wiley-VCH, S. 21–22.

Pretz, J. E.; Naples, A. J.; Sternberg, R. J. (2003): Recognizing, Defining, and Representing Problems. In: Davidson, J. E.; Sternberg, R. J (Hrsg.): The Psychology of Problem Solving, Cambridge: Cambridge University Press, S. 3.

Richter, R. (2010): Lebensmittelinhaltsstoffe. In: Frede, W. (Hrsg.): Handbuch für Lebensmittelchemiker. Lebensmittel – Bedarfsgegenstände – Kosmetika – Futtermittel (3. Aufl.). Berlin Heidelberg New York: Springer, S. 321.

Savioz, P.; Birkenmeier, B.; Brodbeck, H.; Lichtenthaler, E. (2002): Organisation der frühen Phasen des radikalen Innovationsprozesses. In: Die Unternehmung, 56. Jg., Nr. 6, S. 393–408. [Zugriff am 26. November 2023, http://www.jstor.org/stable/24185133]

Schindlholzer, B.; Uebernickel, F.; Brenner, W. (2011): A Method for the Management of Service Innovation Projects in Mature Organizations. In: Int J Service Sci, Manag, Eng Technol, 2. Jg., Nr. 4, S. 25–41.

Schröder, M. (2022): Heureka ich hab`s gefunden! Kreativitätstechniken, Problemlösungen & Ideenfindung (2. Aufl.). Prof. Balzert-Stiftung Dortmund, S. 29–30, 125–129, 258–262.https://doi.org/10.18420/LB-Heureka.

Schüler, K.; Wilhelm, J. (2023): Ermittlung des Anteils hochgradig recyclingfähiger systembeteiligungspflichtiger Verpackungen auf dem deutschen Markt. Mainz: Umweltbundesamt. [Zugriff am 19.02.2025; https://www.getraenkekarton.de/wp-content/uploads/2023/07/78_2023_texte_ermittlung_des_anteils.pdf].

Seuß-Baum, I.; Schneider, D.; Schneider-Häder, B. (2022): DLG-Trendmonitor Lebensmittelsensorik 2022. Themen, Tools und Perspektiven in der deutschsprachigen Lebensmittelsensorik. Frankfurt am Main: Fachzentrum Lebensmittel, S. 9. [Zugriff am 16.02.2025; https://www.dlg.org/fileadmin/downloads/lebensmittel/themen/publikationen/trendmonitor/Trendmonitor_Sensorik_2022.pdf].

Spence, C. (2015): On the psychological impact of food colour. In: Flavour, Nr. 4, S. 1–16.

Stangl, W. (2019): Heuristik. In: Online Lexikon für Psychologie und Pädagogik. [Zugriff am 02.02.2025; https://lexikon.stangl.eu/1963/heuristik/ (2019-04-20)]

Steinbüchel, A.; Oppermann-Sanio, F. B.; Ewering, C.; Pötter, M. (2013): Mikrobiologisches Praktikum (2. Aufl.). Berlin Heidelberg: Springer, S. 33–34.

Thorn, V. (2010): Qualitätsmanagement in der Lebensmittelindustrie. In: Frede, W. (Hrsg.): Handbuch für Lebensmittelchemiker. Lebensmittel – Bedarfsgegenstände – Kosmetika – Futtermittel (3. Aufl.). Berlin Heidelberg New York: Springer, S. 204.

Turulski, A.S. (2024): Verteilung der Haushalte nach Personenzahl bis 2023. In: Statista. [Zugriff am 26.03.2025; https://de.statista.com/statistik/daten/studie/1459579/umfrage/verteilung-der-haushalte-nach-personenzahl/].

Tversky, A.; Kahnemann, D. (1975): Judgment under uncertainty: Heuristics and biases. In: Wendt, D.; Vlek, C. (Hrsg.): Utility, Probability, and Human Decision Making. Dordrecht, S. 141–162.

Uebernickel, F.; Brenner, W. (2016): Design Thinking. In: Hoffmann, C.; Lennerts, S.; Schmitz, C.; Stölzle, W.; Uebernickel, F. (Hrsg.): Business Innovation: Das St. Galler Modell. Business Innovation Universität St. Gallen. Wiesbaden: Springer Gabler, S. 244–255. https://doi.org/10.1007/978-3-658-07167-7_15.

Völzke, K.; Arnold, J.; Kremer, K. (2013): Schüler planen und beurteilen ein Experiment – Denken und Verstehen beim naturwissenschaftlichen Problemlösen. In: Zeitschrift für interpretative Schul- und Unterrichtsforschung.

Wegmann, C. (2020): Lebensmittelmarketing. Wiesbaden: Springer Gabler, S. 86–89. https://doi.org/10.1007/978-3-658-26038-5_1.

Woisetschläger, D.; Eschweiler, M.; Evanschitzky, H. (2007): Ein Leitfaden zur Anwendung varianzanalytisch ausgerichteter Laborexperimente. In: Wirtschaftswissenschaftliches Studium, 36. Jg., Nr. 12, S. 546–554.

The manufacturer's authorised representative in the EU is Springer Nature Customer Service Centre GmbH, Europaplatz 3, 69115 Heidelberg, Germany. If you have any concerns regarding our products, please contact ProductSafety@springernature.com

Printed and bound by CPI Group (UK) Ltd, Croydon, CR0 4YY

26/03/2026

02078993-0002